工业和信息产业科技与教育专著出版资金资助出版
5G 技术丛书

5G 传输关键技术

王映民　孙韶辉　高秋彬　等编著

电子工业出版社
Publishing House of Electronics Industry
北京·BEIJING

内 容 简 介

随着智能终端及移动互联网的快速发展，未来移动网络需要满足更高的数据传输能力要求。在无线资源有限的情况下，5G系统需要研究高效的无线传输关键技术，建立新型的无线传输体系，解决移动通信网络面临的频谱效率和功率效率问题。本书将重点介绍面向5G的无线传输关键技术，结合国内外学术界和工业界的最新研究成果，对新型编码调制、大规模多天线、新型多址接入、终端间直通、全双工、信道建模等关键理论和技术进行全面介绍和详细分析，为读者呈现出5G无线传输技术发展的美好前景。

图书在版编目（CIP）数据

5G传输关键技术 / 王映民等编著. —北京：电子工业出版社，2017.3
ISBN 978-7-121-30276-3

I. ①5… II. ①王… III. ①移动网－无线传输技术 IV. ①TN929.5

中国版本图书馆 CIP 数据核字（2016）第 266734 号

策划编辑：窦　昊
责任编辑：周宏敏
印　　刷：北京虎彩文化传播有限公司
装　　订：北京虎彩文化传播有限公司
出版发行：电子工业出版社
　　　　　北京市海淀区万寿路 173 信箱　　邮编：100036
开　　本：787×1092　1/16　印张：23.25　字数：596 千字
版　　次：2017 年 3 月第 1 版
印　　次：2020 年 8 月第 8 次印刷
定　　价：69.00 元

凡所购买电子工业出版社图书有缺损问题，请向购买书店调换。若书店售缺，请与本社发行部联系，联系及邮购电话：(010)88254888，88258888。

质量投诉请发邮件至 zlts@phei.com.cn，盗版侵权举报请发邮件至 dbqq@phei.com.cn。

本书咨询联系方式：(010)88254466，douhao@phei.com.cn。

5G 技术丛书专家委员会

5G 技术丛书编审委员会

邬贺铨院士之序
Introduction

　　电子工业出版社从我国大力推动第五代移动通信系统（IMT-2020，又称 5G）研究的背景出发，通过充分调研和认真组织，策划出版"5G 技术"丛书，以期及时总结、深入分析和充分反映我国在新的无线通信国际标准制定过程中的最新进展。丛书将按照 5G 关键技术和 5G 系统设计与应用两个层面分成两卷，"关键技术卷"各分册主要从理论和技术层面对 5G 关键候选技术进行具体详实的分析和介绍，"系统设计与应用卷"各分册主要从系统和应用层面对 5G 总体架构以及关键方法的评估和应用进行深入分析和描述，各分册的作者都是国内活跃在相关研究领域的优秀中青年科研工作者，具有较强的理论研究积累和实践经验，目前又都承担了与 5G 有关的国家重大专项和"863 计划"等项目。很高兴看到这批优秀的中青年科研工作者在参与科研工作的同时，积极参加编写这套高新技术丛书。

　　从出版社和著作者提供的样书看出，丛书以及每本书的结构都是经过仔细斟酌的，逻辑清晰、内容全面、观点鲜明、创新性强，内容充分反映了我国在新一代移动通信国际标准探索和技术开发中的最新成果，可供国内外的同行参考，将促进我国对国际 5G 标准制定的贡献。相信本套丛书的出版发行，将会推动我国移动通信技术的自主创新和产业发展。

邬贺铨

2016 年 8 月

刘韵洁院士之序
Introduction

　　面向 2020 年及未来，移动通信技术和产业将迈入第五代移动通信（5G）的发展阶段。5G 将满足人们的超高业务吞吐量、超高连接数密度、超高移动速度和超可靠低时延的广泛应用需求，大幅改善提升通信网络频谱效率、能量效率与成本效率，拓展移动通信产业的发展空间。更为重要的是，5G 将渗透到物联网和传统产业领域，与工业设施、医疗仪器、交通工具等深度融合，全面实现"万物互联"，有效满足工业、医疗、交通等垂直行业的信息化服务需要。

　　在 2016 年 7 月 15 日，美国政府宣布推出 4 亿美元的先进无线研究计划（Advanced Wireless Research Initiative），由美国国家科学基金会牵头实施，将部署四个城市规模的 5G 实验测试平台，推动面向未来无线通信的基础理论和关键技术研究。我国工信部、发改委、科技部联合成立了"IMT-2020 推进组"，汇聚产、学、研、用各方力量，引领规划和重点推动 5G 关键技术研发，充分支持我国优势电信企业和研究院所在新一代移动通信国际标准制定过程中掌控影响力和话语权。

　　随着 5G 研发和标准化工作的快速深入展开，急需一套全面论述 5G 基础理论、关键技术和应用架构的系列书籍，电子工业出版社提前预见这一技术发展趋势和重要产业需求，有效组织国家 IMT-2020 推进组、国家 03 科技重大专项和国家"863 计划"5G 前期研发项目等的主要承担单位和优秀科技工作者，成功策划了这套 5G 技术丛书，及时总结和深入分析了最新 5G 技术的理论基础、体系架构、系统设计、测试评估、应用实现等多个方面的最新进展和研发挑战，相信这套丛书的丰富理论成果和实践经验能够帮助和培养新一代移动通信科技工作者，有效推进和巩固我国在 5G 国际标准化进程中的领导地位。

刘韵洁

2016 年 9 月

张乃通院士之序

Introduction

　　移动通信的发展不仅深刻改变了人们的生活方式，且已成为推动国民经济发展、提升社会信息化水平的重要引擎。移动互联网关键技术和基础设施的发展是"中国制造 2025"、"互联网+"战略的基础和保障。当前，面向 2020 年及未来的第五代移动通信（5G）已成为全球研发热点。为占领信息领域国际领先地位、掌握产业发展话语权，国家工信部、发改委、科技部成立"IMT-2020 推进组"，组织我国产、学、研、用各方力量，推动 5G 技术研究，以期在新的无线通信国际标准制定中掌握话语权和主导权，推动技术创新发展战略，为自主可控的信息网络提供基础设施保障。目前，我国的 5G 研发工作已走在国际前列。

　　电子工业出版社以此为背景，提出 5G 技术丛书的出版计划，组织国家IMT-2020 推进组的主要参与单位，承担或参与国家"863 计划"5G 系统研究开发先期研究重大项目的单位，选择在国家重大科技专项中承担 5G 相关项目研发工作的中青年科技工作者作为丛书编著团队，编著这套丛书。丛书分为两卷：

　　（1）"关键技术卷"，从理论和技术层面对 5G 关键技术进行全面深入的分析，系统总结近年来我国在面向 IMT-2020（5G）研发方面所取得的进展。

　　（2）"系统设计与应用卷"，从系统应用层面对 5G 总体架构、传输性能评估和应用等方面进行阐述，具有系统创新特色和理论联系实际的效果，符合当前开展IMT-2020 研究与工程的需求。

　　IMT-2020 推进组当前为了更加广泛与深入的开展研发工作，急需一套从理论技术到应用的丛书，相信本套丛书的丰富内容和先进成果能够有效促进完成IMT-2020 推进组的既定目标。

张乃通

2016 年 11 月

尤肖虎教授之序
Introduction

从 2009 年开始，全球掀起 4G 建设热潮，截至 2015 年底，全球 4G 用户数已达到 10.5 亿，中国 4G 用户数到达 3.86 亿，4G 在网用户人均月度使用流量突破了 200MB，运营商从原本以语音为主的运营，逐步转向以数据为主的流量运营，同时极大地激活了移动互联网。

2012 年底，欧盟启动了全球首个 5G 研究项目 METIS。2013 年，国际电联正式启动了 5G 标准研究工作，开展 5G 需求、频谱及技术趋势的研究工作，计划 2016 年完成技术评估方法研究，2018 年完成 IMT-2020 标准征集，2020 年最终确定 5G 标准。 3GPP 作为国际移动通信的标准化组织，于 2015 年确定了 5G 研究计划，2016～2017 年完成 5G 技术方案研究阶段，2018～2019 年完成 5G 技术规范制定。我国"863 计划"于 2014 年启动了 5G 技术研究项目，系统研究 5G 领域的关键技术，包括无线网络架构、大规模天线、超密集无线网络、软基站试验平台、无线网络虚拟化、毫米波室内无线接入和评估与测试验证。与"863 计划"5G 相衔接，国家科技重大专项 5G 相关研发课题的目标是面向国际标准，鼓励我国产学研联合开展研发，由企业推动创新成果纳入 IMT-2020 国际标准中。进一步，我国已将"积极推进第五代移动通信（5G）和超宽带关键技术研究，启动 5G 商用"写入 "十三五"规划中。

5G 的主要应用为移动宽带、物联网和工业互联网，旨在成为未来社会的信息基础设施。5G 将引入新型传输技术提高频谱利用率和支持高频段使用；同时以网络功能虚拟化（Network Function Virtualization，NFV）和软件定义网络（Software Defined Network，SDN）为主要手段，构建控制与转发分离和控制集中的网络架构，实现网络资源的灵活编排和部署；通过新型波形、新多址和新帧结构等技术，从而为海量物联网设备提供低功耗与深度覆盖，为工业无线通信等应用提供高可靠低时延的连接。

本套丛书内容涉及 5G 系统的最新理论研究成果和关键技术评估，具体包括 5G 网络架构、无线传输、超密集网络、大规模多天线、能效和频谱优化、仿真与测试等多个方面的研究成果和技术趋势，作者来自于电信运营商、设备研制企业和科研院所，内容和视角全面完整，注重理论分析与实际应用相结合，具有很好的时效性和参考价值。本丛书适合高等院校通信信息、电子工程及相关专业的高年级本科生和研究生，以及无线通信领域的专业工程技术人员。

尤肖虎
2016 年 9 月

前 言
Preface

　　随着人类社会信息化的加速，整个社会对信息通信的需求水平明显提升，可以说信息通信对人类社会的价值和贡献将远远超过通信本身，信息通信将成为维持整个社会生态系统正常运转的信息大动脉。无线移动通信以其使用的广泛性和接入的便利性，将从人与人之间的沟通拓展到人与物、物与物的一切连接，在未来信息通信系统中承担越来越重要的角色。人们对无线移动通信方方面面的需求呈现爆炸式增长，这些将对下一代无线移动通信（5G）系统在频率、技术和运营等方面带来新的挑战，未来移动通信将如何发展成为业界研究的热点。

　　2015 年 6 月召开的国际电信联盟 ITU-R WP5D 第 22 次会议，正式确认 ITU 将命名为 5G IMT-2020，并确定了 5G 的场景、能力和时间表等重要内容，第 5 代移动通信的发展已经进入了技术研究和标准化的重要时期。移动通信的跨代演进是由业务和应用驱动的，30 多年来，全球移动通信已经发展到了第 4 代系统。从业务和应用的角度看代际演进的特点，第 1 代是语音通信，第 2 代是语音+文本，第 3 代是多媒体通信，而现在的第 4 代则是移动互联网。

　　5G 的主要需求和驱动力是移动互联网和物联网的应用和发展。5G 的应用场景需求分为三个场景，一个是支持移动互联网的 MBB 的演进发展，两个是物联网的发展；在物联网的场景中，一个是大数量低功耗连接的场景，一个是高要求的高可靠低时延的场景。从业务和应用的角度看 5G，最重要的特点就是大数据、众连接和场景体验。大数据，就是数据量大、数据速率高、数据服务为主，为移动互联网的发展提供支持；众连接就是大量的物联网终端用户接入，提供连接一切的能力；场景体验就是提供对应不同场景高质量的用户体验。

　　5G 丰富的多场景应用和体验的需求，决定了 5G 的技术和能力需求也是多个维度的。即对应一组未来的应用场景需求和一组传输能力要求，需要由一组关键技术来支撑相应系统的实现。整体上，5G 的发展具有如下特点：

　　（1）5G 将是一个多场景、多指标、多技术的无线传输体系，有别于以往的前 4 代移动通信，5G 作为面向 2020 年以后人类信息社会需求的移动通信系统，它是一个多业务、多技术融合的无线网络，通过技术的演进和创新，满足未来包含广泛数据和连接的各种业务的快速发展需要，提升用户体验。

　　（2）5G 系统与标准体系的设计至关重要，未来的 5G 系统将是演进、融合和创新的系统，需要全面优化的系统与标准体系设计，使 5G 可以为迎接一个连接一切的系统来服务，5G 将通过系统整体设计实现单一标准体系的多模式智能灵活切换，从而更好地为多种场景的体验服务。

（3）5G 是一个涉及全产业链的全新能力的提升，5G 的竞争将不仅仅是通信产业的竞争，而且是基础产业及垂直行业全产业链的竞争，其中基础产业能力包括元器件、芯片、软件、基础设施以及应用系统和服务的能力。

2015 年 9 月召开的 3GPP RAN Workshop on 5G 会议，对 5G 空口技术及其标准化安排进行了研讨。来自全球的 5G 组织参加了会议，重点介绍研究进展和主要观点；约 60 多个 3GPP 成员输入文稿，表达 5G 技术观点、5G 版本考虑等。3GPP 形成了共识：5G 标准体系包含全新空中接口：新空口不考虑与 LTE 的后向兼容，同时 LTE 将继续演进。5G 标准包含两个阶段：

● 第一阶段（Rel-15）在 2018 年下半年完成，尽量满足早期商用需求。
● 第二阶段（Rel-16）在 2019 年年底完成，满足所有 5G 场景和需求，并作为 IMT-2020 标准提交。

5G 标准保持前向兼容性：由于 5G 标准分阶段完成，5G 新空口设计中将充分考虑前向兼容性，即新空口设计应易于支持后续新的应用场景和需求。这次会议的召开也意味着 3GPP 的 5G 空中接口的研究和标准化工作正式启动。

在无线资源有限的情况下，5G 系统需要研究高效的无线传输关键技术，建立新型的无线传输体系，解决移动通信网络面临的频谱效率和功率效率问题。本书将重点介绍面向 5G 的无线传输关键技术，结合国内外学术界和工业界的最新研究成果，对新型编码调制、大规模多天线、新型多址接入、终端间直通、全双工、信道建模等关键理论和技术进行全面介绍和详细分析，为读者呈现出 5G 无线传输技术发展的美好前景。

面对全球通信产业激烈竞争，中国通信人已经经历了从追赶到并驾齐驱、从同步竞争到超越发展，经历了中国通信业由大到强的发展历程。在 5G 技术的研究中，我国企业、高校和相关组织机构发挥了重要的作用，取得了丰硕的成果。本书就是多家单位合作的结晶。

本书由王映民、孙韶辉、高秋彬主持编写，各章编写的负责人和参与人员如下：

章	负 责 人	参 与 人 员
第 1 章	大唐电信科技产业集团 王映民	大唐电信科技产业集团 孙韶辉 大唐电信科技产业集团 秦飞
第 2 章	北京邮电大学 张建华	北京邮电大学 田磊 北京邮电大学 刘振子
第 3 章	大唐电信科技产业集团 苏昕	东南大学 王东明 大唐电信科技产业集团 宋扬 大唐电信科技产业集团 任余维 大唐电信科技产业集团 孙韶辉
第 4 章	大唐电信科技产业集团 康绍莉	大唐电信科技产业集团 任斌 北京科技大学 戴晓明 大唐电信科技产业集团 高秋彬 大唐电信科技产业集团 孙韶辉
第 5 章	西安电子科技大学 白宝明	上海无线通信研究中心 康凯 西安电子科技大学 徐恒舟 西安电子科技大学 冯丹 西安电子科技大学 徐旻子 大唐电信科技产业集团 孙韶辉
第 6 章	北京大学 马猛	北京大学 焦秉立
第 7 章	大唐电信科技产业集团 高秋彬	上海无线通信研究中心 周婷 北京大学 许晨 北京大学 宋令阳 大唐电信科技产业集团 陈文洪 大唐电信科技产业集团 徐晖 大唐电信科技产业集团 张娟

　　本书作者感谢电信科学技术研究院、北京邮电大学、北京大学、西安电子科技大学、上海无线通信研究中心、东南大学、北京科技大学等单位及中国 IMT-2020 推进组和 Future 论坛的领导和同事们的大力支持和真诚帮助，感谢在 5G 技术研究和标准化过程中与中国信息通信研究院、中国移动研究院以及众多的国内外厂商和研究机构的交流与合作。限于作者的水平和能力，本书还有诸多不足与谬误之处，还希望各位读者和专家提出宝贵的意见和建议。

作　者
2016 年 3 月

目　录
Contents

第 3 章 │ Chapter 3

大规模天线技术 ··· **87**

第 7 章｜Chapter 7
终端间直通传输 ……………………………………………………………… **297**

第 1 章
Chapter 1

▶ 5G 移动通信发展概述

　　从 2012 年起，第 5 代移动通信系统和关键技术逐渐成为移动通信领域的研究热点。本章在回顾第 1 代移动通信到第 4 代移动通信系统发展历程及其主要技术特征的基础上，介绍第 5 代移动通信（5G）系统发展愿景与需求，描述了作为 5G 主要驱动力的移动互联网和物联网业务快速发展对 5G 系统带来的需求、挑战，进而给出 5G 系统性能指标以及应用场景分析，并简要介绍了各主要国家和国际标准化组织在 5G 研究标准化进展方面的情况。最后，对 5G 系统主要应用场景与 5G 无线传输关键技术间的对应关系进行简要分析和介绍。通过本章介绍，使读者对移动通信发展脉络有一个较好了解，并对未来新一代移动通信系统（5G）有一个初步的整体认识。

▎1.1　移动通信系统发展状况

移动通信和互联网技术是 20 世纪末促进人类社会飞速发展的最重要的两项技术,它们给人们的生活方式、工作方式以及社会的政治、经济都带来了巨大的影响。移动通信在过去 30 多年的时间里得到了迅猛的发展,特别是进入 20 世纪 90 年代以后,地面蜂窝移动通信以异乎寻常的速度得到大规模的普及应用,成为包括发达国家和发展中国家在内的全球 2/3 以上人口所使用的真正的公众移动通信系统。

移动通信以其通信终端的移动性为最基本的特征,从移动通信技术的发展历程来看,对移动通信系统动态特性的追求和满足是最重要的技术发展方向和研究线索。移动通信的动态特性主要包括 3 个方面的内容:

(1)信道的动态性,移动通信的传播信道具有开放性、环境复杂性和信道参量动态时变的特点;

(2)用户的动态性,移动通信的用户具有移动性和个人化服务的特性;

(3)业务的动态性,移动通信可提供各种业务类型服务并可动态选择[1~4]。

结合移动通信的动态特性和业务应用需求,我们可以把现代移动通信系统在设计中通常所需考虑的重要特性归纳如下:

(1)无线频率资源的有限性,即无线频率资源是稀缺性的资源;

(2)移动通信信道的复杂和时变的特性;

(3)系统中所有用户独立地共享信道资源,这也是由无线信道的开放性所决定的;

(4)用户终端的移动性,用户可以处于移动、游牧或者固定状态;

(5)用户激活的随机性,用户业务数据可以在任何时间、位置发起并进行通信;

(6)用户数据的突发性,用户业务数据的激活期远小于静默期;

(7)用户终端类型和业务的多样性以及不同系统之间的互联互通特性。

随着信息与通信事业的不断发展,在现代移动通信系统中,这些特点将越来越明显、越来越普遍。

蜂窝概念的引入是解决移动通信系统容量和覆盖问题的一个重大突破。蜂窝系统的提出与实现,使得移动通信技术能够真正为广大公众提供服务。当然,蜂窝系统带来的好处是以复杂的网络及无线资源管理技术为代价的。这一点也是现代移动通信系统的另一个非常重要的特点。自从 1979 年美国芝加哥第一台模拟蜂窝移动电话系统的试验成功至今,移动通信已经经历了 4 个时代[4~12],正在向着第 5 代系统迈进[13~15]。

第 1 代移动通信系统是模拟蜂窝系统,采用频分多址(FDMA, Frequency Division Multiple Access)技术。第 1 代模拟蜂窝通信系统打破了传统的大区制的无线电广播和无线电台的技术理念,基于蜂窝结构的频率复用组网方案,提升了频谱利用的效率,基本保证了移动场景下话音业务的连续性,为移动通信的快速普及和应用奠定了基础。典型的第 1 代系统有北美的高级移动电话系统(AMPS, Advanced Mobile Phone System)、英国的全接入通信系统(TACS, Total

Access Communications System）等。第 1 代系统在 20 世纪 80 年代初实现了蜂窝网的商业化，并于 90 年代末退出历史舞台，是移动通信发展历史上重要的里程碑。模拟蜂窝系统的缺点是容量小，业务种类单一（不能提供非语音业务），传输质量不高，保密性差，制式不统一，且设备难以小型化。第 1 代模拟蜂窝移动通信系统的典型特征见表 1-1。

表 1-1　第 1 代模拟蜂窝移动通信系统的典型特征

业务	电路域模拟话音业务
目标	提高单站话音路数和频谱效率
关键技术	FDMA，模拟调制，基于蜂窝结构的频率复用
频率	800/900 MHz
覆盖	宏覆盖，小区半径千米量级
全球漫游	不支持
代表系统	AMPS，TACS
商用周期	1980—2000 年

　　第 2 代移动通信系统是窄带数字蜂窝系统，采用时分多址（TDMA，Time Division Multiple Access）或码分多址（CDMA，Code Division Multiple Access）技术。典型的系统有欧洲的 GSM（采用 TDMA 技术，20 世纪 90 年代初期商用）系统、北美的 IS-95（采用 CDMA 技术，20 世纪 90 年代中期商用）系统等。第 2 代移动通信系统在容量和性能上都比第一代系统有了很大的提高，不仅可以提供语音业务，还可以提供低速数据业务。第 2 代系统使移动通信得到了广泛的应用和普及，取得了商业上的巨大成功。第 2 代系统的技术和性能还在不断地演进和提高，形成了 GSM 的演进版本 GPRS 和 EDGE，以及 CDMA 的演进版本 CDMA1x，以提供更高速率的电路和分组数据业务。从 1990 年商用至今，截至 2014 年，全球范围内通过 2G 移动通信系统接入的用户数目超过 40 亿。第 2 代数字蜂窝移动通信系统的典型特征见表 1-2。

表 1-2　第 2 代数字蜂窝移动通信系统的典型特征

业务	数字话音，短信，9.6～384 kbps 数据业务
目标	提高频谱利用效率，无缝切换
关键技术	TDMA/CDMA，GMSK/QPSK 数字调制，无缝切换，漫游
频率	800/900 MHz，1800 MHz
覆盖	宏小区/微小区为主，小区半径为几百米～几千米
全球漫游	支持
代表系统	GSM/GPRS/ EDGE 和 CDMA（IS-95，CDMA1x）
商用周期	1992 年至今

　　但是，由于第 2 代系统主要技术的固有局限，系统容量和所能提供的通信业务服务难以满足个人通信应用高速增长的需求。市场的需求和技术的进步，使得移动通信系统又在向第 3 代系统发展。

　　第 3 代移动通信系统开启了由以话音为主转向以数据业务为主的移动通信发展时代。第 3 代移动通信标准的讨论始于 20 世纪 90 年代，国际电信联盟（ITU）在 2000 年 5 月召开的全球无线电大会（WRC-2000）上正式批准了第 3 代移动通信系统（IMT-2000，

International Mobile Telecommunication 2000）的无线接口技术规范建议（IMT-RSCP），此规范建议了 5 种技术标准。其中，有两种 TDMA 技术：SC-TDMA（美国的 UMC-136）和 MC-TDMA（欧洲的 EP-DECT）；另外三种是 CDMA 技术：MC-CDMA（即 CDMA2000），DS-CDMA（即 WCDMA）和 CDMA TDD（包括 TD-SCDMA 和 UTRA TDD）。2007 年，IEEE 基于 OFDM 技术，提出的 WiMAX 标准成为另一个新的第三代移动通信标准。

　　3 种 CDMA 技术分别受到两个国际标准化组织——3GPP[17]（3rd Generation Partnership Project）和 3GPP2[18]的支持：3GPP 负责 DS-CDMA 和 CDMA TDD 的标准化工作，分别称为 3GPP FDD（频分双工，Frequency Division Duplex）和 3GPP TDD（时分双工，Time Division Duplex）；3GPP2 负责 MC-CDMA，即 CDMA2000 的标准化工作。由此形成了世界公认的第 3 代移动通信的 3 个国际标准及其商用的系统，即 WCDMA、TD-SCDMA 和 CDMA2000。在中国，这 3 个标准的系统分别由中国移动（TD-SCDMA）、中国电信（CDMA2000）和中国联通（WCDMA）建设和运营。IEEE 支持的基于 OFDM 技术的 WiMAX，在以往宽带接入技术基础上发展起来，并在部分新兴运营商中得到一定的部署和应用。

　　1998 年原信息产业部电信科学技术研究院（大唐电信科技产业集团）在原信息产业部的领导和支持下，代表我国向国际电联提出了第 3 代移动通信 TD-SCDMA（Time Division Duplex-Synchronous CDMA）标准建议。1999 年 11 月在芬兰赫尔辛基举行的国际电联（ITU-R）会议上，TD-SCDMA 标准提案被写入第 3 代移动通信无线接口技术规范的建议中。2000 年 5 月，世界无线电行政大会正式批准纳 TD-SCDMA 为第 3 代移动通信国际标准之一。这是我国第一次向国际上完整地提出自己的电信技术标准建议，是我国电信技术的重大突破。1999—2001 年，在 3GPP 组织内开展了大量的技术融合和具体的规范制定工作。通过近两年国内外企业和机构的紧密合作，2001 年 3 月，TD-SCDMA 成为 3GPP R4 的一个组成部分，形成了完整的 TD-SCDMA 第 3 代移动通信国际标准。

　　以 CDMA 为最主要技术特征的第 3 代移动通信系统实现了更大的系统带宽，面向以包交换为主的业务，更加广泛的话音、短信、多媒体和数据业务，初期设计目标为高速移动环境下支持 144 kbps，低速移动支持 2 Mbps；后续版本中，陆续推出了 HSDPA、HSUPA 以及 HSPA+特性，3G 数据通信能力进一步提升。第 3 代数字蜂窝移动通信系统的典型特征如表 1-3 所示。

表 1-3　第 3 代数字蜂窝移动通信系统的典型特征

业务	话音、短信和多媒体
目标	高速移动 144 kbps，低速移动 2 Mbps；后续支持 40 Mbps 以上速率
关键技术	CDMA，包交换；演进引入 HARQ 和 AMC，动态调度，MIMO 以及高阶调制
频率	2 GHz 频段为主，也支持 800/900 MHz，1800 MHz
覆盖	宏小区/微小区/皮小区，小区半径几十米、几百米到几千米
全球漫游	支持
代表系统	TD-SCDMA，WCDMA，CDMA2000，WiMAX
商用周期	2001 年至今

　　虽然第 3 代移动通信系统能够较好地支持数据业务的开展，但随着社会和经济发展，对于更高数据率的通信也越来越迫切。由于基于 CDMA 技术的第 3 代移动通信系统在支持

更大带宽和多天线信号处理上存在复杂度较高等缺点，第4代移动通信系统标准化制定被提上议程。

3GPP于2005年3月正式启动了空口技术的长期演进（LTE，Long Term Evolution）项目，并于2008年12月发布了LTE第一个商用版本R8系列规范，到2014年年底，共发布了R9、R10、R11和R12等4个增强型规范，并将持续进行后续版本演进。虽然业界通常将LTE称为第4代移动通信标准，但严格意义上，LTE的R10以后的版本（也称为LTE-Advanced）才真正满足ITU对第4代移动通信标准性能指标的要求。LTE-Advanced在LTE早期版本基础上进一步增加系统带宽到100 MHz，并通过多天线、中继等技术提升频谱效率和覆盖，增强系统性能。

LTE系统的目标是以OFDM和MIMO为主要技术基础，开发出满足更低传输时延、提供更高用户传输速率、增加容量和覆盖、减少运营费用、优化网络架构、采用更大载波带宽，并优化分组数据域传输的移动通信标准[17]。LTE/LTE-Advanced标准分为FDD和TDD两种模式，其中TDD模式作为TD-SCDMA 3G系统的后续演进技术与标准，其核心技术由中国厂商所主导，也被称为TD-LTE/LTE-Advanced。

相比之前的几代，ITU针对4G移动通信提出了更高的要求：

- 超高速率，低移动支持1 Gbps，高移动下支持100 Mbps的速率；
- 超大带宽，最少支持40 MHz系统带宽，最大到100 MHz系统带宽；
- 超大容量，系统支持话音业务（VoIP）容量达到50用户/MHz/小区，对应40 MHz系统需要支持2000用户；
- 无缝覆盖能力，需要支持室内、密集城区、普通城区和郊区等场景的无缝覆盖，最高移动速度支持350 km/h；
- 超高频谱效率和一致用户体验，对室内、密集城区、普通城区、郊区等场景的平均频谱率和边缘频谱效率提出了苛刻的指标要求，如表1-4所示。

表1-4　ITU 4G场景及频谱效率指标的对应关系

场景	下行 平均/边缘 (bps/Hz)	上行 平均/边缘 (bps/Hz)	话音容量 (UEs/MHz)
室内	3/0.1	2.25/0.07	50
密集城区	2.6/0.075	1.80/0.05	40
普通城区	2.2/0.06	1.4/0.03	40
郊区	1.1/0.04	0.7/0.015	30

回顾ITU第4代移动通信标准化历程，2005年10月在赫尔辛基举行的WP8F第17次会议上，ITU-R WP8F正式将System Beyond IMT-2000命名为IMT-Advanced。2008年2月，ITU-R WP5D完成了IMT-Advanced需求定义，发出了征集IMT-Advanced候选技术提案的通函。2009年10月，WP5D完成了候选技术提案的征集提交，并开始了后续评估和标准融合开发工作。中国提交了3GPP LTE-Advanced技术的TDD部分，即TD-LTE-Advanced技术。2010年10月，在中国重庆举办的ITU-R WP5D第九次会议上，3GPP开发的LTE-Advanced（包括TD-LTE-Advanced和LTE-Advanced FDD）和IEEE为主的

OFDMA-WMAN-Advanced（WiMAX 的演进版本）被正式采纳为全球 4G 核心标准。2012 年 1 月，ITU 正式发布了 4G 标准的第一个版本。TD-LTE-Advanced 成为继 TD-SCDMA 之后的又一个中国主导的移动通信国际标准。

LTE-Advanced 以传统的 2G 以及 3G 系统为基础，具有更强的产业基础，在后续的商用化进程中很快体现出了强劲的竞争力，成为了目前业界主流的 4G 标准。OFDMA-WMAN-Advanced 标准由于缺乏主流运营商和产业链支持，目前已经停止开发演进版本，已部署的网络系统将向 TD-LTE-Advanced 路线演进。2013 年年底，我国同时向 3 家运营商正式发放了 3 张 TD-LTE 4G 牌照，截至 2015 年 12 月，全球 LTE 用户超过 10 亿，我国 TD-LTE 用户数目接近 5 亿。第 4 代移动通信技术特征总结在表 1-5 中。

表 1-5　第 4 代数字蜂窝移动通信系统的典型特征

业务	全 IP 移动宽带数据业务，VoIP
目标	低速 1 Gbps，高速 100 Mbps，频谱效率和用户体验极大提升
关键技术	OFDM，MIMO，高阶调制，链路自适应，全 IP 核心网，扁平网络架构
频率	广泛支持所有 ITU 分配的移动通信频谱，范围从 450 MHz 到 3.8 GHz
覆盖	宏小区/微小区/皮小区/家庭基站，小区半径十几米、几百米到几千米
全球漫游	支持
代表系统	TD-LTE-Advanced，LTE-Advanced FDD，OFDM-WMAN-Advanced
商用周期	2010 年至今

随着 2012 年 1 月 4G 标准的正式发布，第 5 代（5G）移动通信技术研究和标准化制定工作也逐步提上日程。ITU 针对 5G 技术，已经开展了未来十年的市场趋势、频谱需求预测、愿景及技术发展等讨论，确定了在 2020 年完成 5G 标准化制定工作，并给出了时间计划表。主要国家和企业纷纷启动 5G 研发，力图在移动通信代际竞争中抢占先机。1.2 节将重点分析 5G 技术发展驱动力、愿景与需求。

1.2　5G 系统发展愿景与需求[19~23]

1.2.1　5G 发展趋势和驱动力

什么是未来 5G 的发展驱动力？

从业务和市场角度，移动互联网和物联网是未来移动通信发展的两大驱动力，将为 5G 发展提供广阔的前景。移动通信系统从传统的电路域话音业务逐渐拓展到移动宽带业务，其应用领域不断拓展。移动互联网颠覆了传统移动通信模式，为用户提供了前所未有的使用体验，在 5G 时代，移动互联网应用的深度和广度将会得到更大扩展，将深刻地影响着人类社会生活的方方面面。物联网扩展了移动通信的应用范围，从人与人的通信延伸到人与物、物与物的智能互联，使移动通信技术渗透至更加广阔的行业和领域。支持超高速率体验和超大流量密度为移动互联网业务发展的需求，而支持上千亿的海量物联网终端设备连接以及更加苛刻的时延可靠性要求为移动物联网发展的需求。

从技术发展角度，纵观历代移动通信的发展历程，移动通信系统设计的趋势为：依托计算处理能力和设备器件水平的提升，不断利用更先进的信号处理技术，提升系统带宽，提高系统频谱效率和业务能力，以满足人类社会信息通信的需求。

如图 1-1 所示，纵观 1G 到 4G 系统，从技术看，为了提高频谱利用效率和传输速率，技术越来越复杂化和多样化，但是复杂度与集成电路和设备器件水平相匹配已使网络和终端成本可接受，由于计算和存储能力近年以每 18 个月提升 1 倍的摩尔定律快速发展，那么可以预测，2020 年以后商用的 5G 技术，计算复杂度和对存储的要求相对 4G 可以允许约 100 倍的提升，我们可以充分利用这一空间来设计更先进的算法提升链路性能。

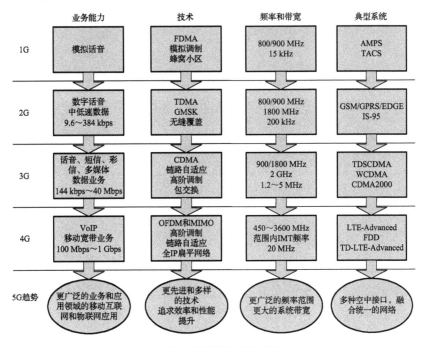

图 1-1　移动通信系统代际发展

从频谱资源看，由于移动互联网和物联网应用的快速发展，未来超千倍的流量增长和千亿设备实时连接，以及为用户提供超高速速率体验，对频谱资源提出了极高需求。ITU 计划将在 2015 年和 2019 年进一步考虑为移动通信系统分配更多的频段，未来的 5G 将全面支持 WRC15（World Radio Conference，世界无线电大会）和 WRC19 为移动通信新划分的频段以及 WRC07 之前划分的现有频段，届时，预计可支持的频率范围将从 400 MHz 到 100 GHz。

对于未来的 5G 系统，由于应用范围和领域的拓展，加上现有的 2G、3G 和 4G 技术长期并存，未来 5G 将是一个多种空中接口融合的系统，通过多种接入技术和空口的有机融合满足未来社会方方面面的需求。例如，包括待机 10 年成本极低的传感器接入，也支持峰值速率 Gbps 级的虚拟现实业务的实时传递，及支持几百 Byte（字节）小数据包的抄表业务，也需要支持毫秒级时延以及几乎 100%可靠性的远程心脏搭桥手术操作业务。

1.2.2 5G 愿景

移动通信系统经历了 30 多年的发展，其应用已经非常普及，随着技术的进步，其应用会更加广泛。5G 将以可持续发展的方式，满足未来超千倍的移动数据增长需求，将为用户提供光纤般的接入速率、"零"时延的使用体验、千亿设备的连接能力、超高流量密度、超高连接数密度和超高移动性等多场景的一致服务，以及业务及用户感知的智能优化，同时将为网络带来超百倍的能效提升和超百倍的比特成本降低，并最终实现"信息随心至，万物触手及"的 5G 愿景。未来无线移动通信系统在人类社会将发挥更加重要的作用，其愿景总结为如下 4 个方面，如图 1-2 所示。

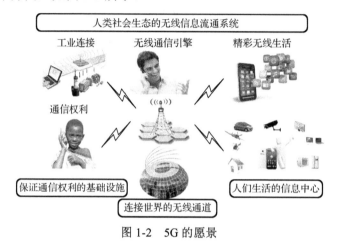

图 1-2 5G 的愿景

1. 人类社会生态的无线信息流通系统（广泛应用领域）

移动通信技术将在未来社会的各方面发挥重要作用，包括应对气候变暖、减少数字鸿沟、降低环境污染等，同时也将在公共安全、医疗卫生、现代教育、智能交通、智能电网、智慧城市、现代物流、现代农业、现代金融等领域发挥重要作用。

移动通信技术带动的智能终端和移动互联网应用，以及未来个人视听消费电子与 IMT 的结合，将对游戏娱乐、媒体和出版、报刊杂志业以及广告业产生重要影响。基于有线和无线网络的电子商务和互联网金融，将对零售业和金融业产生重大影响。

移动通信技术将成为未来人类社会生态赖以正常运转的无线信息流通系统，缺少了这个系统的支撑，整个人类社会机器都难以高效运转。

2. 连接世界的无线通道（泛在连接）

未来的移动通信技术将打破传统的人与人通信，成为连接世界万物的通道。有了这个通道，世界将变成一个泛在连接的智能高效社会。移动通信技术可以作为人的感官的延伸，扩展人的听觉、视觉到达世界的任何角落，使每个人可以与世界上所有的人和物建立直接的联系。

物联网或者器件连接为未来信息社会的最重要特征，移动通信技术由于其优越的系统性能、便捷的连接方式、巨大的规模效应等诸多优势，必将在未来的物联社会中发挥最重要的作用。

3. 人们生活的信息中心（丰富的应用）

手机从诞生以来，其最重要的功能是人与人的基本沟通功能。未来手机对个人而言，其功能和形态将极大地拓展：休闲、娱乐、办公、旅游、购物、支付、银行、医疗、健康、出行、智能家居控制等个人生活的方方面面，都需要手机/平板电脑/可穿戴设备等各种形态的移动终端。移动终端甚至包含了个人的信用身份等重要信息。

移动终端将成为人们生活的信息中心，而未来的移动通信系统需要为这些功能提供便利、可靠、安全的通信保证。

4. 保证通信权利的基础设施（基础设施）

随着移动通信技术的快速发展以及规模效应，通信对人类社会的重要性和价值将超越通信本身，为了保证社会的正常高效运转，未来移动通信将不再是其刚诞生时的一种奢侈的服务。类似水电供应设施，移动通信网络和设备将成为人类生活的基础设施，提供基础性的服务。未来通信系统将超过现有的紧急通信范围，发挥其社会责任，提供更多的基本通信服务保证。当然，移动通信作为商业运营系统，必不可少地提供更多丰富多彩的高附加值业务，这也是促使技术进步的重要动力。

1.2.3　5G面临的需求和挑战

移动互联网和物联网是未来5G发展的最主要驱动力。移动互联网主要面向以人为主体的通信，注重提供更好的用户体验。物联网主要面向物与物、人与物的通信，不仅涉及普通个人用户，也涵盖了大量不同类型的行业用户。为了满足面向2020年之后的移动互联网和物联网业务的快速发展，5G系统面临巨大挑战。

1. 移动数据业务的爆炸性增长

面向2020年及未来，超高清、3D和浸入式视频的流行将会驱动数据速率大幅提升，例如8K（3D）视频经过百倍压缩之后传输速率仍需要大约1 Gbps。增强现实、云桌面、在线游戏等业务，不仅对上/下行数据传输速率提出挑战，同时也对时延提出了"无感知"的苛刻要求。未来大量的个人和办公数据将会存储在云端，海量实时的数据交互需要可媲美光纤的传输速率，并且会在热点区域对移动通信网络造成流量压力。未来人们对各种应用场景下的通信体验要求越来越高，用户希望能在体育场、露天集会、演唱会等超密集场景，高铁、车载、地铁等高速移动环境下也能获得一致的业务体验。

随着移动互联网业务的快速发展和智能终端的快速增长，从2009年开始，移动数据业务以每年翻一番的速度递增。据中国IMT-2020（5G）推进组研究预测，相比于2010年，2020年的移动数据业务全球增长将达200倍；中国将增长300倍以上，其中典型大城市的数据增长达到600倍，局部热点地区，如北京的西单等，可能会达到1000倍的业务增长。

为了应对移动数据业务的爆发性增长，5G系统需要能够提供更大的容量和更高的传输速率挑战。

2．海量终端连接到移动网络

早期的移动通信系统主要解决人与人的通信，未来 5G 系统将会通过移动网络，实现人与物、物与物的互联。物联网业务类型丰富多样，业务特征也差异巨大。对于智能家居、智能电网、环境监测、智能农业和智能抄表等业务，需要网络支持海量设备连接和大量小数据包频发；视频监控和移动医疗等业务对传输速率提出了很高的要求；车联网和工业控制等业务则要求毫秒级的时延和接近 100%的可靠性。另外，大量物联网设备会部署在山区、森林、水域等偏远地区以及室内角落、地下室、隧道等信号难以到达的区域，因此要求移动通信网络的覆盖能力进一步增强。为了渗透到更多的物联网业务中，5G 应具备更强的灵活性和可扩展性，以适应海量的设备连接和多样化的用户需求。未来的智能终端和各种机器类型终端的大量出现，将需要 5G 提供 100～1000 倍的网络连接能力。

3．节能通信的需求

现有的移动通信网络设备和终端消耗大量的电力，造成环境污染。随着移动数据业务和终端数量的爆发式增长，如果仍然沿袭原有的发展方式，移动通信系统的耗电量将增加上百倍，这样将无以为继。

另外，为了提升用户感受，终端电池续航时间需要更大提升，在物联网应用方面，也提出了支持超低功耗的终端等需求，使得 5G 系统需要实现百倍数量级的能耗效率提升。

4．支持业务多样性网络部署

随着移动互联网和物联网业务的快速发展，未来 5G 网络将面临更加多样化和个性化的用户体验需求。为了满足业务变化，5G 网络的部署形态也将随之出现多样性。5G 网络从覆盖范围和应用场景看，将会出现多种形态的部署方式。既有传统蜂窝系统的宏蜂窝和微蜂窝部署，还将出现大量热点覆盖和室内覆盖部署，同时还有针对高速移动和短距离通信方式的部署。

另外，5G 系统还将面临与现有的 2G/3G/4G 系统共存以及联合组网、协作通信等部署难题。这些都将对未来 5G 多样性网络的部署方式带来巨大挑战。

1.2.4　5G 系统的性能指标

为了分析 5G 的性能指标要求，我们从未来业务和用户需求对 5G 带来的主要挑战出发，首先进行典型场景和典型业务的选择。在场景方面，从未来人们居住、工作、休闲和交通等各种区域中选择出具有超高流量密度、超高连接数密度或超高移动性等特征的典型场景，包括密集住宅区、办公室、体育场、露天集会、地铁、快速路、高铁和广域覆盖等 8 个场景。在业务方面，主要考虑具有高速率、低时延或高连接数等要求的 5G 典型业务，包括增强现实、虚拟现实、超高清视频、云存储、车联网、智能家居、OTT 消息等。根据各类典型场所的设计规范，分析各场景未来可能的用户分布，并根据业务需求综合考虑各类业务占比及对速率、时延等的要求，可以得到各个应用场景下的 5G 性能指标要求。图 1-3 给出了 5G 性能指标分析过程和方法[24]。

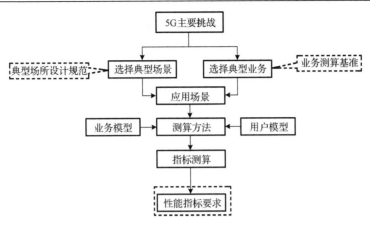

图 1-3 5G 性能指标分析方法

所考虑的 5G 关键性能指标主要包括用户体验速率、连接数密度、端到端时延、流量密度、移动性和用户峰值速率，各指标的具体定义见表 1-6。

表 1-6 5G 性能指标

名称	定义
用户体验速率（bps）	真实网络环境下用户可获得的最低传输速率
连接数密度（/km²）	单位面积上支持的在线设备总和
端到端时延（ms）	数据包从源节点开始传输到被目的节点正确接收的时间
移动性（km/h）	满足一定性能要求时，收发双方间的最大相对移动速度
流量密度（bps/km²）	单位面积区域内的总流量
用户峰值速率（bps）	单户可获得的最高传输速率

中国的 IMT-2020（5G）推进组对表 1-7 中的 8 个典型场景进行了测算，测算得到的各场景性能指标要求列于表 1-7 中[24]。

表 1-7 5G 典型场景性能指标要求

	指标/场景	流量密度(bps/km², DL/UL)	连接数密度(个/km²)	端到端时延(ms)	用户体验速率(Mbps, DL/UL)	移动性(km/h)	典型面积	典型面积总流量(bps,DL/UL)	典型面积总连接数(个)
居住	密集住宅区	3.2T/130G	100 万	15～40	1024/512	—	1km²	3.2T/130G	100 万
工作	办公室	15T/2T	75 万	10	1024/512	—	500～1000m²	7～14G/1～2G	375～750
休闲	体育场	1.3T/2T	72 万	5～10	60/60	—	0.2km²	260G/400G	14 万
	露天集会	1.3T/2T	72 万	5～10	60/60	—	0.4 km²	570G/880G	31.7 万
交通	地铁	10T/—	600 万(6 人/m²)	15～40	60/—	110	410m²	6.2G/—	0.25 万
	快速路	—	—	<5	60/15	180	—	—	—
	高铁	2.3T/1.2T	70 万	10	20/20	500	1500m²	3.4G/1.7G	0.1 万
其他	广域覆盖	4G/4G	0.1 万	5～10	60/60				

频谱利用、能耗是移动通信网络可持续发展的两个关键因素。为了实现可持续发展，5G 系统相比 4G 系统在频谱效率、能源效率方面需要得到显著提升。具体来说，频谱效率需提高 5～10 倍，能源效率要求有百倍以上的提升，频谱效率和能源效率的具体定义见表 1-8。

表 1-8 5G 关键效率指标

名　称	定　义
频谱效率（bps/Hz/cell 或 bps/Hz/km^2）	每小区或单位面积内，单位频谱资源提供的吞吐量
能源效率（bit/J）	每焦耳能量所能传输的比特数

国际电信联盟 ITU-R 目前正在开展 5G 系统性能指标的讨论，其为 5G 系统定义了 8 个性能指标和 3 种应用场景。8 个性能指标如表 1-9 所示。

表 1-9 ITU-R 制定的 5G 系统性能指标

指标名称	流量密度（Area Traffic Capacity）	连接数密度（Connection Density）	时延(latency)	移动性(Mobility)	能效(Network Energy Efficiency)	用户体验速率(UE Experienced Date Rate)	频谱效率(Spectrum)	峰值速率(Peak Data Rate)
性能指标	10 Tbps/km^2	100 万/ km^2	空口 1 ms	500 km/h	100 倍提升	0.1～1 Gbps	3～5 倍提升（相对 IMT-Advanced）	10～20 Gbps

ITU-R 将 5G 应用场景划分为三大类，包括应用于移动互联网的移动宽带（Extended Mobile Broadband）、应用于物联网的大容量物联网（Massive Machine Communications）和高性能物联网（Ultra Reliable and Low Latency Communications），如图 1-4 所示。其中，移动宽带又可以进一步分为广域连续覆盖和局部热点覆盖两种场景。

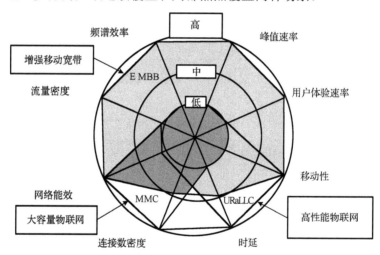

图 1-4 ITU-R 制定的 5G 系统的三大类应用场景和指标关系

广域连续覆盖场景是移动通信最基本的应用场景，以保证用户的移动性和业务连续性为目标，为用户提供无缝的高速业务体验。结合 5G 整体目标，该场景的主要挑战在于随时随地（包括小区边缘、高速移动等恶劣环境）为用户提供 100 Mbps 以上的用户体验速率。

局部热点覆盖场景主要面向局部热点区域覆盖，为用户提供极高的数据传输速率，满足网络极高的流量密度需求。结合 5G 整体目标，1 Gbps 用户体验速率、数十 Gbps 峰值速率和数十 Tbps/km^2 的流量密度需求是该场景面临的主要挑战。

大容量物联网场景主要面向智慧城市、环境监测、智能农业、森林防火等以传感和数据采集为目标的应用场景,具有小数据包、低功耗、海量连接等特点。这类终端分布范围广、数量众多,不仅要求网络具备超千亿连接的支持能力,满足 100 万/km² 连接数密度指标要求,而且还要求终端成本和功耗极低。

高性能物联网场景主要面向车联网、工业控制等垂直行业的特殊应用需求,这类应用对端到端时延和可靠性具有极高的指标要求,需要为用户提供毫秒级的端到端时延和接近 100% 的业务可靠性保证。

5G 系统场景及其关键挑战总结如表 1-10 所示。

表 1-10 5G 应用场景与关键挑战列表

业务分类	场景名称	关键挑战
移动宽带	广域连续覆盖	100 Mbps 用户体验速率 5 倍频谱效率
	局部热点覆盖	1 Gbps 用户体验速率 10 Gbps 以上峰值速率 10 Tbps/km² 流量密度
移动物联	大容量物联网	10^6 连接/km²; 终端低成本,低功耗
	高性能物联网	1 ms 空口时延 毫秒级别端到端时延 趋于 100% 的可靠性

1.2.5 5G 标准化进展

自 4G 标准在 ITU-R 正式发布后,2012 年起,5G 系统的概念和关键技术研究逐步成为移动通信领域的研究热点。5G 研究和标准化制定大致将经历 4 个不同的阶段。

第一阶段是 2012 年的 5G 基本概念提出;第二阶段是 2013—2014 年,这个阶段主要关注 5G 愿景与需求、应用场景和关键能力;第三阶段是 2015—2016 年,主要关注 5G 定义,开展关键技术研究和验证工作;第四阶段是 2017—2020 年,主要开展 5G 标准方案的制定和系统试验验证。如图 1-5 所示。

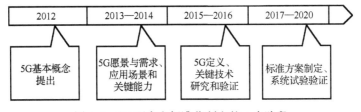

图 1-5 5G 研究和标准化制定的 4 个阶段

目前,世界各主要国家都成立了 5G 相关研究机构,力图在 5G 的研究上取得先机,争夺在标准化和产业化的主导权和领先地位。同时,各主要国际标准化组织也都启动了 5G 标准化工作,给出了标准化时间计划表。下面我们简要介绍主要国家和地区、标准化组织的 5G 发展情况。

1．各国家和地区 5G 项目和组织的情况

1）欧盟进展

2012 年 11 月，欧盟第 7 期框架计划启动名为 METIS（Mobile and wireless communications Enablers for the 2020 Information Society）的 5G 科研项目。该项目共投资 2700 万欧元，持续时间 2 年半，计划研究 5G 应用场景、技术需求、关键技术、系统设计和性能评估，将开发测试样机进行验证。目前，METIS 已初步完成 5G 需求、应用场景研究，提出 5G 潜在系统架构及关键技术，并发布了多项研究报告。

2013 年 12 月，欧盟启动了规模更大的 5G 科研项目 5G-PPP（5G Public-Private Partnership），总投资达到 14 亿欧元，由欧盟和项目成员单位各出资 7 亿欧元。5G-PPP 旨在加速欧盟 5G 研究和创新，主导构建全球 5G 产业蓝图，确立欧盟在 5G 领域的国际领导地位。5G-PPP 项目执行时间为 2014—2020 年，包含 3 个阶段。

- 第一阶段（2014—2016 年）：开展 5G 基础研究工作，提出 5G 需求愿景。
- 第二阶段（2016—2018 年）：进行系统研发与优化，开展标准化前期研究。
- 第三阶段（2018—2020 年）：开展大规模试验验证，启动 5G 标准化工作。

此外，2012 年启动的 METIS 项目被整合至 5G-PPP 框架内，成为 5G-PPP 的前期准备阶段。

2）韩国进展

2013 年韩国成立了面向 5G 的研究组织 5G Forum，包括来自韩国高校、企业以及研究机构的成员。韩国启动了面向 5G 的"GIGA Korea"研发计划，目标是在 2020 年建立能够为用户提供 Gbps 业务的智能 ICT 环境，能够为人们提供随时随地的全新生活体验。该计划执行时间为 2013—2020 年，总投资 5500 亿韩元，其中政府投资 4120 亿韩元，私营机构投资 1380 亿韩元。该计划的研究内容涵盖业务内容、软件平台、网络和设备等多方面的核心技术，现已启动"基于毫米波的 5G 移动通信系统"、"数字全息桌面终端技术"、"具有实时交互能力的多三维视点终端"、"基于 Gbps 类媒体的远程体验服务软件平台"、"基于 Gbps 类高容量互动浸入式媒体内容"等 6 个项目。

韩国在 5G 时间计划方面相对激进，宣布将于 2018 年平昌冬奥会期间开展 5G 网络试运行。

3）日本进展

日本在 2013 年 9 月依托日本国内的通信标准化组织无线工商业联合会（Association of Radio Industries and Business，ARIB）成立了"2020 and Beyond AdHoc 工作组"，现在共有 30 多家成员。其工作目标是研究 2020 年及未来移动通信系统概念基本功能、功能分布与架构、业务应用以及推动国际合作。5G 研究工作组又分成两个工作组：业务与系统概念工作组、系统架构与无线接入技术工作组。

日本计划在 2020 年奥运会之前提供 5G 商用服务。为了加大 5G 研发推进力度，2014 年 10 月初日本政府推动成立了"5G 移动推进论坛"，以整合日本国内各方力量。

4）中国5G研究进展

为推动5G研发，中国在2013年2月由国家工信部、国家发改委和国家科技部联合成立了IMT-2020（5G）推进组（以下简称推进组），集中国内产学研用优势单位，联合开展5G策略、需求、技术、频谱、标准、知识产权研究及国际合作，并取得阶段性研究进展。

需求组完成2020年及未来移动通信市场趋势、业务、用户和运营需求研究，提出密集住宅区、办公室、体育场、露天集会、地铁、快速路、高铁和广域覆盖等8个5G典型场景及多个5G典型业务，完成了各应用场景下的5G性能需求定量分析，并结合国内技术、频谱和产业积累提出了5G发展愿景及关键能力需求。推进组已在2014年5月主办的全球5G峰会上发布了5G需求白皮书，并将我国在5G需求上的主要观点提交至ITU。在5G关键能力及取值方面，我国的主要观点已被ITU采纳。

无线技术组完成了5G潜在无线关键技术的梳理，形成12个专题技术研究方向并设立了相应的专题研究组，从技术原理与优势、国内外研究现状、应用难点与挑战等维度进行了深入研究。目前，已初步明确5G典型场景和4个无线核心关键技术。通过分析移动互联网和物联网业务趋势与技术需求，提出了未来5G的4大典型技术场景，即广域覆盖场景、热点高容量场景、低时延高可靠场景和低功耗大连接场景。广域覆盖场景和热点高容量场景主要面向移动互联网业务，以提升传输速率为主要目标。其中，广域覆盖场景主要满足大范围覆盖及移动环境下5G用户基本业务需求；热点高容量场景主要面向热点区域的超高速率、超高流量密度的业务需求；低时延高可靠场景和低功耗大连接场景主要面向物联网业务需求。其中，低时延高可靠场景主要满足车联网、工业控制等对时延和可靠性要求高的业务需求，低功耗大连接面向低成本、低功耗、海量连接的M2M业务需求。

综合5G需求与技术趋势，结合国内技术积累情况的调研以及国际主要组织及企业观点，对5G潜在无线传输关键技术方向进行了分析梳理，将大规模天线阵列、超密集组网、新型多址技术和高频段通信作为核心关键技术。

基于上述研究成果，推进组在2015年2月发布了5G概念白皮书，提出了5G概念由一个关键能力和几个关键技术组成。同时提出了上述4大应用场景与挑战，指出场景与技术的关系。

网络技术组以5G需求研究成果为基础，进一步分析网络在高性能、高效率、高智能、高可靠、低成本和低能耗方面的需求，深入研究5G网络的技术路线和架构。

在总体架构方面，明确5G网络需求和演进目标，初步提出5G新型网络架构。对4G网络在端到端时延、业务收敛模式、网络控制和协同能力以及服务质量保障等方面存在的问题和不足进行了深入分析，结合5G需求研究成果，明确了5G网络架构和技术需要满足不同部署场景要求、具有增强的分布式移动性管理能力、保证稳定的用户体验速率和毫秒级的网络传输时延能力、支持动态灵活的连接和路由机制以及具备更高的服务质量和可靠性。初步设计了以控制承载分离、软件定义和网元功能虚拟化为基础的更加扁平化的5G新型网络架构。

频谱组已完成2020年我国移动通信频谱预测，提出到2020年我国需新增663～1178 MHz频谱，并提出3300～3400 MHz、4400～4500 MHz和4800～4990 MHz等拟提交至WRC-15讨论的移动通信候选频段。同时频谱组启动了2020年以后的频谱需求研究，目前已初步完成方法研究并明确将输出 7 个场景的频谱解决方案，相关业务、技术输入参数正分别与需求组、技术组对接，预计 2014 年年底给出频率需求预测结果。在 6 GHz 以上高频段方面，初步完成 6～100 GHz 潜在候选频段的梳理，提出 5925～7145 MHz、10～10.6 GHz、14.3～15.35 GHz、24.65～29.5 GHz、40.5～42.3 GHz、48.4～50.2 GHz、71～76 GHz、81～86 GHz 等 16 个候选频段。

2．主要标准化组织情况

1）ITU-R 进展情况

国际电信联盟 ITU-R WP5D 是专门负责地面移动通信业务的工作组，根据其 3G（IMT-2000）、4G（IMT-Advanced）的标准化过程看，从标准酝酿准备到完成标准化，基本上历经 10 年，通常有"移动通信标准 10 年一代"的说法。

2010 年 10 月，WP5D 工作组完成了 4G 技术的评估工作，并决定采纳 LTE-Advanced 和 OFDMA-WLAN-Advanced 为 IMT-Advanced 国际 4G 核心技术标准，4G 标准之争落下帷幕，剩下只是标准协议细节的制定。同年，WP5D 启动了面向 2020 年的业务发展预测报告起草工作，以支撑未来 IMT 频率分配和后续技术发展需求。该报告预测结果显示，移动数据流量呈现爆发式增长，远远超过了预期，IMT 后续如何发展以满足移动宽带的快速发展成为该报告中提出的重要问题，5G 的酝酿工作正式启动。WRC12 确立了 WRC-15 1.1 议题，讨论为地面移动通信分配频率，以支持移动宽带的进一步发展。到 WRC12 之后，WP5D 除了完成频率相关工作外，还启动了面向 5G 的愿景与需求建议书开发，面向后 IMT-Advanced 的技术趋势研究报告工作，以及 6GHz 以上频段用于 IMT 的可行性研究报告。面向未来 5G 的频率、需求、潜在技术等前期工作在 ITU 全面启动并开展。

到 2014 年年中，WP5D 制订了初步 5G 标准化工作的整体计划[25]，如图 1-5 所示，并向各外部标准化组织发送了联络函。截至 2015 年年中，ITU-R 完成了对 5G 的命名，决定 5G 在 ITU 正式命名为 IMT-2020，见图 1-6。

图 1-6 ITU 定义的 5G 标准时间计划

5G 标准化整体分为 3 个阶段，其中第 1 阶段为前期需求分析阶段，开展 5G 的技术发展趋势、愿景、需求等方面的研究工作；第 2 阶段是准备阶段，为 2016—2017 年，将完成需求、技术评估方案以及提交模板和流程等的制定，并发出技术征集通函；第 3 阶段是提交和评估阶段，为 2018—2020 年，完成技术方案的提交、性能评估以及可能提交的多个方案融合等工作，并最终完成详细标准协议的制定和发布。

2）3GPP 进展情况

3GPP 在 2015 年 3 月无线侧的 RAN 全会上讨论并确定了面向 5G 的初步工作计划。3GPP 将在 2015 年的 9 月 RAN 全会召开面向 5G 的研讨会（Workshop），邀请各个成员公司和相关组织探讨对后续 5G 发展的各方面观点和想法。同时，3GPP 初步确定从 2016 年的 R14 版本开始 5G 的 SI，标准化工作持续 R14、R15 和 R16 三个版本，计划 2019 年一季度向 ITU-R 提交正式的 5G 核心标准。同时，3GPP 在需求方面已启动了面向未来新业务和新应用场景的研究项目，以指导后续 5G 系统的研究。

3）IEEE 进展情况

2013 年 3 月，IEEE 启动了下一代 WLAN 标准预研项目"HEW"，旨在进一步改善 WLAN 频谱效率，提升 WLAN 区域吞吐量和密集组网环境下的实际性能。下一代 WLAN 立项之后迅速成为全球业界竞争的焦点，并被看作 5G 潜在的技术演进路线之一。2014 年 3 月，IEEE 正式批准了下一代 WLAN 标准（IEEE 802.11ax）立项，预计该标准将于 2019 年年初完成标准制定。

▌ 1.3　5G 系统的无线传输关键技术

5G 系统支持两大类业务，覆盖 4 个主要应用场景，满足 8 项关键指标需求。很难用单一无线空口技术或者无线接入系统就能满足上述所有需求和目标。未来的 5G 系统，为了满足各种极具挑战性的性能需求，一方面需要研究先进的空口传输技术提升频谱利用率和传输性能，设计新型无线传输网络架构，优化传输和信号处理流程，同时还需要增加更多的频谱资源，提升传输速率和系统容量。由于传统移动通信所用 3 GHz 以下频谱资源受限，需要向高频段上扩展频谱资源，未来移动通信频谱有可能进一步拓展到毫米波频段，达到 100GHz。因此，无线空口传输关键技术除了需要研究面向 3 GHz 以下频段的关键技术，还需要研究毫米波频段的传输技术与方案。

面向 5G 的无线接入系统，可以通过演进、融合和创新的技术发展路径来满足未来 5G 面对的各种挑战。首先可以通过持续优化和演进以 LTE/LTE-A 为主的现有的移动通信系统，将现有的技术和频率用好、用活，并寻求新的频率以及频率使用方法；其次，未来 5G 无线传输通过融合各种现有的无线移动通信系统，综合利用已有频段上的各个技术以最低的代价为用户提供最好的体验；同时，需要推动技术进步和创新，极大地提升系统的效率，降低设备和网络运维成本，满足未来长期发展的需求。为了寻求持续盈利能力，运营商需要调整思路适应产业生态的变革，降低网络成本，提升网络运营灵活性和业务能力。

针对广域连续覆盖场景，其主要目标是在传统蜂窝通信广域无缝覆盖的基础上，进一步提高全网业务体验速率和网络平均频谱效率。可以基于现有 4G 及其增强技术持续演进，引入诸如大规模 MIMO 技术、新型多址技术以及新型调制编码等，进一步提高系统的平均频谱效率，以及小区边缘用户的频谱效率，达到 100 Mbps 以上的用户体验速率。随着有源天线技术的成熟，天线在射频端可以进一步分离为多个小的单元，计算能力的快速提升将允许联合处理大量天线的中频或者基带信号，超过 128 单元的大规模 MIMO 技术在未来 5G 基站上应用成为可能。大规模天线技术同时具备多天线赋形增益和多用户复用增益，在提高系统覆盖能力的同时，也提升了系统频谱效率，并且能耗并不会提升，非常适合广域覆盖场景。同样得益于计算能力的提升，未来接收机可以支持更加复杂的非线性干扰删除算法，发端可以利用新型多址技术，在现有 OFDM 的基础上引入非正交接入，进一步增加系统复用的用户数，提升系统容量和频谱效率。新型的调制编码技术通过调制和编码的联合优化，在可接受的复杂度下，进一步提升空口频谱效率。

针对局部热点覆盖场景，其主要目标是在室内和室外热点等小覆盖区域，提供极高的峰值速率和用户体验速率，并满足区域流量密度的需求。现有 4G 技术在支持小小区方面做了大量的优化，但是由于频谱带宽受限，网络架构约束等原因，难以满足 5G 超高速率和超高流量密度的需求。需要进一步引入超密集组网、毫米波通信以及全双工技术等，提高系统带宽和峰值速率，在提高网络部署密度的同时降低部署难度，以满足 5G 需求。超密集组网技术基于热点密集组网场景，提出了以用户为中心的新型网络架构和移动性管理，通过本地化集中式的无线资源管理和干扰管理，提升用户体验。毫米波通信利用更高的频率、更大的带宽（几百 MHz 到 GHz 级带宽），结合高频大规模波束赋形技术，实现 10 Gbps 以上的峰值速率。全双工技术也叫同频同时双工，通过先进的干扰删除技术，能够将发送的已知强信号从接收端实时删除，实现同频同时双工，提升频谱效率 1 倍。受限于射频干扰删除的能力，全双工在小覆盖下更具有实用性。另外，小覆盖场景下，灵活频谱共享技术可以利用各种潜在的可用频段，包括非授权频段，提高网络整体流量。

针对大容量物联网，其主要目标是以极低的成本，支持每平方公里 100 万的器件连接，并能够实现设备低功耗。现有的 4G 蜂窝系统在物联网方面正在持续优化完善，一定程度满足了大容量物联网的需求。但是也有必要针对性地设计系统，采用新型多址和调制方式，优化信令和传输流程，以及引入 D2D（Device to Device）等灵活接入方式，以支持低成本大连接。

针对高可靠物联网，要求 5G 系统支持毫秒级的端到端业务时延（对应到空口约 1ms），并保证网络中任何时候、任何地点几乎 100% 的通信可靠性。这些要求都很难在现有 4G 空口和网络设计体系下达到，需要重新针对应用场景，优化设计空口和网络，引入超短帧结构，以及 D2D、MESH、新型调制等技术，确保网络的时延和可靠性。以 D2D 为例，在得到网络的授权后，两个设备间可以直接通信，极大地缩短了端到端的传输时延，非常适合汽车主动安全、本地工业控制等场景。

综上所述，大规模天线、新型多址接入、新型编码调制、全双工、终端直通技术、密集组网技术，以及毫米波通信等将成为满足 5G 需求的主要无线传输技术。另外，信道建模是研究大规模 MIMO，以及毫米波通信的基础。未来，无论大规模天线，还是毫米波通信，天线系统将通常是一个在垂直维和水平维可以分解的多天线阵列系统，这就要求进一步研究 3 维（3D）空间上的 MIMO 信道模型，以用于系统研究和评估。

各项关键技术以及对应的场景，及其在该场景下主要贡献的初步分析如表 1-11 所示。

表 1-11　5G 关键技术与应用场景列表

关键技术	场　景	作用和贡献
信道模型研究	广域连续覆盖	大规模天线关键技术研究和性能评估基础
	局部热点覆盖	毫米波通信关键技术研究和性能评估基础
大规模天线	广域连续覆盖	通过空间复用，提高空口频谱效率
	局域热点覆盖	通过大规模波束赋形，提高空口频谱效率
新型调制编码	广域连续覆盖	进一步提升系统频谱效率
	高性能物联网	提高空口传输的可靠性
新型多址接入	广域连续覆盖	进一步提升系统频谱效率
	大容量物联网	进一步提高系统可接入用户数目
	高性能物联网	降低空口传输时延
新型调制编码	广域连续覆盖	进一步提升系统频谱效率
	高性能物联网	提高空口传输的可靠性
同频同时双工	局域热点场景	提高空口频谱效率
毫米波通信	局域热点场景	通过大带宽，实现高速数据速率和极高流量需求

后续各章安排如下：

第 2 章介绍新型无线信道建模。在介绍无线信道传播机制与衰落特性基础上，进一步回顾无线信道建模研究的发展和 4G 无线信道建模的原理、方法，给出最新的 3D 信道建模和仿真方法，并进一步给出 5G 无线传输技术的建模方向。

第 3 章介绍大规模天线技术。通过对大规模天线技术背景和原理的介绍，阐述多天线技术发展脉络和更大规模天线传输技术的基本原理和信道容量、谱效和能效分析，进而给出大规模天线传输技术的主要研究内容和设计方法。

第 4 章介绍新型空口多址接入技术。多址接入技术对于 1G 到 4G 的发展具有重要影响，成为每一代的标志性技术。在对多址接入发展进行回顾的基础上，重点介绍 5G 系统的多个候选新型多址接入技术。

第 5 章介绍新型编码调制技术。重点介绍多元 LDPC 码、Polar 码等近年来信道编码的最新研究成果及其编码调制相结合的方案。同时，还介绍超奈奎斯特（Nyquist）调制方案的原理及其传输方案。

第 6 章介绍同频同时全双工技术。重点介绍全双工的技术原理、自干扰消除技术、无线资源分配方法、容量分析以及与多天线 MIMO 相结合的传输方案。

第 7 章介绍终端间直通传输技术。在对 D2D 技术发展状况和标准化情况回顾的基础上，对 D2D 传输与组网技术进行详细的介绍，给出 D2D 物理层、空口高层的关键技术方案以及组网方案，同时还进一步介绍基于 D2D 技术的车联网应用。

▋ 1.4　本章小结

移动互联网和物联网业务快速发展，成为 5G 移动通信系统发展的两大驱动力。相比于以往的 1G 到 4G 移动通信系统，5G 对人类社会和经济发展的影响更为深刻和广泛，将发挥更为重要的作用。5G 面临着业务数据爆发性增长所带来的传输速率、系统容量、频谱效率的挑战；物联网海量终端接入所带来业务多样性、指标多样性所带来的系统容量、接入效率、无线资源管理效率和系统复杂性的挑战；同时，对于网络节能需求所提出的能耗效率提升，以及多种网络联合部署、协作传输等网络复杂性的多重挑战。

为了应对各样需求和挑战，ITU-R 制定了 5G 的 3 类应用场景和 8 项性能指标，其中 3 类应用场景分别是应用于移动互联网的移动宽带、应用于物联网的大容量物联网和高性能物联网，其中移动宽带场景可以进一步细分为广域覆盖和热点覆盖两类子场景。8 项性能指标，除了移动速度、频谱效率、峰值传输速率、时延指标外，还提出了用户体验速率、能效、流量密度和连接数密度等新指标，每一项指标相对于 4G 系统都有较大的提升。

目前，全球主要国家和地区、企业和国际标准化组织都正在开展 5G 关键技术预研，并提出相应的标准化计划。在 ITU-R，5G 取名为 IMT-2020，并分为 3 个阶段进行标准化准备，到 2020 年最终完成标准文本。3GPP 和 IEEE 标准组织为了配合 ITU-R 工作计划，也制定了对应的标准化时间表。3GPP 将分为 3 个标准版本，从 2016 年开始，经历 Rel-14、Rel-15 和 Rel-16，到 2019 年年底完成 5G 标准化工作，并将标准化草案提交 ITU-R 进行评估与融合。

为了实现 5G 的广泛应用和高性能指标，无线移动关键技术将是提升系统传输性能、实现 5G 愿景最为重要的因素。本书后续各章所介绍的信道模型、大规模天线、新型多址接入、新型编码调制、同频同时全双工、终端间直通传输等技术方向将是 5G 无线传输的重点研究方向，并在未来的 5G 无线传输关键技术中扮演重要角色。

▌ 1.5　参考文献

[1] 李世鹤. TD-SCDMA 第三代移动通信系统标准. 北京：人民邮电出版社，2003.

[2] 吴伟陵，牛凯. 移动通信原理. 北京：电子工业出版社，2006.

[3] William C. Y. Lee. 无线与蜂窝通信（第 3 版）. 北京：清华大学出版社，2008.

[4] TD-LTE 移动宽带系统. 北京：人民邮电出版社，2013.

[5] 苏信丰. UMTS 空中接口与无线工程概论. 北京：人民邮电出版社，2006.

[6] 彭木根，王文博. TD-SCDMA 移动通信系统（第 2 版）. 北京：机械工业出版社，2007.

[7] 李世鹤，杨运年. TD-SCDMA 第三代移动通信系统. 北京：人民邮电出版社，2009.

[8] Erik Dahlman, Stefan Parkvall, et al. 3G Evolution: HSPA and LTE for Mobile Broadband, 2nd ed. Oxford，Academic Press，2008.

[9] 沈嘉，索士强，等. 3GPP 长期演进（LTE）技术原理与系统设计. 北京：人民邮电出版社，2008.

[10] 王映民，孙韶辉，等. TD-LTE 移动宽带系统. 北京：人民邮电出版社，2013.

[11] Stefania Sesia, Issan Toufik, Matthew Baker. LTE – The UMTS Long Term Evolution: From Theory to Practice. UK，John Wiley & Sons，2009.

[12] ITU-R，Detailed specifications of the terrestrial radio interfaces of International Mobile Telecommunications Advanced (IMT-Advanced)，ITU-R Recommendation M.2012-1, Feb.2014.

[13] ITU-R, Assessment of the global mobile broadband deployments and forecasts for International Mobile Telecommunications, ITU-R Report M.2243, Nov. 2011.

[14] ITU-R, Future spectrum requirements estimate for terrestrial IMT, ITU-R Report M.2290, Dec.2013.

[15] ITU-R, Future technology trends of terrestrial IMT systems, ITU-R Report M.2320, Nov. 2014.

[16] IST-2003-507581，WINNER D2.7 Ver 1.0. Assessment of Advanced Beamforming and MIMO Technologies，2005.

[17] http://www.3gpp.org

[18] http://www.3gpp2.org

[19] IMT-2020（5G）推进组. 5G 愿景与需求. 2014 http://www.imt-2020.org.cn.

[20] 大唐无线移动创新中心. 演进、融合与创新. 大唐电信科技集团 5G 白皮书，2013 年 12 月.

[21] Ericsson, More than 50 Billion Connected Devices, Ericsson White Paper，2011.

[22] NGMN, NGMN 5G White Initiative Paper, Feb.2015.

[23] Nokia Solutions and Networks, Looking ahead to 5G, Building a virtual zero latency gigabit experience, Dec. 2013.

[24] IMT-2020(5G)推进组. 需求研究-KPI 测算. 2014 年 4 月.

[25] ITU-R WP5D. "Liaison statement to External Organizations on the work plan, timeline, process and deliverables for the future development of International Mobile Telecommunications (IMT)". Jul. 2014.

第 2 章
Chapter 2

新型无线信道建模

　　在无线通信中,信道建模指的是根据无线信道的传播特征对无线信道进行数学描述的过程。与有线信道静态且可预测的典型特点不同,在无线移动通信系统中,由于传播环境和场景的复杂性,使得无线信道一般是动态且难以预测的,这就对系统设计和技术评估提出了挑战。因此,为了验证、优化和设计无线通信系统,前期就需要对无线信道进行建模。

　　本章主要讲述用于 5G 通信系统设计和评估的新型无线信道模型。2.1 节概述无线信道的基本传输机制和传输场景,同时给出 5G 新型无线信道特征对现有信道模型的挑战。2.2 节和 2.3 节则基于 ITU-R M.2135 信道模型,分别叙述无线信道的大尺度衰落特性和小尺度衰落特性的建模。2.4 节对 3GPP 3D 无线信道模型的建模和仿真进行详细的描述。最后,2.5 节则主要针对 5G 移动通信系统的关键技术如毫米波技术以及 D2D 和 V2V 等应用场景下的无线信道的测量和建模进行概述。

▌ 2.1　无线信道建模

在无线通信系统中，无线信道是影响系统性能的重要因素之一。无线传输环境的复杂和多变，使得无线信道一般是动态且难以预测的，而电磁波信号在其中传输则会经历典型的"衰落"现象。如图 2-1 所示，一般可将这种衰落现象描述为大尺度衰落和小尺度衰落。当电磁波信号通过一段较长的距离时（典型为数十甚至数百个波长距离）会产生大尺度衰落，一般是由信道的路径损耗（关于距离和频率的函数）和大的障碍物（如建筑物，中间地形和植被）所形成的阴影引起的。而当电磁波信号在较小的范围内（通常为一个波长可比的距离）传输时，会观察到其瞬时接收场强的快速波动，这种现象一般称为小尺度衰落[1, 2]。

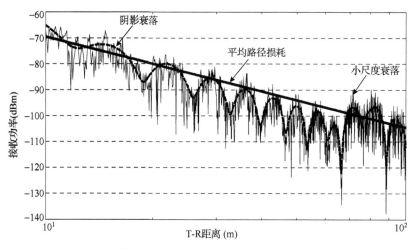

图 2-1　小尺度衰落和大尺度衰落

在验证、优化和设计无线通信系统时，通常需要对信道的传输特性进行建模。无线信道建模一般是指对无线信道的大尺度衰落特性和小尺度衰落特性进行数学描述的过程。目前无线信道模型的建模方法基本分为 3 种，即通过测量对特定仿真场景的信道冲激响应数据进行预存储与回放、确定性信道建模以及随机性信道建模[1]。其中确定性信道建模与信道冲激响应数据的预存储的建模方法由于对仿真场景具有很强的依赖性，即仿真过程中均需要一个确切的场景地图，所以一般将其称为场景相关的信道模型，而对于随机性信道模型则无需确切的场景地图。基于这三种信道建模方法开发出了不同的无线信道模型，但是在实际的无线通信系统中，还是需要根据不同的应用需求选择合适的无线信道模型，因此无线信道模型通常随着无线通信系统的发展而不断发展。

本节后续内容首先对引起无线电波大尺度衰落和小尺度衰落现象的 3 种基本传输机制进行概述，并在此基础上根据不同的建模方法对现有的标准无线信道模型进行综述，同时给出 5G 新型无线信道特征对现有无线信道模型提出的挑战。最后，对现有标准无线信道模型中使用的几种基本传输场景进行描述。

2.1.1　3 种基本电波传播机制

在无线通信中，无线传播是指电磁波从发射机传播至接收机的行为。在传播过程中，电磁波传播的机制是多种多样的，但总体上可以归结为（镜面）反射、绕射和散射。（镜面）反射一般是电磁波在传播的过程中遇到一个尺寸很大（相对于电磁波波长）且表面较为光滑的物体而产生的物理现象。绕射/衍射是指电磁波被尖锐、不规则的物体表面或小的缺口（洞）阻挡而绕到物体后方继续传播。散射是由一个或多个表面较为粗糙的物体引起的电磁波偏离原来传播方向的物理现象。引起散射的这些物体，如植物、路标、灯柱等，被称为散射体。因此，无线电波的传播是一个复杂和不可预测的过程，由（镜面）反射、绕射和散射决定，且不同距离、不同位置处的信号强度随环境的变化而变化。

1．反射

镜面反射现象一般发生在光滑介质表面，如光滑的地板、墙面等。如图 2-2 所示，当无线电波入射到不同介质的交界处时，一部分能量被反射，另一部分则通过。如果平面波入射到理想的电介质表面，则一部分能量进入到第二个介质，一部分能量反射回第一个介质，没有能量损耗。如果第二个介质是理想导体，则所有的入射能量都被反射回第一个介质，同样也没有能量损失。反射波和入射波的电场强度取决于入射波在介质中的斯内尔（Snell）反射系数[1]，一般定义为电磁波信号入射量和反射量的比值。反射系数与两

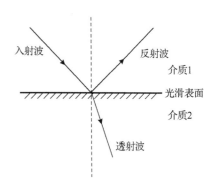

图 2-2　电磁波入射到光滑介质表面发生镜面反射

种传输介质的材料属性相关，通常情况下取决于无线电波的极性、入射角和频率[1, 2]。在实际中，当入射波照在地球上时，可将地面建模为一个单位反射系数的理想反射体[2]。

2．绕射

实际的无线传输环境中，所有的障碍物，如建筑物、车辆、植被等都具有一定的物理尺寸，尽管当接收机移动到障碍物的阴影区时，接收场强会迅速衰减，但是由于电磁波固有的辐射特性，阴影区的绕射场依然存在并常常具有足够的强度。

电磁波的绕射现象可由惠更斯（Huygen's）-菲涅尔（Fresnel）原理解释[1-3]，它说明波前上的所有点都可以作为产生次级波的点源，这些次级波组合起来形成传播方向上新的波前。绕射由次级波的传播进入阴影区而形成。在实际计算绕射损耗时，很难给出精确的结果。为了估算方便，人们常常利用一些典型的绕射模型，如刃形绕射模型和多重刃形绕射模型，读者可以通过文献[1, 2]进一步了解。

3．散射

在实际的无线环境中，接收信号比单独绕射和反射模型预测的要强。这是因为当电波遇到粗糙表面时，反射能量由于散射而散布于所有方向（如图 2-3 所示）。像灯柱和植被这样的物体在所有的方向上都散射能量，这样就给接收机提供了额外的能量。

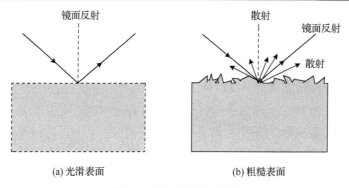

(a) 光滑表面   (b) 粗糙表面

图 2-3   镜面反射与散射

　　如图 2-3 所示，一般（镜面）反射发生于光滑的介质表面，而散射发生于粗糙的介质表面，表面的粗糙程度经常产生不同的传输效果。此外，对于粗糙表面，其散射分量相比于（镜面）反射系数会产生一个散射损耗系数[2]，以代表减弱的反射场。

2.1.2　无线信道建模

　　电磁波信号在无线信道中传输时由于反射、绕射和散射现象的存在，会产生大尺度衰落和小尺度衰落。无线信道建模就是对无线信道的大尺度衰落特性和小尺度衰落特性进行数学描述的过程，其主要有两方面的应用：

- 面向无线通信系统的设计、测试以及认证。这类信道模型主要要求能够对影响系统性能的关键特性进行准确建模，一般是非场景相关且较易实现；
- 面向系统优化。这类信道模型一般来说是场景相关的，即针对某一特定的系统仿真场景进行建模。

　　尽管面向不同的应用所使用的信道模型不尽相同，但概括来说，无线信道模型的建模方法主要有 3 种：

　　（1）预存储信道冲激响应。该方法使用信道测量设备对实际无线信道的信道冲激响应进行测量并存储，其优势是能够完整再现实际的无线信道特性，且存储的信道冲激响应数据可以重复使用。但是使用该方法进行信道建模有以下两方面的不足：

- 信道冲激响应数据的测试成本较高；
- 存储的信道冲激响应数据仅适用于特定的测量场景，不能用于其他类似场景。

　　（2）确定性信道建模。通过从一个预定义的地图数据库中获取仿真场景中各散射体、服务基站和用户的几何位置信息，然后利用无线电波空间传输的麦克斯韦（Maxwell）方程或近似方法计算信道的冲激响应数据。可以看出，其基本建模思想与预存储信道冲激响应类似，均需要某一仿真场景中各散射体和无线链路终端的几何位置信息，所以一般统称为基于场域的信道模型[1]。与预存储信道冲激响应的建模方法相比，其不足主要体现在两个方面：

- 运算复杂度较高，一般会随着传输环境内散射体数目的增加呈指数级增长；
- 仿真结果不够精确，这是由于对实际无线环境的描述不够精确所致。

但相比于实际的信道测量，使用该方法进行计算机仿真的实现成本则较低，且可以使用一些特定的计算方法（如射线跟踪）将无线电磁波的不同传输机制分离从而降低仿真的运算复杂度。

（3）随机性信道建模。通过对信道冲激响应的概率密度函数进行分析从而得到信道的冲激响应。可以看出，该方法不针对某一特定位置的信道冲激响应进行建模，而是对某一区域内的信道冲激响应的概率密度函数进行建模。典型的模型，如瑞利（Rayleigh）衰落信道模型，其对某一特定位置的场强预测虽并不精确，但却可以预测某一区域内的场强分布。

概括来说，随机性信道模型一般用于设计和对比不同的无线通信系统，而确定性信道模型（场域信道模型）则更适用于无线通信系统的网络规划与部署。需要注意的是，无论何种信道建模方法都难以精确预测实际的无线信道特性，但是在实际的无线通信系统中，一般需要根据不同的应用需求选择合适的无线信道模型，因此无线信道模型通常是随着无线通信系统的发展而不断发展的。

对于窄带通信系统，考虑到影响系统性能的主要因素是信道的大尺度衰落参数，如路径损耗和阴影衰落，因此早期的窄带信道模型主要用于预测信道的大尺度衰落特性，如Okumura–Hata 模型、Lee's 模型以及 COST-231 WI 模型等[2]。但随着无线通信系统带宽的不断增加，人们开始关注无线信道的一些小尺度衰落参数对系统性能的影响，如信道的时延扩展、多普勒扩展以及角度扩展等，此时的信道模型一般也称为宽带信道模型，如应用于第 2 代移动通信系统 GSM 的信道模型 COST 207[4]，以及应用于第 3 代移动通信系统的信道模型 ITU-R M.1225 等[5]。随着人们对数据业务的需求增长，促进了第 4 代移动通信系统的发展，一些用于提高无线通信系统容量的关键技术开始得到广泛关注和应用，如 MIMO 天线技术的应用使得评估系统性能时需要考虑到无线信道的空间相关性，因此需要一种方向性宽带无线信道模型。为了适应这样的需求，研究者发现基于几何的统计信道模型（Geometry-Based Stochastic Models，GBSMs）可以很好地对方向性宽带无线信道模型进行建模。

根据文献[6]，GBSM 信道模型相比于传统的随机性信道模型其优势主要体现在 3 个方面：
- 更直观地体现了实际的无线信道环境；
- 通过对环境散射体的分布进行建模，更好地解决了不同的信道衰落特征参数（如阴影衰落、多径时延、多径的离开角和到达角等）的相关性建模；
- 方便同时对终端用户移动性和环境散射体的移动性进行建模。此外，该模型也容易实现对信道大尺度衰落参数（如路径损耗和阴影衰落）的建模。

另一方面，相比于传统的确定性信道模型，GBSM 信道模型只需获取场景内环境散射体分布的概率密度函数，而无需得到无线传输环境的完整几何布局信息，从而使得其仿真复杂度和灵活性都更好。

3GPP SCM（Spatial Channel Model）信道模型[7]是典型的 GBSM 信道模型，主要用于后 3G 移动通信系统的性能评估，其仿真频段为 2 GHz，仿真的信道带宽最大为 5 MHz。为了满足更高带宽的系统性能评估，WINNER 组织对 SCM 信道模型进行了扩展，开发了SCME 信道模型[8]，仿真频段由 2 GHz 扩展至 5 GHz，同时将信道的最大仿真带宽增加至

100 MHz。但是 SCME 信道模型仍无法满足第四代移动通信系统性能的评估，因此 WINNER 项目组基于不同组织和机构的实场测试数据相继提出了 WINNER 信道模型[9]与 WINNER II 信道模型[10]，同时国际电信联盟（ITU）也于 2007 年开始面向各个研究组织和机构征集信道模型，其中，北京邮电大学也代表中国贡献了大量的文稿和基于实场测试数据的信道模型（2008 年），读者可参考文献[11~16]。2009 年，国际电信联盟基于各个组织和机构提交的信道模型提出了 ITU-R M.2135 标准信道模型[17]。相比于 SCME 信道模型，一方面，WINNER II 信道模型支持的仿真频段扩展至 2~6 GHz，同时 ITU-R M.2135 信道模型支持的频段范围也进一步扩展至 450 MHz~6 GHz；另一方面，WINNER II 和 ITU-R M.2135 信道模型除了支持微小区和宏小区的室外场景，还增加了室内热点场景，以及室外到室内场景。

随着移动数据量的爆炸式增长，3D MIMO 等一些可以提供额外系统容量的空间技术开始成为研究焦点，而这些技术的应用也对现有的信道模型提出新的挑战。无论是 WINNER II 信道模型还是 ITU-R M.2135 信道模型，现有的大部分信道模型都是 2D 信道模型（WINNER II 信道模型对 3D 信道建模提供部分支持，即仅对室内信道的部分 3D 参数进行了建模），关注的仅是无线电波在天线水平维度的传输特性，并未考虑俯仰维度的电波传输特性，因此为了实现对 3D MIMO 等空间技术的评估，3GPP 标准化组织开始推进 3D 信道建模的标准化工作，基于现有的 ITU-R M.2135 信道模型提出了标准的 3D 信道模型 TR 36.873[18]。关于该信道模型的描述，读者可参考 2.4 节 3GPP 3D 信道建模的相关内容。

近年来，随着第 4 代移动通信系统的陆续部署，人们也越来越意识到无线数据业务量将持续倍增。此外无线连接的设备和数据传输速率也将呈现指数级增长，因此为了满足未来的这些需求，世界各个研究机构和标准化组织，如欧盟 METIS 和 5GNOW 以及我国 IMT-2020 推进组等[19-21]，开始将目光转向第 5 代移动通信系统。第 1 章中阐述了第 5 代移动通信系统的预期目标，可以看出第 5 代移动通信系统在数据的峰值速率、用户的数据体验速率、设备连接密度以及端到端时延等方面都有更高的需求。

为了满足第 5 代移动通信系统的需求，毫米波通信、大规模天线技术、3D MIMO 技术等可进一步提高系统性能的技术已经成为第 5 代移动通信系统的备选技术，而这些技术的应用以及第 5 代移动通信系统的需求也将对现有的无线信道模型提出新的挑战，根据文献[22]，主要表现为以下几个方面。

（1）更繁复的传输应用场景以及网络拓扑：为了实现任何人、任何物在任何场所及任何时间进行信息与数据快速传递和共享的目标，必然要求新的无线信道模型支持更加繁复的场景和网络拓扑结构。一方面，无线通信系统必须能够在更加多样化的环境下可靠工作，如室内办公区、室外到室内场景、密集市区、高铁场景、购物中心、大型的露天体育馆及节庆场所等。另一方面，支持的网络拓扑结构不仅要包括传统的蜂窝网络拓扑，也需要增加对 D2D（Device-to-Device，设备间通信）、M2M（Machine-to-Machine，物联网）以及 V2V（Vechile-to-Vechile，车联网）等的支持。

（2）高频通信：毫米波频段不仅可以提供相当可观的频谱资源，而且也使得更大规模天线技术的应用成为可能（天线阵列尺寸与波长成正比，因此在毫米波频段，大规模天线阵的尺寸具有较小的体积）。尽管毫米波频段信道特性的研究已经在部分频段开展，尤其是 60 GHz，但是 6~100 GHz 内仍有很多频段的信道关键特性是未知的，如高分辨率的角度域特

性以及非视距传输链路的路径损耗模型。5G 新型信道模型除了需要支持全频段（350 MHz～
100 GHz）的信道仿真外，而且由于频率越高可用的带宽就越宽，因此相比 4G 信道模型的
最大 100 MHz 的带宽，5G 信道模型支持的最大带宽会达到 1～2 GHz。

（3）空间传播特性的更精确建模：大规模天线技术的应用使得天线数目成百上千地增
加，从而可以获得更多的空间复用或分集增益的增加，但大规模天线的实际部署有均匀线
阵、分布式天线和集中式的二维天线阵等不同形式。对于均匀线阵，天线阵列的尺寸将非
常大，此时不同位置的天线单元一般会得到不同的空间信道信息。对于此种天线阵列，需
要假定无线电波是以非平面波传输，而且随着空间分辨率的提升，也需要对各散射多径的
离开方向或到达方向的水平域角度及垂直域角度、大尺度衰落参数以及极化特性进行精确
建模。对于二维天线阵列，则需要将传统的基于平面波传播的 ITU-R M.2135、WINNER II
等信道模型进行扩展以支持信道的 3D 传播特性，即需要对其俯仰维度的角度特性进行建
模和仿真。

（4）空间一致性：无线信道的空间一致性指的是：当发射端或接收端移动或变化时，
信道特性会随之发生渐变，但并不会出现非连续或者中断的情况。现有的通用信道仿真模型
（如 ITU-R M.2135、WINNER II 等）均是基于随机快照的，也就是说不同的快照间链路周围
的散射环境是统计独立的。这样的仿真假设可能会使得一些空间技术如多用户 MIMO
（Multi-User MIMO、MU-MIMO）的性能被高估，因为根据模型的假设，即使是相邻的移动
终端其链路所处的散射环境也是相对统计独立的，而在实际中并非如此。因此，随着 D2D、
V2V 以及高连接密度场景的出现，对无线信道的空间一致性的建模就变得尤为重要。

以上从 4 个方面对第 5 代移动通信系统的信道模型面临的挑战进行了描述，欧盟的 5G 研
究 METIS 项目组针对这些挑战提出了两种不同的信道模型：现有的 GBSM 信道模型以及基于
地图的确定性信道模型（或者两者混合建模），具体的描述可以参考文献[22]。表 2-1 根据文献
[22]对现有的无线信道模型和未来 5G 信道模型从不同角度进行了比较和总结。

表 2-1   现有信道模型的对比

特性	3GPP SCM	WINNER II /WINNER+	IMT-Advanced	3GPP D2D	3GPP 3D	IEEE 802.11ad	未来 5G 信道模型
频段 [GHz]	1～3	1～6	0.45～6	1～4	1～4	60～66	6～100
带宽 [MHz]	5	100	100	100	100	2000	中心频率的 10%
Massive-MIMO	否	有限	否	否	有限	是	是
球面波	否	否	否	否	否	否	是
大规模天线阵（超出稳态区间）	否	否	否	否	否	否	是
双端移动	否	否	否	有限	否	否	是
Mesh	否	否	否	否	否	否	是
3D	否	是	否	否	是	是	是
毫米波	否	否	否	否	否	是	是
动态仿真	否	非常有限	否	否	否	有限	是
空间一致	否	否	否	否	否	否	是

2.1.3　基本传输场景

确定性信道模型和随机性信道模型是现有的无线信道模型的两种基本类型，GBSM 信道模型则使用了两种信道模型的建模思想，是一种更适合于方向性无线宽带信道模型的建模方法。可以看出，无论何种建模方式均依赖于信道的传输环境，确定性信道模型需要完整的信道环境的几何布局信息，而随机性信道模型也需要信道不同环境下的冲激响应的分布特性，至于 GBSM 信道模型则需要根据不同的信道传输环境确定不同的环境散射体的分布特性。所以信道的仿真场景是无线信道建模的前提和基础。

本节将基于 ITU-R M.2135 信道模型对现有的 GBSM 信道模型使用的基本传输场景进行描述，这些基本传输场景主要包括室内传输场景、微小区传输场景、宏小区传输场景以及高速移动的传输场景。其中微小区传输场景和宏小区传输场景中会针对室外用户和室内用户两种不同的传输应用场景进行描述。

1. 室内热点

典型的室内环境如办公室或会议室场所、工厂、机场候机大厅、火车站候车室以及家居环境等，其主要特征是基站（或服务接入点）覆盖范围较小，用户移动性低，且用户密度和流量较大，考虑移动业务 70% 由室内发起，此场景是一个经典和必须评估的环境。

图 2-4 是 ITU-R M.2135 中定义的室内热点环境布局，简称为 InH（Indoor Hotspot），属典型的建筑物内部楼层布局（该场景由北京邮电大学 2007 年于 ITU-R 8F 22th 会议提出，并被采纳）。楼层高度为 6 m，主要由 16 个 15 m × 15 m 的房间及一个 120 m × 20 m 的长廊构成。两个服务接入点分别位于走廊的 30 m 和 90 m 处。另外，在该场景中，视距传输（Line of Sight，LoS）及非视距传输（Non-Line of Sight，NLoS）均存在。

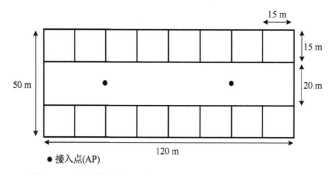

图 2-4　室内热点场景的布局（ITU-R M.2135，InH）

WINNER II 信道模型定义了两种不同的室内环境。图 2-5 给出了 WINNER II 定义的室内办公或家居环境（A1）的布局，与 ITU-R M.2135 定义的室内热点环境类似，其服务接入点（AP）仍然仅配置在走廊，当用户位于走廊时，此时可能存在 LoS，而当用户位于房间内时，则为 NLoS。不同的是，A1 环境布局考虑了 NLoS 传输的穿墙损耗以及楼层穿透损耗。B3 是 WINNER II 定义的室内空旷环境布局，如会议大厅、工厂、火车站或机场等一些空旷室内环境，其典型的空间大小可以达到 100 m × 100 m × 20 m，同时视距传输和非视距传输均存在。一般在 B3 环境中用户流量和用户连接密度都会很大。

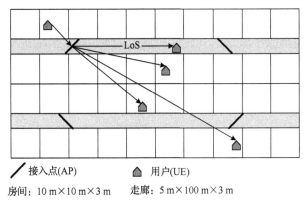

图 2-5　室内环境布局（WINNER II，A1）

2. 城市微小区

在传统的城市微小区场景中，通常假定服务基站和用户的天线高度普遍低于周围建筑物的高度，且都位于室外。场景覆盖范围内的街道布局为经典的曼哈顿（Manhattan）网格类型。若不考虑街道上来往车辆（如卡车或公共汽车）的阻挡，则在主街道内的任意位置均存在与服务基站的视距传输路径。所有横穿主街道的街道均称为垂直街道，而平行于主街道的街道则称为平行街道。场景中的链路传输包括视距传输和非视距传输。此外，小区的形状主要由周围建筑物的布局决定，且经街道角落或穿透建筑物的传输链路均属于街道内的典型非视距传输链路。该场景的主要特点是用户连接密度较高，且用户类型主要为行人和低速移动的乘车用户。表 2-2 归纳了 ITU-R M.2135 和 WINNER II 信道模型对城市微小区的定义和描述。

表 2-2　市区微小区场景

信道模型	传输场景	传输链路	天线		特点
			BS	UT	
ITU-R M.2135	UMi	LoS	室外 5～10 m	室外 1～2 m	曼哈顿网格类型的街道，用户连接密度较高，且用户低速移动（≤30 km/h）
		NLoS	室外 5～10 m	室外 1～2 m	
		O2I	室外 5～10 m	室内 1～2 m	室内用户需要考虑楼层高度，且室内布局与 InH 相同
WINNER II	B1	LoS	室外 5～10 m	室外 1～2 m	曼哈顿网格类型街道，用户连接密度较高，且用户低速移动（≤30 km/h）
		NLoS	室外 5～10 m	室外 1～2 m	
	B4	O2I	室外 5～10 m	室内 1～2 m	室内用户需考虑楼层高度，且室内布局与 A1 相同
	B2	NLoS	室外 5～10 m	室外 1～2 m	远端散射体存在，如公园、水面或广场等

ITU-R M.2135 信道模型中典型的市区微小区环境被定义为 UMi（Urban Microcell）场景。根据被覆盖用户是否处于室外，可将该场景的服务覆盖分为两种类型，分别是室外基站对室外用户覆盖和室外基站对室内用户覆盖。所以 ITU-R M.2135 信道模型的 UMi 场景中的链路传输有 3 种类型，即室外链路的视距和非视距传输以及室外到室内的非视距链路传输。

WINNER II 信道模型中定义了 3 种不同的城市微小区场景，分别是传统的城市微小区场景（B1），恶劣的城市微小区场景（B2），以及室外到室内的城市微小区场景（B4）。B2 场景布局与传统的城市微小区场景相同，所不同的是在 B2 场景中某些位置处的用户可能会接收到远端散射体的多径信号，这些具有一定能量的信号可以被分辨或者聚集成簇，且具有很长的传输时延。在一些开放区域（如大型的广场、公园或者水面等）中便存在这样的链路传输。B4 场景定义中，用户的天线高度假定为 1～2 m（需要考虑楼层高度），服务基站的天线高度普遍低于周围建筑物的高度（超过 4 层典型楼层的高度），一般为 5～10 m。在 B4 场景中，服务基站位于室外，其周围的环境布局为传统的市区微小区（B1），通常具有很高的用户密度，因此对系统的吞吐量和频谱效率的要求很高。B4 场景中的室内环境布局则与 A1 场景布局相同，在仿真时通常假定用户位于 1～3 层的楼层中。

3．城市宏小区

城市宏小区场景定义主要关注的是较大的小区覆盖以及连续的小区覆盖，因此其重要特征便是在城区内的连续且大范围的小区覆盖。城区宏小区场景通常是干扰受限的，且为了实现大范围的小区覆盖，其服务接入点一般位于屋顶以上。

典型的城区宏小区场景中，服务基站一般会被固定于周围建筑物的顶部，而用户则一般位于街道两侧。信号传输通常为非视距传输或有阻挡的视距传输（Obstructed Line of Sight，OLoS），原因是信号可以直接通过屋顶的绕射（或衍射）到达用户。建筑物的位置布局可以是典型的曼哈顿网格，或者其他任意不规则形状。城区宏小区场景中典型建筑物的高度一般会超过 4 层楼的高度，而且建筑物的高度和密度基本是同质的。表 2-3 详细列举了 ITU-RM.2135 和 WINNER II 信道模型中城市宏小区场景的定义和特点。

表 2-3　城区宏小区场景

信道模型	传输场景	传输链路	天线		特点
			BS	UT	
ITU-R M.2135	UMa	OLoS	室外 10～150 m	室外 1～10 m	基站固定于建筑物顶部，街道布局形状不固定，但建筑物的高度和密度是同质的，用户移动性一般为车速移动
		NLoS	室外 10～150 m	室外 1～10 m	
	SMa	OLoS	室外 10～150 m	室外 1～10 m	基站固定于建筑物顶部，有较多的开放区域，植被覆盖适度
		NLoS	室外 10～150 m	室外 1～10 m	
WINNER II	C2	OLoS	室外 10～150 m	室外 1～10 m	与 UMa 场景相同
		NLoS	室外 10～150 m	室外 1～10 m	
	C4	O2I	室外 10～150 m	室内 1～2.5 m	室外场景为 C2，室内场景布局与 A1 相同，路径损耗和阴影衰落较为严重
	C3	NLoS	室外 10～150 m	室外 1～10 m	周围环境一般不是同质的，存在高于服务基站的建筑物或群山，信道的时延色散和角度色散较大
	C1	OLoS	室外 10～150 m	室外 1～10 m	与 SMa 场景相同
		NLoS	室外 10～150 m	室外 1～10 m	

ITU-R M.2135 信道模型中定义的典型城区宏小区场景为 UMa(Urban Macrocell)场景。此外，模型还定义了郊区宏小区场景 SMa（Suburban Marcocell，可选）。在典型的 SMa 场景中，为了保证宏小区的覆盖范围，服务基站通常会位于建筑物的屋顶以上，移动用户则位于室外的街道两侧。场景中的建筑物一般是典型的低密度独立式民宅（仅一层或两层楼层高度），或仅几层楼层的公寓，而这些民宅或公寓间偶尔会有一些开放区域，如公园或操场，会使得整个环境更加空旷。此外，SMa 场景中的建筑物不会形成规则的街道网格结构（如曼哈顿网格），且整个场景内的植被覆盖也是适度的。

WINNER II 信道模型中也定义了同样的宏小区场景，即典型的城区宏小区场景 C2 以及郊区宏小区场景 C1。但是，模型还定义了恶劣的城区宏小区场景 C3 以及室外到室内的城区宏小区场景 C4。不同于 C2 场景，C3 场景所描述的城市中，其建筑物的高度和密度不再是同质的，这样就使得整个传输信道的时延色散和角度色散更加明显。城市结构中的异质性是由多种因素引起的，例如，不同密集住宅区间的开阔水面或摩天大厦。此外，若整个城市被群山围绕，此时也会增加信道的时延色散和角度色散。C3 场景中服务基站一般会普遍高于周围建筑物的平均高度，但其中也可能会有一些建筑物的高度超过服务基站的高度。若从建模的角度来看，其带来的影响可以等价于一个附加的远端散射体。C4 场景中，服务基站位于室外，其环境布局与 C2 相同，用户位于室内，其环境布局与 A1 相同。一方面，这意味着服务基站的信号传输到用户所在楼层外墙体的视距路径会变得很长，而且这种视距传输大部分都位于建筑物的较高楼层。另一方面，对于建筑物内的低楼层用户而言，其信号传输将会经历很严重的阴影衰落。与 B4 场景相比，C4 场景中除了室外传输的路径损耗和阴影衰落更加严重以外，两种场景下的信号穿墙传输以及室内传输基本是相同的。

4. 高速移动

高速移动场景定义主要关注更大的小区以及连续的小区覆盖，其主要特征是其连续且广范围的小区覆盖，同时其还支持小区覆盖范围内车辆的高速移动。因此高速场景一般是噪声受限或干扰受限的，且其小区类型为宏小区。高速场景必须支持服务基站与速度高达 350 km/h 的高铁或高速移动车辆的链路连接的可靠性。

ITU-R M.2135 信道模型中的高速场景定义为 RMa（Rural Macrocell），支持无线信号的大范围覆盖（半径可达 10 km），且环境内的建筑物密度较低。为了支持更大的小区覆盖，服务基站的典型高度一般为 20～70 m，明显高于周围建筑物的平均高度，因此场景内的链路传输大部分均为视距传输。当用户为室内用户或车载用户时，链路会经历一个附加的穿透损耗，且该损耗一般会被建模为一个频率相关的常量。在这种情景下，服务基站的位置在传输环境中是固定的，且可支持 0～350 km/h 的用户移动速度。

WINNER II 信道模型中的高速场景定义为 D1 与 D2，其中 D1 的场景定义与 ITU-R M.2135 信道模型的 RMa 场景定义相同。D2 场景中传输链路的服务接入点（AP）与用户均可（高速）移动。例如，在高铁情景下用户与服务接入点的链路连接，其服务接入点也被称为移动中继（Mobile Relay Stations，MRSs），通常架设于高铁车厢的天花板用以向用户提供服务。在该场景中，固定服务基站与移动中继的视距传输链路被定义为 D2a，而移动中继与用户间的链路连接则被定义为 D2b。

WINNER II 信道模型定义的 D2a 场景中在高铁轨道附近每 1000～2000 m 内需要有一个服务基站，且服务基站在距离轨道 50 m 时高度至少为 30 m，或在距离轨道 2 m 时高度至少为 5 m。高铁车厢（即移动中继）的高度为 2.5 m，移动速度理论上可达到 350 km/h。在高铁的运行路程上假定是不会穿过隧道的，但是可以通过使用较低高度的服务基站来模拟高铁穿过隧道时引起的多普勒频率的突变。D2b 场景描述的是高铁车厢内的传输链路，且假定车厢仅有一层。在车厢内部，通常会将 MRSs 架设于车厢的天花板上，车厢内桌椅的密度与普通列车车厢相同。场景中假定车厢内的窗户由热防护玻璃构成，只有这样才能假设高速移动过程中列车周围的散射体环境不会影响车厢内部的链路传输，因为热防护玻璃对信号的衰落损耗约为 20 dB，这样当车厢内的信号穿过热防护玻璃经外部散射体再次穿过热防护玻璃到达车厢内时其穿透损耗至少为 40 dB，此时其对车厢内部的链路传输的影响可以忽略。

2.2 大尺度衰落模型

无线电波在实际的无线信道环境中传输一般会发生反射、绕射以及散射等物理现象，使得无线信号在传输过程中产生衰落，通常将信道对无线信号的衰落影响分为两种不同的类型，分别是大尺度衰落和小尺度衰落。

信道的大尺度衰落一般表现为路径损耗和阴影衰落。在无线信道模型中，通常将阴影衰落模型建模为对数正态衰落模型。而关于路径损耗模型，其对于预测距发射端一定距离处接收端的场强变化具有重要的参考作用。在自由空间中，信号的路径损耗仅与传输信号的载波频率、传输距离以及收发天线的增益相关。而在实际的无线信道环境中，由于环境散射体对无线信号的反射、绕射以及散射作用，其路径损耗模型会有所不同，通常使用对数路径损耗模型来描述实际的无线信道的路径损耗。一般来说，无线信道模型中的路径损耗模型与信道的传输环境以及链路的传输形式相关，通常通过对实场测试数据的分析来拟合出不同传输环境和传输链路的路径损耗模型。本节将介绍 ITU-R M.2135 信道模型中不同传输场景的大尺度衰落模型，使得读者对于一般的无线信道模型的大尺度衰落模型的建模及其形式有所了解。

2.2.1 自由空间传播模型

自由空间传播模型用于预测接收机和发射机之间是完全无阻挡的视距路径时接收信号的场强。卫星通信系统和微波视距无线链路就属于典型的自由空间传播。根据能量守恒定律，自由空间中距离使用各向异性天线的发射机 d 处天线的接收功率由著名的弗里斯（Friis）公式给出：

$$P_r(d) = \frac{P_t G_t G_r \lambda^2}{(4\pi)^2 d^2 L} \tag{2-1}$$

其中，P_t 为发射功率（单位为 W）；$P_r(d)$ 为接收功率（单位为 W），为 T-R 距离的函数；

G_t 与 G_r 分别是发射天线和接收天线增益；λ 为信号波长（单位为 m）；d 是 T-R 距离（单位为 m）；L 是与传播环境无关的系统损耗系数。系统损耗系数表示实际硬件系统中的总体衰减或损耗，包括传输线、滤波器和天线。通常 $L>1$，但是如果假设系统硬件没有损耗，则 $L=1$。

由式（2-1）的自由空间公式可知，接收机功率随 T-R 距离的平方而衰减，即接收功率衰减与距离的关系为 20 dB/十倍程。

路径损耗表示信号衰减，单位为 dB 的正值，定义为有效发射功率与接收功率之间的差值，可以包括也可以不包括天线增益。对于没有任何系统损耗（$L=1$）的自由空间路径损耗，当包含天线增益时为：

$$PL(dB)=10\lg\frac{P_t}{P_r}=-10\lg\left[\frac{G_t G_r \lambda^2}{(4\pi)^2 d^2}\right] \tag{2-2}$$

当不包括天线增益时，假设天线具有单位增益（即 $G_t = G_r = 1$），其路径损耗为：

$$PL(dB)=10\lg\frac{P_t}{P_r}=-10\lg\left[\frac{\lambda^2}{(4\pi)^2 d^2}\right] \tag{2-3}$$

弗里斯（Friis）自由空间模型要求 T-R 距离 d 必须满足发射天线远场值。天线的远场或 Fraunhofer 区定义为超过远场距离［也可称为瑞利（Rayleigh）距离或 Fraunhofer 距离］d_R 的地区，其与发射天线截面的最大线性尺寸和载波波长有关。瑞利距离（或 Fraunhofer 距离）为：

$$d_R = \frac{2 L_a^2}{\lambda} \tag{2-4a}$$

其中，L_a 为天线的最大物理尺寸。此外对于远场地区，d_R 必须满足

$$d_R \gg L_a \tag{2-4b}$$

且

$$d_R \gg \lambda \tag{2-4c}$$

显而易见，式（2-1）不包括 $d = 0$ 的情况。为此，大尺度传播模型常使用近地距离 d_0 作为接收功率的参考点。当 $d > d_0$ 时，接收功率 $P_r(d)$ 与 d_0 和 $P_r(d_0)$ 相关，如式（2-5）所示。参考距离必须选择在远场区，即 $d_0 \geqslant d_R$，同时 d_0 小于移动通信系统中所有的实际距离。

$$P_r(d) = P_r(d_0)\left(\frac{d}{d_0}\right)^2, \quad d \geqslant d_0 \geqslant d_R \tag{2-5}$$

2.2.2　对数距离路径损耗模型与对数正态阴影衰落

在实际的信道环境中，平均接收信号功率与自由空间的路径损耗一样随距离 d 呈对数方式减小，通过引入随着环境而改变的路径损耗指数 n，可以修正自由空间的路径损耗模型，从而构造出一个更为普遍的路径损耗模型。这就是著名的对数距离路径损耗模型：

$$\overline{PL}(dB) = \overline{PL}(d_0) + 10n \lg\left(\frac{d}{d_0}\right) \tag{2-6}$$

式（2-6）的上画线表示给定值 d 的所有可能路径损耗的整体平均。如表 2-4 所示，路径损耗指数 n 主要由传播环境决定，其中，$n = 2$ 对应于自由空间的情况，当有障碍物时，n 变大。

表 2-4 不同环境下的路径损耗指数

环　　境	路径损耗指数，n
自由空间	2
市区蜂窝无线传播	2.7～3.5
存在阴影衰落的市区蜂窝无线传播	3～5
建筑物内的视距传播	1.6～1.8
被建筑物阻挡	4～6
被工厂阻挡	2～3

选择自由空间参考距离非常重要。在大覆盖蜂窝系统中，经常使用 1 km 的参考距离，而在微蜂窝中使用较小的距离（如 100 m 或 1 m）。参考路径损耗可由式（2-2）或式（2-3）的自由空间路径损耗公式或通过测试给出。

著名的对数距离路径损耗预测模型，即式（2-6），未考虑在相同 T-R 距离的环境下不同位置的周围环境差别非常大，导致测试信号与式（2-6）预测的平均结果有很大的差异。测试表明，对任意距离 d 处的路径损耗 PL(d) 为随机正态对数分布，即：

$$PL(d) = \overline{PL}(d) + X_\sigma = \overline{PL}(d_0) + 10n \lg\left(\frac{d}{d_0}\right) + X_\sigma \tag{2-7}$$

式中，$X_\sigma \sim N(0, \sigma^2)$ 为零均值的高斯分布随机变量，单位为 dB；σ 为标准偏差，单位为 dB。

对数正态分布描述了在传播路径上具有相同的 T-R 距离时，不同的随机阴影效果，这种现象称为对数正态阴影。实际上，n 和 σ 是根据测试数据，使用线性递归使路径损耗的测试值和估计值的均方误差达到最小而计算得出的。

2.2.3　室内传播模型

ITU-R M.2135 信道模型的室内场景布局如图 2-6 所示，当接收天线位于测试点 A 时，此时传输链路为视距传输，而当接收天线位于测试点 B 时，其链路则为非视距传输。表 2-5 给出了两种不同链路传输情况下的路径损耗模型，以及对数阴影衰落模型参数。路径损耗模型参数参考了北京邮电大学开展的关于室内热点场景的一系列场测试数据[11~16]。

从表 2-5 可以看出，ITU-R M.2135 定义的室内热点场景的路径损耗模型主要与链路的传输距离 d 以及工作频率 f_c 有关，且在相同的链路距离和工作频率下非视距传输时的链路损耗明显强于视距传输。另外，该路径损耗模型适用于 2～6 GHz 频段内的 InH 链路传输。InH 场景的阴影衰落模型采用的是经典的对数正态阴影衰落模型，模型给出了不同传输链路的阴影衰落的统计参数。

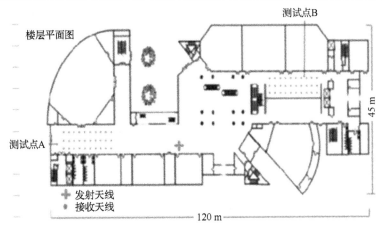

图 2-6　测量的实际场景

表 2-5　室内热点场景的大尺度衰落模型

InH	路径损耗模型 d 单位 m，f_c 单位 GHz	SF [dB]	适用距离 [m]
LoS	$PL = 16.9\lg(d) + 32.8 + 20\lg(f_c)$	$\sigma = 3$	$3 < d < 100$
NLoS	$PL = 43.3\lg(d) + 11.5 + 20\lg(f_c)$	$\sigma = 4$	$10 < d < 150$

2.2.4　室外传播模型

1. 微小区

微小区场景中，链路传输可以为视距传输或非视距传输。ITU-R M.2135 中根据各个组织提交的场测试数据，给出了 UMi 场景在不同链路传输条件下的大尺度衰落模型。

对于视距传输，其路径损耗模型如表 2-6 所示。该路径损耗模型的适用工作频段为 2～6 GHz。路径损耗模型为断点模型，其中断点被定义为：

$$d'_{BP} = \frac{4 h'_{BS} h'_{UT}}{\lambda} = \frac{4 h'_{BS} h'_{UT} f_c}{c} \qquad （2-8）$$

表 2-6　微小区 LoS 路径损耗模型[ITU-R M.2135，UMi]

UMi	路径损耗模型 d [m]，f_c [GHz]，h [m]	适用距离 [m]
LoS	$PL = 22.0\lg(d) + 28.0 + 20\lg(f_c)$	$10 < d_1 < d'_{BP}$
	$PL = 40\lg(d_1) + 7.8 - 18\lg(h'_{BS} h'_{UT}) + 2\lg(f_c)$	$d'_{BP} < d_1 < 5000$

式中，λ 为工作波长，单位为 m；f_c 为工作频率，单位为 Hz；$c = 3.0 \times 10^8$ m/s 为自由空间的电磁波传输速率；h' 为服务基站或移动用户的天线有效高度，单位为 m。

$$h'_{BS} = h_{BS} - 1.0, \quad h'_{UT} = h_{UT} - 1.0 \qquad （2-9）$$

式中，h_{BS}，h_{UT} 分别表示实际的服务基站和移动用户的天线高度，且周围环境的有效高度假定

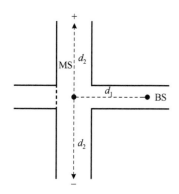

图 2-7　曼哈顿街道网格示意
（ITU-R M.2135，UMi）

为 1.0 m。式（2-8）定义的断点公式也可称为发射机与接收机的第一菲涅尔（Fresnel）区距离，其含义是在该距离及其以外的接收功率和路径损耗受工作频率的影响较小，甚至无关[1]。

UMi 场景 LoS 路径损耗模型的分段模型中，如图 2-7 所示给出了典型的城区微小区的曼哈顿（Manhattan）街道网格，用户沿着与服务基站所在街道交叉的街道移动，其中，d_1 为服务基站与交叉路口中心点的距离，而 d_2 为接收机与交叉路口中心点的距离。

ITU-R M.2135 信道模型中给出的 UMi 场景下非视距传输链路的路径损耗模型与不同的小区形状有关。典型的 UMi 场景小区的类型由建筑物的布局结构决定，若为曼哈顿网格类型（见图 2-7），其路径损耗模型为：

$$PL = \min(PL(d_1,d_2),PL(d_2,d_1)),\ 10\ m < (d_1 + d_2) < 5000\ m \tag{2-10}$$

且

$$PL(d_i,d_j) = PL_{LoS}(d_i) + X(d_i,d_j),\ i,j \in \{1,2\} \tag{2-11}$$

式中，d 的单位为 m；$PL_{LoS}(d)$ 为 UMi 场景 LoS 路径损耗模型（表 2-3）；$X(d_i,d_j)$ 为附加于 LoS 路径的损耗，表示为：

$$X(d_i,d_j) = 10n_i \lg(d_j) - 12.5n_i + 17.9 + 3\lg(f_c) \tag{2-12}$$

且

$$n_i = \max(2.8 - 0.0024d_i,\ 1.84) \tag{2-13}$$

式中，f_c 表示工作频率，单位为 GHz，取值范围为 2～6 GHz。

需要注意的是，假设场景布局内的街道宽度为 w，则当 $d_1 < w/2$ 或 $d_2 < w/2$ 时，由图 2-7 可知，此时用户与服务基站将位于同一街道内，其链路传输为视距传输，所以应使用视距传输下的路径损耗模型（表 2-6）。对于 UMi 场景下的蜂窝布局类型，ITU-R M.2135 信道模型也给出了相应的路径损耗模型：

$$PL = 36.7\lg(d) + 22.7 + 26\lg(f_c),\ 10\ m < d < 2000\ m \tag{2-14}$$

式中，d 为链路距离，单位为 m；f_c 为工作频率，单位为 GHz，取值范围为 2～6 GHz。

ITU-R M.2135 信道模型中 UMi 场景的阴影衰落模型为对数正态阴影衰落模型，其视距传输时的阴影衰落的模型参数为 $\sigma = 3$，而非视距传输是该参数为 $\sigma = 4$。

2. 宏小区

ITU-R M.2135 信道模型定义了 3 种宏小区场景，分别是 UMa、SMa 及 RMa。UMa 为典型的城市宏小区场景，SMa 的郊区宏小区覆盖范围较 UMa 要大一些，而 RMa 的宏小区覆盖范围是最大的，且支持用户的高速移动。3 种宏小区场景内均存在视距传输（或有阻挡物的视距传输）和非视距传输路径。

UMa 场景的视距传输路径损耗模型与 UMi 场景的视距传输路径损耗模型（表 2-6）相同，不同的是 UMa 场景的服务基站的天线高度较之 UMi 场景要高，且视距传输下 UMa 场景的对数正态阴影衰落参数为 $\sigma = 4$。

SMa 和 RMa 场景的视距传输路径损耗模型如表 2-7 所示，表中 h 表示场景内建筑物的平均高度，说明其路径损耗模型与环境中的建筑物分布是相关的。两种场景下的路径损耗模型的计算公式是相同的，不同的是 RMa 场景下服务基站的高度为了保证更大范围的小区覆盖，一般会高于 SMa 场景内的服务基站高度，同时 RMa 场景下视距链路的最大距离（$d_{\max}$）可达 10000 m，而 SMa 场景下仅为 5000 m。此外，从表 2-7 可以看出其路径损耗模型与 UMa 场景类似，也属于断点模型，其中断点距离为：

$$d_{\mathrm{BP}} = \frac{2\pi h_{\mathrm{BS}} h_{\mathrm{UT}}}{\lambda} = \frac{2\pi h_{\mathrm{BS}} h_{\mathrm{UT}} f_{\mathrm{c}}}{c} \tag{2-15}$$

式中，h_{BS} 和 h_{UT} 分别为服务基站和用户的天线实际高度，单位为 m；λ 为工作波长，单位为 m；f_{c} 为工作频率，单位为 GHz；$c = 3 \times 10^{8}$ m/s，为电磁波在自由空间中的传输速率。

表 2-7 宏小区 LoS 路径损耗模型 [ITU-R M.2135, SMa, RMa]

SMa RMa	路径损耗模型 d [m]，h [m]，f_{c} [GHz]	适用距离 [m]
LoS	$PL_1 = 20\lg(40\pi d f_{\mathrm{c}} / 3.0) + \min(0.03 h^{1.72}, 10)\lg(d) - \min(0.044 h^{1.72}, 14.77) + 0.002\lg(h)d$	$10 < d < d_{\mathrm{BP}}$
	$PL_2 = PL_1(d_{\mathrm{BP}}) + 40\lg(d/d_{\mathrm{BP}})$	$d_{\mathrm{BP}} < d < d_{\max}$

SMa 和 RMa 场景视距传输下的阴影衰落模型为对数正态阴影衰落模型，当 $d < d_{\mathrm{BP}}$ 时，其模型参数为 $\sigma = 4$；而当 $d > d_{\mathrm{BP}}$ 时，其模型参数为 $\sigma = 6$。

非视距传输时，UMa、SMa 和 RMa 场景定义的路径损耗模型为：

$$\begin{aligned} PL = {}& 161.04 - 7.1\lg(W) + 7.5\lg(h) - \\ & (24.37 - 3.7(h/h_{\mathrm{BS}})^2)\lg(h_{\mathrm{BS}}) + \\ & (43.42 - 3.1\lg_{10}(h_{\mathrm{BS}}))(\lg(d) - 3.0) + \\ & 20\lg(f_{\mathrm{c}}) - (3.2(\lg(11.75 h_{\mathrm{UT}}))^2 - 4.97) \end{aligned} \tag{2-16}$$

式中，h 为环境内的建筑物平均高度，单位为 m；W 为环境内的街道宽度，单位为 m；h_{BS} 和 h_{UT} 分别为服务基站和用户的天线高度，单位为 m；d 为传输链路距离，单位为 m，取值范围为 10～5000 m；f_{c} 为工作频率，单位为 GHz，取值范围为 2～6 GHz。

由式（2-16）可以看出，宏小区的环境布局对非视距传输的路径损耗有很大的影响，如建筑物的平均高度和街道的宽度都会影响传输链路的路径损耗。

宏小区场景下非视距传输链路的阴影衰落模型为对数正态阴影模型，其中 UMa 场景下的模型参数为 $\sigma = 6$，而 SMa 和 RMa 场景下的模型参数为 $\sigma = 8$。

2.2.5 室外到室内传播模型

ITU-R M.2135 信道模型中定义了 UMi 场景的室外到室内的传输链路，并给出了相应的路径损耗和阴影衰落模型。其阴影衰落模型为传统的对数正态阴影模型，模型参数 $\sigma = 7$。

路径损耗模型表示为：

$$PL = PL_b + PL_{tw} + PL_{in} \tag{2-17}$$

式中，PL_b 为室外路径损耗；PL_{tw} 为室外到室内的穿墙损耗；PL_{in} 为室内路径损耗。若场景布局为曼哈顿网格类型，则

$$\begin{cases} PL_b = PL_{B1}(d_{out} + d_{in}) \\ PL_{tw} = 14 + 15(1 - \cos(\theta))^2 \\ PL_{in} = 0.5 d_{in} \end{cases} \tag{2-18}$$

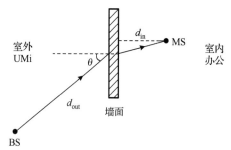

图 2-8　室外到室内传输场景[ITU-R M.2135, UMi]

式中，PL_{B1} 为 UMi 场景下视距传输的路径损耗模型（表 2-6）；如图 2-8 所示，d_{out} 和 d_{in} 分别表示传输链路从发射机到墙体的视距传输路径长度以及信号在室内的传输距离，单位为 m；θ 表示信号到达墙体表面的入射角度，单位为弧度（rad）。

若 θ 未知，即室外小区的类型为蜂窝类型，则假定其穿墙损耗 PL_{tw} 为 20 dB，而 PL_b 与 PL_{in} 则与式（2-18）保持一致。

▋ 2.3　小尺度衰落模型

小尺度衰落是指无线电信号在短时间或短距离（若干波长）传播后其幅度、相位或多径时延的快速变化。这种衰落是由于同一传输信号沿不同的路径传播，以不同时刻（或相位）到达接收机的信号互相叠加所引起的，这些不同路径到达的信号称为多径信号，接收机的信号强度取决于多径信号的强度、相对到达时延以及传输信号的带宽。除多径传播外，在实际的无线信道中许多物理因素都会影响小尺度衰落，其中包括移动台的移动速度、环境物体的运动速度等，这些相对运动会引起随机频率调制，这是由多径分量存在的多普勒频移现象引起的。

2.3.1　小尺度衰落参数

1.　时间色散参数与相干带宽

人们经常使用功率延迟分布（Power Delay Profile，PDP）描述多径衰落信道的时间色散。表 2-8 给出了 ITU-R M.2135 定义的 InH 视距传输时的 PDP 示例，其中非视距传输的 15 条多径的特征由它们的相对时延和平均功率来描述。此处，相对时延是一个关于参考时间的过量时延（此处参考时间一般为接收机接收到的第一条多径信号到达的时间），而每条路径的平均功率由第一条路径（抽头）的功率归一化后给出。

表 2-8 功率时延分布（ITU-R M.2135，InH，LoS）

路径	相对时延（ns）	平均功率（dB）
1	0	0
2	10	−15.7
3	25	−10.5
4	25	−16.7
5	30	−17.6
6	35	−14.1
7	40	−12.9
8	50	−19.5
9	55	−21.8
10	60	−20.8
11	65	−24.1
12	85	−13.9
13	90	−20.1
14	100	−18
5	130	−21

为了更好地描述多径衰落信道的时间色散特性，通常使用的信道参数为平均附加时延（$\bar{\tau}$）和均方根（Root Mean Square，RMS）时延扩展（σ_τ）。平均附加时延是功率延迟分布的一阶矩，定义为：

$$\bar{\tau} = \frac{\sum_n P(\tau_n)\tau_n}{\sum_n P(\tau_n)} \qquad (2\text{-}19)$$

均方根时延扩展是功率延迟分布的二阶中心矩的平方根，定义为：

$$\sigma_\tau = \sqrt{\frac{\sum_n P(\tau_n)\tau_n^2}{\sum_n P(\tau_n)} - \bar{\tau}^2} \qquad (2\text{-}20)$$

需要注意的是，功率延迟分布与移动无线信道的幅度频率响应（谱响应）之间通过傅里叶变换联系起来。因此，可以通过信道的频率响应特性在频域内建立等价的信道描述。与时域的时延扩展参数类似，频域的相干带宽用于描述信道特征。RMS 时延扩展与相干带宽之间的确切关系，即为特定多径结构的参数，总的来说两者呈反比关系。

相干带宽（B_C）是一定范围内的频率的统计测量值，建立在信道平坦（即在该信道上，所有谱分量均以几乎相同的增益或线性相位通过）的基础上。换句话说，相干带宽是指一特定的频率范围，在该范围内，两个频率分量具有很强的幅度相关性。频率间隔大于 B_C 的两个正弦信号受信道的影响是独立的。如果相干带宽定义为频率相关函数不小于 0.9 的某特定带宽，则相干带宽近似为：

$$B_C \approx \frac{1}{50\sigma_\tau} \qquad (2\text{-}21)$$

当相干带宽定义为频率相关函数不小于 0.5 所对应的带宽时，则近似为：

$$B_C \approx \frac{1}{5\sigma_\tau} \quad\quad\quad\quad (2\text{-}22)$$

值得注意的是，相干带宽与 RMS 时延扩展之间的精确关系式是具体信道冲激响应及信号的函数，式（2-21）和式（2-22）仅是一个大概的估计值。

2．多普勒扩展与相干时间

信道的 RMS 时延扩展和相干带宽是用于描述本地信道时间色散特性的两个参数。然而，它们并未提供描述信道的时变特性。这种时变特性或是由移动台与基站间的相对运动引起的，或是由信道路径中物体的运动引起的。多普勒扩展和相干时间就是描述小尺度内信道时变特性的两个参数。

多普勒扩展 B_D 描述了移动无线信道的时变速率引起的频谱展宽程度，它被定义为一个频率范围，在此范围内接收的多普勒频谱为非零值。它依赖于多普勒频移（f_D）。f_D 是移动台的相对速度、移动台运动方向与散射波到达方向之间夹角 θ 的函数。

相干时间（T_C）是信道冲激响应维持不变的时间间隔的统计平均值。也就是说，相干时间是指一段时间间隔，在此时间间隔内到达的信号会具有很强的幅度相关性。相干时间是多普勒扩展在时域的表示，用于在时域描述信道频率色散的时变特性，与多普勒频移成反比：

$$T_C \approx \frac{1}{f_m} \quad\quad\quad\quad (2\text{-}23\text{a})$$

若相干时间定义为时间相关函数不小于 0.5 的时间段长度，则相干时间近似为：

$$T_C \approx \frac{9}{16\pi f_m} \quad\quad\quad\quad (2\text{-}23\text{b})$$

式中，f_m 是多普勒频移，且 $f_m = v/\lambda$。实际上，式（2-23a）给出了瑞利衰落信号可能急剧起伏的时间间隔，式（2-23b）常常过于保守。在现在数字通信中，一种普遍的定义方法是将相干时间定义为式（2-23a）与式（2-23b）的几何平均，即

$$T_C = \sqrt{\frac{9}{16\pi f_m^2}} = \frac{0.423}{f_m} \quad\quad\quad\quad (2\text{-}23\text{c})$$

由相干时间的定义可知，时间间隔大于 T_C 的两个到达信号受到信道的影响各不相同，因此若采用数字发送系统，只要符号周期小于 T_C，信道就不会由于运动的原因而导致失真（但是，也可能由信道冲激响应所决定的多径时延引起失真）。另外，在测量小尺度电波传播时，也要考虑选取适当的空间采样间隔，以避免连续采样值具有很强的相关性。

3．角度色散参数与相干距离

无线通信系统中移动台和基站周围的散射环境不同，使得多天线系统中不同位置的天线经历的衰落不同，从而产生了角度色散，即空间选择性衰落。通常使用功率角度谱（Power Angular Spectrum，PAS）和角度扩展来作为描述多天线信道的角度色散的主要参数。

功率角度谱是确定多天线系统空间相关性的一个重要因素。事实上，对空间相关性进行数学分析时，需要实际环境的 PAS 分布。根据不同的信道环境（如室内或室外、宏小区

或微小区）的实际测量值，可以得到各种形式的 PAS 分布，如均匀分布、截断拉普拉斯分布或截断高斯分布等。PAS 样式主要取决于本地散射分量的分布。

角度扩展（σ_{AS}）定义为功率角度谱 $p(\theta)$ 的二阶中心矩的平方根，即

$$\sigma_{AS} = \sqrt{\frac{\int p(\theta)(\theta - \bar{\theta})^2 \mathrm{d}\theta}{\int p(\theta)\mathrm{d}\theta}} \qquad (2\text{-}24)$$

其中，

$$\bar{\theta} = \frac{\int \theta p(\theta)\mathrm{d}\theta}{\int p(\theta)\mathrm{d}\theta} \qquad (2\text{-}25)$$

角度扩展描述了功率谱在空间上的色散程度，一般来说，角度扩展越大，本地散射环境越丰富。在实际中，由于计算过程中角度的 2π 模运算（式（2-28））的非线性，会使得角度在附加线性平移量Δ后其角度扩展发生变化。为了避免这类情况的发生，在实际的信道测量或仿真过程中经常使用循环角度扩展作为信道的角度色散参数，其表示为：

$$\sigma_{AS} = \min_{\Delta} \sigma_{AS}(\Delta) \qquad (2\text{-}26)$$

式中，Δ表示附加的角度偏移，一般在[0，2π]范围内取值；

$$\sigma_{AS}(\Delta) = \sqrt{\frac{\sum_n \theta_{n,\mu}^2(\Delta) P_n}{\sum_n P_n}} \qquad (2\text{-}27)$$

式中，n 表示信道的多径数目；P_n 表示第 n 条径的平均功率。

$$\theta_{n,\mu} = \begin{cases} 2\pi + (\theta_n(\Delta) - \mu_\theta(\Delta)), & (\theta_n(\Delta) - \mu_\theta(\Delta)) < -\pi \\ (\theta_n(\Delta) - \mu_\theta(\Delta)), & |\theta_n(\Delta) - \mu_\theta(\Delta)| \leq \pi \\ 2\pi - (\theta_n(\Delta) - \mu_\theta(\Delta)), & (\theta_n(\Delta) - \mu_\theta(\Delta)) > \pi \end{cases} \qquad (2\text{-}28)$$

且

$$\mu_\theta(\Delta) = \frac{\sum_n \theta_n(\Delta) P_n}{\sum_n P_n} \qquad (2\text{-}29)$$

式中，$\theta_n(\Delta) = \theta_n + \Delta$，表示附加了角度偏移Δ的角度值。

相干距离 D_C 指的是信道冲激响应保证一定相关度的空间距离。在相干距离内，信道经历的衰落具有很强的相关性，可以认为此时空间函数是平坦的，即信道是非空间选择性信道。

2.3.2　小尺度参数分布模型

对于方向性 MIMO 信道模型，其小尺度衰落参数主要为多径 RMS 时延扩展和角度扩展，表 2-9 给出了 ITU-R M.2135 信道模型的小尺度衰落参数的统计分布参数表，从表中可

以看出，对于 ITU-R M.2135 信道模型定义的 4 种传输应用场景，其小尺度参数主要包括 RMS 时延扩展（DS）、到达角的角度扩展（ASA）以及离开角的角度扩展（ASD），因为 ITU-R M.2135 为 2D 信道模型，所以模型仅考虑了水平面的到达角和离开角。此外，从表 2-9 中也可以看出模型中每一个小尺度参数的统计分布均为对数正态分布。

表 2-9　小尺度参数统计参数表[ITU-R M.2135]

传输场景		DS [lg10(s)]		ASD [lg10(°)]		ASA [lg10(°)]	
		μ	σ	μ	σ	μ	σ
InH	LoS	−7.70	0.18	1.60	0.18	1.62	0.22
	NLoS	−7.41	0.14	1.62	0.25	1.77	0.16
UMi	LoS	−7.19	0.40	1.20	0.43	1.75	0.19
	NLoS	−6.89	0.54	1.41	0.17	1.84	0.15
	O2I	−6.62	0.32	1.25	0.42	1.76	0.16
SMa	LoS	−7.23	0.38	0.78	0.12	1.48	0.20
	NLoS	−7.12	0.33	0.90	0.36	1.65	0.25
UMa	LoS	−7.03	0.66	1.15	0.28	1.81	0.20
	NLoS	−6.44	0.39	1.41	0.28	1.87	0.11
RMa	LoS	−7.49	0.55	0.90	0.38	1.52	0.24
	NLoS	−7.43	0.48	0.95	0.45	1.52	0.13

在 ITU-R M.2135 信道模型中，如表 2-10 所示，同一传输链路的各个信道特征参数（包括大尺度参数和小尺度参数，如时延扩展、角度扩展、莱斯 K 因子以及阴影衰落）相互之间具有一定的相关性，且其通常是正定的。注意，表 2-10 中各参数间的互相关系数通常可以通过实际的场测试数据分析得到。

表 2-10　链路参数的互相关系数[ITU-R M.2135]

互相关系数	InH		UMi			SMa		UMa		RMa	
	LoS	NLoS	LoS	NLoS	O2I	LoS	NLoS	LoS	NLoS	LoS	NLoS
$\rho_{asd\text{-}ds}$	0.6	0.4	0.5	0	0.4	0	0	0.4	0.4	0	−0.4
$\rho_{asa\text{-}ds}$	0.8	0	0.8	0.4	0.4	0.8	0.7	0.8	0.6	0	0
$\rho_{asa\text{-}sf}$	−0.5	−0.4	−0.4	−0.4	0	−0.5	0	−0.5	0	0	0
$\rho_{asd\text{-}sf}$	−0.4	0	−0.5	0	0.2	−0.5	−0.4	−0.5	−0.6	0	0.6
$\rho_{ds\text{-}sf}$	−0.8	−0.5	−0.4	−0.7	−0.5	−0.6	−0.4	−0.4	−0.4	−0.5	−0.5
$\rho_{asd\text{-}asa}$	0.4	0	0.4	0	0	0	0	0	0.4	0	0
$\rho_{asd\text{-}k}$	0	NA	−0.2	NA	NA	0	NA	0	NA	0	NA
$\rho_{asa\text{-}k}$	0	NA	−0.3	NA	NA	0	NA	−0.2	NA	0	NA
$\rho_{ds\text{-}k}$	−0.5	NA	−0.7	NA	NA	0	NA	−0.4	NA	0	NA
$\rho_{sf\text{-}k}$	0.5	NA	0.5	NA	NA	0	NA	0	NA	0	NA

为了更好地理解 ITU-R M.2135 信道模型不同传输应用场景下的小尺度衰落特性，表 2-11 给出了典型的各传输场景下不同链路的时延扩展和角度扩展值。从表中可以看出，一方面室内服务基站端的角度扩展（ASD）明显大于室外传输场景的角度扩展，这是因为在处于室内的服务基站一般较矮，其能观测到的散射环境也较为丰富。另一方面移动用户端的角度扩展（ASA）普遍高于服务基站端的角度扩展（ASD），这是因为在移动用户端能够观测到大部分的本地散射分量，而在服务基站端（除室内场景外），其能观测到的本地散射分量较为集中。此外，从表 2-11 中可以观测到视距传输下的多径时延扩展一般都小于非

视距传输下的时延扩展，这是因为一般接收机会首先接收到视距传输信号，且沿视距路径到达的信号其能量较之其他散射径的能量要高，同样的现象也可以在角度扩展中体现。

表 2-11　小尺度衰落参数表[ITU-R M.2135]

传输场景		DS [ns]	ASD [°]	ASA [°]
InH	LoS	20	40	42
	NLoS	39	42	59
UMi	LoS	65	16	56
	NLoS	129	26	69
	O2I	49	18	58
SMa	LoS	59	6	30
	NLoS	75	8	45
UMa	LoS	93	14	65
	NLoS	365	26	74
RMa	LoS	32	8	33
	NLoS	37	9	33

2.3.3　小尺度衰落建模

ITU-R M.2135 信道模型定义的小尺度衰落模型的信道系数的计算公式为：

$$\boldsymbol{H}_{u,s,n}(t)=\sqrt{P_n}\sum_{m=1}^{M}\begin{bmatrix}F_{rx,u}^{V}(\varphi_{n,m})\\F_{rx,u}^{H}(\varphi_{n,m})\end{bmatrix}^{\mathrm{T}}\begin{bmatrix}\exp(\mathrm{j}\Phi_{n,m}^{vv}) & \sqrt{\kappa^{-1}}\exp(\mathrm{j}\Phi_{n,m}^{vh})\\\sqrt{\kappa^{-1}}\exp(\mathrm{j}\Phi_{n,m}^{hv}) & \exp(\mathrm{j}\Phi_{n,m}^{hh})\end{bmatrix}\begin{bmatrix}F_{tx,s}^{V}(\phi_{n,m})\\F_{tx,s}^{H}(\phi_{n,m})\end{bmatrix} \tag{2-30}$$
$$\cdot\exp(\mathrm{j}kd_s\sin(\phi_{n,m}))\exp(\mathrm{j}kd_u\sin(\varphi_{n,m}))\exp(\mathrm{j}2\pi v_{n,m}t)$$

式中，u 和 s 分别表示接收机和发射机的天线单元；n 表示传输链路的散射多径；M 表示每条散射多径内的射线数目；P_n 表示散射多径的平均功率；F^V、F^H 分别表示天线的垂直极化和水平极化复数方向图；$\varphi_{n,m}$ 和 $\varphi_{n,m}$ 分别表示散射多径内各射线的离开角（AoD）和到达角（AoA），单位为弧度；d_s 和 d_u 分别表示发射机和接收机端均匀线性天线阵列（ULA）的天线间隔，单位为 m；κ 表示天线的交叉极化功率比；$\Phi_{n,m}$ 表示散射多径内个各射线的随机初始相位，一般服从 $(-\pi, \pi)$ 的均匀分布；k 定义为波数，可理解为相位变化率，单位为 rad/m，一般表示为 $k=2\pi/\lambda$；λ 为工作波长，单位为 m；j 为虚数单位，即 $\mathrm{j}=\sqrt{-1}$；$v_{n,m}$ 为信道的多普勒分量，主要由各射线到达角（AoA）、用户的移动速度 v 以及移动方向决定 θ_v，即

$$v_{n,m}=\frac{\|v\|\cos(\varphi_{n,m}-\theta_v)}{\lambda} \tag{2-31}$$

若链路传输为视距传输，此时小尺度衰落模型的信道系数计算公式为：

$$\boldsymbol{H}_{u,s,n}(t)=\sqrt{\frac{1}{K_R+1}}\boldsymbol{H}'_{u,s,n}(t)+$$
$$\delta(n-1)\sqrt{\frac{K_R}{K_R+1}}\begin{bmatrix}F_{rx,u}^{V}(\varphi_{\mathrm{LoS}})\\F_{rx,u}^{H}(\varphi_{\mathrm{LoS}})\end{bmatrix}^{\mathrm{T}}\begin{bmatrix}\exp(\mathrm{j}\Phi_{\mathrm{LoS}}^{vv}) & 0\\0 & \exp(\mathrm{j}\Phi_{\mathrm{LoS}}^{hh})\end{bmatrix}\begin{bmatrix}F_{tx,s}^{V}(\phi_{\mathrm{LoS}})\\F_{tx,s}^{H}(\phi_{\mathrm{LoS}})\end{bmatrix}\cdot \tag{2-32}$$
$$\exp(\mathrm{j}kd_s\sin(\phi_{\mathrm{LoS}}))\exp(\mathrm{j}kd_u\sin(\varphi_{\mathrm{LoS}}))\exp(\mathrm{j}2\pi v_{\mathrm{LoS}}t)$$

式中，H' 为式（2-30）定义的非视距传输路径的信道系数；K_R 为视距传输的莱斯因子，表示的是视距路径的平均功率与所有散射多径的平均功率的比值，单位为无量纲的比值；$\delta(\cdot)$ 为狄拉克函数；ϕ_{LoS} 和 φ_{LoS} 分别表示视距传输路径的离开角和到达角。

▎2.4　3GPP 3D 信道模型

2.4.1　GBSM 信道建模

基于几何的随机信道建模（GBSM）是 MIMO 宽带无线信道建模的常用方法，其在建模时一般需要对无线信道中各散射体的随机分布特性进行描述（这一点不同于确定性信道模型，其在建模时需要所有散射体精确的几何位置信息），而在实际的信道仿真过程中，则会根据具体的仿真场景来确定散射体的具体分布特性，同时通过射线跟踪的方法来求解方向性信道的冲激响应。通常，不同传输环境下由散射体分布特性决定的信道 PDP 和 PAS 等特性能较好地与实际的测量数据保持一致。

标准的 GBSM 信道模型也称为"本地散射模型"，在模型中所有相关的散射体全部位于用户周围，且一般假定其均匀分布于以用户为中心的一个圆盘内。此外，高斯分布和瑞利分布也是经常被使用的散射体分布模型。作为标准 GBSM 信道模型的一个扩展，通常也会考虑到远端散射体的影响，如图 2-9 所示。远端散射体一般表示的是那些距离服务基站和移动用户都很远的散射物体，如高楼大厦、高山等。通常本地散射体总是聚集在用户周围（当用户移动时本地散射体的位置也会随之发生变化），然而远端散射体则一般会被固定于某一特定的位置区域。此外，在服务基站的周围也可能存在散射体，比如当微小区或小小区中服务基站高度低于周围建筑物的高度时。

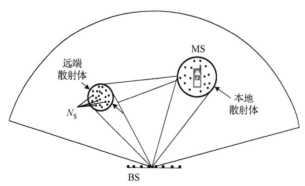

图 2-9　标准 GBSM 建模原理[23]

此外，一些基于 GBSM 信道模型发展而来的建模方法也得到了很广泛的应用，比如文献[23]中描述的非均匀散射界面和多重散射模型。一般来说，GBSM 信道模型会根据不同散射体的环境分布特征,利用射线跟踪的方法对仿真场景内的所有散射多径分量（Multipath

Compenent，MPC）的特性进行统计分析，从而计算出信道的冲激响应。一些标准的 GBSM 信道模型，如 SCM/SCME、WINNER/WINNER II 以及 ITU-R M.2135 信道模型等均假定接收端的 MPC 会聚集成簇，也就是说簇内的 MPC 会具有相似的信道特性，如时延、DoA（Direction of Arrival）以及 DoD（Direction of Departure）等。实际上，很多信道测量结果都可以观察到 MPC 的这种簇现象，因此在信道建模时 MPC 簇是需要考虑的重要因素。根据文献[24]，在进行系统级测试时，对 MPC 簇的信道特性进行建模会比对独立的 MPC 进行建模更为简单。

　　根据文献[25]可以进一步对 MPC 簇区分以下两种定义：①与实际情况最接近的一种定义是：簇是一组具有相似的大尺度特征及变化趋势的 MPC，即当接收端移动了一段很长的距离（远远大于某个稳定区域的大小）后，MPC 的功率、时延、DoA 和 DoD 的变化仍高度相关（相关性的门限是一个可以设置的参数，正确的设置将有助于我们的分析）。显然，这样的定义仅在对信道的大尺度测量（或者确定性的仿真）中（即可以对接收端进行较长距离的跟踪）才是可行的；②我们还可以定义 MPC 簇为一组具有相似传输特性（如时延、DoA 和 DoD 形成的(τ,Ω,Ψ)"区域"）的 MPC 集合，它的周围是一些没有 MPC 的"区域"（在(τ,Ω,Ψ)空间内）。

　　传统的 MIMO 技术在信号处理时仅考虑信号在水平面传播，通常收发两端天线都是一维线性阵列，每个天线阵元的垂直方向上各偶极子通常采用固定的加权相位，实现固定的下倾角，因而仅是在水平维度的各个阵元之间实现动态的加权，实现水平方向的动态 MIMO。虽然信号在空间中是三维立体传播，然而衰落特性却是简单的二维传播模型，所以传统的标准 GBSM 信道模型，包括 ITU-R M.2135 以及 3GPP SCM 等，为了简化建模和仿真，仅对电磁波信号在空间中水平域的传输特性进行建模，而忽略了俯仰域的传输特性。如式（2-30）所示，信道模型中仅给出了信道水平域内的空间角度分布模型，即 AoA（Angle-of-Arrival）与 AoD（Angle-of-Departure）。通过对无线信道水平域的角度功率谱（Power Azimuth Spectrum，PAS）进行建模，模型可以很好地实现对实际信道的水平域角度特性的仿真，因此传统的标准 GBSM 信道模型一般认为是 2D 信道模型。

　　3D MIMO 技术作为未来 5G 移动通信系统中的关键技术之一已经被证明可以显著提升系统的频谱效率。由于 3D MIMO 技术评估和研究过程中需要精确可靠的 3D MIMO 信道模型，而在信道建模过程中，则需要充分掌握 3D MIMO 信道的传播特性。由于传统的标准信道模型仅对 2D 的信道参数进行了统计分析，而 3D MIMO 信道除了需要上述参数之外，还需要掌握信道俯仰角度的统计特性。

　　在对俯仰角度的建模和 3D MIMO 信道模型研究方面，文献[27]首先将非零俯仰角度引入到散射体模型中并提出了 3D 散射体模型。基于 3D 散射体模型理论，文献[28-30]研究了俯仰角度的建模方法，分别给出了接收端与发射端俯仰角度模型以及相应的信道模型理论表达式。另外，考虑到散射体在俯仰维度分布的不均匀，还将俯仰角度模型分为对称俯仰角度模型和非对称俯仰角度模型。文献[31]提出了非静态 3D 宽带双簇信道模型，同时考虑了簇的生灭和 3D 大规模天线。然而以上所述的建模研究都是基于理论分析的，缺少实际测量数据的支撑。文献[32, 33]在实际测量的基础上分析了 3D 信道下俯仰角度统计特性，并分别对俯仰维度参数进行了建模。其中文献[32]中将俯仰功率角度谱建模为双指数函数分布，而文献[33]给出了俯仰角扩展值的统计特性。同时文献[34]基于信道测量分析了垂直维度散射体对信道特性的影响并在建模中将建筑物的平均高度考虑进来。WINNER+总结了一些基于测量的俯仰角度参数研究成果[35]，在传统 2D 信道模型的基础上，将 MIMO 信道模型扩展为 3D。文献[36]总结了已有的关于俯仰维度的统计特性分析以及角度建模工作，并提出了利用 Laplace 分布对俯仰角度谱进行拟合。文献[37]给出了城市宏蜂窝下俯仰维度参数的统计特性，包括功率角度谱、角度均值以及角度扩展等，并给出了俯仰角度建模方法。而文献[38]基于实际信道测量分析了城市微蜂窝环境的俯仰角度特性，并研究了俯仰角度对信道容量的影响。2012 年年底 3GPP 开启了对 3D MIMO 信道模型的标准化工作[39]，包括中国移动（北京邮电大学参与测量与分析）、上海贝尔（北京邮电大学参与测量与分析）和华为在内的大量国内运营商和设备制造商都参与到 3D 信道模型的标准化工作。文献[40～45]给出的城市宏蜂窝、城市微蜂窝以及室外到室内场景的信道测量和相应场景的信道参数统计特性分析结果已被提交到 3GPP 且全部被接受。标准化的 3D 信道模型 TR 36.873 也于 2014 年公布[18]。

3GPP 3D 信道模型 TR 36.873 是典型的基于 MPC 簇的 GBSM 信道模型，其建模方法采用的是单次散射模型，如图 2-15 所示，其假定在发射端和接收端之间的传输链路是由一系列经散射体反射而形成的 MPC 簇组成的，为了简化建模，仅假定所有的散射路径是经过一次散射体反射形成。

2.4.2　信道模型的参考坐标系

在 GBSM 信道模型仿真过程中，经常会用到两个不同的参考坐标系，分别是：

● 全局参考坐标系（Global Coordinate System, GCS），该坐标系是仿真场景内所有基站和用户的几何位置，移动方向和速度，以及散射体的几何位置的参考系，同时该参考系还定义了所有链路传输的空间信息，如离开角（DoD）、到达角（DoA）等；

● 本地参考坐标系（Local Coordinate System, LCS），该坐标系是服务基站或移动用户端的天线阵元的辐射方向图和极化性质的参考系。

通常定义在 GCS 下的服务基站和移动用户都会具有各自的 LCS，且一般通过一系列的旋转向量组来描述两者的关系。如图 2-10 所示，GCS 下的坐标描述为 $(x, y, z, \theta, \varphi)$，其球面矢量为 $<\hat{\theta}, \hat{\varphi}>$，相应地 LCS 下的坐标描述为 $(x', y', z', \theta', \varphi')$，其球面矢量为 $<\hat{\theta}', \hat{\varphi}'>$。若定义 LCS 相对于 GCS 的 3D 旋转向量为 (α, β, γ)，如图 2-11 所示，通常称 α 为轴承角（bearing angle），β 为下倾角（downtilt angle），γ 为倾斜角（slant angle）。

考虑 GCS 下的任意坐标 (x, y, z)，假定其在 LCS 下的坐标对应为 (x', y', z')，则

$$\begin{pmatrix} x \\ y \\ z \end{pmatrix} = \boldsymbol{R} \begin{pmatrix} x' \\ y' \\ z' \end{pmatrix} \tag{2-33}$$

式中，$\boldsymbol{R}$ 为坐标转换矩阵，可以证明其为正交矩阵，表示为：

$$R = R_Z(\alpha) R_Y(\beta) R_X(\gamma)$$

$$= \begin{pmatrix} +\cos\alpha & -\sin\alpha & 0 \\ +\sin\alpha & +\cos\alpha & 0 \\ 0 & 0 & 1 \end{pmatrix} \begin{pmatrix} +\cos\beta & 0 & -\sin\beta \\ 0 & 1 & 0 \\ +\sin\beta & 0 & +\cos\beta \end{pmatrix} \begin{pmatrix} 1 & 0 & 0 \\ 0 & +\cos\gamma & -\sin\gamma \\ 0 & +\sin\gamma & +\cos\gamma \end{pmatrix} \quad (2\text{-}34)$$

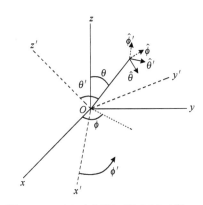

图 2-10　LCS（虚线）和 GCS（实
线）下的球面矢量定义

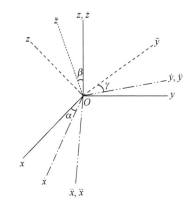

图 2-11　LCS（虚线）相对于 GCS
（实线）的 3D 旋转

　　为了得到天线阵元的极化方向图在 LCS 与 GCS 的转换关系，假定 LCS 下的方向极化图为 $F_{\theta'}(\theta',\phi')$ 和 $F_{\phi'}(\theta',\phi')$，相应地，GCS 下的方向极化图为 $F_{\theta}(\theta,\phi)$ 和 $F_{\varphi}(\theta,\phi)$，那么可以证明：

$$\begin{pmatrix} F_{\theta}(\theta,\phi) \\ F_{\phi}(\theta,\phi) \end{pmatrix} = \begin{pmatrix} \hat{\theta}(\theta,\phi)^{\mathrm{T}} R\hat{\theta}'(\theta',\phi') & \hat{\theta}(\theta,\phi)^{\mathrm{T}} R\hat{\phi}'(\theta',\phi') \\ \hat{\phi}(\theta,\phi)^{\mathrm{T}} R\hat{\theta}'(\theta',\phi') & \hat{\phi}(\theta,\phi)^{\mathrm{T}} R\hat{\phi}'(\theta',\phi') \end{pmatrix} \begin{pmatrix} F_{\theta'}(\theta',\phi') \\ F_{\phi'}(\theta',\phi') \end{pmatrix} \quad (2\text{-}35)$$

式中，$\hat{\theta}$ 和 $\hat{\phi}$ 表示 GCS 下的相互垂直的球坐标单位向量；相应地，$\hat{\theta}'$ 和 $\hat{\phi}'$ 则表示 LCS 下的相互垂直的球坐标单位向量，表示为：

$$\hat{\theta}(\theta,\phi) = \begin{pmatrix} \cos\theta\cos\phi \\ \cos\theta\sin\phi \\ -\sin\theta \end{pmatrix} \quad (2\text{-}36a)$$

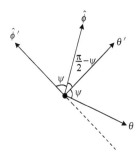

图 2-12　LCS 与 GCS 基本
球坐标单位向量

$$\hat{\phi}(\theta,\phi) = \begin{pmatrix} -\sin\phi \\ +\cos\phi \\ 0 \end{pmatrix} \quad (2\text{-}36b)$$

　　式（2-35）可以通过图 2-12 示意，假定相互垂直的单位向量组 $<\hat{\theta},\ \hat{\phi}>$ 和 $<\hat{\theta}',\ \hat{\phi}'>$ 之间的夹角为 ψ，则

$$\begin{pmatrix} \hat{\theta}(\theta,\phi)^{\mathrm{T}} R\hat{\theta}'(\theta',\phi') & \hat{\theta}(\theta,\phi)^{\mathrm{T}} R\hat{\phi}'(\theta',\phi') \\ \hat{\phi}(\theta,\phi)^{\mathrm{T}} R\hat{\theta}'(\theta',\phi') & \hat{\phi}(\theta,\phi)^{\mathrm{T}} R\hat{\phi}'(\theta',\phi') \end{pmatrix} = \begin{pmatrix} +\cos\psi & -\sin\psi \\ +\sin\psi & +\cos\psi \end{pmatrix}$$

$$(2\text{-}37)$$

利用式（2-37）可将式（2-35）简化为：

$$\begin{pmatrix} F_{\theta}(\theta,\phi) \\ F_{\phi}(\theta,\phi) \end{pmatrix} = \begin{pmatrix} +\cos\psi & -\sin\psi \\ +\sin\psi & +\cos\psi \end{pmatrix} \begin{pmatrix} F_{\theta'}(\theta',\phi') \\ F_{\phi'}(\theta',\phi') \end{pmatrix} \tag{2-38}$$

根据式（2-37）可以计算出：

$$\psi = \arg(\hat{\theta}(\theta,\phi)^{\mathrm{T}} \boldsymbol{R} \hat{\theta}'(\theta',\phi') + j\hat{\phi}(\theta,\phi)^{\mathrm{T}} \boldsymbol{R} \hat{\phi}'(\theta',\phi')) \tag{2-39}$$

根据式（2-39）可知 ψ 是由关于坐标系旋转向量(α, β, γ)与 GCS 下的单位球坐标(θ, φ)决定的，若仅考虑 LCS 相对于 GCS 仅有一个下倾角偏移，即 $\alpha = 0$、$\beta \neq 0$ 且 $\gamma = 0$，此时 ψ 可简化为：

$$\psi = \arg(\sin\theta\cos\beta - \cos\phi\cos\theta\sin\beta + \mathrm{j}\sin\phi\sin\beta) \tag{2-40}$$

2.4.3 大尺度衰落模型

3GPP 3D 信道模型定义了两种仿真场景，分别是 3D UMi 和 3D UMa。环境定义参考 2.1 节。服务基站位于室外，当移动用户位于室外时（图 2-13），其传输链路可能为视距传输或非视距传输；而当移动用户位于室内时（图 2-14），其传输链路为室外到室内（O2I）。不同的仿真场景和传输链路其大尺度衰落模型也有所区别。此外，不同传输场景下的路径损耗模型的适用频段为 2～6 GHz，且对不同的天线高度均适用。

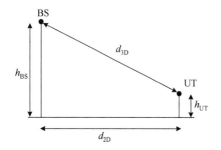

图 2-13 室外到室外[3GPP TR36.873]

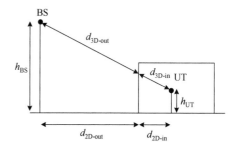

图 2-14 室外到室内[3GPP TR36.873]

表 2-12 给出了 3D UMi 场景下的路径损耗模型，可以看出，与 ITU-R M.2135 定义的路径损耗模型（式（2-10））不同，3D UMi 场景下的路径损耗模型仅考虑了传统的蜂窝小区场景，并未给出传统的曼哈顿小区场景下的路径损耗模型。此外，3D UMi 场景下的阴影衰落模型为对数正态阴影模型，其对数正态分布的标准差如表 2-12 所示。

表 2-12 中，当用户位于室外时，d_{3D} 和 d_{2D} 如图 2-13 所示。PL_{LoS} 表示 3D UMi 场景下视距传输的路径损耗；PL_{3D-UMi} 表示 3D UMi 场景的室外路径损耗；d'_{BP} 如式（2-8）所示；h_{BS} 和 h_{UT} 分别表示服务基站和用户的天线高度（图 2-13），且 h_{BS} 一般低于周围建筑物的平均高度，h_{UT} 取值范围为 1.5～22.5 m；当用户位于室内时，PL_b 表示基本的路径损耗，即假定用户位于室外时的路径损耗；PL_{tw} 为穿墙损耗，在蜂窝小区中假定为 20 dB；PL_{in} 为室内传播损耗，与用户距离墙体的垂直距离有关；$d_{2D} = d_{2D-in} + d_{2D-out}$ 如图 2-14 所示，且

$d_{\text{2D-in}}$ 均匀分布于 0～25 m；室内用户的天线高度 $h_{\text{UT}} = 3(n_{\text{fl}} - 1) + 1.5$，其中 n_{fl} 为用户所在的楼层，一般取值为 1，2，3，4，5，6，7，8，且 $n_{\text{fl}} = 1$ 对应于地面楼层。

表 2-12　3D UMi 大尺度损耗模型[3GPP TR36.873]

	路径损耗模型 f_c [GHz]，d [m]	SF [dB]	适用距离 [m]
LoS	$PL = 22.0\lg(d_{\text{3D}}) + 28.0 + 20\lg(f_c)$	$\sigma_{\text{SF}} = 3$	$10 < d_{\text{2D}} < d'_{\text{BP}}$
	$PL = 40\lg(d_{\text{3D}}) + 28.0 + 20\lg(f_c) -$ $9\lg((d'_{\text{BP}})^2 + (h_{\text{BS}} - h_{\text{UT}})^2)$	$\sigma_{\text{SF}} = 3$	$d'_{\text{BP}} < d_{\text{2D}} < 5000$
NLoS	$PL = \max(PL_{\text{NLoS}}, PL_{\text{LoS}})$ $PL_{\text{NLoS}} = 36.7\lg(d_{\text{3D}}) + 22.7 + 26\lg(f_c) - 0.3(h_{\text{UT}} - 1.5)$	$\sigma_{\text{SF}} = 4$	$10 < d_{\text{2D}} < 2000$
O2I	$PL = PL_b + PL_{\text{tw}} + PL_{\text{in}}$ $\begin{cases} PL_b = PL_{\text{3D-UMi}}(d_{\text{3D-out}} + d_{\text{3D-in}}) \\ PL_{\text{tw}} = 20 \\ PL_{\text{in}} = 0.5d_{\text{2D-in}} \end{cases}$	$\sigma_{\text{SF}} = 7$	$10 < d_{\text{2D}} < 1000$ $0 < d_{\text{2D-in}} < 25$

3D UMa 仿真场景下，不同传输链路的路径损耗模型有所不同，如表 2-13 所示，给出了 3D UMa 场景下的路径损耗模型的计算公式，其阴影衰落为对数阴影衰落模型，且其衰落参数在表 2-13 中亦给出。

表 2-13　3D UMa 大尺度损耗模型 [3GPP TR36.873]

	路径损耗 PL [dB]，f_c [GHz]，d [m]	SF [dB]	适用距离 [m]
LoS	$PL = 22.0\lg(d_{\text{3D}}) + 28.0 + 20\lg(f_c)$	$\sigma_{\text{SF}} = 4$	$10 < d_{\text{2D}} < d'_{\text{BP}}$
	$PL = 40\lg(d_{\text{3D}}) + 28.0 + 20\lg(f_c) -$ $9\lg((d'_{\text{BP}})^2 + (h_{\text{BS}} - h_{\text{UT}})^2)$	$\sigma_{\text{SF}} = 4$	$d'_{\text{BP}} < d_{\text{2D}} < 5000$
NLoS	$PL = \max(PL_{\text{NLoS}}, PL_{\text{LoS}})$ $PL_{\text{NLoS}} = 161.04 - 7.1\lg(W) + 7.5\lg(h) -$ $(24.37 - 3.7(h/h_{\text{BS}})^2)\lg(h_{\text{BS}}) +$ $(43.42 - 3.1\lg(h_{\text{BS}}))(\lg(d_{\text{3D}}) - 3) +$ $20\lg(f_c) - (3.2(\lg(17.625))^2 - 4.97) -$ $0.6(h_{\text{UT}} - 1.5)$	$\sigma_{\text{SF}} = 6$	$10 < d_{\text{2D}} < 5000$
O2I	$PL = PL_b + PL_{\text{tw}} + PL_{\text{in}}$ $\begin{cases} PL_b = PL_{\text{3D-UMi}}(d_{\text{3D-out}} + d_{\text{3D-in}}) \\ PL_{\text{tw}} = 20 \\ PL_{\text{in}} = 0.5d_{\text{2D-in}} \end{cases}$	$\sigma_{\text{SF}} = 7$	$10 < d_{\text{2D}} < 1000$ $0 < d_{\text{2D-in}} < 25$

表 2-13 中，当用户位于室外时，链路传输为视距传输或非视距传输。非视距传输时，W 为街道宽度，单位为 m，一般取值 5～50 m；h 为建筑物的平均高度，单位为 m，一般取值 5～50 m；视距传输时其路径损耗模型与 3D UMi 场景下的视距传输路径损耗模型类似，不同的是此时的断点距离为：

$$d'_{\text{BP}} = \frac{4(h_{\text{BS}} - h_{\text{E}})(h_{\text{UT}} - h_{\text{E}})}{\lambda} \tag{2-41}$$

式中，λ 为工作波长，单位为 m；h_{BS} 和 h_{UT} 分别为发射天线和接收天线的实际高度；h_{E} 为链路周围环境的有效高度，单位为 m，是一个与链路相关的参数。当链路为视距传输时，$h_{\text{E}} = 1$ m 的概率为：

$$p(h_{\mathrm{E}} = 1\,\mathrm{m}) = \frac{1}{1 + C(d_{2\mathrm{D}}, h_{\mathrm{UT}})} \tag{2-42a}$$

其中，

$$C(d_{2\mathrm{D}}, h_{\mathrm{UT}}) = \begin{cases} 0, & h_{\mathrm{UT}} < 13\,\mathrm{m} \\ \left(\dfrac{h_{\mathrm{UT}} - 13}{10}\right)^{1.5} g(d_{2\mathrm{D}}), & 13\,\mathrm{m} \leqslant h_{\mathrm{UT}} \leqslant 23\,\mathrm{m} \end{cases} \tag{2-42b}$$

$$g(d_{2\mathrm{D}}) = \begin{cases} \dfrac{1.25}{10^6}(d_{2\mathrm{D}})^2 \exp\left(-\dfrac{d_{2\mathrm{D}}}{150}\right), & d_{2\mathrm{D}} > 18\,\mathrm{m} \\ 0, & d_{2\mathrm{D}} \leqslant 18\,\mathrm{m} \end{cases} \tag{2-42c}$$

否则，h_{E} 将在集合 $\{12, 15, \cdots, (h_{\mathrm{UT}} - 1.5)\}$ 中均匀取值。此外，当用户位于建筑物内部时，此时链路为室外到室内传输，其路径损耗模型及其各参数定义与 3D UMi 场景下的室外到室内传输链路的路径损耗模型相同。

　　3GPP 3D 信道仿真模型中，对于室外用户其链路连接的视距传输概率如表 2-14 所示，其中 $C(d_{2\mathrm{D}}, h_{\mathrm{UT}})$ 的定义如式所示。对于室内用户（图 2-14），其视距传输路径（指服务基站到室内用户所在楼层的外墙体）的概率与 $d_{2\mathrm{D\text{-}out}}$ 有关。

表 2-14　视距传输概率[3GPP TR36.873]

传输场景	视距传输概率
3D UMi	$P_{\mathrm{LoS}} = \begin{cases} 1, & d_{2\mathrm{D}} \leqslant 18\,\mathrm{m} \\ \dfrac{18}{d_{2\mathrm{D}}} + \dfrac{d_{2\mathrm{D}} - 18}{d_{2\mathrm{D}}} \exp\left(-\dfrac{d_{2\mathrm{D}}}{36}\right), & d_{2\mathrm{D}} > 18\,\mathrm{m} \end{cases}$
3D UMa	$P_{\mathrm{LoS}} = \begin{cases} 1 + C(d_{2\mathrm{D}}, h_{\mathrm{UT}}), & d_{2\mathrm{D}} \leqslant 18\,\mathrm{m} \\ \left(\dfrac{18}{d_{2\mathrm{D}}} + \dfrac{d_{2\mathrm{D}} - 18}{d_{2\mathrm{D}}} \exp\left(-\dfrac{d_{2\mathrm{D}}}{36}\right)\right)(1 + C(d_{2\mathrm{D}}, h_{\mathrm{UT}})), & d_{2\mathrm{D}} > 18\,\mathrm{m} \end{cases}$

2.4.4　小尺度衰落模型

　　3GPP 3D 信道模型是典型的 GBSM 信道模型，如图 2-15 所示，考虑 $U \times S$ 的 MIMO 信道，则其时变信道冲激响应可以表示为：

$$\begin{aligned} \boldsymbol{H}_{u,s,l}^{3\mathrm{D}}(t, \tau_l) = \sum_{m=1}^{M_l} \boldsymbol{F}_{rx,u}^{3\mathrm{D}}\left(\theta_{l,m}^{rx}, \phi_{l,m}^{rx}\right) \boldsymbol{A}_{l,m} \boldsymbol{F}_{tx,s}^{3\mathrm{D}}\left(\theta_{l,m}^{tx}, \phi_{l,m}^{tx}\right) \\ \cdot \exp(\mathrm{j}2\pi v_{l,m} t) \cdot \delta(\tau - \tau_l) \end{aligned} \tag{2-43}$$

式中，l 表示散射路径；τ_l 表示该散射路径的相对时延；M_l 表示每一散射路径内包含的不可分辨的射线数目；$\boldsymbol{F}_{tx,s}^{3\mathrm{D}}\left(\theta_{l,m}^{tx}, \varphi_{l,m}^{tx}\right)$ 和 $\boldsymbol{F}_{rx,u}^{3\mathrm{D}}\left(\theta_{l,m}^{rx}, \varphi_{l,m}^{rx}\right)$ 分别表示发射天线和接收天线端的 3D 极化方向图；$\boldsymbol{A}_{l,m}$ 表示不同极化方向上的信道增益矩阵；$v_{l,m}$ 表示多普勒频移分量，表示为：

$$v_{l,m} = \frac{\hat{r}_{rx,l,m}^{\mathrm{T}} \cdot \boldsymbol{v}}{\lambda} \tag{2-44a}$$

式中，$\hat{r}_{rx,l,m}$ 为接收端的球面单位矢量，如式（2-46）所示；v 表示用户的移动速度矢量，表示为：

$$v = v \cdot \begin{bmatrix} \sin\theta_v \cos\phi_v & \sin\theta_v \sin\phi_v & \cos\theta_v \end{bmatrix}^{\mathrm{T}} \tag{2-44b}$$

式中，v 为用户的移动速度，单位为 m/s；θ_v 和 φ_v 分别表示移动方向在水平面和俯仰面的角度，单位为弧度（rad）。

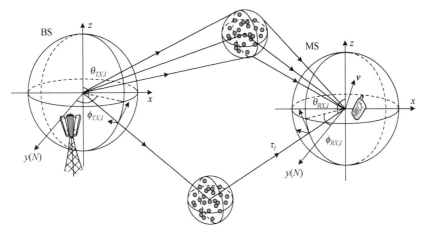

图 2-15　3D 信道模型示意[36]

通常 $A_{l,m}$ 由散射路径内各射线的平均功率以及天线的交叉极化功率矩阵决定，即

$$A_{l,m} = \frac{P_n}{M_l} \begin{bmatrix} \exp\left(\mathrm{j}\Phi_{l,m}^{\theta\theta}\right) & \sqrt{\kappa^{-1}}\exp\left(\mathrm{j}\Phi_{l,m}^{\theta\phi}\right) \\ \sqrt{\kappa^{-1}}\exp\left(\mathrm{j}\Phi_{l,m}^{\phi\theta}\right) & \exp\left(\mathrm{j}\Phi_{l,m}^{\phi\phi}\right) \end{bmatrix}$$
$$\cdot \exp\left(\mathrm{j}k\left(\hat{r}_{rx,l,m}\cdot d_{rx,u}\right)\right)\cdot\exp\left(\mathrm{j}k\left(\hat{r}_{tx,l,m}\cdot d_{tx,s}\right)\right) \tag{2-45}$$

式中，P_l 为散射路径的平均增益，且假定平均分配于该散射路径内的各射线；$\Phi_{l,m}^{\theta\theta}$、$\Phi_{l,m}^{\theta\phi}$、$\Phi_{l,m}^{\phi\theta}$ 和 $\Phi_{l,m}^{\phi\phi}$ 表示不同极化合并的随机初始相位，一般均匀分布于 $(-\pi, \pi)$ 内；$\kappa_{l,m}$ 为天线的交叉极化功率比值，无量纲，服从对数正态分布，其参数如表 2-15 所示；$k = 2\pi/\lambda$ 定义为波数，单位为 rad/m；$\hat{r}_{rx,l,m}$ 表示接收端散射多径内射线到达方向的球面单位矢量，表示为：

$$\hat{r}_{rx,l,\mathrm{m}} = \begin{bmatrix} \sin\theta_{l,m}^{rx}\cos\phi_{l,m}^{rx} & \sin\theta_{l,m}^{rx}\sin\phi_{l,m}^{rx} & \cos\theta_{l,m}^{rx} \end{bmatrix}^{\mathrm{T}} \tag{2-46}$$

$\hat{r}_{tx,l,\mathrm{m}}$ 表示发射端散射多径内射线离开方向的球面单位矢量，表示为：

$$\hat{r}_{tx,l,\mathrm{m}} = \begin{bmatrix} \sin\theta_{l,m}^{tx}\cos\phi_{l,m}^{tx} & \sin\theta_{l,m}^{tx}\sin\phi_{l,m}^{tx} & \cos\theta_{l,m}^{tx} \end{bmatrix}^{\mathrm{T}} \tag{2-47}$$

$d_{rx,u}$ 和 $d_{tx,s}$ 分别表示接收天线单元和发射天线单元的 3D 位置矢量（参考坐标系为 GCS）。

若链路传输为视距传输，此时信道的冲激响应为：

$$H_{u,s}^{\mathrm{3D}}(t,\tau_l) = \sqrt{\frac{1}{K_R+1}}H_{u,s}'(t,\tau_l) +$$
$$\delta(\tau-\tau_0)F_{rx,u}^{\mathrm{3D}}\left(\theta_{\mathrm{LoS}}^{rx},\phi_{\mathrm{LoS}}^{rx}\right)A_{\mathrm{LoS}}F_{tx,s}^{\mathrm{3D}}\left(\theta_{\mathrm{LoS}}^{tx},\phi_{\mathrm{LoS}}^{tx}\right)\exp\left(\mathrm{j}2\pi\nu_{\mathrm{LoS}}t\right) \tag{2-48}$$

式中，$H'_{u,s}(t,\tau_l)$ 如式（2-43）所示，为非视距传输路径的信道冲激响应；K_R 为视距路径的莱斯因子，无量纲；$\tau_0=0$ 为视距路径的相对时延；且

$$A_{\text{LoS}} = \sqrt{\frac{K_R}{K_R+1}} \begin{bmatrix} \exp(j\Phi_{\text{LoS}}) & 0 \\ 0 & \exp(j\Phi_{\text{LoS}}) \end{bmatrix} \cdot$$
$$\exp\left(jk\left(\hat{r}_{rx,\text{LoS}}^{\text{T}} \cdot d_{rx,u}\right)\right)\exp\left(jk\left(\hat{r}_{tx,\text{LoS}}^{\text{T}} \cdot d_{tx,s}\right)\right) \tag{2-49}$$

根据各个组织提交的测量结果，3GPP 3D 信道模型给出了各个小尺度衰落参数的仿真参数，如表 2-15 所示。可以观察到，信道模型的时延扩展、角度扩展、莱斯 K 因子以及交叉极化功率比均服从对数正态分布。此外，发射端俯仰维度的角度扩展（记为 σ_{ZSD}）服从对数正态分布，其参数与周围的场景参数有关。对于室外用户，若场景为 3D UMi，其对数正态分布的仿真参数为：

$$\mu_{\text{ZSD}} = \begin{cases} \max\left[-0.5, \ -2.1\dfrac{d_{2\text{D}}}{1000} + 0.01\left|h_{\text{UT}} - h_{\text{BS}}\right| + 0.75\right], & \text{LoS} \\ \max\left[-0.5, \ -2.1\dfrac{d_{2\text{D}}}{1000} + 0.01\max(h_{\text{UT}} - h_{\text{BS}}, \ 0) + 0.90\right], & \text{NLoS} \end{cases} \tag{2-50a}$$

$$\varepsilon_{\text{ZSD}} = \begin{cases} 0.40, & \text{LoS} \\ 0.60, & \text{NLoS} \end{cases} \tag{2-50b}$$

相应地，当仿真场景为 3D UMa 时，其仿真参数为：

$$\mu_{\text{ZSD}} = \begin{cases} \max\left[-0.5, \ -2.1\dfrac{d_{2\text{D}}}{1000} - 0.01(h_{\text{UT}} - 1.5) + 0.75\right], & \text{LoS} \\ \max\left[-0.5, \ -2.1\dfrac{d_{2\text{D}}}{1000} - 0.01(h_{\text{UT}} - 1.5) + 0.90\right], & \text{NLoS} \end{cases} \tag{2-51a}$$

$$\varepsilon_{\text{ZSD}} = \begin{cases} 0.40, & \text{LoS} \\ 0.49, & \text{NLoS} \end{cases} \tag{2-51b}$$

式中，$d_{2\text{D}}$ 为传输链路的水平间隔，如图 2-13 所示，单位为 m；h_{UT} 和 h_{BS} 分别为接收天线和发射天线的高度，单位为 m。若用户位于建筑物内部（图 2-14），此时传输链路为室外到室内，但 σ_{ZSD} 的仿真参数仅与室外的传输链路有关，即使用 $d_{2\text{D-out}}$ 代替式（2-50）和式（2-51）中的 $d_{2\text{D}}$ 计算此时的仿真参数，此时室外传输链路的视距传输概率由表 2-14 给出。

表 2-15　小尺度衰落参数的仿真参数 [3GPP TR36.873]

小尺度衰落参数		3D UMi			3D UMa		
		LoS	NLoS	O2I	LoS	NLoS	O2I
时延扩展 $\lg_{10}([\text{s}])$	μ_{DS}	−7.19	−6.89	−6.62	−7.03	−6.44	−6.62
	ε_{DS}	0.40	0.54	0.32	0.66	0.39	0.32
ASD [σ_{ASD}] $\lg_{10}([°])$	μ_{ASD}	1.20	1.41	1.25	1.15	1.41	1.25
	ε_{ASD}	0.43	0.17	0.42	0.28	0.28	0.42
ASA [σ_{ASA}] $\lg_{10}([°])$	μ_{ASA}	1.75	1.84	1.76	1.81	1.87	1.76

续表

小尺度衰落参数		3D UMi			3D UMa		
		LoS	NLoS	O2I	LoS	NLoS	O2I
ZSA [σ_{ZSA}] lg([°])	ε_{ASA}	0.19	0.15	0.16	0.20	0.11	0.16
	μ_{ZSA}	0.60	0.88	1.01	0.95	1.26	1.01
	ε_{ZSA}	0.16	0.16	0.43	0.16	0.16	0.43
K [dB]	μ_K	9	NA	NA	9	NA	NA
	ε_K	5	NA	NA	3.5	NA	NA
XPR [dB]	μ_{XPR}	9	8.0	9	8	7	9
	σ_{XPR}	3	3	11	4	3	11

此外，3GPP 3D 信道模型中各仿真场景内传输链路的散射多径时延假定服从指数分布，即

$$\tau_l' = -r_\tau \sigma_\tau \ln(X_l) \tag{2-52}$$

式中，l 为散射多径；τ_l' 为散射多径的绝对时延，单位为 s；$r_\tau = \sigma_{delays}/\sigma_\tau$ 为时延统计分布的比率因子；σ_{delays} 为时延分布的标准差，单位为 s；σ_τ 表示时延扩展，单位为 s；$X_l \sim$ Uni(0,1) 为均匀分布的随机变量。

3GPP 3D 信道模型的 PDP 模型与 ITU-R M.2135 信道模型相同，均为单坡度指数衰落模型，也就是说，散射多径的平均功率随着时延的增加呈指数衰减，即

$$P_l' = \exp\left(-\tau_l \frac{r_\tau - 1}{r_\tau \sigma_\tau}\right) \cdot 10^{\frac{-Z_l}{10}} \tag{2-53}$$

式中考虑了阴影衰落对各散射多径平均功率产生的随机影响，其中 $Z_l \sim N(0, \xi^2)$，其统计参数如表 2-18 所示。

PAS 决定了信道的空间相关特性，它体现了传输链路在不同方向上的功率分布，是空间信道模型的一个重要参数，同时也是区分 2D 信道模型和 3D 信道模型的一个重要参数。3GPP 3D 信道模型分别给出了传输链路发送端与接收端水平维度和俯仰维度的 PAS 模型。在水平维度，发送端和接收端的 PAS 均服从缠绕高斯分布（Wrapped Gaussian Distribution），而在俯仰维度，发送端和接收端的 PAS 则服从拉普拉斯分布（Laplacian Distribution），如图 2-16 所示。可以看出相比于缠绕高斯分布，拉普拉斯分布的尖峰更加明显，这意味着相比于信号功率在水平维度的分布，其在俯仰维度的分布会更加集中。

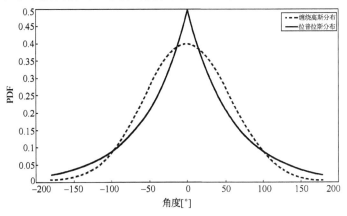

图 2-16　拉普拉斯分布与缠绕高斯分布

与 ITU-R M.2135 信道模型相同，3GPP 3D 信道模型中同一传输链路各小尺度衰落参数（如时延扩展、角度扩展、莱斯 K 因子等）及阴影衰落之间也具有一定的相关性。如表 2-16 所示，当引入俯仰维度的角度信息后，其俯仰维度的角度扩展与其他各衰落参数之间具有明显的相关性，同时引入相关性以后，其衰落参数构成的相关矩阵仍是正定的。

表 2-16 互相关系数[3GPP TR36.873]

相关系数		3D UMi			3D UMa		
		LoS	NLoS	O2I	LoS	NLoS	O2I
2D	$\rho_{\text{asd-ds}}$	0.5	0	0.4	0.4	0.4	0.4
	$\rho_{\text{asa-ds}}$	0.8	0.4	0.4	0.8	0.6	0.4
	$\rho_{\text{asa-sf}}$	−0.4	−0.4	0	−0.5	0	0
	$\rho_{\text{asd-sf}}$	−0.5	0	0.2	−0.5	−0.6	0.2
	$\rho_{\text{ds-sf}}$	−0.4	−0.7	−0.5	−0.4	−0.4	−0.5
	$\rho_{\text{asd-asa}}$	0.4	0	0	0	0.4	0
	$\rho_{\text{asd-k}}$	−0.2	NA	NA	0	NA	NA
	$\rho_{\text{asa-k}}$	−0.3	NA	NA	−0.2	NA	NA
	$\rho_{\text{ds-k}}$	−0.7	NA	NA	−0.4	NA	NA
	$\rho_{\text{sf-k}}$	0.5	NA	NA	0	NA	NA
3D	$\rho_{\text{zsd-sf}}$	0	0	0	0	0	0
	$\rho_{\text{zsa-sf}}$	0	0	0	−0.8	−0.4	0
	$\rho_{\text{zsd-k}}$	0	NA	NA	0	NA	NA
	$\rho_{\text{zsa-k}}$	0	NA	NA	0	NA	NA
	$\rho_{\text{zsd-ds}}$	0	−0.5	−0.6	−0.2	−0.5	−0.6
	$\rho_{\text{zsa-ds}}$	0.2	0	−0.2	0	0	−0.2
	$\rho_{\text{zsd-asd}}$	0.5	0.5	−0.2	0.5	0.5	−0.2
	$\rho_{\text{zsa-asd}}$	0.3	0.5	0	0	−0.1	0
	$\rho_{\text{zsd-asa}}$	0	0	0	−0.3	0	0
	$\rho_{\text{zsa-asa}}$	0	0.2	0.5	0.4	0	0.5
	$\rho_{\text{zsd-zsa}}$	0	0	0.5	0	0	0.5

2.4.5 3D 信道模型仿真

3GPP 3D 信道模型是典型的 GBSM 信道模型，通过参数化散射体的分布同时利用射线跟踪的方法来进行建模，其仿真流程如图 2-17 所示，需要注意，对于信道环境的几何描述中到达角表示的是信号经散射体最后一次反弹时到达接收机的角度，相应的离开角则表示信号第一次被散射体反弹时离开发射机的角度，但是关于信号在经散射体第一次反弹后如何传输至最后一次经散射体反弹的过程信道模型中并未定义，也就是说该信道模型中散射多径的时延信息无法根据信道环境的几何信息得到，这也是 GBSM 信道模型的特征之一。图 2-17 描述的是下行链路的信道模型仿真流程，对于上行链路的仿真，只需将图示中的离开角和到达角调换即可。此外，对于室内用户来说，其仿真流程与室外用户的非视距传输链路的仿真流程相似。

由图 2-17 可以观察到，整个仿真流程由相互依赖的 4 个部分组成，分别是仿真场景几何参数定义、大尺度参数生成、小尺度参数生成以及信道系数生成。下面将对下行链路的仿真流程进行分步骤的详细描述。

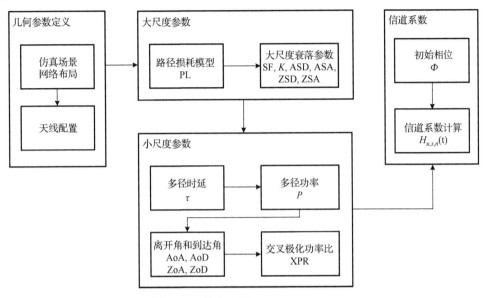

图 2-17　仿真流程[3GPP TR36.873]

1. 仿真场景几何参数定义

主要完成传输环境、网络布局及天线参数的配置，具体步骤如下：

（1）确定仿真场景（3D UMa 或 3D UMi）及 GCS；

（2）确定网络布局中服务基站和移动用户的数目；

（3）确定所有服务基站和移动用户在 GCS 下的 3D 几何位置，同时给出 GCS 下所有传输链路的视距路径的空间信息，即 $\theta_{\text{LoS, ZoD}}$、$\phi_{\text{LoS, AOD}}$、$\theta_{\text{LoS, ZoA}}$ 和 $\phi_{\text{LoS, AOA}}$；

（4）确定所有服务基站和移动用户的 LCS 下的天线几何参数与 3D 极化方向图 F_{tx} 和 F_{rx}；

（5）确定所有服务基站端天线的 LCS 相对于 GCS 的三维旋转向量 $(\alpha_{\text{BS}}, \beta_{\text{BS}}, \gamma_{\text{BS}})$，以及所有移动用户端天线的 LCS 相对于 GCS 的三维旋转向量 $(\alpha_{\text{UT}}, \beta_{\text{UT}}, \gamma_{\text{UT}})$；

（6）确定所有移动用户在 GCS 下的移动速度 v 和移动方向 θ_v 和 ϕ_v；

（7）确定仿真的工作频率 f_c。

通过以上步骤可以构建一个完整的 GBSM 传输环境，在该传输环境中定义了所有服务基站和移动用户的位置信息和天线配置，同时确定了环境内的所有传输链路。

2. 大尺度参数生成

根据定义的传输环境，确定所有传输链路的大尺度衰落参数，具体为：

（1）对于室外用户，根据表 2-14 确定所有传输链路的传输条件（LoS/NLoS），若为室内用户，仿真流程参照 NLoS；

（2）根据表 2-12 或表 2-13 计算所有传输链路的路径损耗；

（3）根据表 2-15 计算所有传输链路的大尺度参数，如阴影衰落、莱斯 K 因子、时延扩展以及角度扩展等。

值得注意的是，在进行多链路仿真时，需要考虑不同链路（一般仅考虑连接至同一服务基站的传输链路）间的大尺度参数间相关性，其相关性一般通过不同大尺度参数的相关距离 d_{cor} 定义，该参数依赖于不同的传输环境和传输链路，具体参数如表 2-17 所示；

表 2-17　大尺度参数相关距离[3GPP TR36.873]

相关距离		3D UMi			3D UMa		
		LoS	NLoS	O2I	LoS	NLoS	O2I
d_{cor}[m]	DS	7	10	10	30	40	10
	ASD	8	10	11	18	50	11
	ASA	8	9	17	15	50	17
	SF	10	13	7	37	50	7
	K	15	NA	NA	12	NA	NA
	ZSA	12	10	25	15	50	25
	ZSD	12	10	25	15	50	25

（4）限定随机生成的角度扩展，对于水平维度的角度扩展 σ_{ASD} 与 σ_{ASA}，其角度扩展不会超过 $104°$，即 $\sigma_{ASA} = \min(\sigma_{ASA}, 104°)$，$\sigma_{ASD} = \min(\sigma_{ASD}, 104°)$；而对于俯仰维度的角度扩展 σ_{ZSA} 和 σ_{ZSD}，其角度扩展则不会超过 $52°$，即 $\sigma_{ZSA} = \min(\sigma_{ZSA}, 52°)$，$\sigma_{ZSD} = \min(\sigma_{ZSD}, 52°)$。

注意，在生成具有相关性的大尺度参数时，其生成算法与 ITU-R M.2135 信道模型以及 WINNER II 信道模型相同，即基于用户地图的二维滤波算法，读者可以参考文献，其中有对该算法的详细描述。

3．小尺度参数生成

根据表 2-15 及表 2-18 生成不同传输链路的 PDP、PAS 以及 XPR（Cross-Polarisation power Ratio，交叉极化功率比），具体如下。

表 2-18　3D 信道模型参数表 [3GPP TR36.873]

	3D UMi			3D UMa		
	LoS	NLoS	O2I	LoS	NLoS	O2I
散射多径数目（N）	12	19	12	12	20	12
c_{AoD} [°]	3	10	5	5	2	5
c_{AoA} [°]	17	22	8	11	15	8
c_{ZoA} [°]	7	7	3	7	7	3
散射多径阴影衰落（ξ）[dB]	3	3	4	3	3	4

1）生成散射多径的相对时延 τ

根据式（2-52）生成不同散射多径的绝对时延 τ'_n，然后利用式（2-54）计算所有散射多径的相对时延，并据此对其进行升序排列，即

$$\tau_n = \mathrm{sort}(\tau'_n - \min(\tau'_n)) \qquad (2\text{-}54)$$

若传输链路为视距传输，此时为了抵消由于视距传输路径功率峰值对时延扩展的影响，

需要对散射多径的时延进行相应的缩放。该缩放因子由视距传输时的莱斯 K 因子决定，即

$$D = 0.7705 - 0.0433K + 0.0002K^2 + 0.000017K^3 \qquad (2-55)$$

式中，K 的单位为 dB，此时缩放后的散射多径时延为：

$$\tau_n^{\text{LoS}} = \frac{\tau_n}{D} \qquad (2-56)$$

注意，该修正值不会应用于计算散射多径的平均功率。

2）生成散射多径的平均功率 P

根据式（2-53）生成不同散射多径的平均功率，然后对传输链路内的所有散射多径进行平均功率归一化，即

$$P_n = \frac{P_n'}{\sum_{n=1}^{N} P_n'} \qquad (2-57)$$

若传输链路为视距传输，此时需要对各散射多径的平均功率进行修正，即

$$\begin{aligned}
P_n^{\text{LoS}} &= \frac{1}{K_R + 1} P_n + \delta(n-1) P_{1,\text{LoS}} \\
&= \frac{1}{K_R + 1} P_n + \delta(n-1) \frac{K_R}{K_R + 1}
\end{aligned} \qquad (2-58)$$

式中，$P_{1,\text{Los}}$ 为视距传输功率；K_R 为视距传输的莱斯因子，无量纲；$\delta(\cdot)$ 为狄拉克函数；需要注意的是该修正后的散射多径功率仅用于 PAS 模型。

对于散射多径内各射线的功率分配，假设某散射多径内含 M_n 条射线路径，此时便假定所有射线路径的平均功率相同，为 P_n / M_n。为了简化仿真复杂度，可以删除一些功率较小的散射多径，一般被删除的散射多径其平均功率比最大的散射多径功率至少低 25 dB，需要注意的是该步骤不会影响 PAS 模型中缩放因子的取值。

3）生成散射多径内各射线路径在水平维度和俯仰维度的到达角和离开角

散射多径内各射线路径在水平维度的到达角和离开角的生成与 ITU-R M.2135 类似，读者可以参考文献[17]，此处仅对俯仰维的离开角和到达角的生成过程进行描述。在 3GPP 3D 信道模型中假定散射路径在俯仰维度的 PAS 模型为拉普拉斯模型，因此可以通过逆拉普拉斯变换确定出散射路径在俯仰维度的角度信息，即

$$\theta_{n,\text{ZoA}}' = -\frac{\sigma_{\text{ZSA}} \ln\left(P_n / \max(P_n)\right)}{C} \qquad (2-59)$$

式中，P_n 为各散射路径的平均功率；σ_{ZSA} 表示传输链路的随机 RMS 角度扩展；C 表示的是与传输链路内散射多径数目相关的一个缩放因子，即

$$C = \begin{cases} 1.104, & N = 12 \\ 1.184, & N = 19 \\ 1.178, & N = 20 \end{cases} \qquad (2-60)$$

若传输链路为视距传输，此时需要对缩放因子 C 进行修正，即

$$C^{\text{LoS}} = C \cdot (1.3086 + 0.0339K - 0.0077K^2 + 0.0002K^3) \qquad (2\text{-}61)$$

式中，K 为莱斯因子，单位为 dB。

为散射多径的角度引入随机性，具体表示为：

$$\theta_{n,\text{ZoA}} = X_n \theta'_{n,\text{ZoA}} + Y_n + \overline{\theta}_{\text{LoS,ZoA}} \qquad (2\text{-}62)$$

式中，X_n 等概率取值 -1 或 $+1$；$Y_n \sim N\left(0, \sigma_{\text{ZSA}}^2 / 7^2\right)$ 此处用于为散射多径的角度引入随机性；而 $\overline{\theta}_{\text{ZoA}}$ 与用户所在位置相关，即若用户位于室内，此时 $\overline{\theta}_{\text{ZoA}} = 90°$；若用户位于室外，此时 $\overline{\theta}_{\text{ZoA}} = \theta_{\text{LoS,ZoA}}$，且 $\theta_{\text{LoS,ZoA}}$ 由传输环境确定。

在视距传输时，为了保证视距路径的角度为 $\theta_{\text{LoS,ZoA}}$，需要对各散射路径的角度进行修正，即

$$\theta_{n,\text{ZoA}} = (X_n \theta'_{n,\text{ZoA}} + Y_n) - (X_1 \theta'_{1,\text{ZoA}} + Y_1 - \theta_{\text{LoS,ZoA}}) \qquad (2\text{-}63)$$

最后，可根据表 2-18 和表 2-19 计算出散射多径内各射线路径的角度信息，即

$$\theta_{n,m,\text{ZoA}} = \theta_{n,\text{ZoA}} + c_{\text{ZoA}} \alpha_m \qquad (2\text{-}64)$$

需要注意的是，通常式（2-64）计算的 $\theta_{n,m,\text{ZoA}}$ 的取值一般限定于 $[0, 360°]$，由于 $\theta_{n,m,\text{ZoA}}$ 表示俯仰维度的角度，其取值应限定于 $[0, 180°]$，所以当 $\theta_{n,m,\text{ZoA}} \in [180°, 360°]$ 时，则限定 $\theta_{n,m,\text{ZoA}} = 360° - \theta_{n,m,\text{ZoA}}$。

表 2-19　散射路径内的射线路径角度偏移，假定射线路径角度扩展为 1°

射线路径 m	射线路径偏移角度 α_m [°]
1,2	±0.0447
3,4	±0.1413
5,6	±0.2492
7,8	±0.3715
9,10	±0.5129
11,12	±0.6797
13,14	±0.8844
15,16	±1.1481
17,18	±1.5195
19,20	±2.1551

生成散射多径内各射线路径的 ZoD（Zenith of Departure）的过程与生成 ZoA（Zenith of Arrival）的过程类似，只是在引入随机性时有所不同，此时需要使用式（2-65）替代式（2-62），即

$$\theta_{n,\text{ZoD}} = X_n \theta'_{n,\text{ZoD}} + Y_n + \theta_{\text{LoS,ZoD}} + \mu_{\text{offset,ZoD}} \qquad (2\text{-}65)$$

式中，$\mu_{\text{offset,ZoD}}$ 由传输链路的几何信息决定，即

$$\mu_{\text{offset,ZoD}}^{\text{3D UMi}} = \begin{cases} 0, & \text{LoS} \\ -10^{(-0.55 \log_{10}(\max(10, d_{2D})) + 1.6)}, & \text{NLoS} \end{cases} \qquad (2\text{-}66a)$$

$$\mu_{\text{offset,ZoD}}^{\text{3D UMa}} = \begin{cases} 0, & \text{LoS} \\ -10^{(-0.62\log_{10}(\max(10,d_{2D}))+1.93-0.07(h_{\text{UT}}-1.5))}, & \text{NLoS} \end{cases} \quad （2\text{-}66\text{b}）$$

最后在计算射线路径的 ZoD 时，则使用式（2-67）替代式（2-64），即

$$\theta_{n,m,\text{ZoD}} = \theta_{n,\text{ZoD}} + \frac{3}{8} \cdot 10^{\mu_{\text{ZSD}}} \cdot \alpha_m \quad （2\text{-}67）$$

式中，μ_{ZSD} 由式（2-50）或式（2-51）决定，为对数正态分布的 ZSD 的均值。

当传输链路为视距传输时，其散射多径的 ZoD 仍需使用式（2-63）进行类似的修正，以保证视距路径的角度为 $\theta_{\text{LoS,ZoD}}$。

需要注意的是，当用户位于建筑物内部时，此时传输链路为室外到室内传输，其 ZoD 的生成仅需要考虑室外传输路径，即 $d_{2D\text{-out}}$ 对应的传输路径（图 2-13）。

4）随机配对散射路径内的射线路径

将同一散射路径内的 $\varphi_{n,m,\text{AOA}}$ 和 $\varphi_{n,m,\text{AOD}}$ 进行随机配对，同时将 $\theta_{n,m,\text{ZoA}}$ 和 $\theta_{n,m,\text{ZoD}}$ 进行随机配对。

5）生成 XPR

为散射路径内各射线路径生成各自的交叉极化功率比值（XPR），假定 XPR 为对数正态分布的随机变量，即

$$\kappa_{n,m} = 10^{\frac{X}{10}} \quad （2\text{-}68）$$

式中，$X \sim N(\mu, \sigma^2)$ 表示参数为 μ 和 σ 的高斯随机变量，其参数与具体的传输环境相关，如表 2-15 所示。

4. 信道系数生成

利用各传输链路终端的天线配置，大尺度参数以及小尺度参数，根据式（2-43）生成仿真场景内各传输链路的信道冲激响应系数，若链路传输为视距传输，则根据式（2-48）调整视距传输路径的信道系数。为了提高信道的仿真带宽，在仿真模型中采用了与 ITU-R M.2135 以及 WINNER II 信道模型相同的处理方式，即对平均功率较强的两条散射多径的射线路径进行子径分配，每条散射多径将被分解为 3 个不同的子径，且每个子径的相对时延为：

$$\begin{aligned} \tau_{n,1} &= \tau_n + 0\ \text{ns} \\ \tau_{n,2} &= \tau_n + 5\ \text{ns} \\ \tau_{n,3} &= \tau_n + 10\ \text{ns} \end{aligned} \quad （2\text{-}69）$$

式中，n 表示需要分解的散射多径；τ_n 为该散射多径的相对时延。同时表 2-20 给出了 3 个子径的功率分配以及射线路径的分配。

表 2-20　散射路径的子径分解 [3GPP TR36.873]

子径	射线路径	平均功率缩放	时延偏移
1	1,2,3,4,5,6,7,8,19,20	10/20	0 ns
2	9,10,11,12,17,18	6/20	5 ns
3	13,14,15,16	4/20	10 ns

　　通过这样的子径扩展，一方面增加了整个传输环境内的散射多径的数目，另一方面由于引入了较小的时延扩展，同时也增加了整个信道的带宽。

　　最后，为了完成最终的信道模型的仿真，可以根据需要在生成的信道系数中考虑路径损耗和阴影衰落的影响，即

$$H_{u,s,n}(t) = \sqrt{\mathrm{PL} \cdot \mathrm{SF}} H_{u,s,n}(t) \tag{2-70}$$

5．天线模型

　　3GPP 3D 信道模型的 2D 平面天线阵列的参考配置如图 2-18 所示，图中共有 N 列，且每一列包含 M 个具有相同极化方式（交叉极化或单极化）的天线阵元。此外，天线阵元沿水平和垂直方向均为等间距放置，其中水平方向的阵元间隔为 d_{H}，垂直方向的阵元间隔为 d_{V}。

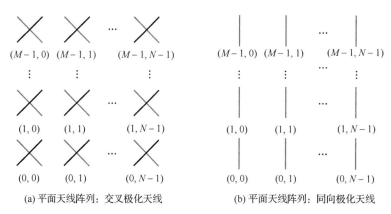

(a) 平面天线阵列：交叉极化天线　　　　(b) 平面天线阵列：同向极化天线

图 2-18　3GPP 3D 信道模型的 2D 平面天线阵列的参考配置

　　该平面阵列天线的垂直辐射增益为，

$$A_{\mathrm{E,V}}(\theta) = -\min\left[12\left(\frac{\theta-90^\circ}{\theta_{\mathrm{3dB}}}\right)^2, \mathrm{SLA_V}\right] \tag{2-71}$$

　　式中，θ 为天线阵列在俯仰维度的辐射角度，取值 $[0, 180^\circ]$；θ_{3dB} 为天线阵列的 3 dB 辐射增益的角度，此处为 65°；$\mathrm{SLA_V} = 30\ \mathrm{dB}$ 为天线在俯仰维度的最大辐射增益。图 2-19 示意了该平面阵列天线的不同俯仰角度的辐射增益图。

　　在水平维度，该平面阵列天线的辐射增益为：

$$A_{\mathrm{E,H}}(\phi) = -\min\left[12\left(\frac{\phi}{\phi_{\mathrm{3dB}}}\right)^2, A_{\mathrm{m}}\right] \tag{2-72}$$

　　式中，ϕ 为天线阵列在水平维度的辐射角度，取值 $[-180^\circ, 180^\circ]$；ϕ_{3dB} 为天线阵列的 3 dB 辐射增益的角度，此处为 65°；$A_{\mathrm{m}} = 30\ \mathrm{dB}$ 为天线在水平维度的最大辐射增益。图 2-20 示意了该平面阵列天线在水平维度的辐射增益图。

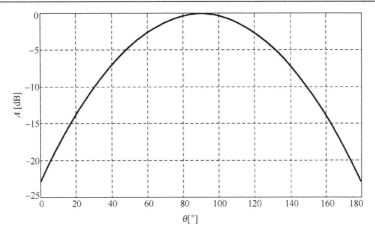

图 2-19　天线俯仰维辐射增益

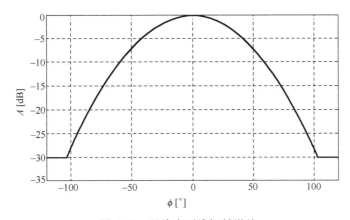

图 2-20　天线水平维辐射增益

当综合考虑天线阵列的水平维度和俯仰维度的辐射增益时，其在某一辐射方向的辐射增益可以表示为：

$$A_{\mathrm{E}}(\theta,\phi) = -\min(-(A_{\mathrm{E,V}}(\theta) + A_{\mathrm{E,H}}(\phi)), A_{\mathrm{m}}) \tag{2-73}$$

式中，A_{m} 为最大的辐射增益，为 30 dB。图 2-21 示意了该平面阵列天线的辐射增益图。

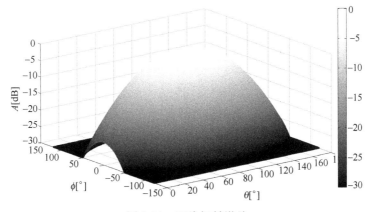

图 2-21　天线辐射增益

在仿真时，一般假定移动用户端天线阵列中的每一个天线阵元为全向：

$$A_{\mathrm{E}}(\theta,\phi) = A \qquad\qquad (2\text{-}74)$$

式中，A 为一固定的天线辐射增益，如 0 dB。

▌ 2.5　5G 新场景无线信道建模

　　为满足第 5 代移动通信系统（5G）的技术评估和仿真的需求，对于新的无线信道模型的研究也在不断深入。为适应未来移动业务的爆炸式增长，高频段应用成为 5G 移动通信系统的一种优选解决方案，随着无线电波信号频率的增加，其可用的频谱资源和系统带宽也会相应增加。尽管如此，对于高频段无线电波的传输特性仍需要进一步了解，当前各个研究机构和组织已经开展了不同频段、不同场景下的信道测量，但还主要集中于其路径损耗模型、阴影衰落模型等大尺度衰落模型的分析，对于高频段无线电波传输的小尺度参数等特性仍有待研究，而如何开发出支持更高频段、更高仿真带宽的无线信道模型也是未来无线信道建模面临的一个重要挑战。

　　D2D 和 V2V 是 5G 移动通信系统的重要应用场景，与传统的蜂窝网络应用场景不同，这些新的应用场景对现有的无线信道模型提出了进一步的挑战，主要体现在：①D2D 链路和 V2V 链路的发射端和接收端的双端移动性，使得信道的多普勒扩展模型以及信道参数间的空间一致性会变得更加复杂；②由于链路两端的天线高度一般比较接近，因此其信道环境将更加复杂多变；③由于 V2V 链路终端用户的高速移动，会导致信道特性的非平稳。但现有的关于 D2D 和 V2V 应用场景的信道测量和无线信道建模研究仍比较有限，因此未来针对 D2D 和 V2V 等应用场景的信道测量和建模仍需要进一步研究。

　　本节分别对现有的关于高频段，D2D 和 V2V 的无线信道的测量和建模研究的现状进行了总结，说明了未来无线信道模型发展所面临的挑战。

2.5.1　高频段信道建模

1．高频段研究现状

　　为适应未来移动数据需求量的爆炸式增长，未来移动通信系统应该具有更高的频谱效率、更宽的传输带宽以及更多的小区数目，为此在世界无线电通信大会（World Radiocommunication Conference，WRC）上业界已经开始为下一代移动通信系统争取更多的频率资源。由于目前大部分移动通信系统和业务（如广播、蜂窝系统、卫星通信系统以及 WiFi 等）所使用的频段都集中于 6 GHz 以下，导致 6 GHz 以下很难再找到合适的宽带频谱资源，因此为满足未来 5G 的高传输速率的需求，就需要考虑使用更高频段的频谱资源。

　　目前，国际上研究较多的应用于未来 5G 的候选频段是 6～15 GHz、28 GHz、38 GHz、45 GHz、60 GHz 及 70 GHz 以上频段，这些频段相对于原来的 6 GHz 以下频段来说，均属于高频段。然而，当前高频段应用尚处于探索阶段：三星发布的 28 GHz 实验系统能够实现 2 km 范围内 1 Gbps 的数据传输速率；爱立信发布的 15 GHz 实验系统的峰值数据传输速率可达 5 Gbps；而华为也宣布在 70～90 GHz E-band 频段下实现了高达 115 Gbps 的峰值传输速率；此外，Docomo、阿朗、富士通等公司也都在进行相关的探索研究，可以预见未来高频段的应用和研究将越来越引起人们的注意。

高频段应用于移动通信系统时需要了解其频段的传播特性，其中最直接且有效的方法是进行信道测量，利用实测数据，得到信道空-时-频域的参数统计特性，建立基于实场测试数据的信道模型，同时这也是进行链路预算和仿真平台搭建的基础。

国际上从 20 世纪 90 年代末开始，包括美国纽约大学、日本东京工业大学、北京邮电大学、东南大学以及芬兰阿尔托大学等科研组织和机构已经开始对高频段的信道建模进行实验性研究。芬兰阿尔托大学[47]通过使用扫频仪作为发射机、使用矢量网络分析仪作为接收机对 81～86 GHz 的无线信道进行了测量，场景包括街道峡谷以及屋顶到街道，最大测量范围可达 685 m。美国纽约大学的 Rappaport 团队[48-50]利用分离元器件自主搭建的基于扩频滑动相关的测量平台，通过灵活的频率配置，可以工作在 28 GHz、38 GHz、60 GHz 以及 72 GHz，其测量射频带宽高达 800 MHz，可用于分析路径损耗、时延、角度等参数。此外，他们还研究了高频信号的穿透损耗、反射特性。日本东京工业大学[51]在 20 世纪 90 年代末研究了 60 GHz 频段下电磁波对墙壁、地板、天花板、窗户等典型材料的透射系数和反射系数，并且还将测量结果与多层材料的反射模型进行比较，证明了使用圆极化天线能够有效地降低反射损耗，电磁波的穿透损耗主要取决于材料。北京邮电大学在文献[52]中描述了利用基于矢量网络分析仪的测量平台对 28 GHz 无线电波在室内环境下的传播进行测量和分析，分析结果显示高频信号在室内传播可以观察到较丰富的多径信息，且路径损耗指数与到达角等参数与传播环境具有很强的相关性，目前北京邮电大学也完成了 28 GHz 载频、800 MHz 带宽分离元器件的测量平台的自主搭建，并结合高速切换开关，进行空域特性的测量和研究。东南大学[53]也利用信号发生器和微波网络分析仪搭建了 45 GHz 频段下的信道测量平台，测量平台带宽可以灵活配置，最高能达到 1080 MHz，通过对室内不同环境下高频无线电波的传播特性进行测量，分析了 45 GHz 的路径损耗，并对不同带宽下的信道测量结果进行了分析比较。

2. 大气衰减与雨衰

通常认为频率越高，大气衰减和雨衰对无线电波信号的影响会越严重。在过去的几十年内，人们对电磁波信号的大气衰减和雨衰已经进行了深入研究，但都是基于传统蜂窝网络的小区覆盖（数公里），考虑未来高频段信号在 5G 小小区场景中的应用，参考 ITU-R-P.838-3 和 ITU-P.676-8 标准[54, 55]，图 2-22 给出了了电磁波传播 500 m 的雨衰和大气衰减和频率的变化关系。

图 2-22(a)是 500 m 小区半径条件下雨衰与频率的关系，分别表征了在大雨、中雨和小雨情况下的变化趋势，大雨、中雨和小雨的划分是根据气象部门制定的降雨量等级标准确定的，雨量越大，衰减值越大。同时，3 条曲线呈现出了一样的趋势，在 5 GHz 附近，出现了明显的波谷，衰减值最小，接近 0 dB，然后随着频率的升高，衰减值逐渐增大。观察

图 2-22(a)可以发现,即使考虑最高的频点处,衰减值也仅有 0.93 dB/500 m,而对 6 GHz、14 GHz、28 GHz、45 GHz、60 GHz 和 72 GHz 而言,无线电波传播 500 m 时的衰减分别为 0.001 dB、0.03 dB、0.15 dB、0.38 dB、0.58 dB 和 0.71 dB。这样的损耗在使用高方向性高增益天线的情况下,可以通过微调天线增益加以补偿。

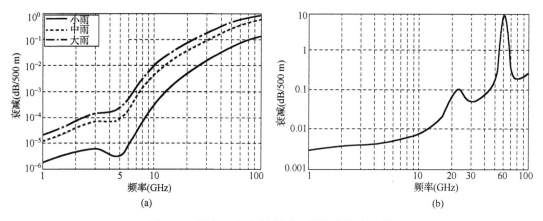

图 2-22　雨衰(a)和大气衰减(b)随频率的变化图

图 2-22(b)是 500 m 小区半径下大气衰减与频率的关系,总体上的趋势是随着频率的升高衰减值逐渐增大,但在 60 GHz 附近出现了明显的大气吸收窗口,衰减值达到 7.5 dB,这与已有的研究结果相符合。因此,60 GHz 的研究普遍集中于室内,可用作未来室内数据传输的候选频段。另一个大气吸收窗口是 22.5 GHz,衰减值仅为 0.04 dB,可以通过微调天线增益加以补偿。因此,除 60 GHz 附近频段的大气衰减较大以外,其他 6～100 GHz 频段范围内的大气衰减均可以通过微调天线增益进行补偿。

根据上面的研究发现:当小区半径为 500 m 或更小时,雨衰和大气衰减对高频信号的影响基本可以忽略,它们不再成为高频段应用于移动通信系统的限制因素。

3.高频段频谱分配

6 GHz 以下频段由于传播损耗较小,受到了传统业务的亲睐。虽然频带较为拥挤,但业务间仍然可以无干扰或在可以容忍的干扰水平下共存,基于此研究可用于未来 5G 的候选频段,也应该根据频谱的划分,给出适合用于移动通信业务的频段,使得各种不同业务可以正常开展。图 2-23 是根据已有资料调研的关于中国、美国、日本、欧洲的无线电频谱的划分[56~59]。考虑到用于 5G 候选频段的高频段均具有大带宽,所以图中展示的可用于移动通信系统的频段仅包含了带宽不低于 800 MHz 的频段。目前,国际上研究比较多的针对未来 5G 的候选频段是 6～15 GHz、28 GHz、45 GHz、60 GHz 以及 71～76 GHz 部分,在上述 4 个国家或地区,均可以找到相应的划分给移动通信系统的频段,这些频段作为 5G 的候选频段在政策上符合各个国家和地区的要求。

图 2-23 中白色区域为移动通信可使用频段,从图中可以看出,4 个地区的频谱分配策略是很相似的,仅有较小的区别。具体来看,在 6 GHz 附近,欧洲有 800 MHz(5.925～6.7 GHz)被分配给固定卫星通信业务和陆地移动通信业务。相比而言,中国将 5.9～5.95 GHz 以及

6.525～6.765 GHz 用于广播业务、固定卫星通信业务以及陆地移动通信业务等。而在美国和日本，6 GHz 频段附近 6.425～6.525 GHz 则用于地对空卫星通信业务和陆地移动通信业务。此外，在 15 GHz 附近，中国将 14.35～14.99 GHz 以及 15.01～15.1 GHz 用于航空移动通信业务。但是，在其他 3 个地区，14.8～15.35 GHz 则用于陆地移动通信业务。4 个地区均将 28 GHz 附近频段用于移动通信业务，其中中国为 27.5～28 GHz，美国为 27.5～29.5 GHz，日本和欧洲则为 27.5～28.5 GHz。相应地，38 GHz 和 45 GHz 附近频段一般也被分配用于移动通信业务，在中国分配的频段为 37.5～38.25 GHz、38.25～39.5 GHz 以及 44.0～48.5GHz；在美国，则分配了 37.0～38.6 GHz、38.6～39.5 GHz 以及 43.5～47.0 GHz；而在日本和欧洲为 37.5～39.5 GHz 和 43.5～47.0 GHz。同样，在 60 GHz 附近，用于移动通信业务的频段在中国及其他 3 个地区分别为 54.0～64.5 GHz 和 59.3～64.0 GHz。对于 72 GHz 附近的频段，在中国，有 68.0～72.5 GHz 以及 72.5～74.6 GHz 可被利用；而在日本和美国，可以利用的频段分配为 71.0～74.0 GHz 以及 74.0～76.0 GHz；在欧洲的话，则可使用的频段为 71.0～74.0 GHz、74.0～75.5 GHz 以及 75.5～76.0 GHz。

　　总之，高频段具有十分丰富的频谱资源可以利用，能够满足 5G 系统对频谱带宽的需求。然而，在确保能对高频段资源进行利用之前，必须对高频段信号的传播特征进行研究，这样才能了解高频段频谱信号在不同场景中的传输性质，从而选择合适的频段。

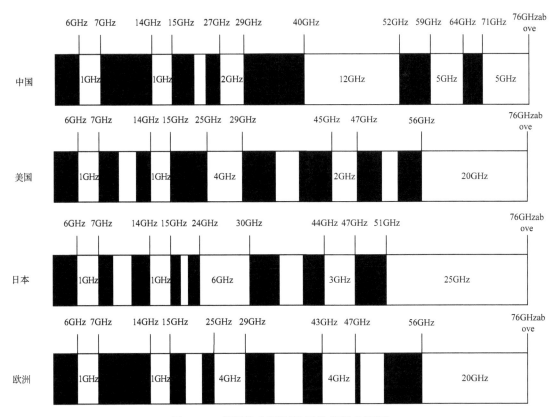

图 2-23　高频段在不同地区的频谱分配图

4. 高频段测量研究

目前，主流的无线信道测量方法分为两种。第一类（A）为频域测量信道传输函数，图 2-24(a)所示为基于矢量网络分析仪的测量平台。矢量网络分析仪用于测量无线信道的频域特性，利用快速傅里叶逆变换（Inverse Fast Fourier Transform，IFFT）可以得到无线信道的信道冲激响应。其优点在于系统的原理与搭建比较简单，可以灵活地配置测量频段与带宽；缺点是测量需要线缆，因此测量范围受限。第二类（B）为时域测量信道冲激响应，如图 2-24(b)所示，包括冲激探测器与相关探测器。大部分的时域信道探测仪（Channel Sounder）都采用相关测量的原理，根据文献[2]，其优点在于其提高了系统的动态范围，即使所探测信号可能为宽带信号，接收机仍然可以检测到发射信号，而且滑动相关器的灵敏度可通过改变滑动因子及后相关滤波器的带宽进行调整，同时由于系统具有一定的处理增益，因此其所需发射功率一般也较低。

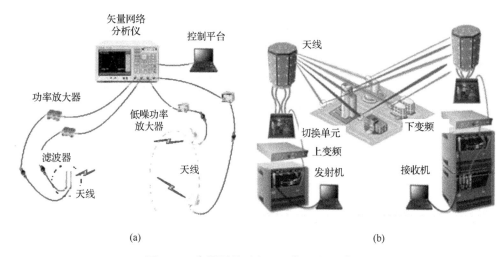

(a)   (b)

图 2-24　信道测量平台：A 类(a)和 B 类(b)

近年来随着 5G 探索研究的逐步开展，6 GHz、15 GHz、28 GHz、60 GHz 等一些重点研究频段获得了越来越多的关注，这些频段的路径损耗、时延、阴影衰落等信道特性已经成为了研究的关键问题。信道测量是了解信道特性的最直接方法，高频信号随着频率的升高，其波长变短，相同物理环境下，无线电波信号的反射衍射现象更加明显，因此，有必要针对高频段信号展开实场测试。各研究机构和组织已经在不同频段开展了相应的信道测量研究，并取得了一定的研究成果。表 2-21 给出了不同频点处高频段信道测量的研究现状。

从表 2-21 可以看出，相对于 6 GHz 以下频段研究，现有高频段信道测量的带宽都较宽，都在 200 MHz 以上，而与 6 GHz 以下测量使用全向天线或多天线不同，高频段信道测量均使用单天线测量且大多使用方向性较高的喇叭天线。由于高频信号在传播过程中衰减较快，限制了信号的空间传播范围，表 2-21 中的大多数测量都是在室内进行的，测量的无线信道参数包括大尺度参数（路径损耗、时延、阴影衰落等）和高频信号的穿透、反射特性等。

表 2-21　高频段测量活动汇总

频率	研究机构	平台	带宽	场景	参数
6 GHz	北京邮电大学	B	200 MHz	室外	路径损耗,路损指数,覆盖,时延扩展,到达角,离开角
11 GHz	东京工业大学	B	400 MHz	室内	路径损耗,阴影衰落,交叉极化因子,时延扩展,K 因子,相关带宽
28 GHz	美国纽约大学	B	800 MHz	室内,室外	路径损耗,路损指数,覆盖,时延扩展,反射和穿透损耗,到达角,离开角
	北京邮电大学	A	1 GHz	室内	相对路径损耗,路损指数,均方根时延
	华为	B	1 GHz	室内,室外	路径损耗
38 GHz	美国得克萨斯大学奥斯汀分校,美国纽约大学	B	800 MHz	屋顶到地面	功率时延谱,到达角,均方根时延,相对路径损耗,通信中断区域
45 GHz	东南大学	A	270(540,1080)MHz	会议室,工作隔间,起居室	功率时延谱,功率角度谱
60 GHz	美国纽约大学	B	200 MHz	室内	功率时延谱,功率角度谱,到达角,穿透损耗
	芬兰赫尔辛基工业大学,伊莱比特	B	200 MHz	走廊,大厅	均方根时延,阴影衰落,多径簇,路损指数
	荷兰爱因霍芬科技大学	—	—	室内,室外	路径损耗,离开角,信道冲击响应,均方根时延
72 GHz	美国纽约大学	B	800 MHz	室内	穿透分析
	华为	A	2 GHz	室内	路径损耗
71~76 GHz	爱立信	—	—	室外	水汽衰减
	芬兰阿尔托大学	A	5 GHz	屋顶到街道,街道峡谷	信道冲激响应(共极化/交叉极化)

　　从表 2-22 可知,在 LoS 情况下路径损耗指数(Path Loss Exponent, PLE)分布在 2.0 左右,NLoS 情况下 PLE 的变化非常大。此外随着频率的变化,PLE 的变化并没有明显规律。因此路径损耗指数与中心频率关系较弱,而与特定的传播环境有关。同样是 LoS 传播条件,大厅与办公室场景下 PLE 为 1.8~2.2,而在一个狭窄的走廊里,由于波导效应对传播信号的加强,PLE 为 1.2。在另一个环境的 LoS 场景下,PLE 则分布在 1.68~2.55 之间,而在 NLoS 场景下 PLE 会迅速恶化至 5.76。同时,由于不同频段的测量环境不同,所以阴影衰落数值差异较大。28 GHz、38 GHz 测量平台在测量距离较大的情况下,其在室外场景下的阴影衰落都较大,但是在室内场景下,不同频段的阴影衰落都较小,特别在 60 GHz 频段上,阴影衰落非常小。此外,信道的时延扩展与信号的覆盖范围正相关,不同场景下的统计特性差别较大。

表 2-22　高频段测量结果汇总

频率 [GHz]	收发端距离 [m]		路损指数	阴影衰落 [dB]	时延扩展 [ns]
6GHz	30~300		1.7~4.5	—	
11 GHz	室内	LoS 20	0.36~1.5	—	50
		NLoS 30	2.0~3.0		20
28 GHz	室外	LoS 30~200	1.68~2.55	0.2~8.66	100~200
		NLoS 30~200	4.58~5.76	8.83~9.02	—
	室内	LoS 30	1.2~2.2	—	42.8~58

频率 [GHz]	收发端距离 [m]			路损指数	阴影衰落 [dB]	时延扩展 [ns]
38 GHz	室外	LoS	30～900	1.89～2.3	4.55～11.55	1.5
		NLoS	30～900	3.2～3.86	11.69～13.39	14.3
60 GHz	室内	走廊	2～15	1.64	2.53	2.8～81
		大厅 LoS	2～15	2.17	0.88	4.2～38
		大厅 NLoS	7～13	3.01	1.55	11～38

表2-23总结了几个不同频段的电磁波在穿透几个常见遮挡物时的穿透损耗,可以看出,不同频段电磁波的穿透损耗有较大差异,与现有无线通信系统所使用的 6 GHz 以下频段相比较,高频段电磁波在穿透遮挡物时其穿透损耗较大,电磁波的穿透损耗大小与电磁波的频率呈现正相关性。此外,电磁波的穿透损耗还与天线的极化方式有关。

表 2-23　高频段穿透损耗

频率	墙体	玻璃	木材	砖块
2.4 GHz	20.45 dB	2.543 dB	2.195 dB	—
5.85 GHz	22 dB	—	8.8 dB	14.5 dB
28 GHz	29.45 dB	3.2 dB	3.5 dB	—
60 GHz	35.5 dB	6.4 dB	—	—

5．未来信道建模的挑战

我们知道,高频段具有较高的带宽（≥500MHz）,能满足 5G 对于频谱带宽的要求,而且大气衰减和雨衰不会成为限制其应用的因素。虽然高频信号的路径损耗比 6 GHz 以下的信号大很多,但还是能够满足 200 m 以内或更小范围的覆盖,符合 5G 对室内和热点小区的覆盖范围的要求。因此,高频段（毫米波）被作为未来 5G 的一种解决方案具有很大的应用前景。然而,尽管高频信号的传播特性得到了广泛的研究,但是在以下各方面需要更深入的研究。

（1）方向性天线对路径损耗测量的影响:路径损耗为电波的传播特性,与天线特性无关。而在现有的绝大多数研究中,均采用高方向性的喇叭天线作为收发天线,因此如何从测量结果中去除天线方向性是一个亟待解决的问题。

（2）单天线到多天线:现有的研究均集中于单天线测量系统,而为了支持更高数据速率,未来高频通信技术可能与多天线技术联合使用,因此,有必要研究高频信号在多天线系统下的传播特性。

（3）宽带通信系统:高频通信系统的信号带宽在 500 MHz 以上,多径时延分辨率达到纳秒级,在纳秒级的时间间隔里可以归并的多径数目减少,信号叠加不再满足大数定律,此外,相比 6 GHz 以下电磁波,高频段的穿透、绕射性能较差,多径分量少,NLoS 传播性能差。

2.5.2　D2D 信道建模

随着移动互联网和物联网技术的快速发展，许多新兴业务，如情景感知和智能家居等的出现，使得传统蜂窝网络系统对于带宽的需求不断增大，带宽的分配变得越来越拥挤。如何最大限度地利用系统现有的频谱资源增加系统吞吐量，是当前移动通信系统急需解决的难题。这种情况下，D2D 通信技术应运而生。

D2D 通信技术，通常指的是终端设备在不通过基础网络设备（如基站）的情况下而实现相互之间直接进行通信的技术[60]。D2D 通信中的终端设备既可以是人与人通信中的手机终端和其他终端设备，也可以是不受人类活动影响的机器间通信中的机器。蓝牙和 WiFi 直连是两类大众熟知的 D2D 技术。而将 D2D 通信技术引入蜂窝网，小区用户在基站的控制下直接进行端到端的短距离通信，不但能通过复用小区资源获得通信频段，有效地提升了系统的频谱效率，还能分担蜂窝网络的业务负载、节省移动终端的能耗并提升其电池寿命[61]。因此，蜂窝网下的 D2D 通信技术得到了运营商们的极大青睐，也成为了 5G 技术研究的热点之一。

相比于传统的蓝牙和 WiFi 直连通信技术，LTE/LTE-A 网络下的 D2D 通信技术存在许多优势。比如，它工作在授权频段，这样就可以避免来自其他频段通信的干扰。此外，安全性和服务质量（Quality of Service，QoS）也可以通过基站的控制得到保证。图 2-25 给出了 LTE/LTE-A 网络下的 D2D 通信结构。在不考虑上/下行链路差异的情况下，LTE/LTE-A 网络下的 D2D 通信链路可以分为两类：一类是新引入的 D2D 通信链路，如图中 UE1 和 UE2 之间的通信链路；另一类则是传统的蜂窝网基站到终端的通信链路，如图中 eNB 与 UE1 之间的通信链路。

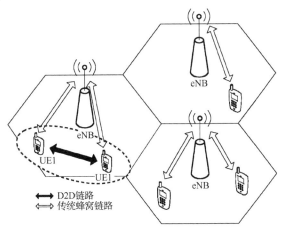

图 2-25　LTE/LTE-A 网络下的 D2D 通信结构

与传统的蜂窝网基站通信链路相比，D2D 通信链路具备很多新的特征。

（1）低天线高度：一般来说，D2D 的终端设备都是便携式的设备，因此，D2D 通信链路中的两个终端的天线高度均应低于人体的自然高度。考虑到人体的差异性以及其他 D2D 终端可能的应用场景，D2D 终端的天线高度可能在 1.0～2.5 m 的范围内变化。这与传统蜂窝网基站高度相比，D2D 终端的天线高度要低得多，因而，无线信道的传播环境更加复杂多变。

（2）短通信距离：受限于设备发射功率，D2D 通信距离很短，一般在数十米的量级。当发射端和接收端的距离很近时，两端的传播环境可能具有高度的相似性，使得信道的统计特征具有更加集中的特征，如多径时延扩展可能会极小。这与传统的蜂窝网通信大不相同。

（3）终端移动性：传统蜂窝网中基站一般是固定的，终端则是静止或移动，而在 D2D 通信中，对终端的移动性并无明显限制，两个终端可以是静止也可以是移动的。此外，D2D 通信的终端移动速度通常是步行速度，移动性对于信道的影响可能并不明显。

（4）通信频率：现有的 D2D 通信频段一般是 2.4 GHz 的公共频段，将 D2D 通信引入 LTE/LTE-A 系统后，通信频率将可能应用于现有以及未来可能分配给 LTE/LTE-A 系统的通信频段。一般来说，频率的变化必然会影响无线电波的传播损耗，因此，有必要研究不同频带的 D2D 通信的无线信道的传播特性。

目前对于蜂窝网控制下的 D2D 通信的研究课题受到了广泛的关注，包括 D2D 通信模式选择[62]，通信链路的建立和管理[63]，干扰控制、抑制和消除技术[64]，频谱效率的提升方案，功率控制，资源分配及调度算法等[65, 66]。近年来国内外多家公司一直致力于研究此项技术，发表了许多相关技术文章与专利。而这些研究的一个先决条件是对 D2D 通信信道特性的深入了解。但目前专门针对 D2D 通信信道特性的研究的文献还比较匮乏，大多采用自由空间、高斯或瑞利信道等简单理论模型或者针对现有的蜂窝网而建立的信道模型，不同的文献研究采用的信道模型也各不相同。

总体来说，国际上 D2D 信道建模的研究大致可以分为两类：一类是由一些标准化或研究机构建立的传播模型。文献[61~65, 67~68]中介绍了利用 WINNER II 对应场景建立传播模型；文献[69] 则采用的是 3GPP TR36.814 的室内热点大尺度路径损耗模型；文献[70]采用的是 ITU-R M.2135 的大尺度路径损耗模型。另一类是基于不同 PLE 的距离对数（含自由空间）模型。文献[71, 72]中 D2D 路径损耗模型分别采用了 Xia 模型和自由空间模型，快速衰落信道模型采用的是 3GPP 的 SCM 信道模型。文献[73, 74]中，大尺度路径损耗模型采用的 PLE 为 4 的路径损耗模型，而小尺度衰落则假设为高斯白噪声信道或者瑞利衰落信道。值得注意的是，大量的文献在研究 D2D 非视距传播条件时，广泛采用 PLE 为 4 的路径损耗模型，而 Xia 模型中的 PLE 也为 4。

2013 年 5 月，3GPP 为了保证 D2D 研究的标准化进程，在第 73 次 3GPP TSG RAN WG1 会议上，针对 D2D 评估方法和信道模型（见表 2-24）进行了讨论，基于现有的模型进行修正并就信道模型初步达成了一致意见[75]。关于路径损耗模型，其建议室外情况，采用加入 –10 dB 偏移的 WINNER II 信道模型 B1 场景路径损耗模型；对于室外到室内情况，采用双带模型或加上 –10 dB 偏移的 WINNER II 信道模型 B4 场景的非视距模型；对于室内情况，则采用双带模型或采用加入 ITU-R UMi 场景视距概率的室内热点场景路径损耗模型。关于阴影衰落，定义为 7 dB 标准差的对数正态分布，并假设阴影衰落为独立同分布。而对于快速衰落，采用对称的角度扩展分布，修正 ITU-R 室内热点和 UMi 场景的小尺度衰落信道模型。这一模型可以认为是 3GPP 认可的统一的 D2D 仿真评估模型。然而，这一模型仅是通过修正现有的传统蜂窝网的信道模型而实现，并非基于实际的信道测量数据建立，仍需要进一步通过实测对模型进行验证。

表 2-24　3GPP D2D 信道模型

应用场景	室外-室外	室外-室内	室内-室内
路损模型	WINNER II B1 场景加上−10 dB 偏移	双带模型；WINNER+B4 场景加上−10 dB 偏移	双带模型；ITU-R InH 模型添加 ITU-R UMi 场景的视距概率
阴影衰落	7 dB 对数正态分布；假设为独立同分布，即未进行相关性建模		
快速衰落	采用对称的角度（离开角，到达角）扩展分布；修正 ITU-R UMi 和 InH 场景模型以适应收发端的双移动性		

目前 D2D 信道建模还没有一个标准化的信道模型，针对 D2D 通信场景的信道测量及传播特性研究也较为缺乏。此外，D2D 通信的低天线高度和短通信距离等新特征，也给 D2D 信道测量和建模带来了很多挑战。考虑到未来多天线 MIMO 技术在 D2D 通信中的使用，D2D 信道的 MIMO 信道特性也是十分重要的研究方向。

2.5.3　V2V 信道建模

随着现代技术的发展，越来越多的智能系统开始应用于车辆中，可以预见未来的车辆将会配备更多不同的先进技术以用于车辆的导航、定位、安全以及通信等，这些系统和技术的使用不仅可以预防交通事故的发生，同时也会提高整个交通系统的运行效率。智能交通系统（Intelligent Transportation Systems，ITS）通常指的是一种特殊的车间协作通信系统及网络，其愿景是将传感器收集的路面交通信息在车辆间或者车辆与路面设施间实时共享，并以此来确保道路安全性、驾驶舒适度以及交通运行效率[76,77]。车辆对车辆（V2V）通信系统是智能交通系统的重要组成部分，是确保实现 ITS 系统安全性应用的关键技术。与传统的基于固定服务基站传输的移动蜂窝网络通信系统不同，V2V 通信系统允许车辆之间直接实现最小时延的通信，因此车辆之间必须建立自组织通信网络系统。IEEE 802.11p 是实现 V2V 通信系统的主要国际标准[78]，该标准是 WAVE（Wireless Access in the Vehicular Environment）倡议的一部分，基于常用的 WiFi 标准发展而来，主要用于 V2V 与车辆与设施（V2I）间交通信息的远程处理。

基于 IEEE 802.11p 实现的 V2V 通信系统的稳定性主要依赖于 V2V 通信链路的信道传输特性。需要注意的是 V2V 通信网络的信道传输特性与传统的蜂窝网络中的信道传输特性有很大的不同，因此传统蜂窝网络传输信道的研究并不能直接应用于 V2V 通信链路的传输信道[79]。由于 V2V 通信系统使用自组织网络拓扑结构，发送端（Transmitter，TX）和接收端（Reveiver，RX）均处于高速移动，而且 TX/RX 天线的架设高度相近，这也意味着 V2V 信道的时变特性更加复杂，通常使用非平稳随机过程来描述。因此为了开发出稳定可靠的 V2V 通信系统就需要深入了解其信道传输特性[25]。

1. V2V 信道测量

信道测量是了解实际信道传输特性的有效方法，目前国际上很多组织和机构已经开展了关于 V2V 信道的测量。V2V 信道测量的设备与传统的蜂窝网络通信系统的信道测量设备相同，具体则与测量的目的与关注的信道传输性能有关，可分为以下两类。

● **窄带测量系统**：主要关注的是信号的功率衰减和多普勒效应，而对于其他的信道参数（如频率选择性能）则无法进行测量。由于测量的参数较为简单，因此可以通过使用一个信号发生器和矢量网络分析仪[80,81]或频谱分析仪[82]简单实现。

- **宽带测量系统**：主要用于测量信道的冲激响应，并从中分析出信道的传输特性，如时延扩展、角度扩展等。一般使用基于相关的信道探测仪来实现。关于 V2V 信道的宽带测量系统读者可以参考文献[83]进一步了解。

V2V 通信系统的工作频段最有可能在 5 GHz 附近。美国联邦通信委员会（Federal Communications Commission，FCC）于 1999 年就已经将 5.9 GHz 附近 75 MHz 带宽的频段用于车载通信系统。目前，国际上各个标准化组织和机构已经规划了用于 ITS 系统的频段，其中，北美为 5.850～5.925 GHz，欧洲为 5.875～5.905 GHz，日本为 715～725 MHz 和 5.770～5.850 GHz[79]。基于此，目前国际上各个组织和机构开展的针对 V2V 信道测量主要集中在 5 GHz 频段附近。在 IEEE 802.11p 发布之前，文献[84]对 2.4 GHz 频段（即 IEEE 802.11b/g 频段）附近的 V2V 信道进行了测量，文献[85]对 900 MHz 频段附近的 V2V 信道进行了测量。此外，一些机构和组织对 IEEE 802.11a 频段附近的 V2V 信道也进行了测量，如文献[86]和文献[82, 87～91]分别对 5 GHz 和 5.2 GHz 频段附近的 V2V 信道特性进行了测量。文献[92～94]和文献[95, 96]分别测量了 5.3 GHz 和 5.6 GHz 频段附近的 V2V 信道，文献[80, 81, 98]则给出了 5.9 GHz 下 V2V 窄带和宽带信道的测量结果。此外，文献[99，100]分别给出了 60 GHz 下的 V2V 及车内通信（In-Vehicle wireless Communication, IVC）信道测量分析结果。总结来说，前面所提到的测量基本集中在 5 GHz 频段附近，对于其他频段的测量结果仍很少。关于 V2V 信道测量的进展读者可以参考文献[83，101，102]进一步了解，表 2-25 总结了不同机构和组织开展的关于 V2V 的信道测量活动。

表 2-25 V2V 信道测量

文献	频段 @ 带宽	场景	天线配置	参数
[85]	900 MHz	公路	SISO	时延扩展，路径损耗，莱斯 K 因子
[84]	2.445 GHz @ 20 MHz	高速公路，城市丁字路口，出口匝道	SISO	多普勒功率谱
[86]	5.12 GHz @ 50 MHz	城市，高速公路	SISO	PDP，相干带宽
[82]	5.2 GHz @ 3 kHz	城市，城区，公路和高速公路	SISO	接收功率分布，多普勒功率谱，电平通过率
[87]	5.2 GHz @ 240 MHz	乡村，高速公路，城市同向和相向行驶	4×4	PDP，多普勒功率谱
[88]	5.2 GHz @ 240 MHz	高速公路同向和相向行驶(90 km/h)，城市区域同向行驶(30 km/h)	4×4	PDP，平稳区间
[89]	5.2 GHz @ 240 MHz	高速公路相向行驶(110 km/h)	4×4	空间相关性，空间分集
[90]	5.2 GHz @ 240 MHz	高速公路相向行驶(90 km/h)	4×4	PDP，路径损耗，时延扩展，多普勒功率谱
[91]	5.2 GHz @ 240 MHz	高速公路，城市，城区，乡村	4×4	路径损耗
[[92]	5.3 GHz @ 60 MHz	校园，高速公路，城市和城区	30×30	PDP，时延扩展，幅度分布
[93]	5.3 GHz @ 60 MHz	校园，高速公路，城市和城区	30×30	平稳区间
[94]	5.3 GHz @ 60 MHz	校园，城市，城区及地下停车场	30×4	平稳区间
[95, 96]	5.6 GHz @ 240 MHz	十字路口	4×4	APDP，路径损耗，时延扩展
[97]	5.8 GHz @ 100 MHz	车内	SISO	PDP
[80]	5.9 GHz @ 40 MHz	城区	SISO	路径损耗，相干时间，多普勒功率谱
[81]	5.9 GHz @ 40 MHz	城区，高速公路，乡村	SISO	时延扩展，相干带宽
[100]	60 GHz @ 1 GHz	车内	SISO	PDP，时延扩展，能量泄漏

2. V2V 信道模型

信道模型的描述和分类可以有多种方法，如确定性信道模型与随机性信道模型，分析信道模型与经验信道模型或物理信道模型，也可以是上述模型的混合等。为了更好地说明 V2V 信道模型的发展，文献[103]对 V2V 分析信道模型、仿真信道模型、经验信道模型以及 MIMO 信道模型等方面总结了当前 V2V 信道模型的最新进展。文献[101]将 V2V 信道建模方法总结为基于几何的确定性信道模型（Geometry-Based Deterministic Model，GBDM）、基于几何的随机性信道模型（GBSM）和非几何随机性信道模型（Non-Geometrical Stochastic Model，NGSM），并分别通过 3 种不同的 V2V 信道建模方法总结了 V2V 信道模型的发展。相应地，文献[83]则根据 V2V 信道的特征，总结了 V2V 窄带和宽带随机性信道模型，同时根据 V2V 信道模型的常用仿真建模方法，即射线跟踪与基于几何的随机性信道建模，对 V2V 信道模型进行了总结，此外还对非平稳 V2V 信道建模方法进行了总结。文献[104]分析了影响 V2V 信道建模的几个因素，如传输环境、链路类型以及车辆类型等，并根据不同的传输机制，即大尺度衰落和小尺度衰落，对 V2V 信道模型进行了总结，同时从 V2V 信道的几何建模和非几何建模出发，对现有 V2V 信道模型进行分类总结。读者可以通过参考上述文献进一步了解 V2V 信道模型的不同建模方法。

GBSM 信道模型综合了确定性信道模型和随机性信道模型的特点，文献[105]中将 GBSM 信道模型进一步区分为基于"环"假设 GBSM 模型以及基于位置的 GBSM 模型，前者通常假设发送端或接收端的散射体分布在一个圆环或椭圆区域内，而后者一般需要散射体的实际几何位置信息。GBSM 信道模型根据不同的传输环境使用不同的参数配置从而可以生成特定环境下的信道冲激响应，且一般精度也较高，因此 GBSM 信道模型可以很好地仿真 V2V 信道模型。此外，GBSM 信道模型也可以很好地仿真 V2V 信道的非平稳特性，因为 GBSM 信道建模过程中可以考虑散射体和链路的移动性。

随着 V2V 信道测量活动的开展，对于 V2V 信道模型的研究也在不断推进，考虑到 GBSM 信道模型的灵活性和准确性，对于 V2V 信道的 GBSM 模型也得到了不断发展。文献[105]将散射体对 V2V 信道的影响分为 4 种，分别是视距传输（LoS），移动分离散射体（Mobile Discrete，MD，如其他车辆），静止分离散射体（Static-Discrete，SD，如路灯，交通标记等），以及弥散散射体（Diffuse, DI，如植被等），通过假定不同散射体的几何分布，使用 GBSM 信道建模方式对 V2V 信道冲激响应进行仿真和建模。文献[106]采用了相同的建模方法，通过对 5.2 GHz 频段下 V2V 信道测量结果，对移动分离散射体进行了跟踪和分析，给出了 V2V MIMO 信道模型的仿真参数，并对不同散射体的影响进行了建模，其中 DI 散射体的建模与传统的 GBSM 信道模型相同，而 SD 与 MD 对信道的影响则被建模为功率衰减等大尺度衰落模型，此外为了简化建模过程，假定所有的散射体均是单次反射的。考虑到 GBSM 信道建模方式的不同，文献[107]给出了两种不同的理论分析模型和仿真模型，分别是改进的几何残缺双环散射模型和几何 T 型散射模型。文献[108]提出了一种新的应用于宽带 MIMO V2V 瑞利衰落信道的规则形状 GBSM（Regular-Shaped GBSM，RS-GBSM）信道模型，不同于传统的 RS-GBSM，该信道模型可以很实际地反映出交通密度对信道统计特性的影响。该模型属于典型的基于环的 GBSM 信道模型，该模型结合了双环信道模型，考虑了视距传输、单次和双次反射的共焦椭圆信道模型，为了反映出车流密度（Vehicular Traffic Density，VTD）对 V2V 信道的影响，在建模过程中双环信道模型主要用于对移动散射体建模（如发射端和接收端附近移动的车辆等），而共焦椭圆信道模型则用于对静止散射体建模，采用抽头延时线（Tapped Delay-Line，TDL）模型进行分析，此外不同于传统的 RS-GBSM 信道建模，该模型还考虑了移动散射体的移动速度。

尽管已经有文献对 V2V 信道模型的非平稳特性进行了描述[93, 94, 105]，但并未给出具体的建模方法。文献[109]给出的 V2V 信道模型对 V2V 的时域非平稳特性进行了描述，通过引入本地平稳非相关散射体（Local Sense Stationary Uncorrelated Scattering，LSSUS）对 V2V 信道的时域非平稳特性进行了建模。文献[110]对丁字路口下 V2V 信道的非平稳特性进行了建模，采用双次反射模型，同时考虑到 V2V 信道非平稳特性由发送端和移动端的移动性、AoA 和 AoD 的时变等引起，模型通过理论分析综合考虑了上述引入非平稳的因素给出了 V2V 非平稳信道模型，并通过数值分析给出了信道模型的本地自相关函数（Autocorrelation Function，ACF）、时频分布特性以及本地空间互相关函数（Cross-Correlation Function，CCF）。基于相同的分析方法，文献[111]给出了普通街道的 V2V 非平稳信道模型，该模型采用单次反射模型，综合考虑了移动散射体和静态散射体的影响，此外文中还给出了 V2V 信道模型的平稳区间的累计概率分布函数（Cumulative Distribution Function，CDF）的数值分析结果。

考虑到 V2V 信道链路的特殊性，发送端和接收端天线处于相同的水平高度，若同时考虑到 3D MIMO 技术的应用，则需要对 V2V 信道的 3D 传输特性进行建模。文献[112]给出了各向异性的 V2V MIMO 宽带信道的 3D 参考模型，该模型基于几何同轴圆柱模型，假定发射端与移动端均可以移动，且天线高度相近，综合考虑了 LoS、单次反射径和双次反射径的影响。通过对 2.4 GHz 频段附近 V2V MIMO 宽带信道测量数据的分析一定程度上验证了该模型的正确性。文献[113]提出了一种应用于各向异性 V2V MIMO 宽带信道的 3D RS-GBSM 信道模型并给出了相应的正弦叠加（Sum-of-Sinusoids，SoS）仿真模型。该 3D RS-GBSM 信道模型主要由 LoS 分量、两个球体模型以及一个椭圆柱体模型组成，可以很好地分析 VTD 对信道统计特性的影响，同时该模型使用冯米塞斯-费舍尔（von Mises Fisher）分布来描述 V2V 信道水平角度和俯仰角度的联合概率分布。为了更好地反映 VTD 对信道统计特性的影响，需要区分出发射端和移动端附近的移动车辆环境与道路两旁的静态环境（如建筑物、植被、泊车等），因此该模型使用单、双次反射的球体模型对移动散射环境进行建模，同时使用椭圆柱体模型对道路两旁的静态散射环境进行建模。文献[114]使用 3D 半椭球体几何信道模型来描述 V2V 信道，并给出了时延、水平到达角和俯仰到达角的联合概率密度分布的闭式表达式。文献[115]则使用几何半圆形隧道（Semicircular Tunnel，SCT）散射模型描述了宽带 MIMO V2V 信道，该模型假设 LoS 和 NLoS 传输环境下散射体均是单次反射，同时假定在半圆形隧道的表面存在着无穷多个散射体，并基于此给出了该模型的时变传输函数。

3. 未来 V2V 信道测量和建模的挑战

尽管当前对于 V2V 信道的测量和建模已经取得了一定的进展，但在未来的发展过程中仍有许多挑战需要解决。

（1）传输环境：由于 V2V 通信可以发生在任何可能的环境中，而当前的信道测量则主要关注于常见的传输环境（如城市、高速公路、乡村等），而对于一些特殊的传输环境，如立交桥、隧道、环路等的测量则较少，因此为了更好地理解 V2V 信道的传输特征，需要对这些环境下的 V2V 信道进行测量。

（2）车辆类型：当前的大部分测量活动主要是在一些私人驾乘的车辆中开展的，对于其他类型的交通工具如商务汽车、货车、电动车以及公共交通工具等的测量则较少，而这些不同类型交通工具周围的传输环境彼此也会有很大不同，因此未来需要对其进行更多的测量和研究。

（3）车流密度：当前关于 VTD 对 V2V 信道传输特性的影响的研究仍比较有限，但已经有文献表明其对 V2V 的信道统计特性会产生影响[108, 113]，因此在测量和建模时需要考虑 VTD 带来的影响。

（4）频段：尽管商用 ITS 应用基本部署在 5 GHz 频段附近，但对于 V2V 通信系统来说仍可以使用其他频段。如文献[103]中提到的 750 MHz 频段和 4.9 GHz 频段，对于 4.9 GHz 频段，其信道传输特性与 5 GHz 频段可能是相似的，但 750 MHz 频段内的 V2V 信道特征却仍未明确。此外甚高频（Very High Frequency，VHF）范围内的军用和航空频段以及其他频段也可能被应用于商用 V2V 通信系统的部署，因此仍需要对其他频段范围内的 V2V 信道传输特性进行测量。

（4）MIMO 及 3D 信道模型：当前 V2V MIMO 信道模型，无论是理论分析模型还是测量信道模型，均假定天线周围具有丰富的散射体环境，而这在实际环境中可能并不总是成立的，如在高速公路环境中。此外处于经济和美观角度考虑，MIMO 天线阵列的阵元数目可能不会很多，而且可能不会放置在车顶，因此当天线位于不同位置时 V2V 信道传输特性的变化也仍需进一步探索。另一方面，考虑到未来 3D MIMO 技术的发展及其应用于 V2V 通信系统的可行性，就需要了解 V2V 信道的 3D 传输特性，而目前对于 V2V 信道测量和建模的研究仍主要集中于 2D 信道模型，因此需要更多地关于 V2V 信道 3D 信道的研究和建模。

（5）非平稳特性：V2V 信道模型的非平稳特性已经在不同的测量活动中得到了验证，而当前关于 V2V 非平稳特性的研究仍不够深入，相关的信道模型亦是如此。因此未来仍需要对 V2V 信道的非平稳特性进行测量和建模。

以上从 6 个方面给出了未来 V2V 信道的测量和建模所遇到的主要挑战，但考虑到未来 5G 和 ITS 系统的部署，对于 V2V 信道模型的标准化工作也是很大的挑战。

▌2.6　本章小结

随着 5G 移动通信系统的快速兴起和发展，传统的无线信道模型面临着很大的挑战，迫切需要一种可以支持各种复杂仿真应用场景、更高频段更高带宽信道建模以及非平稳动态信道建模等的新型无线信道建模方法。

无线电波传播过程中 3 种基本传输机制的相互作用，使得电波信号在传输过程中会经历大尺度衰落和小尺度衰落现象，无线信道建模就是使用数学工具对这种衰落现象进行描述的过程。随着无线通信系统的不断发展，无线信道的建模方式也在不断更新，从最初的应用于窄带语音通信系统的路径损耗预测模型，逐步发展到应用于 4G 移动通信系统的 GBSM 信道模型。相比于传统的信道建模方式，即信道预存储、确定性信道建模以及随机性信道建模，GBSM 在信道建模的复杂度和准确性上都有很大的优势，因此在 3G 和 4G 移动通信系统中得到了广泛的应用，也是未来 5G 移动通信系统信道建模的一个重要建模方式。

3D MIMO 技术是 LTE-A 系统和未来 5G 移动通信系统的关键技术，3GPP 针对 3D 信道模型的标准化工作也取得了一定的进展，开发了标准 GBSM 信道模型 3GPP TR36.873，相比于传统的 2D 信道模型，增加了对于信道俯仰维度的建模。

高频通信技术、D2D 以及 V2V 是未来 5G 移动通信系统的 3 个关键技术，对于这样 3 种技术的信道模型的研究也取得了一定的进展。目前各个研究机构和组织开展了大量针对这些技术的信道测量工作，但频段测量以及对于 V2V 信道的动态测量和平稳性研究工作都不是很全面，所以仍然需要进一步加深对于更高带宽信道建模以及动态信道建模等新型信道建模方面的研究工作。

▌ 2.7　参考文献

[1]　Molisch A. F. Wireless Communications, 2nd ed. New York: John Wiley & Sons: 2011.

[2]　Rappaport T.S. 无线通信原理与应用，第 2 版. 周文安，付秀花，王志辉，等译. 北京：北京工业出版社，2012.

[3]　啜刚，王文博，常永宇，全庆一. 移动通信原理与系统，第 2 版. 北京：北京邮电大学出版社，2009.

[4]　COST 207. Digital land mobile radio communications. Office for Official Publications of the European Communities, Final Report, Luxembourg, 1989.

[5]　ITU-R. Guidelines for Evaluation of Radio Transmission Technologies for IMT-2000. ITU-R Report M.1225, 1998.

[6]　A. Molisch, H. Asplund, R. Heddergott, et. al.The cost259 directional channel model-part i: Overview and methodology [J]. Wireless Communications, IEEE Transactions on, 2006, 5 (12): 3421-3433.

[7]　3GPP. Spatial channel model for Multiple Input Multiple Output (MIMO) simulations. 3GPP Technical Report TR 25.996 v11.0.0, 2012.

[8]　D. Baum, J. Hansen, and J. Salo. An interim channel model for beyond-3g systems: extending the 3GPP spatial channel model (SCM) [C]. In IEEE 61st Vehicular Technology Conference (VTC-Spring'05), June 2005, 5: 3132-3136.

[9]　WINNER IST-2003-507581. "Final Report on Link Level and System Level Channel Models," D5.4, v1.4. 2005.

[10]　WINNER II IST-4-027756. WINNER II Channel Models Part I, Channel Models. D1.1.2 v1.2. 2007.

[11] ITU-R. Proposed channel model parameter update for IMT-Advanced evaluation. ITU-R Document 5D/188-E, 2008.

[12] ITU-R. Proposed CDL Model for IMT-Advanced Evaluation. ITU-R Document 5D/189-E, 2008.

[13] ITU-R. Proposed layout update of indoor hotspot scenario for IMT-Advanced evaluation. ITU-R Document 5D/205-E, 2008.

[14] ITU-R. Proposed to simplify the propagation model for IMT-Advanced evaluation. ITU-R Document 5D/207-E, 2008.

[15] ITU-R. Proposed path loss model update for IMT-Advanced evaluation. ITU-R Document 5D/208-E, 2008.

[16] ITU-R. Software implementation of IMT.EVAL channel model. ITU-R Document 5D/230-E, 2008.

[17] ITU-R. Guidelines for evaluation of radio interface technologies for IMT-Advanced. ITU-R Report M.2135, 2009.

[18] 3GPP TR36.873."Study on 3d channel model for lte," 3rd Generation Partnership Project, v12.1.0. 2015.

[19] http://www.metis2020.com/

[20] http://www.5gnow.eu/

[21] http://www.imt-2020.cn/

[22] METIS. Metis channel models. Mobile and wireless communications Enablers for the Twenty-twenty Information Society (METIS) Project, ICT-317669-METIS D1.4, 2015.

[23] Molisch A. F, Kuchar A, Laurila J, et al. Geometry‐based directional model for mobile radio channels—principles and implementation [J]. European Transactions on Telecommunications, 2003, 14(4): 351-359.

[24] Wyne, S., Czink, N., Karedal, J., et. al. A Cluster-Based Analysis of Outdoor-to-Indoor Office MIMO Measurements at 5.2 GHz [C]. In IEEE 64th Vehicular Technology Conference (VTC-Fall'06), Spet. 2006: 25-28.

[25] Guillaume De la Roche, Andrés Alayón-Glazunov, and Ben Allen. LTE-advanced and next generation wireless networks: Channel modelling and propagation. New York: John Wiley & Sons, 2012.

[26] 潘淳. 新一代无线通信系统的多天线信道建模和模型验证. 北京：北京邮电大学. 2015. [未发表]

[27] Aulin T. A Modified Model for the Fading Signal at a Mobile Radio Channel [J]. IEEE Transactions on Vehicular Technology, 1979, 28 (3): 182-204.

[28] Qu S, Yeap T. A Three-Dimensional Scattering Model for Fading Channels in Land Mobile Environment [J]. IEEE Transactions on Vehicular Technology, 1999, 48 (3): 765-781.

[29] Janaswamy R. Angle of Arrival Statistics for a 3-D Spheroid Model [J]. IEEE Transactions on Vehicular Technology, 2002, 51 (5): 1242-1247.

[30] Nawaz S J, Qureshi B H, Khan N M. A Generalized 3-D Scattering Model for a Macrocell Environment With a Directional Antenna at the BS [J]. IEEE Transactions on Vehicular Technology, 2010, 59 (7): 3193-3204.

[31] Wu S, Wang C-X, Aggoune E-H, et al. A Non-Stationary 3-D Wideband Twin-Cluster Model for 5G Massive MIMO Channels [J]. IEEE Journal on Selected Areas in Communications, 2014, 32 (6): 1207-1218.

[32] Kalliola K, Sulonen K, Laitinen H, et al. Angular Power Distribution and Mean Effective Gain of Mobile Antenna in Different Propagation Environments [J]. IEEE Transactions on Vehicular Technology, 2002, 51 (5): 823-838.

[33] Medbo J, Riback M, Asplund H, et al. MIMO Channel Characteristics in a Small Macrocell Measured at 5.25 GHz and 200 MHz Bandwidth [C]. In IEEE 62nd Vehicular Technology Conference (VTC-Fall'05), Sept. 2005: 372-376.

[34] Medbo J., Asplund H., Berg J., et.al. Directional Channel Characteristics in Elevation and Azimuth at an Urban Macrocell Base Station [C]. In 6th European Conference on Antennas and Propagation (EUCAP'12), 2012: 428-432.

[35] WINNER+ WP5. D5.3: Wireless World Initiative New Radio (WINNER+) Final Channel Models [R]. 2010.

[36] Zhang J., Pan C., Pei F., et al. Three-dimensional fading channel models: A survey of elevation angle research. Communications Magazine, IEEE, Jnne 2014, 52 (6): 218-226.

[37] Pei F., Zhang J., Pan C. Elevation Angle Characteristics of Urban Wireless Propagation Environment at 3.5 GHz [C]. In IEEE 78th Vehicular Technology Conference (VTC-Fall'13), Sept. 2013: 1-5.

[38] Pan C., Zhang J. Experimental Investigation of Elevation Angles and Impacts on Channel Capacity in Urban Microcell [C]. In IEEE International Conference on Computing, Networking and Communications (ICNC'15), Feb. 2015: 11-15.

[39] 3GPP R1-132542. Framework for 3D channel model. 3GPP TSG RAN WG1 #73, Fukuoka, Japan, 20th - 24th May 2013.

[40] 3GPP R1-132543. UMa Channel measurements results on elevation related parameters. 3GPP TSG-RAN WG1 #73, Fukuoka, Japan, 20th - 24th May 2013.

[41] 3GPP R1-133525. UMi Channel measurements results on elevation related parameters. 3GPP TSG-RAN WG1 #74, Barcelona, Spain, 19th – 23rd August 2013.

[42] 3GPP R1-133526. O2I Channel measurements results on elevation related parameters. 3GPP TSG-RAN WG1 #74, Barcelona, Spain, 19th – 23rd August 2013.

[43] 3GPP R1-134222. Proposals for Fast Fading Channel Modelling for 3D UMi [S]. 3GPP TSG-RAN WG1, 2013.

[44] 3GPP R1-134221. Proposals for Fast Fading Channel Modelling for 3D UMa [S]. 3GPP TSG-RAN WG1, 2013.

[45] 3GPP R1-134795. Proposals for Fast Fading Channel Modelling for 3D UMi O2I [S]. 3GPP TSG-RAN WG1, 2013.

[46] 3GPP. Study on 3D Channel Model for LTE. 3GPP Technical Report TR36.873 v12.1.0. 2015.

[47] Kyro, M., Ranvier, S., Kolmonen, V., et. al. Long range wideband channel measurements at 81–86 GHz frequency range [C]. In 4th European Coference on Antennas and Propagation (EuCAP'10), April 2010: 1-5.

[48] Hang Z., Mayzus, R., Shu S., et. al. 28 GHz millimeter wave cellular communication measurements for reflection and penetration loss in and around buildings in New York city [C]. In IEEE International Conference on Communications (ICC'13), June 2013: 5163-5167.

[49] Azar, Y., Wong, G.N., Wang, K., et. al. 28 GHz propagation measurements for outdoor cellular

communications using steerable beam antennas in New York city [C]. In IEEE International Conference on Communications (ICC'13), June 2013: 5143-5147.

[50] Nie, S., MacCartney, George R.; Sun, S., et al. 72 GHz millimeter wave indoor measurements for wireless and backhaul communications [C]. In IEEE 24th International Symposium on Personal Indoor and Mobile Radio Communications (PIMRC'13), Sept. 2013: 2429-2433.

[51] Sato, K., Kozima, H., Masuzawa, H., et al. Measurements of reflection characteristics and refractive indices of interior construction materials in millimeter-wave bands [C]. In IEEE 45th Vehicular Technology Conference (VTC'95), July 1995, 1: 449-453.

[52] Mingyang Lei, Jianhua Zhang, Tian Lei, et al. 28-GHz Indoor Channel Measurements and Analysis of Propagation Characteristics [C]. In IEEE 25th International Symposium on Personal Indoor and Mobile Radio Communications (PIMRC'14), 2014: unpublished.

[53] Wang H M, Hong W, et al. Channel Measurement for IEEE 802.11aj (45 GHz) [S]. IEEE 802. 11-12/1361r3, 2013.

[54] ITU-R. Attenuation by atmospheric gases. ITU-R Recommendation P.676-8, Oct. 2009.

[55] ITU-R. Specific attenuation model for rain for use in prediction methods. ITU-R Recommendation P.838-3, Mar. 2005.

[56] 中华人民共和国工业和信息化部令第 26 号. 中华人民共和国无线电频率划分规定. 中华人民共和国工业和信息化部第 5 次部务会议审议通过. 2014.02.

[57] Federal communications commission office of engineering and technology policy and rules devision. FCC online table of frequency allocations. Revised on July 25, 2014.

[58] The European table of frequency allocations and aplications in the frequency range 8.3 KHz to 3000 GHz (ECA Table). Approved May 2014.

[59] The Japanese table of frequency allocations. Approved May 2014.

[60] Lei L, Zhong Z, Lin C, et al. Operator controlled device-to-device communications in LTE-advanced networks [J]. IEEE Wireless Communications, 2012, 19(3): 96.

[61] Fodor, G., and Norbert R. A distributed power control scheme for cellular network assisted D2D communications [C]. In 2011 IEEE Global Telecommunications Conference (GLOBECOM 2011), Dec. 2011: 1-6.

[62] Liu Z, Peng T, Xiang S, et al. Mode selection for Device-to-Device (D2D) communication under LTE-Advanced networks [C]. In Proceedings of 2012 IEEE International Conference on Communications (ICC'12), 2012: 5563-5567.

[63] Doppler K, Rinne M, Wijting C, et al. Device-to-device communication as an underlay to LTE-Advanced networks [J]. IEEE Communications Magazine, 2009, 47 (12): 42-49.

[64] Janis P, Koivunen V, Ribeiro C B, et al. Interference-avoiding MIMO schemes for device-to-device radio underlaying cellular networks [C]. In Proceedings of IEEE 20th International Symposium on Personal Indoor and Mobile Radio Communications (PIMRC'09), 2009: 2385-2389.

[65] Yu C-H, Doppler K, Ribeiro C B, et al. Resource sharing optimization for device-to-device communication underlaying cellular networks [J]. IEEE Transactions on Wireless Communications, 2011, 10 (8): 2752-2763.

[66] Kaufman B, Lilleberg J, Aazhang B. Spectrum Sharing Scheme Between Cellular Users and Adhoc Device-to-Device Users [J]. IEEE Transactions on Wireless Communications, 2013, 12 (3):1038-1049.

[67] Doppler K, Rinne M, Janis P, et al. Device-to-Device Communications; Functional Prospects for LTE-Advanced Networks [C]. In Proceedings of IEEE International Conference on Communications Workshops(ICC'09 Workshops), 2009: 1-6.

[68] Choi B-G, Kim J S, Chung M Y, et al. Development of a System-Level Simulator for Evaluating Performance of Device-to-Device Communication Underlaying LTE-Advanced Networks [C]. In Proceedings of 2012 4th International Conference on Computational Intelligence, Modelling and Simulation (CIMSiM), 2012: 330-335.

[69] Wen S, Zhu X, Lin Z, et al. Optimization of interference coordination schemes in Device-to-Device (D2D) communication [C]. In Proceedings of 7th International ICST Conference on Communications and Networking in China (CHINACOM), 2012: 542-547.

[70] Xu S, Wang H, Chen T, et al. Effective Interference Cancellation Scheme for Device-to-Device Communication Underlaying Cellular Networks [C]. In Proceedings of IEEE 72nd Vehicular Technology Conference(VTC'10-Fall), 2010: 1-5.

[71] Zhu X, Wen S, Wang C, et al. A cross-layer study: Information correlation based scheduling scheme for Device-to-Device radio underlaying cellular networks [C]. In Proceedings of 19th International Conference on Telecommunications (ICT), 2012: 1-6.

[72] Seppala J, Koskela T, Chen T, et al. Network controlled device-to-device (D2D) and cluster multicast concept for LTE and LTE-A networks [C]. In Proceedings of 2011 IEEE Wireless Communications and Networking Conference (WCNC), 2011: 986-991.

[73] Rodziewicz M. Network coding aided Device-to-Device communication [C]. In Proceedings of 18th European Wireless Conference, 2012: 1-5.

[74] Liu Z, Peng T, Xiang S, et al. Mode selection for Device-to-Device (D2D) communication under LTE-Advanced networks [C]. In Proceedings of 2012 IEEE International Conference on Communications (ICC'12), 2012: 5563-5567.

[75] Draft Report of 3GPP TSG RAN WG1 73 v0.2.0[R]. May 2013.

[76] ETSI. Intelligent Transport Systems (TIS), Vehicular Communications, Basic Set of Applications. ETSI Technical Report TR 102 638 V1.1.1, 2009.

[77] Papadimitratos, P., La Fortelle, A., Evenssen, K., et. al. Vehicular communication systems: Enabling technologies, applications, and future outlook on intelligent transportation [J]. IEEE Communications Magazine, Nov. 2009, 47 (11): 84-95.

[78] IEEE std 802.11p. Part 11: Wireless LAN Medium Access Control (MAC) and Physical Layer (PHY) Specifications Amendment 6: Wireless Access in Vehical Enviroments. 2010.

[79] Abbas Taimoor. Measurement Based Channel Characterization and Modeling for Vehicle-to-Vehicle Communications [D]. Department of Electrical and Information Technology, Lund University, Sweden. 2014.

[80] Lin Cheng, Henty, B.E., Stancil, D.D., et. al. Mobile Vehicle-to-Vehicle Narrow-Band Channel Measurement and Characterization of the 5.9 GHz Dedicated Short Range Communication (DSRC)

Frequency Band [J]. In IEEE Jornal on Selected Areas in Communications. Oct. 2007, 25 (8): 1501-1516.

[81] Lin Cheng, Henty, B., Cooper, R., et al. Multi-Path Propagation Measurements for Vehicular Networks at 5.9 GHz [C]. In IEEE Wireless Communications and Networking Conference, 2008 (WCNC 2008), 2008: 1239-1244.

[82] Maurer, J., Fugen, T., Wiesbeck, W. Narrow-band measurement and analysis of the inter-vehicle transmission channel at 5.2 GHz [C]. In IEEE 55th Vehicular Technology Conference (VTC'02-Spring), 2002, 3: 1274-1278.

[83] Molisch, A.F., Tufvesson, F., Karedal, J., et al. A survey on vehicle-to-vehicle propagation channels [J]. In IEEE Wireless Communications, Dec. 2009, 16 (6): 12-22.

[84] Acosta, G., Tokuda, K., Ingram, M.A. Measured joint Doppler-delay power profiles for vehicle-to-vehicle communications at 2.4 GHz [C]. In IEEE Global Telecommunications Conference, 2004 (GLOBECOM '04), 2004, 6: 3813-3817.

[85] Davis, J.S., II., Linnartz, J.P.M.G. Vehicle to vehicle RF propagation measurements [C]. In 1994 Conference Record of the Twenty-Eighth Asilomar Conference on Signals, Systems and Computers, 1994, 1: 470-474.

[86] Sen, I., Matolak, D.W. Vehicle–Vehicle Channel Models for the 5-GHz Band [J]. In IEEE Transactions on Intelligent Transportation Systems, June 2008, 9 (2): 235-245.

[87] Paier, A., Karedal, J., Czink, N., et al. First Results from Car-to-Car and Car-to-Infrastructure Radio Channel Measurements at 5.2GHz [C]. In IEEE 18th International Symposium on Personal, Indoor and Mobile Radio Communications, 2007 (PIMRC 2007), Sept 2007: 1-5.

[88] Paier, A., Zemen, T., Bernado, L., et al. Non-WSSUS vehicular channel characterization in highway and urban scenarios at 5.2GHz using the local scattering function [C]. In Internatioanl ITG Workshop on Smart Antennas, 2008 (WSA 2008 Workshop), Feb. 2008: 9-15.

[89] Paier, A., Zemen, T., Karedal, J., et al. Spatial Diversity and Spatial Correlation Evaluation of Measured Vehicle-to-Vehicle Radio Channels at 5.2 GHz [C]. In IEEE 13th Digital Signal Processing Workshop and 5th IEEE Signal Processing Education Workshop, 2009 (DSP/SPE 2009 Workshop), Jan. 2009: 326-330.

[90] Paier, A., Karedal, J., Czink, N., et al. Characterization of Vehicle-to-Vehicle Radio Channels from Measurements at 5.2 GHz [J]. Wireless Personal Communications, July 2009, 50(1): 19-32.

[91] Karedal, J., Czink, N., Paier, A., et al. Path Loss Modeling for Vehicle-to-Vehicle Communications [J]. In IEEE Transactions on Vehicular Technology, Jan. 2011, 60(1): 323-328.

[92] Renaudin, O., Kolmonen, V., Vainikainen, P., et al. Wideband MIMO Car-to-Car Radio Channel Measurements at 5.3 GHz [C]. In IEEE 68th Vehicular Technology Conference, 2008 (VTC 2008-Fall), Sept. 2008:1-5.

[93] Renaudin, O., Kolmonen, V., Vainikainen, P., et al. Non-Stationary Narrowband MIMO Inter-Vehicle Channel Characterization in the 5-GHz Band [J]. In IEEE Transactions on Vehicular Technology, May 2010, 59(4): 2007-2015.

[94] Ruisi He, Renaudin, O., Kolmonen, V.-M., et al. Characterization of Quasi-Stationarity Regions for Vehicle-to-Vehicle Radio Channels [J]. In IEEE Transactions on Antennas and Propagation, May 2015,

63(5): 2237-2251.

[95] Karedal, J., Tufvesson, F., Abbas, T., et al. Radio Channel Measurements at Street Intersections for Vehicle-to-Vehicle Safety Applications [C]. In IEEE 71st Vehicular Technology Conference (VTC 2010-Spring), May 2010: 1-5.

[96] Nuckelt, J., Abbas, T., Tufvesson, F., et al. Comparison of Ray Tracing and Channel-Sounder Measurements for Vehicular Communications [C]. In IEEE 77th Vehicular Technology Conference (VTC-2013 Spring), June 2013: 1-5.

[97] Kukolev, P., Chandra, A., Mikulášek, T., et al. In-vehicle channel sounding in the 5.8-GHz band [J]. EURASIP Journal on Wireless Communications and Networking, 2015.

[98] Acosta-Marum, G., Ingram, M.A. Six Time- and Frequency-Selective Empirical Channel Models for Vehicular Wireless LANs [C]. In IEEE 66th Vehicular Technology Conference, 2007 (VTC-2007 Fall), 2007: 2134-2138.

[99] T. Wada, M. Maeda, M. Okada, et al. Theoretical Analysis of Propagation Characteristics in Millimeter-Wave Intervehicle Communication System [J]. Electronics & Communications in Japan, Part 2, 2000, 83(1): 33-43.

[100] Nakamura, R., Kajiwara, A. Empirical study on 60GHz in-vehicle radio channel [C]. In 2012 IEEE Radio and Wireless Symposium (RWS), 2012: 327-330.

[101] Cheng-Xiang Wang, Xiang Cheng, Laurenson, D.I. Vehicle-to-vehicle channel modeling and measurements: recent advances and future challenges [J]. In IEEE Communications Magazine, Nov. 2009, 47(11): 96-103.

[102] Matolak DW. V2V communication channels: state of knowledge, new results, and what's next. In Communication Technologies for Vehicles, Berbineau M, Jonsson M, Bonnin J-M, Cherkaoui S, Aguado M, Rico-Garcia C, Ghannoum H, Mehmood R, Vinel A (eds). Springer Berlin: Heidelberg, 2013: 1-21.

[103] Matolak, D.W., Qiong Wu, Vehicle-To-Vehicle Channels: Are We Done Yet? [C]. In 2009 IEEE GLOBECOM Workshops, 2009: 1-6.

[104] Viriyasitavat, W., Boban, M., Hsin-Mu Tsai, et al. Vehicular Communications: Survey and Challenges of Channel and Propagation Models [J]. In IEEE Vehicular Technology Magazine, June 2015, 10(2): 55-66.

[105] Bernadó, L., Czink, N., Zemen, T., et al. Vehicular Channels, in LTE-Advanced and Next Generation Wireless Networks: Channel Modelling and Propagation (eds G. de la Roche, A. A. Glazunov and B. Allen), John Wiley & Sons, Ltd, Chichester, UK. 2012.

[106] Karedal, J., Tufvesson, F., Czink, N., et al. A geometry-based stochastic MIMO model for vehicle-to-vehicle communications [J]. In IEEE Transactions on Wireless Communications, July 2009, 8(7): 3646-3657.

[107] 周玮. 车辆对车辆无线衰落信道建模与仿真研究[D].博士学位论文.武汉：武汉理工大学，2012.

[108] Xiang Cheng, Qi Yao, Miaowen Wen, et al. Wideband Channel Modeling and Intercarrier Interference Cancellation for Vehicle-to-Vehicle Communication Systems [J]. In IEEE Journal on Selected Areas in Communications, Sept. 2013, 31(9): 434-448.

[109] Okonkwo, U.A.K.C., Hashim, S.Z.M., Ngah, R., et al. Time-scale domain characterization of

nonstationary wideband vehicle-to-vehicle propagation channel [C]. In 2010 IEEE Asia-Pacific Conference on Applied Electromagnetics (APACE), Nov. 2010: 1-6.

[110] Chelli, A., Patzold, M. A non-stationary MIMO vehicle-to-vehicle channel model based on the geometrical T-junction model [C]. In International Conference on Wireless Communications & Signal Processing, 2009 (WCSP 2009), Nov. 2009: 1-5.

[111] Chelli, A., Patzold, M. A Non-Stationary MIMO Vehicle-to-Vehicle Channel Model Derived from the Geometrical Street Model [C]. In 2011 IEEE Vehicular Technology Conference (VTC-2011 Fall), Sept. 2011: 1-6.

[112] Zajic, A.G., Stuber, G.L., Pratt, T.G., et al. Wideband MIMO Mobile-to-Mobile Channels: Geometry-Based Statistical Modeling With Experimental Verification [J]. In IEEE Transactions on Vehicular Technology, Feb. 2009, 58(2): 517-534.

[113] Yi Yuan, Cheng-Xiang Wang, Xiang Cheng, et al. Novel 3D Geometry-Based Stochastic Models for Non-Isotropic MIMO Vehicle-to-Vehicle Channels [J]. In IEEE Transactions on Wireless Communications, Jan. 2014, 13(1): 298-309.

[114] Nawaz, S., Riaz, M., Khan, N. et al. Temporal Analysis of a 3D Ellipsoid Channel Model for the Vehicle-to-Vehicle Communication Environments [J]. In Wireless Personal Communications, 2015, 82(3): 1337-1350.

[115] Avazov, N., Patzold, M. A Novel Wideband MIMO Car-to-Car Channel Model Based on a Geometrical Semicircular Tunnel Scattering Model [J]. In IEEE Transactions on Vehicular Technology, 2015, (99): 1-13.

第 3 章
Chapter 3

▶ 大规模天线技术

    由于多天线在提升峰值速率、系统频带利用效率与传输可靠性等方面的巨大优势，目前几乎所有主流的无线接入系统中都已采用了多天线技术。MIMO 技术的性能增益来自于多天线信道的空间自由度，因此 MIMO 维度的扩展一直是该技术标准化和产业化发展的一个重要方向。随着数据传输业务与用户数量的激增，未来移动通信系统将面临更大的技术压力。在这一背景之下，massive MIMO 技术理论的出现以及有源天线技术在商用移动通信系统中应用条件的日益成熟为 MIMO 维度的进一步扩展奠定了理论和可实现性基础，为 MIMO 技术进一步向着大规模化和 3D 化方向的发展创造了有利条件。目前，针对 massive MIMO 的学术研究、标准化推动以及实用化探索工作已经纷纷展开。可以预见的是，massive MIMO 技术必将在 5G 系统中发挥突出的作用。

    本章将从 MIMO 技术的技术背景出发，介绍 massive MIMO 的技术原理和发展动态及其适用场景；对 massive MIMO 的系统模型、上/下行链路信道容量进行分析和仿真；讨论 massive MIMO 的检测技术、典型传输方案以及信道状态信息反馈技术；对 massive MIMO 的导频污染及参考信号设计、能效优化以及大规模阵列校准技术进行探讨。

3.1 技术背景

3.1.1 MIMO 技术的发展历程

高速无线数据传输业务与用户数量的迅速增长，需要更高速率、更大容量的无线链路的支持，而决定无线链路传输效能的最根本因素在于信道容量。E. Telatar[1]与 G. J. Foshini[2]开创的多天线信息理论证明了在无线通信链路的收、发两端均使用多个天线的通信系统所具有的信道容量将远远超越 Shannon 于 1948 年给出的 SISO 系统信息传输能力极限[3]。多天线信息理论的出现突破了传统技术传输能力的瓶颈，展现了 MIMO 技术在未来高速率无线接入系统中的广阔应用前景，为空时编码技术提供了坚实的理论基础并引发了多天线信道模型、MIMO 天线设计、支持多天线通信系统的信令、网络结构设计以及 MIMO 与 OFDM、Relay、协作通信的结合等多方面的研究领域。

目前，MIMO 技术已经在 LTE、UMB、WiMax、WLAN 以及 HSPA+等几乎所有无线接入标准与系统中得以广泛应用（其中 UMB 系统只进行了标准化，但没有运营商采用）。对于构建在 OFDM+MIMO 构架之上的 LTE 系统而言，MIMO 作为其标志性技术之一，在LTE 的几乎所有发展阶段都是其最核心的支撑力量。LTE 的演进几乎总是伴随着 MIMO 功能的增强，MIMO 技术对于提高数据传输的峰值速率与可靠性、扩展覆盖、抑制干扰、增加系统容量、提升系统吞吐量都发挥着重要作用。在 MIMO 技术构建的坚实基础之上，LTE系统一次次刷新着速率与频谱效率这样最引人注目的技术指标。与此同时，也正是因为以LTE 为代表的新一代无线接入系统的出现与发展才使 MIMO 技术获得了无与伦比的展现机会。从 MIMO 信道容量理论的出现到 MIMO 技术的标准化与产业化只经历了不足 20 年，这其中数据通信业务的飞速发展是推动 MIMO 技术发展的内在需求，而数字电路等实现技术的飞跃则为 MIMO 技术的标准化、产业化提供了必要的条件。

在 LTE 的第一个版本中，MIMO 技术的几个主要分支方案基本上就都得以应用。LTE Rel-8 基于发射分集、闭环/开环空间复用、波束赋形与多用户 MIMO 这几种 MIMO 技术定义了 7 种下行传输模式以及相应的反馈机制与控制信令，基本涵盖了 LTE 系统的所有典型应用场景。LTE Rel-8 中的下行 MIMO 技术主要是针对单用户传输进行优化的，其MU-MIMO 方案在预编码方式、预编码频域颗粒度、CSI 反馈精度及控制信令设计方面存在的缺陷在很大程度上限制了 MU-MIMO 传输与调度的灵活性，从而不能充分地发挥MU-MIMO 技术的优势。

针对这一问题，LTE Rel-9 中引入的双流波束赋形技术从参考符号设计及传输与反馈机制角度对 MU-MIMO 传输的灵活性及 MU-MIMO 功能进行了如下改进：采用了基于专用导频的传输方式，可以支持灵活的预编码/波束赋形技术；采用了统一的 SU/MU-MIMO 传输模式，可以支持 SU/MU-MIMO 的动态切换；采用了高阶 MU-MIMO 技术，能够支持 2 个

rank2 UE 或 4 个 rank1 UE 共同传输；可根据高层配置，选择使用基于码本或基于信道互易性的反馈方式，更好地体现了对 TDD 的优化。

LTE Rel-10 的下行 MIMO 技术沿着双流波束赋形方案的设计思路进行了进一步的扩展：通过引入 8 端口导频以及多颗粒度双级码本结构提高了 CSI 测量与反馈精度；通过导频的测量与解调功能的分离有效地控制了导频开销；通过灵活的导频配置机制为多小区联合处理等技术的应用创造了条件；基于新定义的导频端口以及码本，能够支持最多 8 层的 SU-MIMO 传输。Rel-10 的上行链路中也开始引入空间复用技术，能够支持最多 4 层的 SU-MIMO。

历经数个版本的演进，LTE 中的 MIMO 技术日渐完善，其 SU 与 MU-MIMO 方案都已经得到了较为充分的优化，MIMO 方案研究与标准化过程中制定的导频、测量与反馈机制也已经为 CoMP 等技术的引入提供了良好的基础。综上所述，LTE 现有版本中 MIMO 技术的发展包括以下几个重要方向：

（1）支持的天线端口与数据层数的增加。LTE 下行由最初版本中支持 1/2/4 个天线端口扩展为最多支持 8 个天线端口，上行传输也由单端口扩展至多端口。天线端口数量的增加使得 LTE 系统能够支持更高阶的 MIMO 传输，因此获得更高的峰值速率，同时也使得测量和解调过程中的空间分辨率得以提高，从而有助于提高反馈精度、增加预编码准确度并有助于系统更精细地对资源进行分配，对干扰进行抑制和协调。

（2）导频的测量与解调功能的分离。MIMO 技术能够带来性能的改善，但是用于支持 MIMO 技术的各种开销，在很大程度上抵消了 MIMO 的性能增益。测量与解调功能的分离有助于降低系统开销，同时也为多小区之间的信道/干扰测量提供了便利。

（3）基于码本的预编码到非码本预编码。基于码本的预编码所使用的预编码矩阵选择范围有限，从而制约了预编码的性能增益并影响到了 MU-MIMO 的性能，而非码本预编码则能够突破码本对预编码算法的限制。非码本预编码最初被认为是 TDD 特有的技术，然而随着测量与解调功能的分离，专用导频的使用打破了反馈方式与预编码机制之间的固有联系，使得 TDD 与 FDD 系统都可以采用更为灵活的预编码/波束赋形算法。

（4）单用户到多用户。LTE 的最初版本并没有将 MU-MIMO 作为优化的重点，其码本、信令、资源分配方式、预编码颗粒度等方面都没有充分考虑 MU-MIMO 的特点，而且 MU-MIMO 所能支持的用户数与每个用户的层数也相当有限。随着天线端口数量的增加、新的码本结构与反馈机制的出现以及导频的测量与解调功能的分离，LTE 中的 MU-MIMO 功能逐渐得以强化，可以实现更高阶更灵活的传输与 SU/MU-MIMO 的动态切换。

由于 MIMO 技术的性能优势来源于多天线带来的空间自由度，因此对 MIMO 维度的提高一直是 MIMO 技术演进的一个重要方向。但是，受限于传统的被动式基站天线构架，现有的 MIMO 传输方案一般只能在水平面实现对信号空间分布特性的控制，还没有充分利用 3D 信道中垂直维度的自由度，没有更深层地挖掘出 MIMO 技术对于改善移动通信系统整体效率与性能及最终用户体验的潜能。Rel-10 中引入的反馈增强机制已经比较超前地将天线端口数量扩展为 8 个，但是这些看似近乎极致的优化也仅仅限于水平维度内。考虑到实际的设备尺寸与部署、维护难度，被动式天线结构逐渐成为 MIMO 维度进一步扩展的巨大障碍。

随着天线设计构架的演进，AAS 技术的实用化发展已经对移动通信系统的底层设计及网络结构设计思路带来巨大影响，这一发展趋势必将推动 MIMO 技术由传统的针对 2D 空间的优化设计向着更高维度的空间扩展。目前，产业界已经推出多款 AAS 原型产品，3GPP 也已经着手开展了针对 AAS 射频指标及测试方法的研究与标准化工作。从 LTE Rel-11 标准化的初始阶段就有公司试图开始推动 3D-MIMO 技术，Rel-12 中则首先完成了 3D 化的信道及应用场景建模工作[4]，Rel-13 中 3GPP RAN1 目前已经开启了 elevation beamforming/FD-MIMO 的研究工作[5]。可以预见，大规模 MIMO 必将成为 3GPP Rel-13 及后续版本中的研究与标准化工作的核心内容。

除此之外，欧盟的 METIS、5G-PPP、韩国的 5G Forum、我国的 IMT-2020 和 FuTURE 等 5G 研究组织也都将大规模 MIMO 技术作为 5G 系统最重要的基础技术之一，并纷纷展开了相应的研究工作。在物理层技术演进需求、产业化发展与标准化推动等多重因素的共同作用下，产业界已经为基于 2 维 AAS 阵列的 3D 化、大规模化 MIMO 技术的发展打下了可实现性的基础，并为其标准化研究提供了充分的铺垫。

3.1.2   massive MIMO 技术原理和发展动态

2010 年贝尔实验室的 Marzetta 教授提出在基站采用大规模天线阵，形成大规模 MIMO 无线通信系统，以进一步大幅提高传输效率和系统容量并降低能耗[6]。理论研究及初步性能评估结果表明，在同频复用的 20 MHz 带宽 TDD 系统中，若基站配置 400 根天线，每小区同时同频服务 42 个用户，且小区内用户采用正交导频序列，而小区间无协作，则上行接收/下行发送分别采用 MRC/MRT 时，每个小区的平均容量可高达 1800 Mb/s。而当前 LTE-A（Release 10）只有约 74 Mb/s。也就是说，其容量是 Rel-10 的 24 倍。massive MIMO 的主要理论依据是，随着基站天线个数趋于无穷大，多用户信道间将趋于正交。这种情况下高斯噪声以及互不相关的小区间干扰将趋于消失，而用户发送功率可以任意低。此时，单个用户的容量仅受限于其他小区中采用相同导频序列的用户造成的干扰。

一般来说，MIMO 系统的发送和接收机配置的天线越多，信号路径越多，自由度越高，数据传输速率和链路可靠性越好。但是，性能增益的代价是硬件的复杂度增加（射频放大前端及相应基带通道的个数），并且收发端信号处理的能量消耗和运营维护的成本也会增加。这种情况下，实际系统的天线个数不可能无限增加，因而 massive MIMO 的理论性能也很难在实际中达到。但是该理论也为我们进一步提高现有系统的频谱利用率并降低系统能耗提供了新的思路和拓展方向。

瑞典 Lund 大学的研究小组在文献[7]中给出了大规模 MIMO 的实测结果。该试验系统的基站采用 128 根天线的二维阵列，由 4 行 16 个双极化圆形微带天线构成，用户采用单天线。实测结果表明，当总天线数超过用户数的 10 倍后，即使采用 ZF 或 MMSE 线性预编码，也可达到最优的 DPC 容量的 98%。该结果证实了当 massive MIMO 天线数达到一定数目时，多用户信道将趋于正交，进而能够保证在采用线性预编码时仍可逼近最优 DPC 容量。因此，在一定程度上证明了 massive MIMO 的基本理论。

目前在学术界，有关大规模 MIMO 的研究主要包括：信道建模、系统容量分析、传输理论与方法、能效分析等。

　　信道建模是无线通信系统设计的基础。MIMO 系统的性能非常依赖于系统采用的天线阵列的形式以及传播环境的特性。随着基站侧天线个数的增加，传统的针对远场和空间平稳性假设的 MIMO 信道模型可能将不再适用于大规模 MIMO。基站侧配置大规模阵列天线的情况下，MIMO 信道的空间分辨率显著增强。这样的信道是否存在新的特性，研究学者和工业界正在研究。在理想情况下，例如文献[6]中所考虑的信道，具有天线间距大、天线间不存在相关性和互耦等特点。此时，通过额外增加天线单元，将直接增加系统的自由度。但是在实际系统中，天线单元很难做到完全理想化，它们通常间距较小，传播环境中也缺乏足够多的散射体，这都阻碍了使用大规模 MIMO 挖掘更多的自由度。

　　信道容量分析一直是通信领域的基础性问题，大规模 MIMO 为信息理论研究提出了崭新的问题。目前，人们对单用户 MIMO 信道容量的研究已经非常充分。而在同一时频资源块为多个用户服务的 MU-MIMO 将是大规模 MIMO 的主要使用方式。因此，大规模 MIMO 的信道容量分析均需考虑包括上行 MAC 和下行 BC 的多用户传输。

　　文献[8～10]分别研究了 MIMO-MAC 和 MIMO-BC 的信道容量。由于 MIMO-MAC 和 MIMO-BC 的容量可达传输技术非常复杂，难以在 massive MIMO 中实际应用。因此，需要研究采用线性预编码和线性接收机时系统的频谱效率。文献[11]研究了 massive MIMO 的上、下行传输的频谱效率和功率效率。由于导频污染严重影响 massive MIMO 的性能，文献[12]还考虑了信道估计对系统频谱效率的影响。文献[13]给出了同时考虑信道估计、导频污染、路径损耗和天线相关时，采用不同接收机条件下 massive MIMO 的频谱利用率，并揭示出每用户需要的基站天线个数与接收机技术之间的关系。

　　从理论角度出发，在理想条件下大规模 MIMO 可以降低下行 MU-MIMO 波束成形以及上行联合接收的算法复杂度。文献[6]的结果表明，当天线数目趋于无穷大时，下行采用复杂度极低的 MRT，上行接收采用 MF，就可以获得逼近最优容量的性能。文献[14]指出，使用复杂度稍高的 ZF 和 MMSE 线性波束成形或线性接收机，可实现以低一个数量级的天线数获得逼近最优容量的性能。但是，由于 ZF 和 MMSE 需要复杂的求逆运算，当天线数和用户数较多时，其复杂度非常高。文献[15]提出每根天线发送信号的模值相等的预编码方法，该方法可以大大提高大规模 MIMO 基站的功率效率。文献[16]将马尔科夫链蒙特卡罗方法应用于大规模 MIMO 系统的检测和参数估计，但是复杂度仍然较高。因此，研究低复杂度的波束成形方法和联合接收方法非常有必要。

　　文献[6]提出 TDD 方式下大规模 MIMO 系统的导频方案。利用上下行互易性，系统导频开销仅与激活用户个数成正比，与基站天线个数无关，而信道的时频相关性限制了系统中可支持的用户数。研究结果表明，massive MIMO 系统容量几乎完全受限于相邻小区间的导频复用，这是系统设计所面临的最严峻的挑战。文献[17]提出小区间通过协作分配导频，以降低导频污染。文献[18]提出各小区的用户采用不同时间发送导频以降低导频污染，其缺点是导频受到其他小区数据的干扰。如何有效地降低导频污染，是进一步提高 massive MIMO 性能的关键。

　　随着绿色通信受到广泛的关注，大规模 MIMO 的能效问题也引发了研究学者的兴趣。虽然大规模 MIMO 能够大幅提升系统的频谱效率，但是，是否无限地增加天线个数就能提高系统的能耗效率，如何设计大规模 MIMO 的系统参数及传输方法进而获得能效和谱效率的折中，是绿色通信中的一个重要研究方向。

3.1.3 massive MIMO 技术应用场景

基于大规模有源阵列天线的 massive MIMO 技术为下一代移动通信接入网性能的大幅度提升提供了重要的技术手段。然而，massive MIMO 技术在频谱效率与系统容量方面的巨大优势只有在适用的应用场景中才能得以体现。只有将 massive MIMO 的技术方案设计与应用场景的具体特征有机地融合在一起，才能有针对性地优化大容量 MIMO 技术与标准化方案。随着网络构架与组网方式的变革，任何一种新型无线接入技术的设计与标准化都需要建立在准确且有预见性的应用场景模型基础之上。准确地建模大容量 MIMO 的应用场景，对于具体技术方案的性能评估、对比、分析、天线形态的选择与标准化方案的制定都具有十分重要的指导意义。同时应用场景的研究与建模也将对大规模 MIMO 技术在未来实际网络中的部署与网络规划方案设计提供宝贵的借鉴。

鉴于应用场景对技术方案研究、标准化方案制定以及性能评估的重要意义，3GPP 已经完成了针对 elevation beamforming 与 FD-MIMO 的应用场景与信道建模工作[4]。但是，在 3GPP 相关工作开展的初期，较粗略地将 massive MIMO 的应用场景分为了 3D-UMi 与 3D-UMa 两种。对于另外一种覆盖高层建筑的 high-rise 场景模型，其中的多种参数分布建模方法都还没有得以确定。而且，上述场景划分也没有能够充分体现异构与密集化的网络形态发展趋势。

目前可以预见的是，大规模天线的应用场景主要包括室外宏覆盖、高层建筑覆盖、热点覆盖与无线回传等。

1. 室外宏覆盖

室外宏覆盖是传统移动通信系统的一种重要应用场景。这一场景中，假设基站天线部署在高于楼顶的位置，以集中式 massive MIMO 的形式覆盖分布在地面和 4～8 层左右低矮楼房中的用户。系统中用户的分布可能较为密集，而且呈现出 2D（地面）和 3D（楼中）分布混合的形态。这种情况下，massive MIMO 技术可以较为充分地发挥其性能优势，利用 2D 天线阵列产生的 3D 波束在水平和垂直维都能很好地匹配用户的混合分布特性，提供良好的覆盖性能，同时还可以支持大量用户进行空分复用，从而满足系统容量与频带利用效率的需求。为了保证覆盖范围，室外宏覆盖会倾向于使用中低频段，在相同天线阵子数量的前提下，天线阵列的尺寸较大，相应的网络部署难度较大。

2. 高层建筑覆盖

城市环境中，高层建筑（如 20～30 层高）较为普遍。通常高层建筑内的用户主要依赖室内覆盖，其部署成本和施工难度往往较大。如果使用传统的被动式天线阵列，在楼外实现对高楼的深度覆盖，则需要多副天线系统分别覆盖不同楼层，楼体的穿透损耗以及小区间干扰会严重影响系统性能。这种情况下，如果使用 2D 天线阵列，利用 massive MIMO 技术则可以很好地体现其 3D 赋形能力的技术优势，根据实际的用户分布非常灵活地调整波束,通过垂直扇区化或者 3D MU-MIMO 的方式很好地覆盖楼内用户。而且 massive MIMO 带来的较大的赋形增益可以较好地克服穿透损耗的问题。

3．热点覆盖

热点覆盖场景中,覆盖范围相对有限,而业务量需求和用户数量可能很大。这种情况下,可以考虑使用较高的频段,通过增加资源供给和提高频谱空间利用效率的双重手段保证系统需求。这类场景中,密集的用户分布将十分有利于多用户调度增益的体现。如果应用于高频段,则可以在有限的尺寸内使用更多的天线,从而能够更好地发挥 massive MIMO 的优势。热点覆盖可能用于用户和业务量十分密集的室外区域,如露天体育场、音乐会、广场集会等场合。同时,基于大规模天线的热点覆盖也适用于用户数和业务需求都很大的室内环境,如大型会议场馆、大型商场、机场候机楼、高铁候车大厅等。在室内热点部署中,大规模天线阵列可以部署在天花板上,也可分布于多个角落中。

4．无线回传

在热点区域,运营商往往需要根据业务需求的变化搭建微站。如果采用有线方式,微站的回传链路部署存在成本高、灵活性低的问题。这种情况下,可以利用无线方式通过宏站为热点覆盖区域的微站提供回传链路。但是,整个热点覆盖区域的容量可能会受限于回传链路的容量。针对这一问题,可以在回传链路使用高频段大带宽,同时利用大规模天线阵列带来的精确 3D 赋形与高赋形增益保证回传链路的传输质量,提升回传链路的容量。

▌ 3.2　massive MIMO 基本理论

3.2.1　多用户 massive MIMO 系统模型

考虑如图 3-1 所示的大规模 MIMO 蜂窝系统。系统中有 L 个小区,每个小区有 K 个单天线用户,每个小区的基站配备 M 根天线。假设系统的频率复用因子为 1,即 L 个小区均工作在相同的频段。为了描述和分析的方便,假设上行和下行均采用 OFDM,并以单个子载波为例描述大规模 MIMO 的原理。

假设第 j 个小区的第 k 个用户,到第 l 个小区的基站信道矩阵为 $\boldsymbol{g}_{l,j,k}$,它可以建模为:

$$\boldsymbol{g}_{l,j,k} \triangleq \sqrt{\lambda_{l,j,k}} \boldsymbol{h}_{l,j,k} \tag{3-1}$$

式中,$\lambda_{l,j,k}$ 表示表示大尺度衰落,$\boldsymbol{h}_{l,j,k}$ 表示第 k 个用户到第 l 个小区基站的小尺度衰落,它是一个 $M \times 1$ 的矢量,为简单起见,假设小尺度衰落为瑞利(Rayleigh)衰落。因此,第 j 个小区的所有 K 个用户到第 l 个小区的基站所有天线间的信道矩阵可以表示为 $\boldsymbol{G}_{l,j} = \begin{bmatrix} \boldsymbol{g}_{l,j,1} & \cdots & \boldsymbol{g}_{l,j,K} \end{bmatrix}$。

基于上述大规模 MIMO 的信道模型,小区 l 的基站接收到的上行链路信号可以表示为:

$$y_l = G_{l,l}x_l + \sum_{j \neq l} G_{l,j}x_j + z_l \tag{3-2}$$

式中，第 l 个小区的 K 个用户发送信号为 x_l，为了分析方便，假设 x_l 服从 i.i.d 的循环对称复高斯分布，z_l 表示加性高斯白噪声矢量，其协方差矩阵为 $\mathcal{E}(z_l z_l^H) = \gamma_{UL}I_M$。

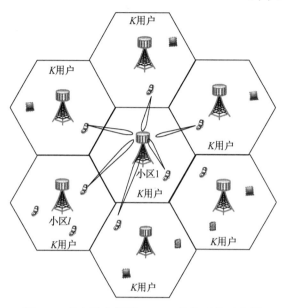

图 3-1　多小区大规模 MIMO 蜂窝系统示意图

对于线性模型（3-2），根据 MMSE 多用户联合检测，发送信号的估计可以表示为：

$$\hat{x}_l = G_{l,l}^H \left(\sum_{j=1}^{L} G_{l,j}G_{l,j}^H + \gamma_{UL}I_M \right)^{-1} y_l \tag{3-3}$$

检测误差的协方差矩阵可以表示为：

$$\mathcal{E}\left[(x_l - \hat{x}_l)(x_l - \hat{x}_l)^H \right] = \left[I_K + G_{l,l}^H \left(\sum_{j \neq l}^{L} G_{l,j}G_{l,j}^H + \gamma_{UL}I_M \right)^{-1} G_{l,l} \right]^{-1} \tag{3-4}$$

定义小区 l 上行多址接入的和容量表示为：

$$C \triangleq \mathcal{I}(x_l, y_l \mid G_{l,1}, \cdots, G_{l,L}) = \mathcal{H}(x_l \mid G_{l,1}, \cdots, G_{l,L}) - \mathcal{H}(x_l \mid y_l, G_{l,1}, \cdots, G_{l,L})$$

式中，$\mathcal{H}(x_l \mid G_{l,1}, \cdots, G_{l,L}) = \log_2 \det(\pi e I_K)$。

在已知 $G_{l,1}, \cdots, G_{l,L}$ 和接收信号 y_l 时，x_l 的不确定性可以由其 MMSE 检测的误差来决定。因此，

$$\mathcal{H}(x_l \mid y_l, G_{l,1}, \cdots, G_{l,L}) \leq \log_2 \det \left(\pi e \left[I_K + G_{l,l}^H \left(\sum_{j \neq l}^{L} G_{l,j}G_{l,j}^H + \gamma_{UL}I_M \right)^{-1} G_{l,l} \right]^{-1} \right)$$

那么，和容量的下界可以表示为：

$$C_{\mathrm{LB}} = \log_2 \det\left(\sum_{j=1}^{L} \boldsymbol{G}_{l,j}\boldsymbol{G}_{l,j}^{\mathrm{H}} + \gamma_{\mathrm{UL}}\boldsymbol{I}_M\right) - \log_2 \det\left(\sum_{j\neq l}^{L} \boldsymbol{G}_{l,j}\boldsymbol{G}_{l,j}^{\mathrm{H}} + \gamma_{\mathrm{UL}}\boldsymbol{I}_M\right)$$

根据大数定理，我们知道：

$$\lim_{M\to\infty}\frac{1}{M}\boldsymbol{g}_{l,j,k}^{\mathrm{H}}\boldsymbol{g}_{l,j,k'} = \begin{cases} \lambda_{l,l,k} & j=l \text{ 和 } k=k' \\ 0 & \text{其他} \end{cases} \tag{3-5}$$

即当基站的天线个数趋于无穷时，

$$\lim_{M\to\infty}\frac{1}{M}\boldsymbol{G}_{l,l}^{\mathrm{H}}\boldsymbol{G}_{l,j} = \begin{cases} \boldsymbol{\Lambda}_{l,l} & j=l \\ \boldsymbol{0} & \text{其他} \end{cases} \tag{3-6}$$

利用矩阵恒等式：

$$\det(\boldsymbol{I}+\boldsymbol{AB}) = \det(\boldsymbol{I}+\boldsymbol{BA})$$

并根据式（3-6），我们可以得到，当基站的天线个数趋于无穷时，

$$C_{\mathrm{LB}} - \sum_{k=1}^{K}\log_2\left(1+\frac{M}{\gamma_{\mathrm{UL}}}\lambda_{l,l,k}\right) \to 0$$

定义：

$$C_{\mathrm{LB}}^{\mathrm{inf}} = \sum_{k=1}^{K}\log_2\left(1+\frac{M}{\gamma_{\mathrm{UL}}}\lambda_{l,l,k}\right)$$

容易验证 $C_{\mathrm{LB}}^{\mathrm{inf}}$ 也是无多小区干扰时小区 l 在基站天线趋于无穷时的容量。

从上式的分析可以看出，接收机已知理想信道信息，当天线个数趋于无穷时，多用户干扰和多小区干扰消失，整个系统是一个无干扰系统，系统容量随天线个数以 $\log_2 M$ 增大，并趋于无穷大。当采用最大比合并时，我们同样可以得到相同的结论。

3.2.2　massive MIMO 上行链路信道容量

在实际系统中，接收机和发射机通常不能获得完美的信道状态信息。对于 massive MIMO 下行链路来说，如果每根天线均需要导频信号，则开销会非常大。因此，大规模 MIMO 应该尽量避免下行链路的每天线一个导频的模式。对于上行链路传输，系统导频开销仅与用户个数成正比，与基站天线个数无关。因此，考虑到 TDD 系统特有的上下行信道的互易性，massive MIMO 非常适宜于 TDD 模式。

为了简化分析，假设 L 个小区采用相同的导频模式和相同的导频序列，即未采用任何小区间导频随机化处理。在这种导频模式下，小区间的干扰最为严重，这也是最坏情况下的导频模式。同时，假设同一小区内，多个用户采用时频正交导频，不失一般性，假设正交导频矩阵为单位阵。第 l 个小区的基站的接收导频信号可以表示为：

$$Y_{\mathrm{P},l} = \sum_{j=1}^{L} G_{l,j} + Z_{\mathrm{P},l} \tag{3-7}$$

式中，$Y_{\mathrm{P},l}$ 表示基站 l 的 $M \times K$ 的接收导频信号矩阵，$Z_{\mathrm{P},l}$ 表示 $M \times K$ 的最小二乘信道估计后等效的高斯白噪声矩阵，其每个元素的方差为 γ_{P}。进一步，针对 $g_{l,j,k}$ 的 MMSE 信道估计可以表示为：

$$\hat{g}_{l,j,k} = \frac{\lambda_{l,j,k}}{\sqrt{q_{l,k}}} \hat{h}_{l,k} \tag{3-8}$$

式中，

$$q_{l,k} = \sum_{j=1}^{L} \lambda_{l,j,k} + \gamma_{\mathrm{P}}$$

$$\hat{h}_{l,k} \triangleq \frac{1}{\sqrt{q_{l,k}}} y_{\mathrm{P},l,k}$$

$y_{\mathrm{P},l,k}$ 是 $Y_{\mathrm{P},l}$ 的第 k 列。根据 MMSE 估计的特性，容易知道，$\hat{h}_{l,k}$ 的分布服从均值为 0、协方差矩阵为单位阵的复高斯随机矢量。因此，我们把式（3-8）中 $\hat{g}_{l,j,k}$ 的建模也称为 MMSE 信道估计后的等效信道。需要注意的是，由于导频污染，$\hat{g}_{l,j,k}$ 的等效信道中的小尺度衰落部分 $\hat{h}_{l,k}$ 与 j 无关。

信道估计的误差定义为：

$$\tilde{g}_{l,j,k} = g_{l,j,k} - \hat{g}_{l,j,k}$$

其协方差矩阵可以表示为：

$$\mathrm{cov}(\tilde{g}_{l,j,k}, \tilde{g}_{l,j,k}) = \left(\lambda_{l,j,k} - \frac{\lambda_{l,j,k}^2}{q_{l,k}} \right) I_M = \varepsilon_{l,j,k} I_M \tag{3-9}$$

定义如下信道矩阵：$\hat{G}_{l,j} = \begin{bmatrix} \hat{g}_{l,j,1} & \cdots & \hat{g}_{l,j,K} \end{bmatrix}$，$\tilde{G}_{l,j} = \begin{bmatrix} \tilde{g}_{l,j,1} & \cdots & \tilde{g}_{l,j,K} \end{bmatrix}$。

那么，理想信道矩阵表示为：

$$G_{l,j} = \hat{G}_{l,j} + \tilde{G}_{l,j} \tag{3-10}$$

将式（3-10）代入式（3-2），则收发之间的关系式变为：

$$y_l = \hat{G}_{l,l} x_{l,l} + \sum_{j=2}^{L} \hat{G}_{l,j} x_l + \tilde{z}_l \tag{3-11}$$

式中，

$$\tilde{z}_l = \sum_{j=1}^{L} \tilde{G}_{l,j} x_j + z_l$$

$\tilde{z}_l$ 的其协方差矩阵可以表示为：

$$\mathrm{cov}(\tilde{\pmb{z}}_l,\tilde{\pmb{z}}_l)=\sum_{k=1}^{K}\sum_{j=1}^{L}\mathrm{cov}(\tilde{\pmb{g}}_{l,j,k},\tilde{\pmb{g}}_{l,j,k})+\gamma_{\mathrm{UL}}\pmb{I}_M=(\varepsilon_l+\gamma_{\mathrm{UL}})\pmb{I}_M$$

式中,

$$\varepsilon_l=\sum_{k=1}^{K}\sum_{j=1}^{L}\varepsilon_{l,j,k}$$

与之类似,理想信道信息下,基站 l 采用 MMSE 接收机时,和容量的下界可以表示为: [19]

$$\hat{C}_{\mathrm{LB}}^{\mathrm{UL}}=\log_2\det\left[\sum_{j=1}^{L}\hat{\pmb{G}}_{l,j}\hat{\pmb{G}}_{l,j}^{\mathrm{H}}+(\varepsilon_l+\gamma_{\mathrm{UL}})\pmb{I}_M\right]-\log_2\det\left[\sum_{j\neq l}^{L}\hat{\pmb{G}}_{l,j}\hat{\pmb{G}}_{l,j}^{\mathrm{H}}+(\varepsilon_l+\gamma_{\mathrm{UL}})\pmb{I}_M\right]$$

根据等效信道(3-8),类似理想信道下的推导,根据大数定理可以得到,当基站的天线个数趋于无穷时[19],

$$\hat{C}_{\mathrm{LB}}^{\mathrm{UL}}-\sum_{k=1}^{K}\log_2\left(1+\frac{\lambda_{l,j,k}^2}{\sum_{j\neq l}^{L}\lambda_{l,j,k}^2+\frac{1}{M}(\varepsilon_l+\gamma_{\mathrm{UL}})q_{l,k}}\right)\rightarrow0$$

定义:

$$\hat{C}_{\mathrm{LB}}^{\mathrm{UL,inf}}=\sum_{k=1}^{K}\log_2\left(1+\frac{\lambda_{l,j,k}^2}{\sum_{j\neq l}^{L}\lambda_{l,j,k}^2+\frac{1}{M}(\varepsilon_l+\gamma_{\mathrm{UL}})q_{l,k}}\right)$$

可以看出,当基站的天线个数趋于无穷时[19],

$$\hat{C}_{\mathrm{LB}}^{\mathrm{UL,inf}}\rightarrow\sum_{k=1}^{K}\log_2\left(1+\frac{\lambda_{l,j,k}^2}{\sum_{j\neq l}^{L}\lambda_{l,j,k}^2}\right)$$

这与文献[6]中最大比接收的容量是一致的。

从上式可以看出,在非理想信道信息下,大规模 MIMO 系统是干扰受限系统,用户的性能受限于邻小区采用相同导频的用户。但是,不考虑导频开销时,系统容量仍然随着用户数目的增加而增加。

3.2.3　massive MIMO 下行链路信道容量

在多用户 MIMO 中,采用下行预编码技术可以在发射机侧抑制用户间的干扰。massive MIMO 中,基站根据接收到的上行导频信号,得到上行信道参数。根据上行链路估计得到的信道参数 $\hat{\pmb{G}}_{l,i}$,利用 TDD 的互易性,得到下行预编码矩阵 $\pmb{W}_l$。

第 l 个基站的下行预编码矩阵表示为 $\pmb{W}_l$,下行发送信号表示为 $\pmb{x}_l$,P_T 为基站的发送功率,第 l 个小区的所有用户的接收信号可以表示为:

$$y_l = \sqrt{\rho_l} \mathbf{G}_{l,l}^{\mathrm{H}} \mathbf{W}_l \mathbf{x}_l + \sum_{i \neq l} \sqrt{\rho_i} \mathbf{G}_{i,l}^{\mathrm{H}} \mathbf{W}_i \mathbf{x}_i + \mathbf{z}_l \tag{3-12}$$

其中功率归一化因子表示为：

$$\rho_l = \frac{P_{\mathrm{T}}}{\mathcal{E}\left[\mathrm{Tr}(\mathbf{W}_l \mathbf{W}_l^{\mathrm{H}})\right]} \tag{3-13}$$

在 LTE 系统中，用户端可以采用预编码导频估计出信道矩阵与预编码矩阵的复合信道矩阵。在 massive MIMO 中，理论上，当基站天线个数很多时，用户只需要已知统计信道信息，例如大尺度衰落信息，仍可以得到较好的性能。下面，假设用户端未知预编码矩阵 $\mathbf{W}_l$。

考虑等效信道模型，根据文献[13]，基站 l 的 RZF 预编码为：

$$\mathbf{W}_l = \left[\sum_{j=1}^{L} (\hat{\mathbf{G}}_{l,j} \hat{\mathbf{G}}_{l,j}^{\mathrm{H}} + \varepsilon_{l,j} \mathbf{I}_M)\right]^{-1} \hat{\mathbf{G}}_{l,l} \tag{3-14}$$

式中，

$$\varepsilon_{l,j} = \sum_{k=1}^{K} \left(\lambda_{l,j,k} - \frac{\lambda_{l,j,k}^2}{q_{l,k}}\right)$$

根据文献[13]，当用户端未知预编码矩阵时，第 l 个小区的第 k 个用户的接收信号可以表示为：

$$y_{l,k} = \sqrt{\rho_l}\mathcal{E}\left(\mathbf{g}_{l,l,k}^{\mathrm{H}} \mathbf{W}_{l,k}\right) x_{l,k} + \sqrt{\rho_l}\left[\mathbf{g}_{l,l,k}^{\mathrm{H}} \mathbf{W}_{l,k} - \mathcal{E}\left(\mathbf{g}_{l,l,k}^{\mathrm{H}} \mathbf{W}_{l,k}\right)\right] x_{l,k} + \sum_{\substack{i,j \\ (i,j) \neq (l,k)}} \sqrt{\rho_i}\mathbf{g}_{i,l,k}^{\mathrm{H}} \mathbf{W}_{i,j} x_{i,j} + z_{l,k} \tag{3-15}$$

式中，$\mathbf{W}_{l,k}$ 表示 $\mathbf{W}_l$ 的第 k 列。

当干扰加噪声服从高斯分布时，即为下行的和容量的下界，表示为：

$$C_{\mathrm{LB}}^{\mathrm{DL}} \triangleq \sum_{k=1}^{K} \log_2 \left(1 + \frac{\rho_l \left|\mathcal{E}\left(\mathbf{g}_{l,l,k}^{\mathrm{H}} \mathbf{W}_{l,k}\right)\right|^2}{\rho_l \mathrm{var}\left[\mathbf{g}_{l,l,k}^{\mathrm{H}} \mathbf{W}_{l,k}\right] + \sum_{\substack{i,j \\ (i,j) \neq (l,k)}} \rho_i \mathcal{E}\left[\left|\mathbf{g}_{i,l,k}^{\mathrm{H}} \mathbf{W}_{i,j}\right|^2\right] + \gamma_{\mathrm{DL}}}\right) \tag{3-16}$$

当天线个数趋于无穷时，我们求解了如下几个关键的值：

$$\left|\mathcal{E}\left(\mathbf{g}_{l,l,k}^{\mathrm{H}} \mathbf{W}_{l,k}\right)\right|^2 \to M^2 \beta_{l,l,k}^2 \mu_{l,k}^2 \tag{3-17}$$

$$\mathrm{var}\left[\mathbf{g}_{l,l,k}^{\mathrm{H}} \mathbf{W}_{l,k}\right] \to M(\lambda_{l,l,k} - \beta_{l,l,k})\beta_{l,l,k}\mu_{l,k}^2 \tag{3-18}$$

$$\sum_{\substack{i,j \\ (i,j) \neq (l,k)}} \rho_i \mathcal{E}\left[\left|\mathbf{g}_{i,l,k}^{\mathrm{H}} \mathbf{W}_{i,j}\right|^2\right] \to \sum_{i \neq l} \rho_i M^2 \beta_{i,l,k} \beta_{i,i,k}\mu_{i,k}^2 + \sum_{\substack{i,j \\ (i,j) \neq (l,k)}} \rho_i M(\lambda_{i,l,k} - \beta_{i,l,k})\beta_{i,i,j}\mu_{i,j}^2 \tag{3-19}$$

式中，

$$\beta_{i,l,k} = \frac{\lambda_{i,l,k}^2}{\sum_{l=1}^{L} \lambda_{i,l,k} + \gamma_P}$$

$$\mu_{i,k} = \left(\frac{M\sum_{l=1}^{L} \lambda_{i,l,k}^2}{\sum_{l=1}^{L} \lambda_{i,l,k} + \gamma_P} + \sum_{l=1}^{L}\sum_{k=1}^{K} \left(\lambda_{i,l,k} - \frac{\lambda_{i,l,k}^2}{\sum_{l=1}^{L} \lambda_{i,l,k} + \gamma_P} \right) \right)^{-1}$$

另外，当天线个数趋于无穷时，

$$\rho_l \to \overline{\rho}_l = \frac{P_T / M}{\sum_{k=1}^{K} \beta_{l,l,k} \mu_{l,k}^2}$$

将上述公式代入式（3-16），可得：

$$C_{\mathrm{LB}}^{\mathrm{DL}} = \sum_{k=1}^{K} \log_2 \left(1 + \frac{\overline{\rho}_l M^2 (\beta_{l,l,k} \mu_{l,k})^2}{M^2 \sum_{i \neq l} \overline{\rho}_i \beta_{l,l,k} \beta_{i,i,k} \mu_{i,k}^2 + M \sum_{i,j} \overline{\rho}_i (\lambda_{i,l,k} - \beta_{l,l,k}) \beta_{i,i,j} \mu_{i,j}^2 + \gamma_{\mathrm{DL}}} \right) \tag{3-20}$$

3.2.4 massive MIMO 容量仿真

在这一节，将给出存在导频污染的情况下，采用 MMSE 检测及 MMSE 下行预编码时系统的频谱效率。仿真的场景设置如下：7 个小区，小区半径归一化为 1，用户最小接入距离为 0.03，小区间距离归一化为 $\sqrt{3}$，假设路径损耗因子为 3.7，不考虑阴影衰落。K 个用户均匀分布在小区中。我们假设系统中有 K 个正交导频，L 个小区复用该导频序列组。我们考虑了导频的开销，假设资源块的大小固定，因此用户数目的增加意味着导频开销的增加和数据传输比例的降低。所有仿真中，导频符号功率与数据相同，下行分析中基站的发射功率为 20 W。

图 3-2～图 3-5 中的仿真结果表明，当基站端天线数较大时，理论结果与实际仿真比较吻合，massive MIMO 系统的容量可由大尺度衰落近似，快衰落对容量的影响较小。图 3-2 中，系统容量随着基站端的天线数的增加而增大，仿真值与理论值之间的误差随着天线数的增加而减小。理论上，天线数趋于无穷时，理论值应无限趋于仿真值。图 3-3 所示为 massive MIMO 系统容量随着 SNR 的变化，从中可以看到容量随着 SNR 的增加而增大。由于导频污染和小区间干扰的存在，当 SNR 较大时，系统容量进入饱和区，不再随着 SNR 的持续增加而增大。

图 3-4 和图 3-5 表明采用 RZF 下行预编码时，系统容量的仿真值与理论值的对比。从图中可看出，随着天线数的增加，系统下行链路的容量稳定增长。由于用户数量会影响信道估计及用小区间干扰，因此用户数的增加并不一定引起容量的增大。如图 3-4 所示，$K = 60$ 时系统容量始终小于 $K = 18$ 及 $K = 36$ 时系统的容量。且图 3-5 直观地表明了采用 RZF 预编码时，massive MIMO 系统存在可支持的最优用户数，在以上仿真条件下，最优的用户数大约为 35。

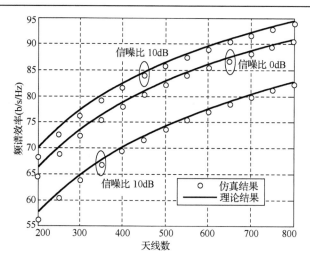

图 3-2　不同信噪比下，massive MIMO 的上行容量随天线数的变化

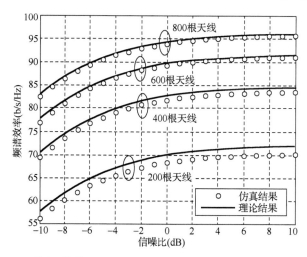

图 3-3　不同天线数下，massive MIMO 的上行容量随 SNR 的变化

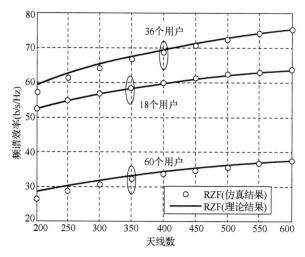

图 3-4　用户数不同时，massive MIMO 的下行容量随天线数的变化

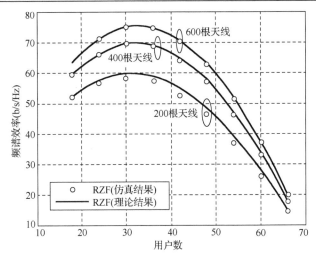

图 3-5　天线数不同时，massive MIMO 的下行容量随用户数的变化

3.3　massive MIMO 检测技术

　　伴随着 MIMO 技术的诞生，逼近容量的接收机算法一直是研究的热点方向。理论上，联合信道参数估计、信号检测、信道译码的最大后验概率（MAP）接收机是最优的[20]。但是实际中，特别是在 MIMO 系统中，最优接收机往往难以实现。为了降低实现复杂度，信道参数估计与 MIMO 检测和译码通常是分离的。

　　MIMO 检测大致上分为线性检测、最大似然检测及其简化算法和干扰抵消算法。线性检测包括匹配滤波检测、ZF 检测以及线性 MMSE 检测。这类检测的特点是复杂度较低、易于实现，已经被广泛应用于无线通信系统。最大似然检测是 MIMO 的最优检测算法，其复杂度随发送天线个数和调制阶数呈指数增加。最大似然检测的简化算法主要包括球形译码（Sphere decoding）、约简格算法（Lattice reduction）、树搜索（Tree search）算法等，这些算法可以逼近最大似然检测，并且可以通过硬件实现。干扰抵消算法可在线性检测的基础上，通过判决反馈，消除已检测数据的干扰，进一步提高检测的性能。

　　由于无线通信系统中，检测结果通常传送至译码器，而软判决译码已经被广泛应用于纠错译码中。为了避免硬判决带来的性能损失，检测器需要提供软判决信息，这是对 MIMO 检测的一个基本要求。另一方面，在信道状态信息已知时，采用 Turbo 迭代接收的思想，检测器和译码器迭代交互软判决信息，性能可以逼近信道容量[20]。在现有小规模 MIMO 系统中，Turbo 迭代接收机的优异性能已经被试验验证，并且逐渐实用化。

　　最优的软输入软输出检测是 MAP 检测，但是其复杂度极高。文献[21]实现了软输入软输出球形译码算法，其性能比线性软输入软输出检测有较大的优势。从复杂度方面考虑，基于干扰抵消思想的线性软输入软输出检测有很大的优势。文献[20]提出了 MMSE 线性软输入软输出检测和基于匹配滤波（MF）的线性软输入软输出检测，并将其应用于 CDMA

的 Turbo 多用户检测中。随后，文献[22]将其应用于 MIMO 系统的 Turbo 均衡。为了避免矩阵求逆运算，文献[23]提出了基于多项式展开的软输入软输出算法，而匹配滤波是它的一个特例，获得了复杂度和性能的折中。

在 massive MIMO 系统中，随着天线数的无限增加，接收机的非相关噪声和快衰落影响会完全消失，此时上行接收采用复杂度极低的匹配滤波，就可以获得逼近最优容量的性能。但是，实际部署场景中基站天线数有限，为了达到高数据速率，需要设计低复杂度高性能的接收机方法。文献[24]对比了大规模 MIMO 上行链路单小区多用户系统的检测算法的性能和复杂度，如 MMSE 检测、固定复杂度的球形译码，但没有考虑多小区存在导频污染的情况，而这对实际系统是非常重要的。

另一方面，大规模 MIMO 对能耗效率提出了更高要求。同时，massive MIMO 的应用场景中将存在更为复杂的干扰情况。为了深入挖掘空间资源以获得高频谱效率，大规模 MIMO 系统需要支持大规模多用户空分传输和高阶调制。因此，大规模 MIMO 无线传输系统的接收机面临着如下技术挑战：非理想信道、干扰信道、检测复杂度高和硬件实现困难。这些特点决定了现有的 4G 系统中的接收技术可能不能直接适用于大规模 MIMO 无线通信系统。因此，需针对大规模 MIMO 信道的特点，发展增强型的高性能低复杂度的接收技术，以克服低信噪比和干扰的影响。

在大规模 MIMO 系统中，由于天线数目远大于用户数目，用户与基站之间的统计信道信息（例如角度域）呈现一定的稀疏化特点。这为降低接收机复杂度提供了可能。我们可以先进行线性预滤波，对 MIMO 信道进行稀疏化，然后借助于稀疏信道矩阵的低复杂度处理，进行软输入软输出检测。最典型的接收方法是将稀疏矩阵采用二分图表示，利用置信传播（BP-Belief Propagation）算法，实现低复杂度的软输入软输出检测，具体可参考文献[25]。

如图 3-6 所示，我们给出了一种大规模 MIMO 系统低复杂度迭代接收机的参考设计。首先，根据信道估计得到信道参数和初步的干扰统计特性，进行线性预滤波降维处理。然后进行低复杂度的软输入软输出检测，并辅之以干扰估计。利用 Turbo 接收机的思想，进行迭代检测，以逼近信道容量。

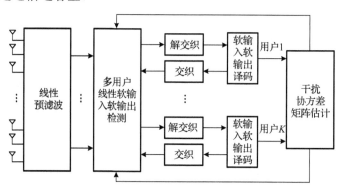

图 3-6   大规模 MIMO 系统的 Turbo 接收机

下面我们比较了各种迭代算法在大规模 MIMO 非理想信道下 Turbo 接收机的性能。仿真中，我们考虑 7 个归一化半径为 1 的圆形小区，每个小区的导频资源是完全复用，此时导频污染最严重。我们固定用户位置，每个小区的用户距离本小区中心基站为 2/3 的圆上，

路径损耗指数 $\alpha = 3.7$，不考虑阴影衰落。系统采用（13，15）8 编码器，编码码率为 1/2，调制为 QPSK，每用户的频谱效率为 1b/s/Hz。编码器内部交织器和编码后的外部交织器均采用随机交织器。接收机采用 Log-MAP 译码器。每一帧的信息比特数为 9216。仿真中，多项式展开均采用 3 阶展开。我们可以通过前面所述的理论分析得到误帧率理论值，即当信道瞬时容量小于频谱效率 1b/s/Hz 时，我们认为传输的帧必会出现差错。

　　图 3-7 表示目标小区基站天线数为 64、每个小区用户数为 10 时，迭代检测算法单个用户的误帧率。图 3-8 表示的则是基站天线数为 128、小区用户数为 10 的情况。

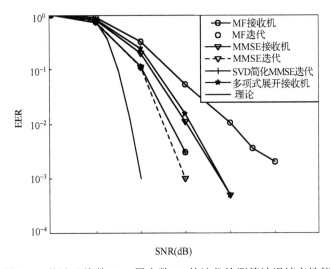

图 3-7　基站天线数 64、用户数 10 的迭代检测算法误帧率性能

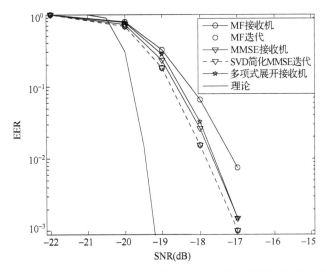

图 3-8　基站天线数 128、用户数 10 的迭代检测算法误帧率性能

　　由图 3-7 可以看出，当检测器只有 1 次迭代的时候，匹配滤波软输入软输出检测方法存在误码平台。而低复杂度的多项式展开方法比匹配滤波提供了更好的性能，在 FER=10^{-2} 时与 MMSE 软输入软输出 Turbo 迭代的性能只相差不到 0.5 dB。文献[26]所提出的基于 SVD

分解的软输入软输出算法与 MMSE 软输入软输出算法性能几乎相同,但复杂度相对于多项式展开方法还是较高。经过 4 次迭代后,MMSE 软输入软输出迭代检测的性能与理论值较为接近,相差近 2 dB。此时,基于匹配滤波的 Turbo 接收机获得了很大的增益,与基于 SVD 的 MMSE 迭代接收机的性能几乎一样,在 FER=10^{-2} 时,与 MMSE 的性能只差 0.5 dB 左右。

图 3-8 表明了当目标小区天线数增加时,Turbo 接收机性能都有所提高。此时,由于天线数较大,MMSE 复杂度较高。我们发现,检测迭代次数的增加所带来的增益有所减少。但当检测器迭代 1 次时,多项式展开方法相对于匹配滤波方法还是有较好的性能,并且与基于 SVD 的 MMSE 迭代接收机相比性能损失很小。迭代次数增加后,匹配滤波 Turbo 接收机有较好的 FER 性能,在 FER=10^{-2} 处,与理论值相差近 1.5 dB。此时,体现出了大规模 MIMO 系统的很大优势。

3.4　massive MIMO 传输方案

天线阵列规模的增大带来了可利用的空间自由度的大幅度提高,为系统支持更大的用户数量与更高的频谱利用率创造了有利的条件。然而,MIMO 维度的大幅度扩展也为相应的物理层技术方案设计提出了前所未有的挑战。massive MIMO 的性能增益主要是通过大规模阵列构成的多用户信道间的准正交特性保证的。但是在实际的信道条件中,由于设备与传播环境中的诸多非理想因素的存在,为了获得稳定的多用户传输增益,仍然需要依赖下行发送与上行接收算法的设计来有效地抑制用户间乃至小区间的同道干扰。而传输与检测算法的计算复杂度则直接与天线阵列规模和用户数及带宽相关。此外,基于大规模阵列的预编码/波束赋形算法与阵列结构设计、设备成本、功率效率和系统性能都有直接的联系。

3.4.1　恒包络预编码

发送信号的峰均比(Peak-to-Average Power Ratio,PARP)以及预编码之后各个射频通道上信号的相对幅度都会对功率利用效率带来显著的影响。出于保证功率利用率的考虑,码本设计中一般都采用具有恒模特性的预编码矩阵。对于非码本方式的预编码,一般也需要对预编码之后各天线端口上的信号进行归一化以保证功率效率。massive MIMO 系统中,大量的天线为系统提供了丰富的自由度,从而为恒定包络的预编码[15]设计创造了可能。尽管恒包络要求为预编码矩阵的优化设计带来了一定约束,从而导致了其性能损失。例如,在达到相同链路性能的前提下,恒包络预编码相对于 ZF 算法存在 1~2 dB 的 SINR 损失。但是,由于恒包络信号可以利用功放器件的非线性区域,其功率利用效率将高于传统的预编码算法。相对于 ZF 算法,其功率效率增益可达到 6~8 dB。综合考虑设计约束带来的性能损失与功率效率增益,一般情况下恒包络预编码算法能够获得比传统的非恒包络预编码算法更高的性能。从另一角度考虑,由于恒包络预编码算法对功放器件的线性特性要求降低,也将有利于低成本射频器件的使用和大规模有源天线阵的成本降低。

假定在单小区大规模天线系统中，基站配备 M 根天线，同时与小区内 K 个单天线用户通信。考虑瑞利衰落信道，则下行传输中第 k 个用户接收的复信号可以表示为：

$$y_k = \sum_{m=1}^{M} h_{k,m} x_m + z_k, \quad k=1,2,\cdots,K \tag{3-21}$$

式中，$h_{k,m}$ 代表基站第 m 个天线到第 k 个用户的信道，z_k 代表第 k 个用户的噪声信号，$h_{k,m}$ 和 z_k 均建模为独立同分布的循环复高斯分布变量 $CN(0,1)$。x_m 为由基站第 m 个天线发送的信号，在每个天线信号恒包络的约束下，可以建模为：

$$x_m = \sqrt{\frac{P_{\mathrm{T}}}{M}} \mathrm{e}^{\mathrm{j}\theta_m}, \quad m=1,2,\cdots,M \tag{3-22}$$

式中，P_{T} 代表基站天线发射总功率，$\theta_m \in [-\pi,\pi)$ 为 x_m 的相位信息。将式（3-22）代入式（3-21）进一步变换得到：

$$y_k = \sqrt{P_{\mathrm{T}}}\sqrt{E_k}u_k + \sqrt{P_{\mathrm{T}}}s_k + z_k \tag{3-23}$$

$$s_k = \frac{\sum_{m=1}^{M} h_{k,m}\mathrm{e}^{\mathrm{j}\theta_m}}{\sqrt{M}} - \sqrt{E_k}u_k \tag{3-24}$$

式中，$u_k \in U_k$ 和 E_k 分别代表第 k 个用户要发送的符号及符号能量，U_k 为对应的调制方式星座，如 4PSK、16QAM 等。$\sqrt{P_{\mathrm{T}}}s_k$ 对应第 k 个用户遭受的用户间干扰。

基于上述的信号模型，为了实现恒包络预编码下的可靠通信，由于天线信号为恒定模值，因此只能通过选择合适的天线相位信息 $\boldsymbol{\theta} = [\theta_1,\cdots,\theta_M]$ 来最小化每个用户的多用户干扰。于是，在给定用户的发送符号向量 $\boldsymbol{d} = \left[\sqrt{E_1}u_1,\cdots,\sqrt{E_M}u_M\right]$ 条件下，上述所考虑的优化目标模型建模为如下的非线性最小二乘问题（Nonlinear Least Squares，NLS）：

$$\begin{aligned} \underset{\boldsymbol{\theta}}{\text{minimize}} \quad & \boldsymbol{F}(\boldsymbol{\theta}) \\ s.t. \quad & |\theta_m| \leqslant \pi, \quad m=1,2,\cdots,M \end{aligned} \tag{3-25}$$

式中，$\boldsymbol{F}(\boldsymbol{\theta}) = \dfrac{1}{K}\sum_{k=1}^{K}\left|\dfrac{\sum_{m=1}^{M} h_{k,m}\mathrm{e}^{\mathrm{j}\theta_m}}{\sqrt{M}} - \sqrt{E_k}u_k\right|^2$，代表所有用户的用户间干扰能量均值。

遗憾的是，上述给定的优化目标模型是一个非凸的 NLS 函数，无法直接取得最优解。文献[15]进一步介绍这个模型，并提出梯度下降（Gradient Descent，GD）的算法逼近全局最优解。但是结果说明，为了获得稳定的性能，需要增加天线来提供额外的空间自由度，来避免 GD 算法有收敛于局部解。同时，GD 算法性能严重依赖于迭代初始值的设置。针对此，文献[47]提出采用交叉熵优化（Cross-Entropy Optimization，CEO）算法，但迭代所引入的复杂度和性能过分依赖迭代次数。

图 3-9 中，给出了 GD 算法[15]、CEO 算法[47]的 $\boldsymbol{F}(\boldsymbol{\theta})$。同时作为比较，引入恒模 ZF 算

法（Constant envelope Zero-Forcing，CZF），即传统 ZF 算法之后，天线发射信号只提取相位信息保持恒模。这里参照式（3-23）的信号模型，当用户的信号功率确定之后，系统容量仅仅取决于用户遭受的干扰。所以，评估 $F(\theta)$ 可以进一步说明系统容量的结果。

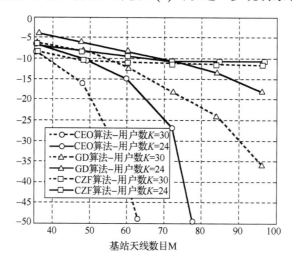

图 3-9　用户数 K=24、30 时，干扰能量均值 $F(\theta)$ 在不同天线数情况下的性能

由图看出，随着天线数的增长，文献[15]与文献[47]给出的算法都可以极大地减小用户间干扰。并且同等天线配置下，用户数越多产生的用户间干扰越大，CEO 算法相对 GD 算法性能有明显的增益。与之对比，CZF 算法抑制用户间干扰的能力有限，而且随着天线增长其性能并不会有所改善。

3.4.2　低复杂度预编码算法

随着天线规模的增大和系统中用户数量的增加，massive MIMO 系统在进行预编码/波束赋形和调度时往往会面临大量高维度的矩阵分解和求逆等操作。这些运算会对基带处理复杂度、设备成本与功耗带来诸多不利影响。

文献[6]中指出，当基站天线数趋于无穷时，由于用户间的信道趋于正交，简单的 MRT 算法就可以获得理想的性能。文献[24]中则进一步提出，天线数无穷多时，ZF 及 MRT 等线性预编码算法性能就可以逼近 DPC 的系统容量。但是，实际部署的基站天线数量往往受限于天线尺寸等因素，上述理想特性往往还无法体现出来。

图 3-10(a)与(b)分别给出了基站使用不同规模的天线时，MRT 和 ZF 的性能对比。其中 UE 的接收天线数目为 2，横坐标的数值表示基站侧发射天线数量。（$M \times N$）中，M 表示基站天线阵中阵子的列数，N 表示阵子的行数。

由图 3-10 可以看出，天线数量较低时，在相近的扇区平均频谱效率性能条件下，MRT 所要求的基站天线数目大致是 ZF 算法的 4 倍。或者说，在较为实际的部署场景中，MRT 往往很难达到令人满意的性能。但是即使天线数量较低时（如 32 或 64），对于 ZF 或 MMSE 算法而言，矩阵求逆运算的计算复杂度仍然会非常高。针对这一问题，文献[40,41]中研究了基于纽曼级数展开的低复杂度求逆算法，可以在性能与复杂度之间进行一定的折中。除此之外，如果基站侧采用了二维平面天线阵，则可以将针对三维信道的预编码分解为垂直和水平维预编码矩阵 Kronecker 积的形式，从而有效地降低预编码计算的复杂度[42]。

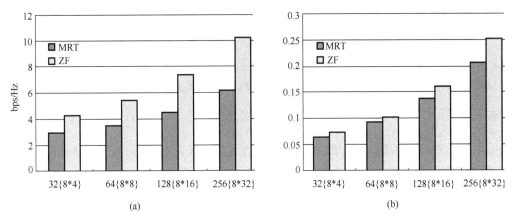

图 3-10　MRT 与 ZF 的频带利用效率对比：(a) 扇区平均频带利用率；(b) 边缘用户频带利用率

1. 基于级数展开的低复杂度算法

在 massive MIMO 系统中，随着天线数目的增加，简单地线性预编码（如 ZF、MMSE、MRT 等）就可以近似逼近 DPC 实现最优性能。尽管 MMSE 相对 DPC 可以极大地减少基带运算复杂度，但是在 massive MIMO 系统中，其所引入的矩阵操作复杂度仍旧是不可接受的。例如，MMSE 或 ZF 中的矩阵取逆运算要求浮点运算正比于 K^2M。

早在 CDMA 系统中，为了实际低复杂度上行检测算法，MMSE 矩阵取逆复杂度问题就引发过学术界的研究。针对 CDMA 系统，文献[48]提出采用矩阵多项式的方法（如泰勒级数、纽曼级数展开[50]）来近似矩阵取逆运算，这样可以大幅度地简化矩阵取逆操作。近几年，文献[40, 49]将这种级数展开思想引入到 massive MIMO 系统中，给出下行 MMSE 低复杂度预编码方案。在文献[40]中，利用泰勒级数将矩阵取逆操作展开成若干多项式级数的形式，接着采用随机矩阵的近似理论来简化信道小尺度信息，并利用大尺度信息修正矩阵多项式的收敛系数，从而确保在有限项的多项式加法后就可以逼近 MMSE 性能。进一步，在文献[40]的姐妹篇中，文献[41]很好地将这种方法应用于多小区 MMSE 场景中。

如果我们考虑文献[40]中的单小区 MMSE 场景，用户 k 的估计后信道模型表示为 $\hat{h}_k = \Phi^{1/2}(\sqrt{1-\tau^2}z_k + \tau v_k)$，$\Phi^{1/2}$ 代表大尺度信息，v_k 代表引入的信道估计误差噪声，$\tau \in (0,1)$ 代表信道估计误差系数。并且 MMSE 预编码表示为：

$$G = \beta\left(\frac{1}{K}HH^{H} + \xi I_M\right)^{-1} P^{1/2} \tag{3-26}$$

式中，β 代表归一化系数，P 代表用户功率分配。于是信道容量模型可以表示为：

$$R = \sum_{k=1}^{K} \log_2(1 + \mathrm{SINR}_k) = \sum_{k=1}^{K} \log_2\left(1 + \frac{h_k^H g_k g_k^H h_k}{h_k^H G_k G_k^H h_k + \sigma^2}\right) \tag{3-27}$$

引入文献[50]介绍的泰勒级数，于是矩阵的逆操作可以表示为：

$$X^{-1} = \kappa(I - (I - \kappa X))^{-1} = \kappa \sum_{l=0}^{\infty} (I - \kappa X)^l \tag{3-28}$$

将式（3-28）代入式（3-26）中进行矩阵逆操作，可得：

$$\boldsymbol{G} \to \boldsymbol{G}_{\mathrm{TPE}} = \sum_{l=0}^{J-1} \omega_l \left(\frac{1}{K} \boldsymbol{H} \boldsymbol{H}^{\mathrm{H}} \right)^l \frac{\boldsymbol{H}}{\sqrt{K}} P^{1/2} \tag{3-29}$$

式中，J 代表多项式展开的总阶数，ω_l 代表第 l 阶对应的系数。

算法核心就在于优化参数 ω_l，实现用较低的阶数 J 实现与 MMSE 相当的性能。当 $J=1$ 时，$\boldsymbol{G}_{\mathrm{TPE}} = \frac{\omega_0}{\sqrt{K}} HP^{1/2}$，此时就是典型的 MRT 算法，随着 J 的增加，$\boldsymbol{G}_{\mathrm{TPE}}$ 组件逼近 MMSE 来获得更好的性能。但是，这个过程中引入了大量的矩阵乘法操作，当 $J>4$ 的时候，这种多项式运算的复杂度就已经超过了某些矩阵取逆快速算法。另外，观察式（3-26）中矩阵维度，取逆矩阵的维度是 $K \times K$，也就是说当用户较少且天线数较多时，矩阵相乘 $\boldsymbol{HH}^{\mathrm{H}}$ 的复杂度就与矩阵取逆的复杂度相当。所以，这里设计泰勒级数累加时，为了保证较低复杂度即要求满足两点：第一要求 J 尽可能小，第二尽量避免 $\boldsymbol{HH}^{\mathrm{H}}$ 的反复叠乘。

为了实现 J 尽可能小，这里级数系数 ω_l 的优化设计显得尤为重要。首先，为了使系数计算引入的复杂度达到可以忽略的程度，系数的实现必须依赖大尺度信息或者是固定常数。文献[49]考虑最小化所有用户的 MSE 和，系数的实现仅仅依赖大尺度信息。相比之下，文献[40, 41]采用更有效的优化准则，最大化每个用户的 SINR。为了进一步降低系数计算所引入的复杂度，文献[51]采用保留低阶矩阵信息、舍去高阶信息的策略来加快收敛，给出了一个常系数。接下来，为了尽量避免 $\boldsymbol{HH}^{\mathrm{H}}$ 的反复叠乘，式（3-29）中典型的幂级数叠加形式可以采用文献[52]给出的硬件实现架构，此时反复的幂级数叠加运算采用迭代并行运算的方式，这样可以极大地减少 $\boldsymbol{HH}^{\mathrm{H}}$ 乘法运算次数。

采取上述的方法，文献[40]给出泰勒级数展开法与直接 ZF 在不同 SNR 下的仿真结果。我们可以看到，当 $J=2$ 时，性能距离 ZF 差距较大；在 $J=8$ 时，结果几乎与 ZF 性能完全重合，逼近最优预编码的性能。但是，考虑到 J 直接影响运算的复杂度，所以在性能和复杂度方面需要基于实际情况进行折中。

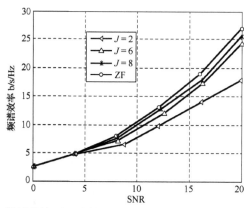

图 3-11　级数展开法不同阶数在不同 SNR 的谱效分析，单天线用户数
$K=128$，基站天线 $M=512$，取信道估计误差系数 $\tau=0.1$

2. 基于 Kronecker 积的预编码

在 massive MIMO 中，随着天线数目增加，由于基站空间的限制，天线的线性排列变得不现实，二维面阵成为必然的选择。针对此，3GPP 组织已经开展了基于二维平面阵的 3D-MIMO 的相关研究和标准化工作[42]。在二维面阵中，水平维和垂直维天线之间表现出各自的特性，同时不同极化的天线也表现出特定的相关性。因此，充分利用各个天线维度之间的相关性，消除冗余信息，使用较少的信息表征全部阵列状态。这对探究大规模阵列条件下的低复杂度算法显得极为重要。

在 3D-MIMO 信道条件下，垂直维和水平维可以分别提取有效信道信息，然后利用 Kronecker 积构造等效信道矩阵，这样可以极大地降低运算复杂度或反馈开销。文献[53, 54]基于这种思想给出了针对不同场景的具体实现方法。文献[53]考虑上行资源有限约束下的反馈问题，给出一种水平维和垂直维独立反馈的低复杂度方案。文献[54]给出 TDD 模式下的基站端低复杂度信道获取方法，并给出了具体的复杂度分析。

massive MIMO 系统中，TDD 表现出极大的先天优势[6]，基站可以基于信道互易性，根据上行导频信号获得信道矩阵，这些导频仅与用户数有关，避免了 FDD 中导频开销对于天线数的依赖。即使如此，TDD 模式也面临其他问题，比如基站获取的信道矩阵维数非常大，基站处理起来复杂度非常高。简化的传输方式——最大比发送（MRT），直接求取信道矩阵的共轭转置作为发送预编码矩阵，计算简单，但性能较差；另一种传输方式是基于信道矩阵的特征向量进行迫零波束赋形（ZFBF），需要对信道相关矩阵进行 EVD 分解。基于特征向量的 ZFBF 性能好，但计算复杂度非常高。所以，为了保证性能的同时尽可能降低复杂度，基于特征向量的 ZFBF 就需要设计合理的信道重构方法。

例如，大规模天线系统（massive MIMO）基站天线数目非常多（上百或上千），假设为 N_T。基站通过 SRS 测量估计出上行信道后通常要计算下行信道的发送相关矩阵的特征向量。发送相关矩阵是共轭矩阵（又称 Hermite 矩阵），维数是 $N_T \times N_T$。然而在实际系统的实现中，当 N_T 非常大时，求解特征值分解计算复杂度非常高。目前的天线配置通常采用二维天线面阵，假设水平方向有 N_H 根同极化方向天线、垂直方向有 N_V 根同极化方向天线，极化方向数为 N_P，则有 $N_T = N_X N_Y N_P$。

基站通过 SRS 获得终端的实际 MIMO 信道矩阵后，需要计算每个预编码颗粒度（频域预编码单元，Precoding Unit，PU）上的等效信道，然后根据每个用户终端的等效信道计算预编码矩阵。一个 PU 可以是一个资源块（Resource Block，RB）、多个 RB 或整个带宽。假设一个 PU 包含 N_{RB}^{PU} 个 RB，一个 RB 含有 N_{SC}^{RB} 个子载波，则一个 PU 共有 $N_{RB}^{PU} N_{SC}^{RB}$ 个子载波。为了降低计算复杂度，可以对 PU 内的子载波进行抽样。

文献[54]针对上述模型，在不同的预编码归一化方案，以及不同的重构颗粒度下，给出 3 种不同的信道重构方法。

方法 1：在一个 RB 内，垂直维和水平维阵列信息都仅保留主特征向量，基于 Kronecker 积获得等效信道。

方法 2：考虑到 3D-MIMO 信道，水平维分辨率大于垂直维，所以在一个 RB 内，垂直维保留一个主特征向量，水平维保留每一列特征信息，基于 Kronecker 积获得等效信道。

方法 3：考虑不同极化天线间的差异，所以在一个 RB 内，垂直维保留一个主特征向量，水平维针对每一种极化天线保留主特征信息，基于 Kronecker 积获得等效信道。

图 3-12 和图 3-13 给出文献[54]所示的 3 种不同方法在不同归一化以及不同反馈颗粒度下的仿真结果。作为比较，我们给出传统的 SVD 直接方法。从仿真结果中可以看出，不同的归一化方法对性能影响不大，基于数据流进行归一化时获得最好的性能。图 3-13 中，不同的反馈颗粒度 1RB 和 2RB 差别不大，增大到 4RB 时性能急剧下降，说明对于反馈颗粒度的选择不宜过大。表 3-1 展示了一个复杂度计算示例，结合吞吐量和复杂度的结果，我们可知方法 2 可获得最优的吞吐量，同时复杂度也最高，这说明吞吐量和复杂度时间相互冲突，真实的系统设计需要在二者之间做一个很好的权衡。

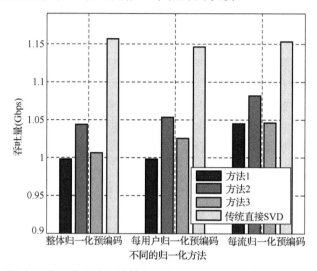

图 3-12　不同归一化天线方式下的性能对比（预编码颗粒度为 1RB，在基站配备
128 天线（8 行×8 列×2 极化），7 用户，单用户 8 天线 2 流，SNR=40 dB）

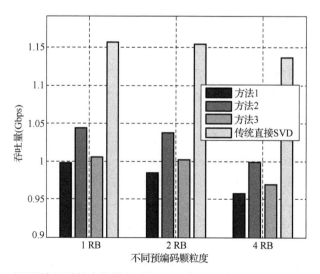

图 3-13　不同预编码颗粒度的性能对比（预编码整体归一化，基站配备 128 天
线（8 行×8 列×2 极化），7 用户，单用户 8 天线 2 流，SNR=40 dB）

矩阵 $A_{N \times N}$ 的 EVD 分解的浮点运算次数（包括乘法和加法）为 $15N^3$。对于天线配置为 $N_{\mathrm{H}}N_{\mathrm{V}}N_{\mathrm{P}} = 8 \times 8 \times 2$，一个 PU 内各种方法计算 EVD 分解计算复杂度见表3-1。

表 3-1　复杂度分析示例

传统方法	15×128^3
方法 1	$15 \times (8^3 + 16^3)$
方法 2	$15 \times (8 \times 8^3 + 16^3)$
方法 3	$15 \times (2 \times 8^3 + 16^3)$

3.4.3　数模混合波束赋形

尽管采用全数字阵列可以实现最大化的空间分辨率以及最优 MU-MIMO 性能，但是这种结构需要大量的 ADC/DAC 转换器件以及大量完整的射频-基带处理通道，无论是设备成本还是基带处理复杂度都将是巨大的负担。这一问题在高频段、大带宽时显得尤为突出。为了降低 massive MIMO 技术的实现成本与设备复杂度，近年来有人提出采用数模混合波束赋形技术。所谓数模混合波束赋形（见图 3-14），是指在传统的数字域波束赋形基础上，在靠近天线系统的前端，在射频信号上增加一级波束赋形。其中模拟赋形部分可以使用简单的数字控制模拟移相器，通过较为简单的方式使发送信号与信道实现较为粗略的匹配。模拟赋形后形成的等效信道的维度小于实际的天线数量，因此其后所需的 ADC/DAC 转换器件、数字通道数以及相应的基带处理复杂度都可以大为降低。模拟赋形部分残余的干扰可以在数字域再进行一次处理，从而保证 MU-MIMO 传输的质量。相对于全数字赋形而言，数模混合波束赋形是性能与复杂度的一种折中方案，在高频段大带宽或天线数量很大的系统中具有较好的实用前景。

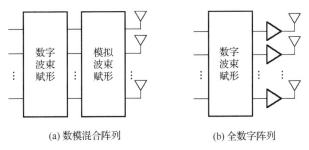

(a) 数模混合阵列　　　　　　　　　(b) 全数字阵列

图 3-14　阵列形态对比

根据功放与移相器等器件的构架分布，数模混合阵列可采用图 3-15 所示的两种结构。其中图 3-15(a) 中的结构需要较多的功放，但是每个功放的功率较低。这样可以适当放松对每个功放指标的要求，而且少部分通道发生故障的情况下对整体性能的影响较为有限。图 3-15(b) 中的功放数量较少，但是每个功放的功率较大，指标要求会相对严格，容错能力较低。此外，阵列结构的选择还会对能效性能产生不同的影响。

用于信道估计的参考信号插放在复基带信号中，而收发信机的天线阵子之间的更高维度的 MIMO 信道在实际中是难以获得的。因此数模混合波束赋形过程中，一般需要通过波束的搜索或结合数字域信息来辅助模拟赋形权值的计算。相关技术方案将在3.5.5节 "数模混合波束赋形的信道状态信息获取" 中进一步讨论。

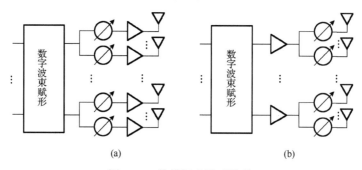

图 3-15   数模混合阵列结构

数模混合赋形的另外一个问题在于，其模拟赋形部分是针对已经过 IFFT 之后（发送端）或未进行 FFT 之前的时域信号进行的，因而是在全带宽进行的赋形。针对这样的问题，一种思路是单纯在模拟域进行扇区覆盖的优化,此时模拟赋形没有抑制用户间干扰的作用。另一种思路是，根据用户的相关性进行分组，在某个维度具有较高相关性的用户可以划为一组，然后使用模拟赋形区分用户组，用数字赋形进一步区分组内的用户。例如，可以根据不同楼层上用户的信号角度，利用模拟赋形将用户粗略地分成几组，每个组内的用户在垂直维的相关性较高。然而组内各用户在水平方向上相关性较低，这样在水平维可以使用数字波束赋形进一步抑制用户间的干扰。

数字通道与天线阵子之间的连接方式在一定程度上也会影响数模混合赋形的设计。考虑到天线系统的逐步演进，3GPP RAN1 在方案评估时定义了基带处理通道——收发单元（TXRU）与天线阵列之间连接的关系：在基站内 TXRU 与数字基带处理相连，基带可独立控制每个 TXRU 的幅度和相位。天线振子之间使用模拟域全频带的波束赋形,例如模拟相移。

图 3-16 的通用模型描述了 TXRU 与天线振子的连接关系，通过射频分配网络（RDN）实现 Q 个 TXRU 到 N_T 个天线振子的映射。RDN 的映射矩阵为 $N_T \times Q$ 维的 $\boldsymbol{D}$。

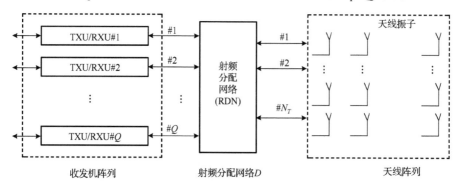

图 3-16   TXRU 与天线阵列的连接通用模型

TXRU 虚拟化定义了 TXRU 的收发信号与天线振子的收发信号之间的关系。一个 TXRU 可以只连接到一维排列（水平或垂直）的天线振子，也可以连接到二维排列的一组天线振子上，通常要求这组天线振子具有相同的极化方向。3GPP 给出了两种 TXRU 与天线阵列的连接方式：子阵列分组连接模型（sub-array partition model）和全连接模型（full-connection model）。子阵列分组连接方式中，一个 TXRU 仅连接到部分一维或二维排列的天线振子，多个 TXRU 连接的天线振子互不重叠；全连接方式中，一个 TXRU 连接到一个维度的所有天线振子或二维的全部天线振子。

图 3-17 给出了两种 TXRU 虚拟化模型中每一列天线振子的连接示例。定义垂直维的同极化天线振子数目为 M，垂直维上的同极化 TXRU 数目为 M_{TXRU}，连接到一个 TXRU 的垂直维天线振子数为 K；水平维的同极化天线振子数目为 N，水平维上同极化的 TXRU 数目为 N_{TXRU}，连接到一个 TXRU 的水平维天线振子数为 L。极化方向数为 P。对于子阵列分组方式，$K = M / M_{\text{TXRU}}$，$L = N / N_{\text{TXRU}}$；对于全连接方式，$K = M$，$L = N$。这里，假设 2D TXRU 中，同一列上的 M_{TXRU} 个 TXRU 使用相同的水平维波束赋形，同一行上的 N_{TXRU} 个 TXRU 使用相同的垂直维波束赋形。

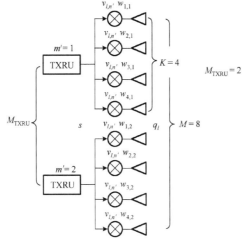

(a) 子阵列分组方式的TXRU虚拟化模型

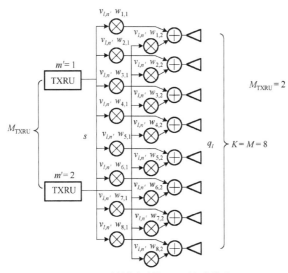

(b) 全链接方式的TXRU虚拟化模型

图 3-17 TXRU 虚拟化模型

连接到第 m' 个垂直维 TXRU 的天线振子使用的垂直维模拟波束赋形向量 $\boldsymbol{w}_{m'}$ 中的第 k 个元素的数学形式可写为：

$$w_{k,m'} = \frac{1}{\sqrt{K}}\exp\left[-\mathrm{j}\frac{2\pi}{\lambda}(k-1)d_V\cos\theta_{\mathrm{etilt},m'}\right],\quad k=1,\cdots,K,\quad m'=1,\cdots,M_{\mathrm{TXRU}}$$

式中，$\theta_{\mathrm{etilt},m'}$ 为第 m' 个垂直维 TXRU 的垂直维虚拟化波束的电下倾角，λ 为载波波长，d_V 为垂直天线间距。

同样，连接到第 n' 个水平维 TXRU 的天线振子使用的水平维模拟波束赋形向量 $\boldsymbol{v}_{n'}$ 中的第 l 个元素的数学形式可写为：

$$v_{l,n'} = \frac{1}{\sqrt{L}}\exp\left[-\mathrm{j}\frac{2\pi}{\lambda}(l-1)d_H\sin\phi_{n'}\right],\quad l=1,\cdots,L,\quad n'=1,\cdots,N_{\mathrm{TXRU}}$$

式中，$\phi_{n'}$ 为第 n' 个水平维 TXRU 的水平维虚拟化波束水平方向角，d_H 为水平天线间距。

假设映射到一个 TXRU 的天线振子按先列后行排序，一个极化方向的 TXRU 也按先列后行排序。此时 RDN 的映射矩阵可以写作：

$$\boldsymbol{D} = \begin{bmatrix} \boldsymbol{X}_1 & \boldsymbol{0} \\ \boldsymbol{0} & \boldsymbol{X}_2 \end{bmatrix}$$

式中，$\boldsymbol{X}_1$、$\boldsymbol{X}_2$ 分别代表两个极化方向的映射子阵。假设两个极化方向使用相同波束赋形，则有 $\boldsymbol{X}_1 = \boldsymbol{X}_2 = \boldsymbol{X}$。输入到 TXRU 的信号向量为 $(M_{\mathrm{TXRU}}\cdot N_{\mathrm{TXRU}}\cdot P)\times 1$ 维的列向量 $\boldsymbol{s}$，经过 RDN 的输出为 $(M\cdot N\cdot P)\times 1$ 维的列向量 $\boldsymbol{q}=\boldsymbol{Ds}$。

对于子阵列分组连接模型，仅在垂直维实现 TXRU 虚拟化时，波束赋形矩阵可写为：

$$\boldsymbol{X} = \boldsymbol{I}_N \otimes \mathrm{diag}(\boldsymbol{w}_1,\boldsymbol{w}_2,\cdots,\boldsymbol{w}_{M_{\mathrm{TXRU}}})$$

2D TXRU 虚拟化的波束赋形矩阵可写为：

$$\boldsymbol{X} = \mathrm{diag}(\boldsymbol{v}_1\otimes\boldsymbol{w}_1,\cdots,\boldsymbol{v}_1\otimes\boldsymbol{w}_{M_{\mathrm{TXRU}}},\boldsymbol{v}_2\otimes\boldsymbol{w}_1,\cdots,\boldsymbol{v}_2\otimes\boldsymbol{w}_{M_{\mathrm{TXRU}}},\cdots,\boldsymbol{v}_{N_{\mathrm{TXRU}}}\otimes\boldsymbol{w}_1,\cdots,\boldsymbol{v}_{N_{\mathrm{TXRU}}}\otimes\boldsymbol{w}_{M_{\mathrm{TXRU}}})$$

对于全连接模型，仅在垂直维实现 TXRU 虚拟化时，波束赋形矩阵可写为：

$$\boldsymbol{X} = \boldsymbol{I}_N \otimes [\boldsymbol{w}_1,\boldsymbol{w}_2,\cdots,\boldsymbol{w}_{M_{\mathrm{TXRU}}}]$$

2D TXRU 虚拟化的波束赋形矩阵可写为：

$$\boldsymbol{X} = \left[\boldsymbol{v}_1\otimes\boldsymbol{w}_1,\cdots,\boldsymbol{v}_1\otimes\boldsymbol{w}_{M_{\mathrm{TXRU}}},\boldsymbol{v}_2\otimes\boldsymbol{w}_1,\cdots,\boldsymbol{v}_2\otimes\boldsymbol{w}_{M_{\mathrm{TXRU}}},\cdots,\boldsymbol{v}_{N_{\mathrm{TXRU}}}\otimes\boldsymbol{w}_1,\cdots,\boldsymbol{v}_{N_{\mathrm{TXRU}}}\otimes\boldsymbol{w}_{M_{\mathrm{TXRU}}}\right]$$

在目前 3GPP 的 elevation beamforming/full-dimension MIMO 研究中规定了 Rel-13 的天线和 TXRU 配置。基本的天线配置是 2D 天线面阵，表示为 $(M,N,P)=(8,4,2)$，即发射天线振子数 $N_T = M\cdot N\cdot P = 64$；TXRU 配置表示为 $(M_{\mathrm{TXRU}},N_{\mathrm{TXRU}},P)$，即 $Q = M_{\mathrm{TXRU}}\cdot N_{\mathrm{TXRU}}\cdot P = 8,16,32,64$。当 TXRU 数为 64 时，TXRU 与天线振子可以为一一映射，即子阵列分组连接方式的极端情况，便可实现全数字的天线振子控制。

3.4.4 三维扇区化

传统蜂窝系统的基站在水平面上分裂成多个扇区，即 LTE 系统的"小区"。现有的 LTE 系统中用于测量信道状态信息的 CSI-RS 端口是在水平维排布的，测量的 MIMO 信道只含有水平维的信息。

大规模天线配置的趋势是由水平维线阵布局向 2D 天线面阵演进。2D 天线面阵能够在有限的天线尺寸内获得水平和垂直两个维度的 MIMO 信道空间特性，从而进一步提升系统性能。利用 2D 天线面阵的一种简单实现方式是进一步扇区化，只要对现有标准做少量修改甚至完全透明就可获得垂直维的增益。它利用同一个天线面阵，在垂直（或水平）方向分裂为多个垂直（或水平）扇区，所有扇区连接到同一个天线面阵。对于垂直扇区化而言，各垂直扇区指向特定垂直维波束方向以覆盖处于不同高度的用户。

文献[42]中给出了两种扇区化的实现方案：

一种方案是分裂的多个垂直（或水平）扇区具有不同的 cell-ID，这就意味着每个扇区配置一套 CRS 和 CSI-RS，与现有 Rel-12 标准一致。每个垂直（或水平）扇区配置的水平（或垂直）维 CSI-RS 端口用于终端测量水平（或垂直）维的信道状态信息。

另一种方案是虚拟扇区化，即分裂的多个虚拟扇区具有相同 cell-ID，虚拟扇区是靠不同的 CSI-RS 资源来区分的，每个 CSI-RS 资源的配置与现有 Rel-12 标准一致，但经过波束赋形指向一个波束方向。与第一种方案类似，对应于每个垂直（或水平）虚拟扇区的 CSI-RS 资源的水平（或垂直）CSI-RS 端口用于 UE 测量水平（或垂直）维的信道状态信息。

现有系统中终端测量各个 cell-ID 小区的 RSRP 来选择服务小区。那么采用进一步扇区化后两种方案的不同点在于，不同 cell-ID 扇区化方案中终端会选择一个波束方向的扇区作为服务小区，而相同 cell-ID 的虚拟扇区化方案中，终端会把相同 cell-ID 的虚拟扇区看作一个小区，而是再次测量多个 CSI-RS 资源的 RSRP 来选择服务的虚拟扇区。基站在处理方式上将会有所不同。

不论哪种扇区化方案，都涉及到 CSI-RS 的波束赋形，3GPP 称之为"beamformed CSI-RS"（图 3-18）。以垂直维波束赋形的 CSI-RS 为例，如果一个垂直扇区或垂直虚拟扇区仅由 TXRU 虚拟化形成，即一个垂直维的 TXRU 对应于一个垂直（虚拟）扇区，那么一个垂直（虚拟）扇区的 CSI-RS 端口与垂直维 TXRU 一一对应；如果一个垂直（虚拟）扇区的 CSI-RS 端口映射到多个垂直 TXRU，那么 CSI-RS 端口到 TXRU 之间需要经过"天线端口虚拟化"。该过程是在数字基带实现的，第 a 个垂直（虚拟）扇区的 CSI-RS 端口虚拟化加权系数可以表示为：

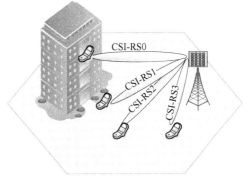

图 3-18 垂直扇区化

$$f_{k',a} = \frac{1}{\sqrt{K'}}\exp\left[-\mathrm{j}\frac{2\pi}{\lambda}(k'-1)d'_{\mathrm{V}}\cos\theta'_{\mathrm{etilt},a}\right], \quad k'=1,\cdots,K', \quad a=1,\cdots,A_{\mathrm{CSI-RS}}$$

式中，$A_{\text{CSI-RS}}$ 表示垂直（虚拟）扇区数，一个 CSI-RS 端口映射到 K' 个垂直维 TXRU，$\theta'_{\text{etilt},a}$ 为第 a 个垂直（虚拟）扇区的波束赋形 CSI-RS 的下倾角，d'_V 为垂直维 TXRU 连接的中心天线间距。

下面给出采用全连接方式和子阵列分组连接方式的相同 cell-ID 方案的系统级性能评估结果[44, 45]（图 3-19）。天线配置为 $(M, N, P) = (8,4,2)$，TXRU 配置 $(M_{\text{TXRU}}, N_{\text{TXRU}}, P)$ 为 $(2,4,2)$、$(4,4,2)$ 或 $(8,4,2)$。仿真使用的信道模型是 3D-UMi。每个垂直虚拟扇区配置一个 CSI-RS 资源，包含 8 个水平 CSI-RS 端口。全连接方式中垂直虚拟扇区的 CSI-RS 端口映射到一个垂直维 TXRU，波束赋形 CSI-RS 仅经过垂直维 TXRU 虚拟化；子阵列分组连接方式中的垂直虚拟扇区 CSI-RS 端口映射到所有垂直维 TXRU，并经过垂直维天线端口虚拟化。终端测量每个垂直虚拟扇区的一个 CSI-RS 端口的 RSRP 来选择垂直虚拟扇区，选择周期为 480ms，并基于选择的垂直虚拟扇区的 8 个水平 CSI-RS 端口计算并报告 PMI、RI、CQI，码本采用 Rel-10 的 8 天线码本。TXRU 虚拟化与 CSI-RS 端口虚拟化的具体配置参见表 3-2。

表 3-2 TXRU 虚拟化与 CSI-RS 端口虚拟化仿真参数

	全连接模型	子阵列分组模型
TXRU 虚拟化下倾角（°）	M_{TXRU}=2 时：85, 96 M_{TXRU}=4 时：81.01, 88.21, 95.38, 102.64 M_{TXRU}=8 时：75.5, 82.8, 86.4, 90, 93.6, 97.2, 100.8, 108.2	M_{TXRU}=2 时：100 M_{TXRU}=4 时：100 M_{TXRU}=8 时：无
CSI-RS 端口虚拟化	无	75.5, 82.8, 86.4, 90, 93.6, 97.2, 100.8, 108.2

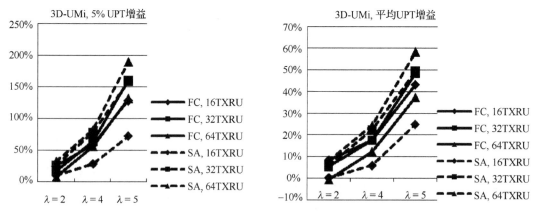

图 3-19   不同业务到达率（$\lambda = 2,4,5$）的 FTP 业务模型的全连接模型（FC）
与子阵列分组模型（SA）的用户数据包吞吐量（UPT）增益

在该仿真中，基站最多调度 8 个用户进行 MU-MIMO 传输，性能比较的基准是仅有一个垂直扇区的 Rel-12 的性能。由图 3-19 给出的仿真结果可见，两种 TXRU 虚拟化模型均获得了显著增益；随着业务负载的增加，增益变大；32 个 TXRU 获得较大增益，接近甚至超过 64 个 TXRU 的增益。

▎ 3.5　massive MIMO 信道状态信息反馈

针对 massive MIMO 的传输方案的计算复杂度与系统性能的平衡将是该技术进入实用化的首要问题。而信道状态信息的获取与反馈则是系统进行频率选择性多用户调度以及传输模式/方案切换、发送信号预处理/预编码、速率分配、rank 自适应等几乎所有关键的物理层操作时最基本的依据。因此与之相关的参考信号设计、信道状态信息反馈机制、上报模式与相关的控制信令设计一直是 MIMO 技术标准化过程关注的核心问题。

由于 MIMO 传输方案的设计在很大程度上取决于信道状态信息的获取能力，因此在 MIMO 技术的实际应用中，传输方案与信道状态信息反馈方案的设计往往是密不可分的。本节将针对几种典型的反馈方案进行介绍。

3.5.1　基于码本的隐式反馈方案

相对于显式和基于互易性的反馈方式，基于码本的隐式反馈机制由于具有较好的稳健性，以及能够通用于 TDD 和 FDD 系统之中，曾经占据了 LTE 系统 MIMO 反馈方案的主流。然而，随着 MIMO 维度的进一步扩展，单纯使用基于码本的隐式反馈在参考信号开销、码本设计、预编码矩阵搜索复杂度、反馈开销等方面存在的弊端已经开始逐步显现。LTE Rel-10 引入支持 8 天线端口的 MIMO 技术时，针对上述问题采用了多颗粒度的双级码本、测量参考信号与解调参考信号功能分离等诸多技术手段。但是，当未来的大容量 MIMO 技术开始使用多达上百个或更大规模的天线阵列时，为了保证下行信道测量的空间分辨率以及信道状态信息反馈的精度，这种基于下行参考信号进行测量，基于码本并通过上行信道进行上报的 CSI 测量与反馈机制将面临巨大的参考信号开销及反馈开销。上述不利因素将有可能完全抵消大规模天线技术的性能增益。这种情况下，随着天线规模的进一步扩大，单纯的隐式反馈方案将较难适用于大规模天线系统之中。

对于 massive MIMO 隐式反馈机制，其设计重点在于保证反馈精度的同时有效压缩反馈量。同时，考虑到现有 LTE 标准中的码本结构与 CSI 反馈机制，在天线规模相对较小的阶段（如 64 天线以下），可充分利用现有技术体系并结合大规模天线技术的特点进行扩展。例如，massive MIMO 系统可以通过多颗粒度反馈（逐层细化）方式（见图 3-20），首先得到 CSI 的粗量化值。若信道变化较慢且反馈信道有足够资源，则可以进一步对真实 CSI 与 CSI 粗量化值之间的差值进行量化。实际应用中可根据实际情况动态调整反馈精度。

分级反馈方案（见图 3-21）可将 CSI 分解为长期/宽带与瞬变/子带两类。较为稳定的（长期/宽带）CSI 所包含的信息量较大，但是可采用较低的上报频率并以宽带方式反馈，因而其平均反馈开销可以得到控制。瞬变（短期/子带）CSI 是相对于长期 CSI 的差分信息，针对每个上报时间/频率单位的反馈信息量较小，但是其在时域/频域表现出较明显的波动性，因此可采用较高的上报频率以子带为单位反馈。通过这种方式，针对信道状态中慢变与快变的信道信息的不同特点，采用不同的码本和反馈颗粒度进行量化，还可以压缩反馈量。

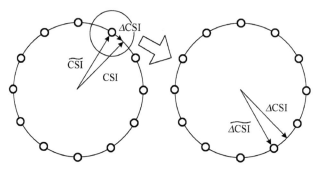

图 3-20　多颗粒度反馈方案

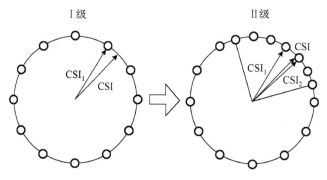

图 3-21　分级反馈方案

以 LTE Rel-10 为例，8 个发射天线码本采用两级码本结构 $W = W_1 W_2$，其中第一级码本为块对角阵 $W_1 = \mathrm{diag}(X, X)$，对角子阵 X 由 4 个相邻的 DFT 向量组成，刻画了一个极化方向天线上可选的波束集合的宽带信息，终端搜索最匹配的一组 DFT 向量并将其索引（PMI1）反馈给基站；第二级码本 W_2 则提供在第一级码本中 DFT 向量组内列选择以及极化方向间相位调整的精确信息，既可以是宽带的又可以是窄带的，终端还要将最终确定的列选择与相位调整组合的索引（PMI2）反馈给基站。基站根据两级反馈的 PMI1、PMI2 生成最终的预编码矩阵。

对于使用 2D 天线面阵的系统，其码本设计与反馈需要体现 3D 信道的特点并加以利用。

多维独立反馈方案[43]（见图 3-22）可以利用现有码本结构以及 CoMP 的多 CSI 进程机制，通过对 3D 信道的垂直维和水平维信息分别进行量化，避免了统一量化 3D-CSI 的高反馈开销。这种情况下，测量参考信号配置更为灵活（各维度天线数量也可灵活配置），可将各维度视为不同的传输点，通过不同的 CSI 进程反馈。而每一维度的 CSI 可进一步采用上述多颗粒度及多级方式压缩反馈开销。当水平或垂直维通道数为 2、4、8 时，多维独立反馈方案还可以重复利用现有的 2、4、8 天线码本。但是由于该方案仅有部分天线参与 CSI-RS 的发射，因此存在着终端无法准确估计 CQI 的问题，对性能产生一定影响。

另一种方案是设计包含水平维和垂直维信息的码本。此时，多个 CSI-RS 端口应具有一致的较宽的波束宽度和波束方向以实现整个小区的广覆盖，并且 CSI-RS 端口扩展至二维布局。3GPP 的 eBF/FD-MIMO 研究[42]确定了对 Rel-10 的两级码本进行扩展，增加垂直维信息。其两级码本结构仍可写为 $W=W_1W_2$。具体实现方式可有多种选择，例如：

$$W_1 = \begin{bmatrix} X_H^k \otimes X_V^l & 0 \\ 0 & X_H^{k'} \otimes X_V^{l'} \end{bmatrix}$$

式中两个对角子阵分别对应两个极化方向；X_H^k、X_V^l、$X_H^{k'}$、$X_V^{l'}$ 中的列取自 DFT 矩阵，那么 X_H^k 和 $X_H^{k'}$ 代表水平维波束集合，X_V^l 和 $X_V^{l'}$ 代表垂直维波束集合。两个极化方向的对角子阵还可相等，即 $l=l'$、$k=k'$。W_2 则实现 W_1 的列（波束）选择和两个极化方向的相位调整，或对 W_1 的波束选择、波束线性合并的线性变换等功能。

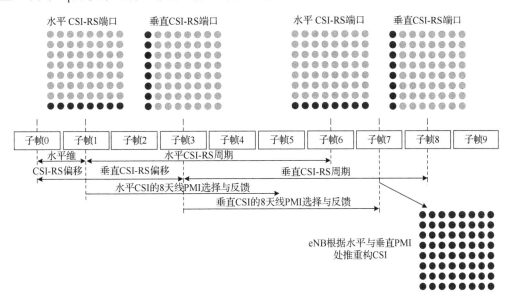

图 3-22　多维独立反馈方式

这里给出增强码本方案的评估结果[46]。天线配置为 (8,4,2)，TXRU 配置 (M_{TXRU}, N_{TXRU}, P) 为 (2,4,2)、(4,4,2) 或 (8,4,2)。第一级码本 W_1 的两个对角子阵相等，其中 X_H^k 采用 Rel-10 的 8 天线 W_1 码本，X_V^l 为从表 3-3 的 4-bit 码本中挑选的垂直波束赋形向量，W_2 由 Rel-10 的 8 天线 W_2 码本直接扩展得到。比较的基准为采用子阵列分组方式的 8 个垂直虚拟扇区化的结果[45]。

表 3-3　垂直维码本对应的下倾角

4-bit 垂直为码本对应的下倾角（度）
71.79, 75.52, 79.19, 82.82, 84.62, 86.42, 88.21, 90, 91.79, 93.58, 95.38, 97.18, 98.99, 102.64, 106.33, 110.11

图 3-23 给出了码本增强方案的仿真结果，可以看到与波束赋形 CSI-RS 的垂直虚拟扇区化基准方案相比，码本增强方案能够带来 1%～14%的增益，但需要付出反馈量增加的代价，并且需要标准化的改动以支持该方案的实现，包括码本的增强与反馈的增强等。

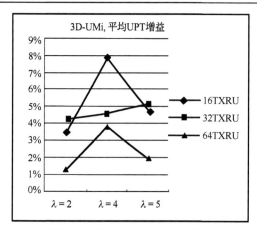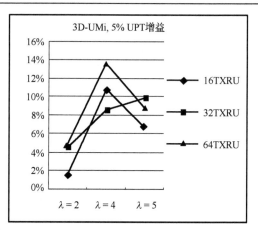

图 3-23　不同业务到达率（$\lambda = 2, 4, 5$）的 FTP 业务模型的基于码本增强的用户数据包吞吐量（UPT）增益

3.5.2　基于信道互易性的反馈方式

由于上下行使用相同的载频，TDD 系统在 CSI 获取方面具有天然的优势。TDD 系统的基站可以根据上行发送信号获得上行信道信息，并基于信道互易性获得下行信道信息。对于 FDD 系统，虽然也可以利用信道中长期统计特性的对称性获取下行 CSI，但是瞬时或短期 CSI 只能通过终端的上报获得。如果基站能够及时获得准确且完整的信道矩阵，则基站可以根据一定的优化准则直接计算出与信道传输特性匹配的预编码矩阵，因此 TDD 系统对于非码本预编码方法的应用具有较为突出的优势。如图 3-24 所示，随着天线数量的增加，TDD 相对于 FDD 的性能优势更加明显。非码本方式的预编码可以避免量化精度的损失并可以灵活地选择预编码矩阵，但需要说明的是预编码的频域和时域颗粒度可能会对性能带来较为显著的影响（尤其在 6 GHz 以下频段和天线规模不大的情况下）。

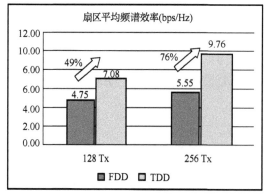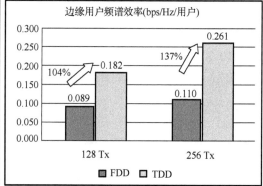

图 3-24　TDD 与 FDD 系统 massive MIMO 性能对比

为了保证复基带等效信道的互易性，TDD 系统对整个射频/中频通道的器件选择、电路设计以及校准方案设计都有很高的要求。而且基于互易性的反馈方式以及非码本方式的

预编码性能会对参考信号估计误差、上行测量参考信号资源与功率余量、时延等非理想因素较为敏感。由于阵列规模增大之后业务波束变得极为窄细，上述非理想因素的影响可能会更加突出。基于互易性的反馈方式存在的另外一个问题在于，网路侧虽然有条件获得各用户的上行信道信息，但是由于基站不能获知终端使用的具体接收检测算法，无法对真实的下行信道的传输质量进行准确预测，从而会影响到速率分配、rank 自适应等链路自适应环节的性能。因此单纯的互易性反馈方案的应用可能也会存在诸多限制。

实际使用过程中，基于信道互易性的反馈方式也可以与基于码本的反馈方式相结合。例如，由图3-25可见，基站侧可以利用互易性，通过对上行信道的测量判断垂直方向的 ZoD 或计算垂直维相关矩阵。然后可以基于垂直维信道信息，对 CSI-RS 进行垂直波束赋形。终端进一步可利用 CSI-RS 测量信道的水平维信息，然后基于码本向基站上报相应的信道状态信息。

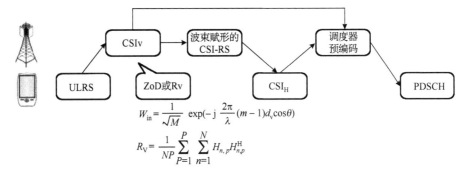

图 3-25 利用信道的部分互易性进行反馈与传输

3.5.3 基于压缩感知的反馈方式

压缩感知方法可以对具有稀疏性的信号进行压缩处理，其核心思想是将压缩与采样合并进行。首先采集信号的非自适应线性投影（测量值），然后根据相应的重构算法由测量值重构原始信号。压缩感知的优点在于信号的投影测量数据量远远小于传统采样方法所获得的数据量，使得高分辨率信号的采集成为可能。

信号能够采用压缩感知进行压缩的条件是信号必须是稀疏的或在某种变换下得到其稀疏表示。如果绝大部分信号采样是稀疏的或信号稀疏表示的变换系数的绝对值很小，那么该信号是可压缩信号。任何一个 $N \times 1$ 维的离散实信号向量 $\boldsymbol{x} \in \Re^N$ 均可表示为一组 $N \times 1$ 维的基向量的线性组合，即

$$\boldsymbol{x} = \sum_{i=1}^{N} s_i \boldsymbol{\psi}_i = \boldsymbol{\Psi} \boldsymbol{s} \qquad （3-30）$$

式中，s 是 $N \times 1$ 维的加权系数向量 $S_i = <\boldsymbol{x}, \boldsymbol{\psi}_i> = \boldsymbol{\psi}_i^{\mathrm{T}} \boldsymbol{x}$，$\boldsymbol{\Psi} = [\boldsymbol{\psi}_1, \boldsymbol{\psi}_2, \cdots, \boldsymbol{\psi}_N]$ 为由基向量组成的 $N \times N$ 矩阵。若信号向量 $\boldsymbol{x}$ 仅是 $K \ll N$ 个基向量的线性组合，即式（3-30）中仅有 K 个非零系数和 $(N-K)$ 个零系数，那么称该信号是 K 稀疏的。很多实际情况的原始信号 $\boldsymbol{x}$ 不

是直接表现为可压缩或稀疏的，若经过变换后 s 为 K 稀疏的，那么逆变换 $s = \boldsymbol{\Psi}^{-1}x$ 即为稀疏化变换，向量 s 为原始信号 x 的稀疏表示。常用的变换包括离散余弦变换（DCT）和离散傅里叶变换（DFT）等。DCT 变换具有很好的能量集中特性，而且仅需实数运算。原始信号经过 DCT 变换后便将大部分能量压缩到低频域，通常信号的低频系数值很大，它决定了信号的主要特征；而高频系数值很小或为零，它代表了信号的精细特征。因此，DCT 变换广泛应用于各种图像压缩编码，例如 JPEG、MPEG 等。$N \times N$ 维的 DCT 变换矩阵为 $\boldsymbol{\Psi}^{-1} = \boldsymbol{D}_N$，元素 $d_{k,l} = \alpha_l \cos\left[\dfrac{\pi k}{N}\left(l - \dfrac{1}{2}\right)\right]$，$\alpha_0 = 1/\sqrt{2}$ 并且 $\alpha_l = \sqrt{1/N}$，$k,l = 1,2,\cdots,N$。由于 $\boldsymbol{D}_N \boldsymbol{D}_N^{\mathrm{T}} = \boldsymbol{D}_N^{\mathrm{T}} \boldsymbol{D}_N = \boldsymbol{I}_N$，因此信号 x 的 DCT 变换为 $s = \boldsymbol{\Psi}^{-1}x = \boldsymbol{D}_N x$，DCT 反变换（IDCT）为 $x = \boldsymbol{\Psi}s = \boldsymbol{D}_N^{\mathrm{T}} s$。

　　传统的压缩方法对原始信号稀疏化变换得到 K 稀疏信号 s，然后仅保留 K 个值较大的系数和位置并对它们进行统一编码，以便恢复原始信号。压缩感知编码则无需这个过程，而是直接以盲编码方式将原始信号 $M \times 1$ 压缩成 $M \times 1$ 维 $(M < N)$ 的测量向量：

$$y = \boldsymbol{\Phi}x = \boldsymbol{\Phi}\boldsymbol{\Psi}s = \boldsymbol{\Theta}s \tag{3-31}$$

式中，$\boldsymbol{\Phi}$ 是 $M \times N$ 维的测量矩阵。测量过程是非自适应的，也就是说测量矩阵 $\boldsymbol{\Phi}$ 是确定的并与信号 $M \times 1$ 无关。由此可见，压缩感知方法有两个问题需要解决：①设计稳定的测量矩阵 $\boldsymbol{\Phi}$；②设计由仅获得 $M \approx K$ 个测量值的测量向量 y 恢复原始信号 $M \times 1$ 的重构算法。

　　一般来说，含有 N 个未知数的 $M < N$ 个方程是不定方程组，有无穷多个解。但是若 $M \times 1$ 是 K 稀疏的并且 s 中的 K 个非零系数的位置已知，只要 $M \geqslant K$ 该问题就可解。此时该问题有解的充要条件是任意 K 稀疏的向量 v 满足存在某个 $\varepsilon > 0$ 使得：

$$1 - \varepsilon \leqslant \frac{\|\boldsymbol{\Theta}v\|_2}{\|v\|_2} \leqslant 1 + \varepsilon \tag{3-32}$$

　　然而在压缩感知中，s 的 K 个非零系数的位置也是未知的，那么满足约束等距性（Restricted Isometry Property，RIP）条件和非相干性（incoherence）条件时便有稳定的解。RIP 条件将满足上述条件的 v 扩展为任意 $3K$ 稀疏向量，非相干性条件则要求 $\boldsymbol{\Phi}$ 中的任意行向量均不是 $\boldsymbol{\Psi}$ 中列向量的稀疏表示，反之亦然。当测量矩阵 $\boldsymbol{\Phi}$ 为随机矩阵时便会以大概率满足 RIP 和非相干条件，例如测量矩阵 $\boldsymbol{\Phi}$ 的元素是独立同分布（i.i.d.）的零均值、方差为 $1/N$ 的高斯随机变量。信号重构算法就是要搜索信号的稀疏系数向量 s，一种有效的求解方法是最小 L1 范数法，即在采用 $M \times N$ 维的 i.i.d.高斯测量矩阵 $\boldsymbol{\Phi}$ 且 $M \geqslant cK\log(N/K)$ 时，

$$\hat{s} = \underset{s'}{\arg\min} \| s' \|_1 \tag{3-33}$$

$$s.t. \qquad \boldsymbol{\Theta}s' = y$$

其中 $\boldsymbol{\Theta} = \boldsymbol{\Phi}\boldsymbol{\Psi}$，$c$ 是一个很小的常数，那么 $\hat{s}$ 即为 K 稀疏信号并且与原稀疏信号 s 以高概率近似。这个搜索是凸优化问题，可以利用基追踪法（Basis Pursuit，BP）、正交匹配追踪法（Orthogonal Matching Pursuit，OMP）求解。

　　综上所述，压缩感知的实现步骤是：对 $N \times 1$ 维的可压缩原始信号 $M \times 1$ 经过 $M \times N$ 维的测量矩阵 $\boldsymbol{\Phi}$ 得到 $M \times 1$ 维的测量向量 $y = \boldsymbol{\Phi}x$。然后，运用重构算法由测量向量 y 首先恢复原始信号的稀疏表示 $\hat{s}$，最后再由稀疏反变换恢复原始信号 $\hat{x} = \boldsymbol{\Psi}\hat{s}$。

　　当大规模天线阵列的天线间距较小时，MIMO 信道存在较强的空间相关性，MIMO 信道的空频域就存在稀疏表示的可能，因此可以利用压缩感知技术对大规模 MIMO 信道矩阵或对应的特征向量进行压缩。

　　图 3-26 画出了采用压缩感知方法压缩大规模 MIMO 信道的框图。首先，用户终端对信道矩阵 $\boldsymbol{H}$ 的实部和虚部分别进行向量化 $\mathrm{vec}(\cdot)$ 得到 $N_{\mathrm{T}}N_{\mathrm{R}} \times 1$ 维的信道向量 $\boldsymbol{h}_{\mathrm{Re}} = \mathrm{vec}(\boldsymbol{H}_{\mathrm{Re}})$ 和 $\boldsymbol{h}_{\mathrm{Im}} = \mathrm{vec}(\boldsymbol{H}_{\mathrm{Im}})$，写作 $\boldsymbol{h}_{\mathrm{Re/Im}} = \mathrm{vec}(\boldsymbol{H}_{\mathrm{Re/Im}})$。此外，信道向量也可为信道主奇异向量的实部或虚部。根据式（3-31），分别令 $\boldsymbol{x} = \boldsymbol{h}_{\mathrm{Re}}$、$\boldsymbol{x} = \boldsymbol{h}_{\mathrm{Im}}$，有

$$y_{\mathrm{Re/Im}} = \boldsymbol{\Phi} \boldsymbol{h}_{\mathrm{Re/Im}} \tag{3-34}$$

即将 $N_{\mathrm{T}}N_{\mathrm{R}} \times 1$ 维的信道向量 $\boldsymbol{h}_{\mathrm{Re}}$、$\boldsymbol{h}_{\mathrm{Im}}$ 压缩为 $M \times 1$ 维的测量向量 y_{Re}、y_{Im}，$M << N_{\mathrm{T}}$。基站和终端均已知测量矩阵 $\boldsymbol{\Phi}$，如前所述，$\boldsymbol{\Phi}$ 的元素服从高斯分布。终端只需要反馈测量向量 y 即可，压缩比为 $\eta = M / (N_{\mathrm{T}}N_{\mathrm{R}})$。基站收到反馈的测量向量 y_{Re}、y_{Im} 后，需要求解式（3-34），得到信道向量的稀疏表示 $\hat{s}_{\mathrm{Re}}$、$\hat{s}_{\mathrm{Im}}$，最后再由稀疏反变换重构实部和虚部信道向量 $\hat{\boldsymbol{h}}_{\mathrm{Re/Im}} = \boldsymbol{\Psi} \hat{s}_{\mathrm{Re/Im}}$，进而恢复信道矩阵 $\hat{\boldsymbol{H}}$。

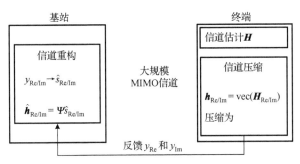

图 3-26　大规模 MIMO 信道 CSI 的压缩、反馈与重构

　　与基于互易性的反馈类似，利用压缩感知技术，可以使基站获得更为丰富的多用户信道信息，从而便于基站从全局角度进行调度和多用户预编码。但是，反馈开销和精度之间的矛盾以及终端侧计算复杂度问题将是该技术实用化过程中需要关注的。

3.5.4　预感知式反馈方式

　　传统的基于码本的隐式反馈机制中，终端侧需要测量各天线端口的参考信号。当天线规模很大时，这种方式会带来巨大的参考信号开销。针对这一问题，可以考虑利用经过了波束赋形的参考信号测量并反馈 CSI 的机制（见图 3-27）。例如可以对一组参考信号分别进行波束赋形，使其根据用户分布覆盖扇区。用户通过对这样一组参考信号进行测量，就可以使终端在调度之前预先感知经过波束赋形之后的信号和相应的信道质量。相对于隐式反馈，这种所谓的预感知式的反馈方式对参考信号设计及资源的要求放松，不需要对与实际天线规模相当的大量的原始 massive MIMO 信道系数测量，而只需要测量经过波束赋形之后的维度相对较低的信道。用户可以预先体验波束赋形之后的信道，并在此基础之上向网络侧推荐与其信道相匹配的波束以及相应的更为精确的信道质量指示信息。同时，终端

还可以在与所选波束相关性较高的区域内进一步感知具有更高分辨率的波束，由此可以通过逐层细化的方式支持多种空间分辨率。

图 3-27　预感知式 CSI 测量与反馈机制

预感知式的反馈方式也可以与基于码本的隐式反馈机制结合起来。例如，可以让终端先测量经过预编码的一组波束，使其预先体验业务传输时的效果。然后终端可以选择一组推荐的波束，并利用码本量化波束之间的相对信息。这一过程可由图 3-28 表示。

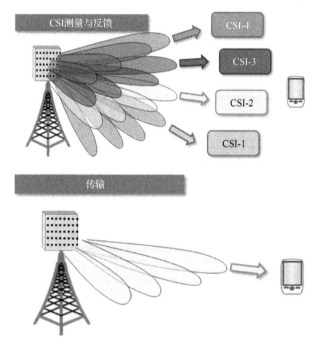

图 3-28　预感知式反馈与隐式反馈的结合

隐式反馈、互易性反馈及预感知反馈 3 种方式的 CSI 反馈精度为递进关系，而这 3 种方式的鲁棒性则呈递减的顺序。反馈方式的选择与当前的信道条件以及具体的传输质量需求有关，因此可以根据应用场景、移动性、信道条件预编码算法对 CSI 的需求以及 HARQ等外环控制信息自适应地选择反馈方案（若反馈的 CSI 波动较大或 NACK 增加，或反馈信道容量受限，可以逐渐向高鲁棒性方案转换。反之，可以逐步提高反馈精度）。

在这种自适应的反馈机制中，对于基于信道互易性的反馈方案，其设计重点在于抑制非理想因素的影响以及合理的上行参考信号设计和资源配置。对于 TDD 系统，针对利用瞬时互易性进行 CSI 获取存在的对非理想因素较为敏感的问题，也可以采用基于统计互易性的方式，通过对上行信道统计信息（如波达方向、信道协方差矩阵等）的测量获取信道信息。这一方式虽然反馈精度受到一定影响，但对非理想因素有一定的平滑作用，敏感度也相应降低。

3.5.5　数模混合波束赋形的信道状态信息获取

根据目前的 LTE 信号结构，参考信号都是安插在基带的，因此可以通过信道估计获取数字预编码所需的信道状态。但在混合赋形架构中，由于前端模拟预编码的处理，形成的等效数字通道数少于实际天线数，通过参考信号获得的信道矩阵的维度已经远远低于天线端所经历的完整信道矩阵的维度。因此，数字预编码所能获得的空间分辨率受限于数字通道数目维度，相比于完整的信道矩阵维度，干扰抑制能力受到了一定的损失。另外，虽然模拟预编码处理过程更靠近物理天线一侧，相对于数字预编码而言，其 MIMO 信道具有更高的自由度。然而，由于没有办法对基带插入与之匹配维度的参考信号来进行信道估计，因而无论对 FDD 还是 TDD，其模拟预编码部分都无法直接获取完整的信道状态信息。

基于上述对于混合架构的分析以及相应的难点，现阶段已经有一些可行的解决办法。例如，第一步先实现数字域预编码，第二步实现模拟域预编码。在第一步中，模拟域初始化固定（如上一个周期的模拟权值沿用、固定的角度权值等），由于数字域维度较低，基带的参考信号可以实现对此时的信道进行准确的估计，基于准确估计的信道进行数字域预编码。在第二步，此时数字域预编码已经确定，模拟域的权值采用基于固定的步长在垂直维和水平维角度范围内进行搜索的方法，终端反馈每一次搜索的结果，最终选择最优的模拟域预编码向量。

这种方法存在以下不足。第一，模拟域基于某一步长进行搜索，步长大则模拟域的精度受限，步长小则反馈资源消耗大。第二，数字域测量用参考信号与解调用参考信号所采用的模拟赋形方式可能存在差异。

为了解决上述问题，可以考虑先进行模拟域来进行信号增强，然后基于确定的模拟域预编码下，获得准确的数字域信道信息，从而可以在数字域完成对用户间干扰消除。按照这种思想，文献[55, 56]给出了两种类似的方法。文献[55]假定基站可以获得与天线同维度完整的信道信息，基于这些信息先做 MRT 预编码并提取恒模相位，将此作为模拟域预编码。接下来，数字域考虑模拟域和真实信道结合后的等效信道，基于等效信道做数字域 ZF 预编码。由于文献[55]中所示方法基于理想完整信道，所以假设有些不切实际。文献[56]中，首先模拟域基站端循环发送码本向量，用户端反馈增益评估信息，基站端将每个用户反馈的最大码本向量组成模拟预编码，接下来数字域采用文献[55]中类似的基于等效信道的 ZF 预编码。文献[56]虽然不需要假定理想完整的信道，但这种循环发送反馈的方式产生了巨大的延迟和反馈开销。另外，这种方法严格限制了数字域的维度，在调度用户数随机的条件下，无法充分利用基站的数字通道资源。

基于上述方法的不足，这里给出一种解决办法，基本思想在于：

（1）假定基站和终端共享码本，终端知晓部分近似信道状态信息（如 LOS 径），各个终端对已知码本中所有预编码向量进行评估。

（2）终端向基站反馈码本评估信息，基站选定若干预编码向量作为最终模拟域预编码。

（3）真实信道和模拟域预编码一起作为等效信道，数字域基于等效信道做 ZF 预编码。这里，终端对码本的评估方式可以选择 SNR 准则［式（3-35）］或者 SINR 准则［式（3-36）］；终端的反馈方式可以选择只有码本编号反馈或者码本编号以及对应评估值反馈，最终通过编号权值累加或者容量累加方式确认最终模拟域预编码；此外，数字域的等效信道可以利用基带参考信号对真实的等效信道进行估计得到。

SNR 准则：

$$i^* = \arg\max_i \| y_{k,i} \| \approx \arg\max_i \| h_k v_i \| \tag{3-35}$$

SINR 准则：

$$\mathrm{SINR}_{k,i} = \frac{|h_k v_i|^2}{\rho + \sum_{j \neq i} |h_k v_j|^2} \tag{3-36}$$

此时可以近似认为 $h_k \approx v_{k,i^*}^{\mathrm{H}}$。这里假定，基站端有 Nt 天线，有 M 个数字通道，有 K 个用户。$y_{k,i} = h_k v_i + n_k$，h_k 代表终端获得的近似信道，v_i 为码本中的码本向量，ρ 代表噪声和功率的归一化因子。

确定了模拟域预编码 A，取 $H_{\mathrm{eq}} = HA$ 为数字域看到的等效信道模型。此时数字域的处理模型可以表示为：$Y = H_{\mathrm{eq}} Ds + N$，数字域预编码矩阵 $D = H_{\mathrm{eq}}^{\mathrm{H}} (H_{\mathrm{eq}} H_{\mathrm{eq}}^{\mathrm{H}})^{-1}$。

图 3-29 中给出了 SINR 准则评估下，两种不同反馈方式在不同数字通道数目情况下的频谱效率仿真结果。通过仿真可知，与全数字 ZF 预编码在天线为 100 的性能做对比，所提方法随着数字通道数目的增加，性能逐渐改善，在通道数为 50 时几乎就逼近上界全数字 ZF 的性能。两种不同的反馈方式，性能差距较大，额外的反馈码本评估值虽然增加了反馈量，但是却极大地改善了性能。

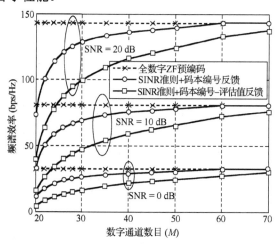

图 3-29 用户 $K = 20$，基站天线数 $Nt = 100$，SNR $= 0,10,20$ dB，在不同数字通道条件下的频谱效率

3.6　导频污染及参考信号设计

参考信号的设计是信道状态信息测量与反馈的基础，同时还将直接影响到系统开销、传输效率、预编码灵活度等关键问题。对于大规模天线系统而言，其理论性能受限于相邻小区的参考信号资源复用，即所谓的导频污染问题。这种情况下，在参考信号功能划分、图样、序列设计之外，还存在着如何合理分配资源以规避、降低导频污染影响的问题。

实际应用中，massive MIMO 系统的导频开销巨大将是一个严重的问题。特别是考虑多小区蜂窝系统，采用多小区多用户正交导频的开销将进一步大大增加。因此，massive MIMO 可以说是导频受限的系统。

如前所述，为了避免下行每个天线发送导频信号，多数学术研究仅考虑 TDD 系统中的 massive MIMO 技术。对于上行传输，系统可支持的最大多普勒频移（或相干时间）限制了系统中可支持的用户数。根据多普勒频移与相干时间的近似关系[27]，有：

$$f_{\text{doppler}} = \frac{0.423}{T_{\text{coh}}}$$

假设系统所支持的最大相干时间为 0.5 ms，那么系统支持的最大车速满足如下公式：

$$f_{\text{doppler}} = \frac{0.423}{0.5 \times 10^{-3}} = \frac{vf_c}{3 \times 10^8 \times 3.6}$$

式中，f_c 为载频，v 是车速。即：当载频 f_c 为 2.4GHz 时，支持的最大车速为 380km/h。

如果采用与 LTE 相似的时隙结构，即：一个时隙有 7 个 OFDM 符号，一个 RB（Resource Block）有 7×12 个 RE。假设 1 个 OFDM 符号用于信令开销，K 个 RE 作为导频，在最极端的情况下，每个时隙均有 K 个解调导频的存在，那么系统的效率大约为（未考虑 CP 等开销）：

$$\eta \approx \frac{72 - K}{84} \tag{3-37}$$

对于 massive MIMO 系统，当用户数目有限而天线个数趋于无穷时，系统和速率随用户数（用户单天线）线性增加。因此，给定相干时间，系统频谱效率是用户个数的二次函数。考虑式（3-37）的导频开销时，系统的最优用户个数为 $K=36$。

考虑多小区间采用同频复用时，完全采用多小区多用户正交导频，将进一步损失系统的频谱效率。而小区间的非正交导频将产生导频干扰，也称为导频污染。降低导频污染的一种方法是设计尽可能避开各小区同导频干扰的导频模式。文献[28]提出了一种帧结构，如图 3-30 所示，各小区用户的上行导频在时间上错开（time-shifted），导频受到来自于其他小区的数据的干扰。文献[28]的结果表明，当基站天线个数趋于无穷大时，时间偏移导频方案可以降低导频污染。文献[29]的结果表明，在基站天线个数有限并且空分用户数目较少时，时间偏移导频可以改善上行和下行传输的速率。但是，当空分用户数目较大时，采用时间偏移导频的系统，基站需要增加更多的天线，以获取比同步导频更好的性能。

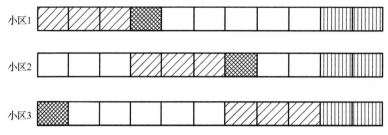

图 3-30　时间偏移导频方案

事实上，有关导频污染的问题类似 CDMA 系统的信道估计。因此，利用盲信道估计方法也可以解决导频开销的问题，这在 CDMA 系统中已经被充分研究[20]，这些方法同样适用于大规模 MIMO 系统。文献[30]提出基于特征值分解的盲信道估计方法，并得出结论：大规模 MIMO 提供的信号空间自由度有利于盲信道估计的实现，并且上行仅需使用少量导频即可消除矩阵模糊度。但是盲信道估计算法的复杂度问题，是实际系统实现时的主要障碍。

另外，采用精心设计的导频复用方法也可以降低导频污染。当已知用户的统计信道状态信息时，例如用户的地理位置或波束方向信息，我们可以构建用户之间的干扰信息，进而设计导频分配方法降低导频干扰。文献[17]利用用户的波束方向信息，通过多小区多用户的协作导频分配，有效地复用导频。我们还可以根据用户所处的地理位置，构建用户之间的干扰矩阵，利用 Min-Max 算法[57]，最小化使用相同导频的用户之间的最大干扰（或最大化使用相同导频的用户之间的最小距离），具体方法如下。

根据接入的用户个数 K 以及用户的统计信道状态信息，构造用户之间的干扰矩阵 G，其中 $G_{i,j}$ 表示第 i 个用户（UE）对第 j 个 UE 之间的干扰，G 的对角线元素设置为 0。系统预先设计一组正交导频，可用的正交导频数为 N，导频序号表示为 $1, 2, \cdots, N$。设导频分配向量为 $\xi = [\xi_1, \cdots \xi_i, \cdots \xi_K]$，$\xi_i = n, n = 1, \cdots, N$，表示第 i 个 UE 使用的是第 n 个正交导频。如果使用第 n 个正交导频的 UE 数为 K_n，则有 $\sum_{n=1}^{N} K_n = K$。

根据干扰矩阵对用户进行导频分配，导频分配通过如下迭代过程得到。

步骤 1：初始化导频分配向量，$\xi_i = 1, i = 1, \cdots, K$，所有用户都使用 1 号导频；设 $I_{\max}$ 为使用相同导频的 UE 间最大干扰，初始为 $I_{\max} = \max_{\xi_1 = \xi_j = 1, j \neq 1} G_{1,j}$。$n_{\text{temp}}$ 为迭代中的临时正交导频序号，初始为 $n_{\text{temp}} = 1$。设 $\xi' = (\xi'_1, \cdots \xi'_i, \cdots \xi'_K)$ 为记录当前迭代过程的导频分配向量，初始为 $\xi' = \xi$；

步骤 2：进行迭代。对用户依次进行导频分配。当对用户 i，$i=1, 2, \cdots, K$ 分配导频时，遍历导频 1 到导频 N，如果 $\max_{\xi_i = \xi_j = n, j \neq i} G_{i,j} < I_{\max}$，那么 $I_{\max} = \max_{\xi_i = \xi_j = n, j \neq i} G_{i,j}$，同时把当前导频 n 分配给用户 i，继续执行遍历过程；

步骤 3：判断导频分配结果。如果 ξ' 与 ξ 相同，则结束导频分配过程，得到导频分配结果；否则，令 $\xi' = \xi$，继续步骤 2。

相比随机导频复用，采用上述导频复用可显著改善系统的性能。我们还可以采用前面章节得到的遍历容量作为导频选择的判决度量。事实上，导频分配与传统蜂窝系统的频率分配的思想有相似之处，我们还可以将用户之间的干扰矩阵用矩阵图的形式描述，采用染色算法，对多小区、多用户分配导频，以提高系统总容量[31]。

3.7　massive MIMO 能效优化

在移动通信系统的传统设计中，频谱效率是核心指标。但是，随着 ICT 的碳排放受到越来越多的关注，能耗效率成为 5G 的一个重要指标。理论上，当基站天线个数趋于无穷时，系统所需的发送功率可以任意低，也就是说，系统的能耗效率可以任意大。但是，实际系统中，通信系统中的能量消耗不仅包括信号的辐射能量，还包括收发机的射频单元和信号处理器消耗的能量，以及制冷设备消耗的能量。并且，现有结果表明，后者的消耗占了相当大的比例。因此，大规模天线系统的能耗效率的研究需要考虑非理想的能耗模型。

为了评估大规模 MIMO 系统的能耗效率，并获得能效最优的系统级参数，我们定义小区总能耗效率。通过系统级仿真方法，可以得到小区总的平均容量，然后，考虑整个系统的能耗，包括用户和基站及制冷设备的能耗，进而得到总能耗效率。

考虑到实际系统中的上行和下行传输，我们假设采用文献[6]的简化帧格式。假设相干时间为 T，上行导频占用 K 个符号，上下行数据传输分别占用 T_{UL} 和 T_{DL} 个符号，并假设上行时间在相干时间中的占比为 θ，则：

$$T_{UL} = \theta T - K$$
$$T_{DL} = (1-\theta)T$$

上下行总频谱效率为：

$$C = \left(\theta - \frac{K}{T}\right)C_{UL} + (1-\theta)C_{DL}$$

我们采用如下的功率消耗模型：

$$P_{tot} = P_{UL}^{U} + P_{UL}^{B} + P_{DL}^{U} + P_{DL}^{B} + P_0$$

式中，P_0 为上下行联合处理时基站的固定功率消耗，例如空调等硬件设备的消耗，上行链路的用户侧及基站端的功率为 P_{UL}^{U} 和 P_{UL}^{B}，下行链路的用户侧及基站端的功率为 P_{DL}^{U} 和 P_{DL}^{B}。对于上行链路：

$$P_{UL}^{U} = \xi_U \frac{K^2 P_{RS} + K(\theta T - K)P_D}{\theta T} + \kappa_1 K$$

$$P_{UL}^{B} = \kappa_2 M + \kappa_3 K$$

式中，ξ_U 为功率损耗系数，κ_1 为每用户硬件固定功率消耗，κ_2 为基站每天线的固定功率消耗，κ_3 为与用户数有关的信号处理功率，P_{RS} 表示导频发送功率，P_D 表示数据发送功率。对于下行链路：

$$P_{\mathrm{DL}}^{\mathrm{U}} = \mu_1 K$$

$$P_{\mathrm{DL}}^{\mathrm{B}} = \xi_{\mathrm{B}} P_{\mathrm{T}} + \mu_2 M$$

式中，μ_1 为用户的固定功率消耗，μ_2 为每天线的固定消耗功率，P_{T} 为基站的辐射功率，ξ_{B} 为基站的功率损耗系数。综上，功耗模型为：

$$P_{\mathrm{tot}} = \xi_{\mathrm{U}} \frac{K^2 P_{\mathrm{RS}} + K(\theta T - K)P_{\mathrm{D}}}{\theta T} + \xi_{\mathrm{B}} P_{\mathrm{T}} + \mu_1 K + \mu_2 M + P_0$$

下面在前面大规模 MIMO 系统容量的理论分析的基础上，给出了系统能耗的性能评估。系统上行采用 MMSE 检测，下行采用 MMSE 预编码。仿真的场景设置如下，7 个小区，小区半径归一化为 1，用户最小接入距离为 0.03，小区间距离归一化为 $\sqrt{3}$，假设路径损耗因子为 3.5，不考虑阴影衰落。K 个用户均匀分布在小区中。下行分析中基站的发射功率为 $P_{\mathrm{T}} = 20\,\mathrm{W}$。$\mu_1 = 191\,\mathrm{mW}$，$\mu_2 = 520\,\mathrm{mW}$，$\xi_{\mathrm{U}} = 1/0.75$，$\xi_{\mathrm{B}} = 1/0.38$，$P_0 = 1000\,\mathrm{W}$。从图 3-31 中可以看出，随着天线数目的增加，系统的能耗效率先增加再减小。这是因为系统的能耗会随着基站天线数目的增加而增加，而当天线个数增加到一定程度时，频谱效率的增加较小，会导致系统的能耗效率减小。因此，系统存在达到能效最优的天线数目。

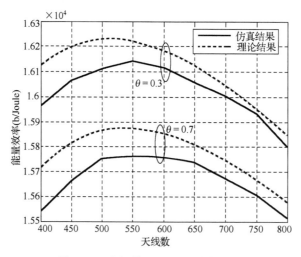

图 3-31　大规模 MIMO 的系统能效

3.8　大规模天线协作

在 4G 移动通信系统中，为了在提高小区边界用户性能的同时不牺牲小区中心用户的性能，采用了协作多点传输技术（CoMP），或称之为协作 MIMO 技术。然而，由于存在信息交互问题，多用户协作 MIMO 在实际应用中，对系统容量的提升仍然没有达到人们的预期。

大规模 MIMO 系统最初提出时，刻意避免了基站之间的协作，以降低系统实现的复杂性。随着网络节点的密集部署以及 C-RAN 的应用，人们重新审视协作传输与大规模 MIMO

的结合，大规模协作 MIMO 的研究也逐渐开始受到关注。如图 3-32 所示，将网络中节点连接到云基带处理池中，每个节点配备多天线，多个用户与基站节点之间形成了大规模分布式 MIMO。文献[32]给出了完全协作的大规模分布式 MIMO 的系统容量分析，得到了与大规模 MIMO 类似的结论。文献[14]的研究结果表明，大规模协作 MIMO 相对于大规模非协作 MIMO，在相同的频谱效率下系统所需的总天线个数可大幅降低。文献[32]的结果表明，在相同天线个数下，协作多用户 MIMO 的容量是大规模 MIMO 的两倍。

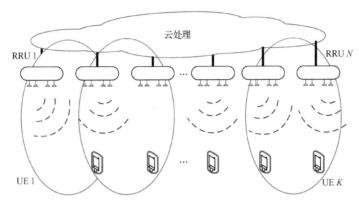

图 3-32　大规模协作 MIMO

与大规模 MIMO 类似，大规模分布式 MIMO 同样存在信道信息获取问题、收发机的复杂性问题等。在信道特征方面，大规模 MIMO 信道在角度域存在稀疏性，而大规模分布式 MIMO 的信道矩阵在功率域存在稀疏特性。利用这种稀疏性，我们可以采用导频复用以及压缩感知方法获取信道状态信息。同样，在接收机和多用户预编码设计方面，可以采用置信传播方法设计低复杂度的收发方法。

与大规模 MIMO 不同，为了进行联合多用户发送和接收，大规模分布式 MIMO 的各个节点需要较为严格的同步。另外，对于 TDD 互易性校准，相比集中式大规模 MIMO 也较为复杂。最后，大规模分布式 MIMO 需要将各个节点通过高速链路连接到云处理中心，这将增加部署成本。但是随着光纤通信以及光纤器件的发展，低成本高容量光纤设施成本将大幅降低。目前，中国移动已经开始了 C-RAN 架构的试验。

▌3.9　大规模天线阵列校准

在大规模 MIMO 系统中，当采用 TDD 模式时，在相干时间内基站可以利用上行信道估计信息来进行下行预编码的设计，进而减少下行导频以及用户 CSI 反馈的开销。然而，如图 3-33 所示，实际系统中，整体通信信道不仅包括空中无线部分，还包括通信双方收发机的 RF 电路。尽管空中的无线信道满足互易性，通常通信双方收发机的射频电路增益却并不对称。如图 3-33 所示，RF 电路包括天线、混频器、滤波器、模数转换器、功率放大器等，且会受到环境中温度和湿度的影响。这种收发模块的不匹配破坏了整体通信信道的互易性。

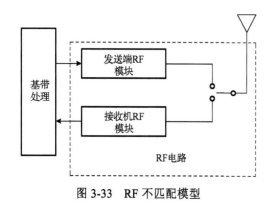

图 3-33　RF 不匹配模型

我们考虑多用户 MIMO 系统,空中的无线信道传输矩阵为 $\boldsymbol{H}$,上行和下行的完整信道矩阵为:

$$G_{\mathrm{UL}} = C_{\mathrm{BS,r}}\boldsymbol{H}^{\mathrm{T}}C_{\mathrm{UE,t}}$$

$$G_{\mathrm{DL}} = C_{\mathrm{UE,r}}\boldsymbol{H}C_{\mathrm{BS,t}}$$

式中,$C_{\mathrm{BS,t}}$ 和 $C_{\mathrm{BS,r}}$ 分别表示基站的发送和接收 RF 增益矩阵,$C_{\mathrm{UE,t}}$ 和 $C_{\mathrm{UE,r}}$ 分别表示 UE 的发送和接收 RF 增益矩阵,均为对角矩阵,其建模可参考文献[33]。由于 RF 电路增益的不匹配,导致上下行整体通信信道不互易,即 $G_{\mathrm{DL}} \neq G_{\mathrm{UL}}^{\mathrm{T}}$。

设下行发送采用迫零预编码的方式。为了讨论简单,忽略基站的上行信道估计误差,则所有 UE 接收到的信号为:

$$y = \beta G_{\mathrm{DL}}G_{\mathrm{UL}}^{*}\left(G_{\mathrm{UL}}^{\mathrm{T}}G_{\mathrm{UL}}^{*}\right)^{-1}x + n \tag{3-38}$$

式中,y 为接收信号向量,x 为基站分别发送给 M 个 UE 的信号矢量,n 为加性高斯白噪声向量,β 为功率归一化因子:

$$\beta = \sqrt{\dfrac{P_{\mathrm{T}}}{\mathcal{E}\left\{tr\left[\left(G_{\mathrm{UL}}^{\mathrm{T}}G_{\mathrm{UL}}^{*}\right)^{-1}\right]\right\}}}$$

将 G_{DL} 和 G_{UL} 代入式（3-38）可得:

$$y = \beta C_{\mathrm{UE,r}}WC_{\mathrm{UE,t}}^{-1}x + n \tag{3-39}$$

式中,

$$W = \left(HC_{\mathrm{BS,t}}C_{\mathrm{BS,r}}^{*}\boldsymbol{H}^{\mathrm{H}}\right)\left(HC_{\mathrm{BS,r}}C_{\mathrm{BS,r}}^{*}\boldsymbol{H}^{\mathrm{H}}\right)^{-1} \tag{3-40}$$

从式（3-40）可以看出,由于 $C_{\mathrm{BS,t}} \neq C_{\mathrm{BS,r}}$,$W$ 不是单位阵。因此,基站端 RF 的不匹配会造成多用户间的干扰,从而大大降低系统的性能。为此,对于 TDD 系统,必须进行上下行信道的互易性校准。

如式（3-40）所示,在下行预编码时,将预编码矩阵左侧乘以一个校准矩阵 C_{cal},这样式（3-38）可写为:

$$y = \beta G_{\mathrm{DL}}C_{\mathrm{cal}}G_{\mathrm{UL}}^{*}\left(G_{\mathrm{UL}}^{\mathrm{T}}G_{\mathrm{UL}}^{*}\right)^{-1}x + n \tag{3-41}$$

容易发现,当

$$C_{\mathrm{cal}} = \alpha_{\mathrm{cal}}C_{\mathrm{BS,t}}^{-1}C_{\mathrm{BS,r}} \tag{3-42}$$

时,UE 接收到的信号为:

$$y = \alpha_{\mathrm{cal}}\beta C_{\mathrm{UE,r}}C_{\mathrm{UE,t}}^{-1}x + n \tag{3-43}$$

由上式可知，基站端的校准可以消除由于 RF 增益不匹配所造成的用户间干扰。

目前，关于 MIMO 系统中的校准方案已有许多研究工作，大致可以分为两类。第一类称为"自校准"方法（Self-Calibration）。所谓自校准，就是在基站端引入校准设备，利用耦合器和多路开关将每一根天线的发送电路与其他天线的接收电路连接起来。或是选定一根参考天线，采用衰减器和多路开关进行控制，分别将参考天线发送和接收电路与其他天线的接收和发送电路连接成回路，进行测量校准。

由于"自校准"方法需要引入额外的硬件校准电路，代价昂贵，且校准精度受到硬件质量的影响，所以人们提出了基于收发信号处理的第二类校准方法，即"相对校准"方法（Relative Calibration）[34]。相对校准方法只在信号空间进行，而无需引入额外的硬件校准电路。文献[34]提出了一种基于总体最小二乘的校准方法，收发机互相交换校准导频信号，然后根据接收的校准导频信号进行计算并获得校准系数。然而，这种方案需要接收端将接收到的校准信号反馈回发送端，在大规模 MIMO 系统中，会导致巨大的反馈开销。实际上，在 MU-MIMO 系统中，用户端 RF 的不匹配对系统性能的影响几乎可以忽略，我们只需要在基站端进行互易性校准[35]。因此，为了减少用户端的对于校准信号的反馈，人们提出了空中校准法[33]。这样，只有信道条件较好的一个或几个用户需要反馈校准信号。但是，从本质上来说，用户并不希望被牵涉到校准的过程中，避免用户的反馈也是采用 TDD 通信方式的初衷。因此，针对大规模 MIMO 系统，文献[36]提出了一种 Argos 校准方法。在校准过程中，基站端选择一个参考天线，其他天线与参考天线进行校准导频的收发。这样，校准过程无需用户的参与。与 Argos 校准方法类似，在协作多点传输系统中，一种主从协议可以用于协作节点之间的同步[37]和校准[38]，其主要思想是主节点（或称为参考节点）与从节点交换校准导频信号进行校准系数的计算。但是，Argos 方法和主从协议法的性能非常依赖于参考天线（或参考节点）的选择。如果参考天线与其他天线之间的信道质量较差，校准性能将会大大降低。因此，在 Argos 算法的基础上，文献[39]提出了最小二乘（LS-Least Squares）校准方案。LS 校准方案对 Argos 算法进行了推广，利用了所有天线之间的校准信号，而不是只依赖于参考天线，从而获得了接近完美的校准性能。

下面以 LS 校准为例，介绍大规模 MIMO 的相对校准。假设基站端的 M 根天线之间互相收发校准信号，接收到的校准信号为：

$$Y_{\mathrm{cal}} = C_{\mathrm{BS,r}} H_{\mathrm{cal}} C_{\mathrm{BS,t}} + N \tag{3-44}$$

式中，H_{cal} 表示 $M \times M$ 的空中校准信道矩阵：

$$[Y_{\mathrm{cal}}]_{m,n} = \begin{cases} r_{\mathrm{BS},m}[H_{\mathrm{cal}}]_{m,n} t_{\mathrm{BS},n} + [N]_{m,n}, & m \neq n \\ 0, & m = n \end{cases} \tag{3-45}$$

式中，$[Y_{\mathrm{cal}}]_{m,n}$ 表示第 m 根天线收到的第 n 根天线发送的校准信号，$r_{\mathrm{BS},m}$ 和 $t_{\mathrm{BS},m}$ 分别表示对角阵 $C_{\mathrm{BS,r}}$ 和 $C_{\mathrm{BS,t}}$ 的第 m 个对角线元素，$[N]_{m,n}$ 为加性高斯白噪声。无线空中校准信道符合互易性 $H_{\mathrm{cal}} = H_{\mathrm{cal}}^{\mathrm{T}}$。

设与 M 根天线对应的校准系数向量为：

$$c_{\text{cal}} = \text{diag}(C_{\text{cal}}) = [c_1, \cdots, c_m, \cdots, c_M]^{\text{T}} \tag{3-46}$$

则可以通过求解如下的优化问题来得到 c_{cal}：

$$\min \quad f(c_{\text{cal}}) = \sum_{m,n=1}^{M} \left| c_m [Y_{\text{cal}}]_{n,m} - c_n [Y_{\text{cal}}]_{m,n} \right|^2 \tag{3-47}$$
$$s.t. \quad \|c_{\text{cal}}\|^2 = 1$$

式中，目标函数 $f(c_{\text{cal}})$ 为最小二乘函数。实际上，在 $\|c_{\text{cal}}\|^2 = 1$ 的约束下，$f(c_{\text{cal}})$ 可以写为：

$$f(c_{\text{cal}}) = \frac{c_{\text{cal}}^{\text{H}} \Psi c_{\text{cal}}}{c_{\text{cal}}^{\text{H}} c_{\text{cal}}} \tag{3-48}$$

式中，Ψ 为由校准信号构成的 Hermite 矩阵：

$$[\Psi]_{u,v} = \begin{cases} \sum_{i=1,i\neq u}^{M} \left| [Y_{\text{cal}}]_{i,u} \right|^2, & u = v \\ -[Y_{\text{cal}}]_{v,u}^{*} [Y_{\text{cal}}]_{u,v}, & u \neq v \end{cases} \tag{3-49}$$

而根据 Hermite 矩阵的性质，有：

$$\lambda_{\min} \leqslant \frac{c_{\text{cal}}^{\text{H}} \Psi c_{\text{cal}}}{c_{\text{cal}}^{\text{H}} c_{\text{cal}}} \leqslant \lambda_{\max} \tag{3-50}$$

式中，$\lambda_{\min}$ 和 $\lambda_{\max}$ 分别为矩阵 Ψ 的最小和最大特征值。这样，满足要求的 c_{cal} 即为矩阵 Ψ 最小特征值 $\lambda_{\min}$ 对应的特征向量。

3.10　本章小结

massive MIMO 的理论研究结论及初步性能评估、验证结果为我们描绘出了该技术在未来移动通信系统中的美好发展前景。需要注意的是，尽管学术界已经对这一技术进行了较为广泛的研究，但是在 massive MIMO 技术从理论研究转向标准化、实用化的重要转折时期，仍然存在若干关键技术问题有待进一步深入研究和验证。

1. massive MIMO 应用场景的研究与建模

MIMO 技术方案的性能增益与应用场景和环境部署具有非常密切的关系，因此有必要结合下一代移动通信系统的场景部署与业务需求，有针对性地研究 massive MIMO 的适用场景，并对其典型的应用场景及信道特性进行信道参数的测量与建模。这一工作将为 massive MIMO 的天线选型、技术方案设计与标准方案制定提供方向性的指引，同时针对典型应用场景基于实测的信道参数建模也将为准确构建技术方案评估体系并准确预测技术方案在实际应用环境中的性能表现提供重要依据。

2. 面向异构和密集组网的 massive MIMO 网络构架与组网方案

为了应对业务需求的迅速发展，C/U 分离、分布式前端/云计算、超蜂窝、网络功能虚拟化等新型网络构架应运而生，而未来移动通信系统的接入网也逐渐向着异构化与密集化的方向发展。这种情况下，massive MIMO 技术方案的设计思路应当顺应新型的网络构架与组网方式的发展趋势，并与之有机地融合在一起，这样才能充分体现出 massive MIMO 技术的性能优势。例如，有源天线技术本身就是 massive MIMO 技术与分布式前端/云计算构架的共同技术基础；而 massive MIMO 的协作方案设计与网络构架的选择息息相关；类似 C/U 分离等网络构架与 massive MIMO 广播与公共信道覆盖及移动性问题都有直接的关联。此外，基于大规模天线技术的 massive MIMO 技术也为网络构架与组网方式的革新提供了更为有力的技术手段与高的空域处理灵活度。因此，面向异构和密集组网与新型网络构架的技术思路应当贯穿于 massive MIMO 技术方案研究与实验验证平台设计的全过程中，网络构架、组网方式与物理层技术、射频与大规模有源天线阵列技术、验证平台方案设计等其他方面的技术都是构成完整的 massive MIMO 技术方案的必不可少的环节。

3. massive MIMO 物理层关键技术

天线阵列规模的增大带来了可利用空间自由度的大幅度提高，为支持更大的用户数量与更高的频谱利用率创造了有利的条件。然而，MIMO 维度的大幅度扩展与用户数量的激增也为相应的物理层技术方案设计提出了前所未有的挑战。massive MIMO 的性能增益主要是通过大规模阵列构成的多用户信道间的准正交特性保证的。然而，在实际的信道条件中，由于设备与传播环境中的诸多非理想因素的存在，为了获得稳定的多用户传输增益，仍然需要依赖下行发送与上行接收算法的设计来有效地抑制用户间乃至小区间的同道干扰。而传输与检测算法的计算复杂度则直接与天线阵列规模和用户数相关。此外，基于大规模阵列的预编码/波束赋形算法与阵列结构设计、设计成本、功率效率和系统性能都有直接的联系。因此，针对 massive MIMO 的传输与检测方案的计算复杂度与系统性能的平衡将是该技术进入实用化的首要问题。信道状态信息的测量与反馈则从另一方面影响着 massive MIMO 技术的性能与系统效率。如果沿用目前 LTE 系统中基于下行参考信号进行测量和基于上行信道进行反馈的信道状态信息获取机制，为了保证下行信道状态信息测量的高空间分辨率，就必须增加参考信号开销。而为了保证信道状态信息的反馈精度，则需要大量的上行信道开销。这两方面因素将极大地抵消采用大规模天线技术所带来的性能增益。由于信道状态信息测量与反馈技术对于 MIMO 技术的重要意义，这一领域历来都是MIMO 技术标准化讨论的核心内容，针对这一问题的研究、评估验证和标准化方案设计对于 massive MIMO 技术实用化的发展具有极其重要的意义。移动通信系统中，多用户化、网络化、协作化始终是 MIMO 技术发展的一个重要方向，随着天线规模的增大以及新型网络构架和组网方式的出现，大规模天线的多用户、多小区调度和协作技术方案将面临更加复杂的场景、干扰环境以及更为复杂的校准与能效优化问题。而天线规模的增加对调度、协作、校准以及回程链路的设计都提出了更为严苛的要求。上述物理层关键技术的优化都将是 massive MIMO 技术步入实用化和标准化过程中需要面对的重要问题。

4. 大规模有源阵列天线技术

天线子系统的设计方案对移动通信系统的构架、设备的尺寸以及网络部署都会带来影响。对于 MIMO 技术而言，更是要依赖于天线阵列所带来的空间自由度，才能展现其性能优势。但是，受限于工程实现、设备部署、运营维护等多方面实际因素，传统的被动式天线结构已经无法适应 MIMO 技术大规模化的发展方向。这种情况下，AAS 技术在移动通信领域的实用化发展就成为了 massive MIMO 技术从理论到实践转化过程中的重要推动力量。由于成本因素，AAS 技术在 MIMO 发展的早期阶段并没有被大范围使用。然而，业务与用户规模的激增逐渐激发了移动通信系统对 MIMO 维度扩展的强烈需求。当现有的被动式天线结构逐渐成为限制 MIMO 技术进一步发展的瓶颈时，现有结构体系与技术需求之间的巨大差距最终为 AAS 技术应用于商用通信系统创造了条件。随着天线设计构架的演进，AAS 技术的实用化发展已经对移动通信系统的底层设计及网络结构设计思路带来了巨大影响，这一发展趋势必将推动 MIMO 技术由传统的针对 2D 空间向着更高维度的空间扩展，并为 massive MIMO 技术的实际应用提供重要的技术基础。大规模有源阵列天线的构架研究，高效、高可靠、小型化、模块化收发组件设计，高精度检测与校准方案设计等关键技术问题将直接影响大规模天线的 massive MIMO 技术在实际应用环境中的性能与效能，并将成为 massive MIMO 技术是否能够最终进入实用化阶段的关键环节。

随着天线规模的增大及带宽的扩展，从天线系统到地面设备之间的数据传输也将成为一个重要的问题。如果沿用现有的 CPRI 接口，8 天线 20MHz 带宽时就需要一对 10G 光纤，128 天线 40MHz 带宽时将需要 32 对光纤连接。针对这样的问题，一方面可以考虑更高级的光纤传输技术，另一方面也需要考虑天线系统和地面设备之间的功能划分问题，即究竟将多少基带功能并入天线系统之中。

5. massive MIMO 原理验证

massive MIMO 技术方案的研究、标准化推进方案的设计、实用化的技术方案与参数优化设计工作需要以充分的性能评估与验证为基础。由于 massive MIMO 系统将用于异构化、密集化的多种复杂网络部署环境中，因此性能的仿真评估验证工作首先需要针对 massive MIMO 的场景部署与典型信道特征构建精确的模型。天线与用户数量的大规模化以及评估场景和信道模型的复杂化，对仿真平台的体系构架、精度、效率等方面提出了更高的要求。在仿真验证基础之上，更加贴近实际的 massive MIMO 原型平台的设计与开发为该技术在实际部署环境中的性能验证以及技术方案的筛选与对比提供了更为准确的依据。同时，验证平台的设计、开发与测试也为 massive MIMO 技术的产业化技术方案的设计提供了重要的参考。

6. 与高频段传输技术的结合

随着 6 GHz 以下频谱资源的日益紧张，对更高频段的利用已经成为一种必然的发展方向。在较高的频段中，信号的传输会受到传播环境中诸多非理想因素的影响，从而可能会对覆盖范围产生较大的影响。这种情况下，通过大规模天线阵列产生的高增益波束可以很好地弥补上述因素的影响。同时，随着应用频段的提高，对于天线阵列的小型化和部署十分有利。总之，大规模天线和高频段技术在 5G 系统中将会紧密结合，共同构建起大容量、大带宽的数据传输通道。但是，考虑到高频段、大带宽器件的成本以及基带处理复杂度与功耗因素，以全数字阵列的方式实现高频段 massive MIMO 的技术方案在实际应用中存在明显的限制。而数模混合结构的大规模天线阵列以及相应的数模混合波束赋形/预编码技术则可以根据实际需求，在性能、复杂度、成本、功耗等方面获得更好的平衡。

多天线技术是所有新一代无线接入系统的物理层核心技术，为系统频谱效率、用户体验、传输可靠性的提升提供了重要保证，同时也为异构化、密集化的网络部署提供了灵活的干扰控制与协调手段。目前，massive MIMO 理论研究为 MIMO 技术的进一步发展提供了有力支持，数据通信业务飞速发展则是推动 MIMO 技术继续演进的内在需求，而相关实现技术的日渐成熟则为 massive MIMO 技术的标准化、产业化提供了必要的条件。随着一系列关键技术的突破及器件、天线等技术的进一步发展，MIMO 技术必将在 5G 系统中发挥重大作用。

▊ 3.11　参考文献

[1]　E. Telatar, "Capacity of multiantenna Gaussian channels", AT&T Bell Laboratories, Tech. Memo., Jun. 1995.

[2]　G. J. Foschini and M. J. Gans, "On limits of wireless communication fading environment when using multiple antennas", *Wireless Personal Communications*, Vol.10, No.6, pp.311-335, 1998.

[3]　C.E. Shannon, "A mathematical theory of communication", Bell Sys. Tech. J., Vol. 27, pp. 379-423 and 623-656, 1948.

[4]　3GPP TR 36.873, "3D channel model for LTE."

[5]　3GPP TSG RAN RP-141644 "New SID Proposal: Study on Elevation Beamforming/Full-Dimension (FD) MIMO for LTE."

[6]　T. L. Marzetta, "Noncooperative cellular wireless with unlimited numbers of base station antennas," *IEEE Trans. Wirel. Commun.*, vol.9, no.11, pp.3590-3600, 2010.

[7]　X. Gao, O. Edfors, F. Rusek, F. Tufvesson, "Linear pre-coding performance in measured very-large MIMO channels," *Vehicular Technology Conference (VTC Fall)*, 2011 IEEE, pp. 1-5, Sept. 2011.

[8]　W. Yu, W. Rhee, S. Boyd and J. Cioffi, "Iterative water-filling for Gaussian vector multiple access channels," *IEEE Trans. on Information Theory*, vol. 50, no. 1, pp.145-151, Jan. 2004.

[9]　N. Jindal, S. Vishwanath, and A. Goldsmith, "On the duality of Gaussian multiple-access and broadcast channels," *IEEE Trans. on Information Theory*, vol. 50, no. 5, pp. 768-783, May 2004.

[10]　H. Weingarten, Y. Steinberg and S. Shamai (Shitz), "The capacity region of the Gaussian multiple-input multiple-output broadcast channel," *IEEE Trans. on Information Theory*, vol. 52, no. 9, pp. 3936-3964, Sept. 2006.

[11]　Ngo H Q, Larsson E G, Marzetta T L, "Energy and Spectral Efficiency of Very Large Multiuser MIMO Systems," *Communications IEEE Transactions on*, 2011, 61(4):1436 - 1449.

[12] Ngo H Q, Marzetta T L, Larsson E G, "Analysis of the pilot contamination effect in very large multicell multiuser MIMO systems for physical channel models," *Acoustics, Speech and Signal Processing (ICASSP), 2011 IEEE International Conference on IEEE*, 2011:3464 - 3467.

[13] Hoydis J, Ten Brink S, Debbah M, "Massive MIMO in the UL/DL of Cellular Networks: How Many Antennas Do We Need?" *Selected Areas in Communications IEEE Journal on*, 2013, 31(2):160 - 171.

[14] Huh H, Caire G, Papadopoulos H C, et al, "Achieving "Massive MIMO" Spectral Efficiency with a Not-so-Large Number of Antennas," *IEEE Transactions on Wireless Communications*, 2011, 11(9):3226 - 3239.

[15] Mohammed S K, Larsson E G, "Per-antenna Constant Envelope Precoding for Large Multi-User MIMO Systems," *IEEE Transactions on Communications*, 2012, 61(3):1059 - 1071.

[16] Datta T, Kumar N A, Chockalingam A, et al, "A Novel MCMC Based Receiver for Large-Scale Uplink Multiuser MIMO Systems," Eprint Arxiv, 2012, abs/1201.6034.

[17] Yin H, Gesbert D, Filippou M, et al, "A Coordinated Approach to Channel Estimation in Large-Scale Multiple-Antenna Systems," *Selected Areas in Communications IEEE Journal on*, 2012, 31(2):264-273.

[18] K. Appaiah, A. Ashikhmin, T. L. Marzetta, "Pilot Contamination Reduction in Multi-user TDD Systems," *IEEE International Conference on Communications '10(ICC2010)*, May 2010.

[19] D. Wang, C. Ji, X. Gao, S. Sun, and X. You, "Uplink sum-rate analysis of multi-cell multi-user massive MIMO system," in *IEEE Int. Conf. Commun. (ICC'13)*, Budapest, Hungary, June. 2013.

[20] X. Wang, and H. Vincent Poor, Wireless Communication Systems: Advanced Techniques for Signal Reception, Prentice Hall, 2003.

[21] Christoph Studer, Andreas Burg, and Helmut Bolcskei, "Soft-Output Sphere Decoding: Algorithms and VLSI Implementation," *IEEE Journal on Selected Areas in Communications*, vol. 26. NO. 2, pp. 290-300, Feb. 2008.

[22] M. Tuchler, A. Singer, and R. Koetter, "Minimum mean square error equalization using a priori information," *IEEE Trans. Signal Processing.*, vol. 50, pp. 673-683, Mar. 2002.

[23] D. Wang, Y. Jiang, J. Hua, X. Gao, and X. You, "Low complexity soft decision equalization for block transmission systems," in *IEEE Int. Conf. Commun. (ICC'05)*, vol. 4, Seoul, Korea, May 2005, pp. 2372-2376.

[24] F. Rusek, D. Persson, B. K. Lau, E. G. Larsson, T. L. Marzetta, O. Edfors, and F. Tufvesson, "Scaling up MIMO: opportunities and challenges with very large arrays," Press *IEEE Signal Processing Magazine*, 2012.

[25] Dongming Wang, Zhenling Zhao, Yuqi Huang, Hao Wei, Xiangyang Wang, Xiaohu You, "Large-scale Multi-user Distributed Antenna System for 5G Wireless Communications," *IEEE VTC* 2015.

[26] Huang Y, Tang W, Wei H, et al, "On the performance of iterative receivers in massive MIMO systems with pilot contamination," *Industrial Electronics and Applications (ICIEA)*, 2014 IEEE 9th Conference onIEEE, 2014:52-57.

[27] B. Sklar, Digital communications: Fundamentals and applications, Prentice Hall, 2002.

[28] F. Fernandes, A. Ashikhmin, and T. L. Marzetta, "Inter-cell interference in non-cooperative TDD large scale antenna systems", *IEEE J. Sel. Areas Commun.*, vol. 31, no.2, pp. 192-201, Feb. 2013.

[29] Mahyiddin, Wan. W. M, Martin, Philippa, Smith, Peter J, "Pilot Contamination Reduction Using

Time-Shifted Pilots in Finite Massive MIMO Systems," *Vehicular Technology Conference* (*VTC Fall*), 2014 IEEE 80thIEEE, 2014:1-5.

[30] Ngo B Q, Larsson E G, "EVD-based channel estimation in multicell multiuser MIMO systems with very large antenna arrays," *2012 IEEE International Conference on Acoustics, Speech and Signal Processing* (*ICASSP*) 2012:3249 - 3252.

[31] Yang Y, Bai B, Chen W, "How Much Frequency Can Be Reused in 5G Cellular Networks---A Matrix Graph Model," Eprint Arxiv, 2014.

[32] D. Wang, C. Ji, S. Sun, and X. You, "Spectral efficiency of multicell multi-user DAS with pilot contamination," in *Proc. IEEE Wireless Communications and Networking Conference (WCNC)*, Apr. 2013, pp. 3208–3212.

[33] Fan Huang; Jian Geng; Yafeng Wang; Dacheng Yang, "Performance Analysis of Antenna Calibration in Coordinated Multi-Point Transmission System," *2010 IEEE 71st Vehicular Technology Conference* (*VTC 2010-Spring*), 16-19, May, 2010.

[34] Kaltenberger F, Jiang H, Guillaud M, et al, "Relative channel reciprocity calibration in MIMO/TDD systems," *Future Network and Mobile Summit*, 2010 IEEE, 2010:1 - 10.

[35] Liyan Su; Chenyang Yang; Gang Wang; Ming Lei, "Retrieving Channel Reciprocity for Coordinated Multi-Point Transmission with Joint Processing," *IEEE Transactions on Communications*, , vol.62, no.5, pp.1541,1553, May 2014.

[36] Shepard, Clayton, et al, "Argos: practical many-antenna base stations," Proceedings of the 18th annual international conference on Mobile computing and networking. ACM, 2012.

[37] Rahul H, Kumar S, Katabi D, "MegaMIMO: Scaling Wireless Capacity with User Demands," *Communications of the Acm*, 2012, 42(4):235-246.

[38] Rogalin, Ryan, et al. "Hardware-impairment compensation for enabling distributed large-scale mimo," *Information Theory and Applications Workshop (ITA)*, 2013. IEEE, 2013.

[39] Rogalin, Ryan, et al, "Scalable synchronization and reciprocity calibration for distributed multiuser MIMO," *IEEE Transactions on Wireless Communications*, vol.13, no.4, pp.1815-1831, 2014.

[40] Müller, Axel, Kammoun, Abla, Bjornson, Emil, et al, "Linear Precoding Based on Truncated Polynomial Expansion - Part I: Large-Scale Single-Cell Systems," Flexible, 2013, 8(5):861 - 875.

[41] Kammoun A, Muller A, Bjornson E, et al, "Linear Precoding Based on Polynomial Expansion: Large-Scale Multi-Cell MIMO Systems," *IEEE Journal of Selected Topics in Signal Processing*, 2014, 8(5):861 - 875.

[42] 3GPP TR 36.897, "Elevation Beamforming/Full-Dimension (FD) MIMO for LTE".

[43] IMT-A 推进组 3GPP 项目组第三十四次会议, "CSI feedback for 3D antenna", 上海贝尔.

[44] R1-153398, "Evaluation of CSI-RS beamforming with fully-connected TXRU", CATT, 3GPP RAN1 #81, May 2015.

[45] R1-153399, "Evaluation of beamformed CSI-RS with subarray TXRU mapping", CATT, 3GPP RAN1 #81, May 2015.

[46] R1-153402, "Evaluation of codebook enhancement for FD-MIMO", CATT, 3GPP RAN1 #81, May 2015.

[47] J. Chen, C. Wen and K. Wong, "Improved Constant Envelope Multiuser Precoding for Massive MIMO Systems," *IEEE Communications Letters.*, vol. 18, no. 8, pp. 1311-1314, Aug. 2014.

[48] R. R. Muller and S. Verdu, "Design and Analysis of Low-Complexity Interference Mitigation on Vector Channels," *IEEE Journal on Selected Areas in Communications*, vol. 19, no. 9, pp. 3146-3158, Sep. 2005.

[49] S. Zarei, W. Gerstacker, R. R. Muller and R. Schober, "Low-Complexity Linear Precoding for Downlink Large-Scale MIMO Systems," *24th International Symposium on Personal, Indoor and Mobile Radio Communications: Fundamental and PHY*, IEEE, pp. 1110-1124, 2013.

[50] S. Boy and L. Vandenberghe, *Convex optimization*, Cambridge University Press, New York, 2004.

[51] Y. Ren, G. Xu, Y. Wang, et al, "Low-complexity ZF precoding method for downlink of massive MIMO system," *Electronics Letters*, 2015, 51(5):421-423.

[52] G. Sessler, F. Jondral, "Low Complexity Polynomial Expansion Multiuser Detector for CDMA Systems," *IEEE Transactions on Vehicular Technology*, 2005, 54(4):1379-1391.

[53] Z. Hu, S. Kang, X. Su, "Limited Feedback for 3D Massive MIMO under 3D-UMa and 3D-UMi Scenarios", received by *International Journal of Antennas & Propagation*.

[54] Y. Ren, Y. Song, X. Su, "Low-Complexity Channel Reconstruction Methods Based on SVD-ZF Precoding in Massive 3D-MIMO Systems", received by *China Communications*.

[55] L Liang，W Xu，X Dong. "Low-Complexity Hybrid Precoding in Massive Multiuser MIMO systems.' *IEEE Wireless Communications Letters*, vol. 1, pp. 372-375, Aug. 2012.

[56] Alkhateeb A, El Ayach O, Leus G, et al. "Hybrid precoding for millimeter wave cellular systems with partial channel knowledge.' *Information Theory and Applications Workshop (ITA)*, 2013 IEEE, 2013:1-5.

[57] A. Mishra, S. Banerjee, and W. Arbaugh, "Weighted coloring based channel assignment for wlans," *ACM SIGMOBILE Mobile Computing and Communications Review*, vol. 9, no. 3, pp. 19-31, 2005.

第 4 章
Chapter 4

高效空口多址接入

新型多址接入是 5G 移动通信系统物理层的一项非常重要的技术，本章在总结以往移动通信系统所使用的多址接入技术的基础上，分析 5G 移动通信系统在新型多址接入方面所面临的挑战，给出基于非正交的新型多址接入技术——图样分割多址的理论分析、发送端和接收端设计方案以及检测算法等。同时简要介绍 5G 的其他几种候选新型多址接入技术原理和方案。通过本章的介绍，读者可以了解 5G 系统在多址接入技术方面的最新进展。

4.1 多址接入技术发展现状

本节先总结第 1 代蜂窝移动通信系统（1st Generation，1G）～第 4 代蜂窝移动通信系统（4th Generation，4G）所使用的多址接入技术，然后依据 5G 移动通信的需求，给出 5G 移动通信系统多址接入所面临的技术挑战。

4.1.1 蜂窝移动通信多址接入技术综述

移动通信需要使所有的用户高效地共享有限的无线频谱资源，以达到不同用户同时通信并尽可能减少干扰的目的，这就是多址接入技术。多址接入技术决定了网络的基本容量，并且对系统复杂度和部署成本具有极大的影响。

多址接入技术成为以往移动通信系统更新换代的标志性技术，并且以往的移动通信系统普遍采用正交多址接入方式。例如，1G 采用频分多址接入（Frequency Division Multiple Access，FDMA），2G 采用时分多址接入（Time Division Multiple Access，TDMA），3G 采用码分多址接入（Code Division Multiple Access，CDMA），4G 采用正交频分复用多址接入（Orthogonal Frequency Division Multiple Access，OFDMA），如图 4-1 所示。

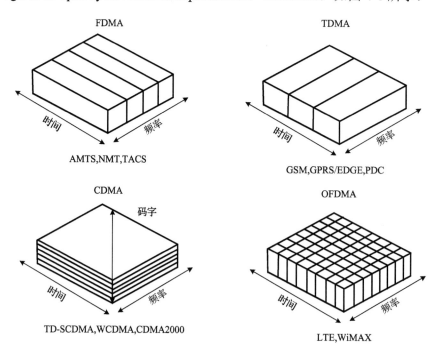

图 4-1　正交多址接入技术的示意图

频分多址接入技术是指把信道频带分割为若干更窄的互不相交的频带（称为子频带），

把每个子频带分给一个用户专用（称为地址）。采用 FDMA 多址方式的移动通信网络的效率较低，这主要体现在信道在一定的时间段内只能分给一个用户使用，采用资源独占方式，使得带宽得不到充分利用。此外，由于滤波器的非理想性，信号带宽边缘不可能突降，信号的带外扩散也不可避免，为保证正交性，在频分多址系统中需要加入保护带宽。

时分多址接入技术是指把时间分割成互不重叠的时段（帧），再将帧分割成互不重叠的时隙（信道），时隙与用户具有一一对应关系，依据时隙区分来自不同用户的信号，从而完成多址连接。时分多址因为传输时延及信号多径传播的影响，为保证用户相互正交，系统设计时需要加入一定的保护时间。第二代移动通信采用时分多址的数字调制技术，较第一代移动通信频分多址模拟调制技术具有通信质量高、保密性好、系统容量较大等优点，但它必须有精确的定时和同步以保证移动终端和基站间正常通信，技术上比频分多址方式更复杂。

码分多址接入技术的原理是基于扩频技术，即将需传送的具有一定信号带宽信息数据，用一个带宽远大于信号带宽的扩频码进行调制，使原数据信号的带宽被扩展，再经载波调制并发送出去。接收端使用完全相同的扩频码，与接收的带宽信号做相关处理，把宽带信号换成原信息数据的窄带信号（即解扩），以实现信息通信。多个用户之间通过采用不同扩频码来共享频谱资源，以实现同时通信。采用码分多址的多用户间数据由于受传输信道多径的影响，码字之间无法保证完全正交。

正交频分复用多址是指将传输带宽划分成正交的互不重叠的一系列子载波集，将不同的子载波集分配给不同的用户来实现多址。正交频分复用多址系统可动态地把可用带宽资源分配给需要的用户，很容易实现系统资源的优化利用。由于不同用户占用互不重叠的子载波集，在理想同步情况下，系统无多用户间干扰，即无多址干扰（Multiple Access Interference，MAI）。正交频分复用多址各子信道有一定的带宽重叠，提高了频带利用率，但在时域上为保证符号正交也引入了循环前缀（Cyclic Prefix，CP），同样牺牲了系统效率。与码分多址接入相比，正交频分复用多址的好处在于具有更高的频谱效率、更好的抗衰落性能、易于与多天线技术结合。

基于正交多址接入技术的移动通信系统在接收端通常采用线性接收机来进行多用户检测，其发送和接收都较为简单。然而，从多用户信息理论的角度来看，正交多址加线性检测的多用户复用方式只能达到多用户容量界的内界，没能充分利用信道的传输能力。

4.1.2　5G 移动通信多址接入技术的挑战

随着信息时代的到来，智能终端的普及和移动互联网业务的发展，现有的移动通信系统将面临巨大的挑战，主要体现在：

- 大量智能终端连接到移动互联网，移动数据业务呈爆炸性增长。据预测到 2020 年，与 2010 年移动数据量相比数据业务将增长 1000 倍。
- 大量机器类型（Machine Type）设备将可以直接或通过网关接入移动网络，预测海量机器类通信（Massive Machine Type Communication，MMTC）将导致未来联网终端设备的总数达到 500 亿之多，10 倍于现有的移动通信终端数量。

因此，世界各国在推动 4G 产业化工作的同时，已开始着眼于下一代无线移动通信（第

5 代移动通信，5G）技术的研究，力求使无线移动通信系统性能和产业规模产生新的飞跃。5G 移动通信系统对连接数密度、用户体验速率、流量密度、峰值速率、时延、移动性等需求相对 4G 及其演进系统（IMT-Advanced）提出了更高的要求。

增加频谱资源是一种提高无线通信系统用户接入数量和吞吐量的解决方案，但由于频谱资源的稀缺性，使得无线移动通信业务的不断增长和无线频谱资源相对短缺构成了一对永恒的矛盾。随着现有调制编码技术的逐步演进，单用户点到点链路的频谱效率已经逼近香农极限，下一代多址接入技术需要从系统和网络的角度出发，来实现在给定频谱资源条件下的系统总接入用户数和总吞吐量的提升。

多址接入技术是无线通信网络升级的中心问题，多址接入技术决定了网络的基本性能和容量，并且对系统复杂度和部署成本有极大的影响。现有 4G 系统采用正交方式来避免多址干扰，使得接收相对简单。但是正交方式限制了无线资源的自由度（Degree of Freedom, DoF），在大量用户同时接入时，采用正交多址接入方式的多用户通信系统无法实现最优的频谱利用率。从多用户信息理论的角度来看，非正交多址接入相对正交多址接入在理论上可以取得明显的性能增益。随着大规模集成电路数字信号处理芯片能力在摩尔定律下的逐年提升，在过去被认为不可能实现的非线性检测，在未来的 5G 时代逐步成为一种工程实现可能。

针对未来 5G 无线网络密集海量接入和超大容量的需求，在频谱资源受限的情况下，非正交多址接入技术被视为在 4G 正交频分复用多址接入之后的演进趋势和突破方向。因此需要研究新型非正交多址接入技术，来解决 5G 的海量接入和大幅度提升容量的问题，实现更高效率通信的目标。

▌4.2　图样分割多址接入

图样分割多址接入[1~3]（Pattern Division Multiple Access, PDMA）技术是大唐电信（电信科学技术研究院）在早期 SAMA 技术[4,5]（SIC Amenable Multiple Access, SAMA）研究基础上提出的一种新型非正交多址接入技术。PDMA 技术的基本思想是基于发送端和接收端的联合设计，发送端将多个用户的信号通过编码图样映射到相同的时域、频域和空域资源进行复用传输；在接收端采用串行干扰删除（Successive Interference Cancellation, SIC）接收机算法进行多用户检测，实现上行和下行的非正交传输，逼近多用户信道的容量边界。

本节先简述 PDMA 技术的理论基础和系统模型，描述其信号模型；再详细介绍发送端的 PDMA 编码图样矩阵设计和分配方案；然后介绍接收信号检测方法；最后阐述一些实现问题的考虑。

4.2.1　PDMA 技术的理论和系统模型

本节首先介绍非正交传输技术和 PDMA 技术的基础理论，然后在此基础上给出 PDMA 技术的系统模型。

1. 非正交传输技术的理论分析

在蜂窝通信系统内，上下行传输本质上并非是点对点信道，上行传输是多点发送，单点接收，下行传输则是单点发送，多点接收。也就是说，上下行信道都是多用户信道，其信道容量不同于单用户点对点信道的容量。按照多用户信息理论[6]，非正交传输技术可以逼近上下行多用户信道容量界，而正交传输技术的性能次优于非正交传输技术。

下面分别分析蜂窝下行广播信道（Broadcast Channel，BC）和上行多址接入信道（Multiple Access Channel，MAC）的多用户信道容量区域，给出非正交传输技术的理论分析。

1）下行性能分析

蜂窝移动通信系统的下行信道由基站向多个终端同时发送独立的数据流。以两用户接收的加性高斯白噪声（Additive White Gaussian Noise，AWGN）信道为例（本节描述都是以两用户为例，可以直接推广到更多用户的情况），其基带接收信号模型为：

$$y_k = h_k x + n_k, \qquad k = 1, 2 \tag{4-1}$$

式中，n_k 为用户 k 受到的干扰和噪声，服从复高斯分布 $n_k \sim CN(0, N_0)$，y_k 是用户 k 的接收信号，x 是基站的发射信号，平均功率满足 $E\{|x|^2\} \leqslant P$。假设 $|h_2| < |h_1|$，即两个用户的信道质量有差异，用户 1 的信道条件好于用户 2 的信道条件，这种信道称为退化高斯广播信道，其容量区域可以表示为：

$$C_{BC} = \bigcup_{\{\alpha: 0 \leqslant \alpha \leqslant 1\}} \left\{ (R_1, R_2) \mid R_1 \leqslant \log_2\left(1 + \frac{(1-\alpha)P|h_1|^2}{N_0}\right), R_2 \leqslant \log_2(1 + \frac{\alpha P|h_2|^2}{(1-\alpha)P|h_2|^2 + N_0}) \right\} \tag{4-2}$$

可达到信道容量区域边界的传输方案为发送端采用叠加编码（Superposition Coding，SC），接收端采用 SIC 检测。叠加编码传输的发射信号可以表示为：

$$x = \sqrt{1-\alpha}\, x_1 + \sqrt{\alpha}\, x_2 \tag{4-3}$$

式中，α 是功率分配因子，x_k 是用户 k 的传输符号，$E\{|x_k|^2\} = P$。用户 1 的信道条件好于用户 2，因此若用户 2 能正确解码数据，用户 1 必然也能解码用户 2 的数据。因此，用户 1 的解码策略是先解码用户 2 的数据，然后从接收信号中删除掉用户 2 的信号，再解码用户 1 的数据。因为已经删除掉了用户 2 信号产生的干扰，用户 1 的信号和干扰噪声比（Signal to Interference plus Noise Ratio，SINR）为：

$$\text{SINR} = \frac{(1-\alpha)P|h_1|^2}{N_0} \tag{4-4}$$

用户 1 能达到的传输速率为：

$$R_1 = \log_2\left(1 + \frac{(1-\alpha)P|h_1|^2}{N_0}\right) \tag{4-5}$$

用户 2 在解码时将用户 1 的信号看作干扰，其 SINR 为：

$$\text{SINR} = \frac{\alpha P|h_2|^2}{(1-\alpha)P|h_2|^2 + N_0} \tag{4-6}$$

其能达到的传输速率为：

$$R_2 = \log_2\left(1 + \frac{\alpha P |h_2|^2}{(1-\alpha)P|h_2|^2 + N_0}\right)$$ （4-7）

对所有可能的功率分配因子进行遍历，即可达到该信道的容量区域边界。

对于退化广播信道，上述收发方案可以获得严格优于正交传输的传输速率[7]，并且两个用户的信道质量差异越大，叠加传输相对于正交传输的优势就愈加明显。

图 4-2 给出了用户 1 和用户 2 的接收信噪比分别为 $P|h_1|^2/N_0 = 10\,[\text{dB}]$ 和 $P|h_2|^2/N_0 = 0\,[\text{dB}]$ 时的正交传输和非正交传输的容量区域。如图 4-2 所示，下行 AWGN 信道中，除了两个速率端点之外的非正交传输性能严格优于正交传输性能。

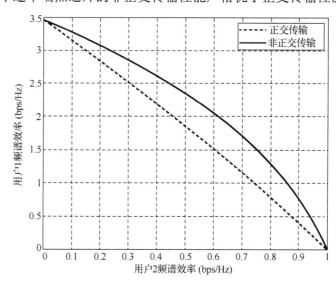

图 4-2　下行 AWGN 信道两用户非正交传输和正交传输的性能对比

2）上行性能分析

上行多址接入信道的基本特点是，多点发送，单点接收，且不同用户的信号所经过的无线信道不同。根据多用户信息论，上行 AWGN 信道中，多用户 MAC 信道可达信道容量域具有凸多面体结构，可达容量区域中每个顶点所代表的速率可以通过非正交传输达到。

以两用户接收的 AWGN 信道为例（本节描述都是以两用户为例，可以直接推广到更多用户的情况），其基带接收信号模型为：

$$y = x_1 + x_2 + w$$ （4-8）

式中，w 为接收端收到的干扰和噪声，服从复高斯分布 $w \sim CN(0, N_0)$，y 是基站的接收信号，x_k 是终端 k 的信号，平均功率满足 $E\{|x_k|^2\} \le P_k$。文献[7]给出了 AWGN 信道下两用户 MAC 信道的容量区域，如图 4-3 所示，横坐标表示用户 1 的速率，纵坐标表示用户 2 的速率。两个用户采用相同的时频资源叠加传输，接收端采用 SIC 检测算法可以达到信道容量的边界。以图 4-3 中的 B 点为例，先对用户 2 的信息进行解码，将用户 1 的信号看作干扰，用户 2 的 SINR 为：

$$\text{SINR} = \frac{P_2}{P_1 + N_0} \tag{4-9}$$

则用户 2 可以达到的速率为：

$$R_2 = \log_2\left(1 + \frac{P_2}{P_1 + N_0}\right) \tag{4-10}$$

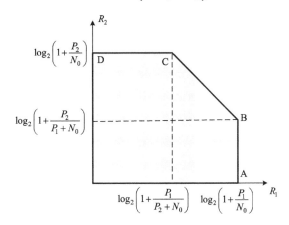

图 4-3　AWGN 信道下两用户 MAC 信道的容量区域

成功解码用户 2 的信息之后，重构出用户 2 的信号并从接收信号中删除用户 2 的贡献，再对用户 1 的信息进行译码，此时用户 1 的 SINR 为：

$$\text{SINR} = \frac{P_1}{N_0} \tag{4-11}$$

用户 1 能达到的速率为：

$$R_1 = \log_2\left(1 + \frac{P_1}{N_0}\right) \tag{4-12}$$

因此在 B 点，用户 1 和用户 2 能同时达到的速率为：

$$(R_1, R_2) = \left(\log_2\left(1 + \frac{P_1}{N_0}\right), \log_2\left(1 + \frac{P_2}{P_1 + N_0}\right)\right) \tag{4-13}$$

在 C 点上采用不同的检测顺序，即先检测用户 1 再检测用户 2，两个用户能同时达到的速率为：

$$(R_1, R_2) = \left(\log_2\left(1 + \frac{P_1}{P_2 + N_0}\right), \log_2\left(1 + \frac{P_2}{N_0}\right)\right) \tag{4-14}$$

线段 BC 上的点可以通过 B 点和 C 点上的传输方案的组合得到，例如一部分时间采用 B 点的解码方案，另一部分时间采用 C 点的解码方案。

图 4-4 中给出了两个用户的接收信噪比（SNR）分别为 $P_1 / N_0 = 10$ [dB] 和 $P_2 / N_0 = 20$ [dB] 时的正交传输容量区域和非正交传输容量区域的比较。由图 4-4 可知，上行正交传输与非正交传输的容量区域中存在公共点（图中 D 点）。但当两个用户的速率处于 D 点时，意味

着用户 2 的传输速率很高，用户 1 的传输速率则很低，该点上正交传输的用户间公平性较差。如果要追求公平性，提高用户 2 的传输速率，则正交传输两用户的和速率相对于非正交传输会有明显的损失。非正交传输可以使得两个用户获得更好的公平性，并且没有速率损失。

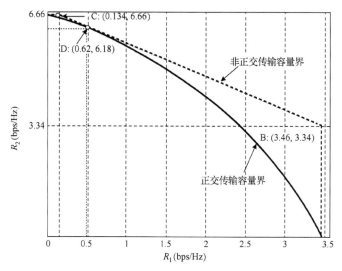

图 4-4　两用户 AWGN MAC 信道非正交传输和正交传输的容量区域

2．PDMA 技术的基础理论

根据上一节的非正交传输的理论分析可知，对于上行或者下行的多用户信道，在接收端采用 SIC 接收机可以达到信道容量区域的边界。但在存在信道衰落和干扰的实际通信系统中，由于信号重构的精度和信道估计的误差等因素的影响，数据解码的差错是无法避免的。采用 SIC 检测，一旦先检测的用户数据发生差错，对后续用户的检测性能会产生连锁的影响，称之为差错传播。差错传播将限制实际 SIC 接收机的性能[6]。

对于采用非正交传输技术的多用户，为了获得更优的传输性能，降低差错传播，需要进行发送端多用户编码的优化设计以及在接收端采用更高性能的检测算法。发送端和接收端的优化设计可以采用单独优化方式，但近年来收发端联合优化设计成为了获取更高性能的一个途径[8,9]。

PDMA 技术采用发送端和接收端联合优化的设计思想，在发送端对多个用户的信息进行不等分集度编码，并映射到时/频/空域资源上，利用不同编码图样来区分多个资源重叠的用户；在接收端用高性能低复杂度的多用户检测技术，例如置信传播（Belief Propagation，BP）算法，逼近最大后验概率（Maximum A Posteriori，MAP）检测性能。

PDMA 技术的收发端联合优化设计是从 MIMO 的解码性能分析中获得启示的。根据 MIMO 的分析结果[7,10-12]，对于 MIMO 传输中发送的多个并行数据流，接收端 SIC 检测第 i 个数据流能够获得的等效分集度为 $N_{div}(i) = N_R - N_T + i$，其中 N_R 表示接收天线数，N_T 表示发送的数据流数目。也就是说，SIC 检测各数据流的等效分集度呈递增关系，先检测的数据流的分集度较低，可靠性较差。由于差错传播的影响，先检测的数据流出现差错会对后续的检测产生不利的影响。

多用户信道可以看作虚拟 MIMO 信道，上述 MIMO 系统的分析结论可以推广到多个用户间的非正交传输。即多个用户在共享无线资源的情况下，当接收端采用 SIC 算法进行多用户检测时，各个用户处于不同的检测层（检测顺序），其等效分集度存在差异。根据接收端的检测顺序，最先检测的用户的等效接收分集度最低，最后检测的用户的等效接收分集度最高。为了保证多用户在接收端检测后能够获得尽量一致的等效分集度，提高先检测用户的等效分集度，PDMA 的解决方案是在发送端为多用户引入不一致的发送分集度。假设第 i 个检测用户的发送分集度为 $D_{\mathrm{T}}(i)$，则该用户 SIC 检测后的等效分集度为：

$$N_{\mathrm{div}}(i) = N_{\mathrm{R}} D_{\mathrm{T}}(i) - K + i \qquad (4\text{-}15)$$

式中，N_{R} 是接收天线数目，K 是用户数目。PDMA 通过设计各个用户的发送分集度 $D_{\mathrm{T}}(i)$，使得每个用户的等效分集度 N_{div} 尽量相等，实现发送和接收的联合优化设计，降低差错传播的影响，提高检测性能。

不等分集度编码构造方式，可以在时间、频率和空间等多个信号域内进行。PDMA 构造不等分集度的方式是通过把每个用户的待传输数据采用特定的映射图样（PDMA 编码图样）映射到一组资源上。PDMA 映射的一组资源可以是时域资源、频域资源和空域资源之一或者任意组合。PDMA 编码图样定义了数据到资源的映射规则，具体定义了数据映射到多少个资源、映射到哪些资源。其中资源的个数即决定了数据的发送分集度。不同的用户通过 PDMA 编码图样确定的映射资源获得不同的发送分集度。

多个用户的数据通过不同的 PDMA 编码图样映射到相同的一组资源上，支持同时传输的用户数量大于资源块数量，从而实现非正交传输，达到提升系统性能的目的。如图 4-5 所示是一个 PDMA 编码图样映射的例子。图中 6 个用户复用在 4 个资源单元组成的资源组上。6 个用户的映射图样各不相同，用户 1 映射到所有 4 个资源单元，用户 2 映射到前 3 个资源单元，用户 3 映射到第 1 个和第 3 个资源单元，用户 4 映射到第 2 个和第 4 个资源单元，用户 5 映射到第 3 个资源单元，用户 6 映射到第 4 个资源单元。6 个用户的发送分集度分别是 4,3,2,2,1,1，通过这种映射方式，实现发送端的不等分集度发送。

传统非正交多址接入技术，如 CDMA 中扩频码为非零的实数，如果接收端采用 BP 非线性检测算法，其复杂度非常高。为了降低 PDMA 接收端的复杂度，在 PDMA 的设计中借鉴了低密度扩频码中稀疏编码[13]的思想，编码图样的扩频码字中有一部分零元素，使得编码图样具有稀疏性。这种稀疏特性使接收端可以以较低的复杂度实现 BP 算法，并通过多用户联合迭代，实现近似于最大后验概率的检测性能。

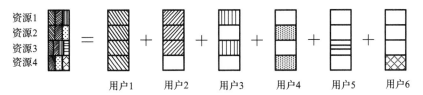

图 4-5　PDMA 多用户编码图样映射

PDMA 编码图样可以通过一个二进制向量定义，向量的长度等于一个资源组内的资源单元数目，向量元素取值为 0 表示用户的数据不映射到该资源单元，向量元素取值为 1 表示用户的数据映射到该资源单元。为表达方便，复用同一组资源的所有用户的 PDMA 编码图样排列在一起构成 PDMA 编码图样矩阵，图 4-5 中的资源映射方式对应的 PDMA 编码图样矩阵如图4-6 所示。

$$\begin{array}{c}资源1\\资源2\\资源3\\资源4\end{array}\begin{bmatrix}1&1&1&0&0&0\\1&1&0&1&0&0\\1&1&1&0&1&0\\1&0&0&1&0&1\end{bmatrix}$$
用户1　　用户2　　用户3　　用户4　　用户5　　用户6

图 4-6　6用户复用 4 个资源单元的 PDMA 编码图样矩阵

3．PDMA 技术的系统模型

图 4-7 和图 4-8 分别给出了 PDMA 上行和下行应用示例。在发送端，通过多个信号域（包括时域、频域、空域等）的 PDMA 编码图样实现多用户复用；在接收端，基于 PDMA 编码图样的特征结构，采用广义串行干扰删除（General SIC，GSIC）方式实现准最优多用户检测接收。

图 4-7 所示的系统中，3 个用户复用 2 个资源进行非正交传输，这里的资源可以是时域资源、频域资源、空域资源和功率域资源或其组合。具体的 PDMA 编码图样矩阵设计和分配方案将在 4.2.2 节介绍。接收端采用广义 SIC 接收机，具体接收机方案将在 4.2.3 节介绍。

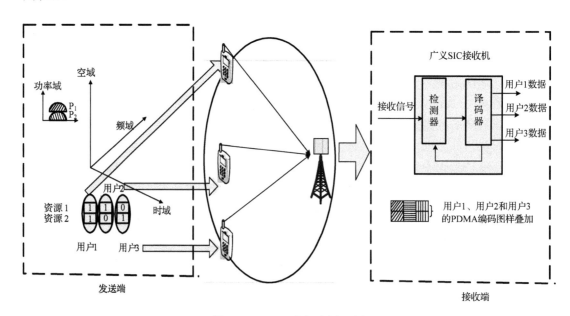

图 4-7　PDMA 上行应用示例

图 4-8 所示的系统中，用户 1 和 2 处在一个多天线波束传输方向，用户 3 和 4 在另一个波束传输方向，因此可以通过多用户 MIMO 方式，将处于不同波束方向的用户区分开来；

但对于同一方向的用户（如用户 1 和 2），采用空分复用方式则无法实现区分，这时可以对同一方向的用户采用时频域的 PDMA 编码图样区分来实现非正交传输。时频域 PDMA 编码图样结合空域资源复用，可以同时为 4 个用户传输下行数据。接收端采用广义 SIC 接收机，具体接收机方案将在 4.2.3 节介绍。

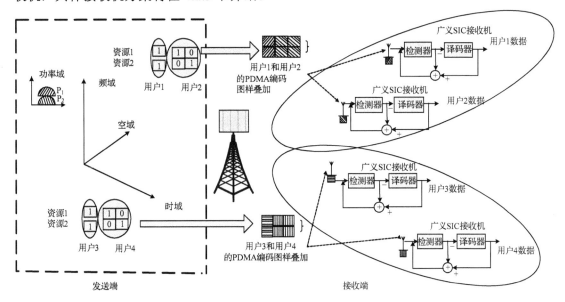

图 4-8 PDMA 下行应用示例

下面对 PDMA 的发送端和接收端分别进行介绍。

1）发送端

（1）上行发送过程。

PDMA 上行的发送过程如图 4-9 所示。在发送端，每个用户的数据比特流 b_k，$1 \leq k \leq K$ 分别进行信道编码，得到信道编码后的编码比特 c_k，$1 \leq k \leq K$，并且对编码比特 c_k，$1 \leq k \leq K$ 进行星座映射，针对星座映射后的数据调制符号 x_k，$1 \leq k \leq K$ 进行 PDMA 编码，得到 PDMA 编码调制向量 s_k，$1 \leq k \leq K$，然后对 s_k 进行 PDMA 资源映射和 OFDM 调制，完成发送端信号处理。需要说明的是，本节以 OFDM 调制为例说明 PDMA 的发送过程，其中 OFDM 调制也可以替换成其他的调制方式。

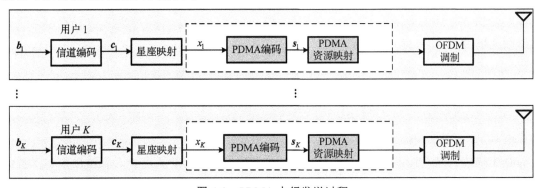

图 4-9 PDMA 上行发送过程

PDMA 编码是根据 PDMA 编码图样，对星座映射后的数据调制符号 x_k，$1 \leqslant k \leqslant K$ 进行线性扩频操作。PDMA 编码器的输入是星座映射后的数据调制符号 x_k，输出是 PDMA 编码调制向量 s_k：

$$s_k = g_k x_k, \ 1 \leqslant k \leqslant K \tag{4-16}$$

式中，g_k 是用户 k 的 PDMA 编码图样，K 个用户的 PDMA 编码图样构成维度是 $N \times K$ 的 PDMA 编码图样矩阵 $G_{\mathrm{PDMA}}^{[N,K]}$：

$$G_{\mathrm{PDMA}}^{[N,K]} = [g_1, g_2, \cdots, g_K] \tag{4-17}$$

PDMA 资源映射的作用是将 PDMA 编码调制向量映射到时频资源。

作为进一步扩展，可以把星座映射和 PDMA 编码合并，即由用户的数据比特映射直接得到 PDMA 编码调制向量。具体说，首先根据用户 k 的 PDMA 编码图样为用户 k 设计 PDMA 编码调制向量的候选集合，称为码本。码本是离线设计好的，并且存储在收发两端。一旦确定了用户的 PDMA 编码图样，即可确定与之关联的码本。PDMA 联合编码调制的过程是根据用户的数据比特从码本中选择出一个 PDMA 编码调制向量。码本中的向量和与之关联的 PDMA 编码图样具有相同的稀疏特性，即零元素的位置相同。向量中的非零元素其实构成了高维空间中的星座图。PDMA 联合编码调制同时完成了 PDMA 编码和高维空间中的星座图映射。图 4-10 给出了采用 PDMA 联合编码调制的上行发送过程。

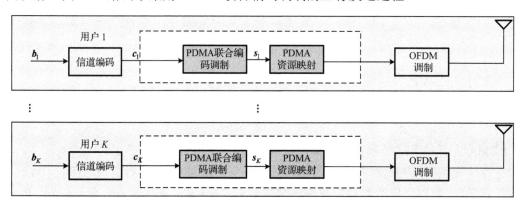

图 4-10　PDMA 上行发送过程——PDMA 联合编码调制

（2）下行发送过程。

PDMA 下行发送过程如图 4-11 所示。图 4-11 中，每个用户的数据分别进行信道编码、星座映射和 PDMA 编码后得到 PDMA 编码调制向量。K 个用户的 PDMA 编码调制向量在发送端完成叠加：

$$\begin{aligned} z &= s_1 + s_2 + \cdots + s_K \ = g_1 x_1 + g_2 x_2 + \cdots + g_K x_K \\ &= G_{\mathrm{PDMA}}^{[N,K]} \begin{bmatrix} x_1 \\ \vdots \\ x_K \end{bmatrix} \end{aligned} \tag{4-18}$$

叠加的信号再经过 PDMA 资源映射和 OFDM 调制之后发送出去。具体操作和上行传输过程相同，不再赘述。

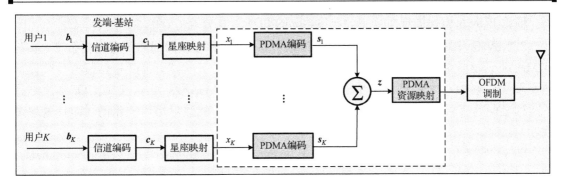

图 4-11 PDMA 下行发送过程

和上行同理，PDMA 编码和星座映射可以合并为 PDMA 联合编码调制，如图 4-12 所示，其具体处理过程与上行相同，此处不再赘述。

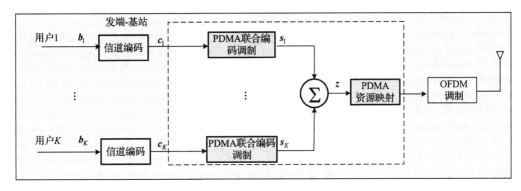

图 4-12 PDMA 下行发送过程——PDMA 联合编码调制

（3）PDMA 编码图样方案。

① 时频域 PDMA 编码图样方案。

当 PDMA 编码图样在时域和频域资源上进行映射时，不同用户通过在相同的时频资源上按照 PDMA 编码图样矩阵的不同列（即 PDMA 编码图样）来进行资源映射，实现非正交的用户信号叠加。如果给定了 PDMA 编码图样矩阵的行数为 N，则 PDMA 编码图样矩阵的列数最大取值为：

$$M = 2^N - 1 \tag{4-19}$$

我们称列数达到最大值的 PDMA 编码图样矩阵为理论 PDMA 编码图样矩阵，记为 $G_{\text{PDMA}}^{[N,M]}$，其表达式为：

$$G_{\text{PDMA}}^{[N,M]} = \begin{bmatrix} 1 & 1 & \cdots & 0 & 1 & \cdots & 0 \\ 1 & 1 & \cdots & 0 & \cdots & 0 & \cdots & 0 \\ \vdots & \vdots & \ddots & \vdots & \cdots & \vdots & \ddots & \vdots \\ 1 & 0 & \cdots & 1 & 0 & \cdots & 1 \end{bmatrix}_{N \times M} \tag{4-20}$$

$$\underbrace{}_{\substack{\text{分集度}=N \\ C_N^N}} \quad \underbrace{}_{\substack{\text{分集度}=N-1 \\ C_N^{N-1}}} \quad \cdots \quad \underbrace{}_{\substack{\text{分集度}=1 \\ C_N^1}}$$

理论 PDMA 编码图样矩阵中分集度为 n 的 PDMA 图样有 C_N^n 个。

PDMA 编码图样矩阵的选取取决于期望的复用倍数和可接受的系统实现复杂度。实际 PDMA 编码图样矩阵由理论 PDMA 编码图样矩阵的部分列构成，也就是说根据系统设计的要求从理论 PDMA 图样矩阵中选取若干个列组成 PDMA 图样矩阵。选取的基本原则是不同列之间具有合理的不等分集度，不同行间元素 "1" 的数量尽可能相同（即行重尽量接近）。

以 3 个基本时频资源单元（Resource Element，RE）传输 5 个用户（User Equipment，UE）的数据为例，图 4-13 给出了 PDMA 编码图样在时频资源的映射，其对应的 PDMA 编码图样矩阵表示为：

$$G_{\text{PDMA}}^{[3,5]} = \begin{bmatrix} 1 & 1 & 0 & 1 & 0 \\ 1 & 1 & 1 & 0 & 0 \\ 1 & 0 & 1 & 0 & 1 \end{bmatrix} \tag{4-21}$$

式中，用户 1 在 3 个 RE 上发送数据，用户 2 在第 1、2 个 RE 上发送数据，用户 3 在第 2、3 个 RE 上发送数据，用户 4、5 分别在第 3、1 个 RE 上发送数据，最终叠加形成的第 1 个 RE 上包含用户 1、2、5 的信息，第 2 个 RE 上包含用户 1、2、3 的信息，第 3 个 RE 上包含用户 1、3、4 的信息。

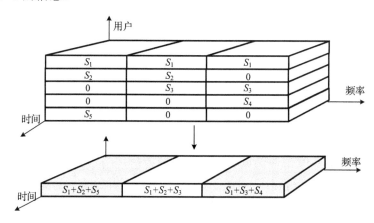

图 4-13　PDMA 在时频资源上的叠加

② 功率域信号编码图样方案。

在 PDMA 时频域信号基本传输的基础上，可以进一步考虑在功率域对 PDMA 编码图样进行优化来提升传输性能。在考虑功率域优化时，可在 PDMA 编码图样矩阵中引入功率缩放因子和相位旋转因子。以图 4-13 的 PDMA 编码图样矩阵 $G_{\text{PDMA}}^{[3,5]}$ 所示的 3RE 传输 5UE 为例，包含功率域的 PDMA 编码图样矩阵示例如下：

$$G_{\text{PDMA}}^{[3,5]} = \begin{bmatrix} g_{1,1}e^{j\theta_1} & g_{2,1}e^{j\theta_2} & 0 & 0 & g_{5,3}e^{j\theta_5} \\ g_{1,2}e^{j\theta_1} & g_{2,2}e^{j\theta_2} & g_{3,2}e^{j\theta_3} & 0 & 0 \\ g_{1,3}e^{j\theta_1} & 0 & g_{3,3}e^{j\theta_3} & g_{4,1}e^{j\theta_4} & 0 \end{bmatrix} \tag{4-22}$$

式中，$g_{i,j}$ 是第 i 个用户在第 j 个资源上的功率缩放因子，θ_i 是第 i 个用户的相位旋转因子。

通过功率缩放因子的选择可以实现用户之间的功率分配，相位旋转因子则可以使多用户合成的星座图趋近高斯分布，从而获得星座成形增益。

③ 空域信号编码图样方案。

空域图样分割是对用户信号进行 PDMA 编码后，进行空域资源映射，实现非正交传输。在考虑空域叠加时，每根天线作为 PDMA 资源映射的资源单元。以 PDMA 编码图样矩阵 $G_{\text{PDMA}}^{[2,3]} = \begin{bmatrix} 1 & 1 & 0 \\ 1 & 0 & 1 \end{bmatrix}$ 为例，如图 4-14 所示，3 个数据流的数据从两根天线上发出，其中数据流 1 的数据从天线 1 和天线 2 上发出，数据流 2 和数据流 3 的数据分别从天线 1 和天线 2 上发出，也就是说一根天线承载两个数据流的数据。通过 PDMA 编码图样的分割，实现了在 2 个天线上传输 3 个独立数据流的目的。这里的 3 个数据流可以是同一个用户的多个数据流，也可以是不同用户的数据流。

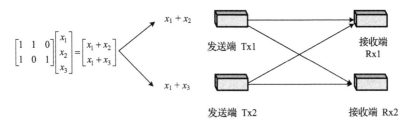

图 4-14　PDMA 的空域图样设计示例

PDMA 空域图样分割也可以和预编码矩阵或波束赋形进行结合，即每个数据流按照 PDMA 编码图样映射到对应的天线之后经过加权再发出。仍然以 $G_{\text{PDMA}}^{[2,3]}$ 为例，将波束赋形权值和 PDMA 编码图样矩阵合并，PDMA 编码图样矩阵变为：

$$G_{\text{PDMA,MIMO}}^{[2,3]} = \begin{bmatrix} w_{11} & w_{21} & 0 \\ w_{12} & 0 & w_{32} \end{bmatrix} \tag{4-23}$$

发射信号可以写成如下形式：

$$\begin{bmatrix} s_1 \\ s_2 \end{bmatrix} = \begin{bmatrix} w_{11} & w_{21} & 0 \\ w_{12} & 0 & w_{32} \end{bmatrix} \begin{bmatrix} x_1 \\ x_2 \\ x_3 \end{bmatrix} \tag{4-24}$$

式中，w_{ij} 是第 i 个数据流在第 j 根天线上发射信号的波束赋形权值，x_1、x_2 和 x_3 分别是数据流 1、数据流 2 和数据流 3 待发送的调制符号。通过选择合理的 w_{11} 和 w_{12}，可以保证数据流 1 的调制符号 x_1 从两根天线分别加权发送后，获得波束赋形增益和发送分集增益。权值 w_{11} 和 w_{12} 可以利用传统波束赋形算法计算得到。

2）接收端

（1）上行接收信号模型。

不失一般性，我们考虑上行单天线发送单天线接收场景，即用户配一根发送天线，基站配一根接收天线。假设时频域内 PDMA 编码图样映射到由 N 个资源组成的资源组，一共

有 K 个用户，每个用户占用一个单独的 PDMA 编码图样。在由 N 个资源组成的资源组上的 PDMA 接收信号是 K 个用户的信号分别经过上行衰落信道的叠加信号。

上行 PDMA 接收信号模型的表达式如下：

$$y_{\text{PDMA}} = \sum_{i=1}^{K} \text{diag}(h_i) g_i x_i + n_{\text{PDMA}} = (H_{\text{CH}} \odot G_{\text{PDMA}}^{[N,K]}) x_{\text{PDMA}} + n_{\text{PDMA}} \tag{4-25}$$

$$= H_{\text{PDMA}} x_{\text{PDMA}} + n_{\text{PDMA}}$$

$$H_{\text{PDMA}} = H_{CH} \odot G_{\text{PDMA}}^{[N,K]} \tag{4-26}$$

$$H_{\text{CH}} = [h_1, h_2 \cdots, h_K] \tag{4-27}$$

式中，y_{PDMA} 是 N 个资源上的接收信号组成的向量，维度是 $N \times 1$；$x_{\text{PDMA}} = [x_1 \ x_2 \ \cdots \ x_K]^{\text{T}}$，$x_k$ 是第 k 个用户的调制符号；$h_i = \begin{bmatrix} h_{i,1} & h_{i,2} & \cdots & h_{i,N} \end{bmatrix}^{\text{T}}$，$h_{i,n}$ 表示在第 n 个资源上第 i 个用户到基站的信道响应；$\text{diag}(h_n)$ 表示主对角线元素为向量 h_n 中元素的对角矩阵；$G_{\text{PDMA}}^{[N,K]}$ 是 PDMA 编码图样矩阵，g_i 是用户 i 的 PDMA 编码图样，对应于 PDMA 编码图样矩阵 $G_{\text{PDMA}}^{[N,K]}$ 的第 i 列；n_{PDMA} 是 N 个资源上的干扰信号和噪声组成的向量；H_{PDMA} 表示 N 个资源上、K 个用户的 PDMA 多用户等效信道响应矩阵，维度是 $N \times K$，H_{CH} 的第 i 行第 j 列元素表示第 i 个资源上第 j 个用户到基站的信道响应；"$\odot$" 表示两个矩阵的对应位置元素相乘。

下面以 PDMA 编码图样矩阵 $G_{\text{PDMA}}^{[2,3]} = \begin{bmatrix} 1 & 1 & 0 \\ 1 & 0 & 1 \end{bmatrix}$（$N=2$，$K=3$，表示 3 个用户数据复用在两个资源上）为例，给出具体的 PDMA 上行接收信号模型：

$$\begin{bmatrix} y_1 \\ y_2 \end{bmatrix} = \left(\underbrace{\begin{bmatrix} h_{1,1} & h_{2,1} & h_{3,1} \\ h_{1,2} & h_{2,2} & h_{3,2} \end{bmatrix}}_{H_{\text{CH}}} \odot G_{\text{PDMA}}^{[2,3]} \right) \begin{bmatrix} x_1 \\ x_2 \\ x_3 \end{bmatrix} + \begin{bmatrix} n_1 \\ n_2 \end{bmatrix} = \underbrace{\begin{bmatrix} h_{1,1} & h_{2,1} & 0 \\ h_{1,2} & 0 & h_{3,2} \end{bmatrix}}_{H_{\text{PDMA}}} \begin{bmatrix} x_1 \\ x_2 \\ x_3 \end{bmatrix} + \begin{bmatrix} n_1 \\ n_2 \end{bmatrix} \tag{4-28}$$

对于基站配置多根接收天线的情况，其接收信号模型可以由单天线的模型直接扩展得到，这里不再赘述。

（2）下行接收信号模型。

对于下行，我们也以单天线发送单天线接收为例进行介绍，多根接收天线的情况可以直接扩展得到。假设时频域内 PDMA 编码图样映射到由 N 个资源组成的资源组，一共有 K 个用户，每个用户占用一个单独的 PDMA 编码图样。对于第 k 个用户，其在由 N 个资源组成的资源组上的 PDMA 接收信号模型的表达式如下：

$$y_{\text{PDMA},k} = \text{diag}(h_k) \sum_{i=1}^{K} g_i x_i + n_{\text{PDMA},k} = (\text{diag}(h_k) G_{\text{PDMA}}^{[N,K]}) x_{\text{PDMA}} + n_{\text{PDMA},k} \tag{4-29}$$

$$= H_{\text{PDMA},k} x_{\text{PDMA}} + n_{\text{PDMA},k}$$

$$H_{\text{PDMA},k} = \text{diag}(h_k) G_{\text{PDMA}}^{[N,K]} \tag{4-30}$$

式中，$y_{\mathrm{PDMA},k}$ 是 N 个资源上的接收信号组成的向量，维度是 $N \times 1$；$x_{\mathrm{PDMA}} = \begin{bmatrix} x_1 & x_2 & \cdots & x_K \end{bmatrix}^{\mathrm{T}}$，$x_k$ 是第 k 个用户的调制符号；$h_k = \begin{bmatrix} h_{k,1} & h_{k,2} & \cdots & h_{k,N} \end{bmatrix}^{\mathrm{T}}$，$h_{k,n}$ 表示在第 n 个资源上基站到第 k 个用户的信道响应；$\mathrm{diag}(h_k)$ 表示主对角线元素为向量 h_k 中元素的对角矩阵；$G_{\mathrm{PDMA}}^{[N,K]}$ 是 PDMA 编码图样矩阵，g_i 是用户 i 的 PDMA 编码图样，对应于 PDMA 编码图样矩阵 $G_{\mathrm{PDMA}}^{[N,K]}$ 的第 i 列；$n_{\mathrm{PDMA},k}$ 是 N 个资源上的干扰信号和噪声组成的向量；H_{PDMA} 表示 N 个资源上的 PDMA 等效信道响应矩阵，维度是 $N \times K$。

对应于上述上行 3 个用户数据复用 2 个资源的例子，假设下行进一步考虑多用户在功率域（包含功率因子缩放和相位旋转因子）的差异，则时频域与功率域联合的 PDMA 编码图样矩阵可表示为：

$$G_{\mathrm{PDMA}}^{[2,3]} = \begin{bmatrix} \sqrt{0.8} & \sqrt{0.2}\mathrm{e}^{\mathrm{j}\pi/4} & 0 \\ \sqrt{0.8} & 0 & \sqrt{0.2}\mathrm{e}^{\mathrm{j}\pi/4} \end{bmatrix} \tag{4-31}$$

用户 k，$k = 1,2,3$ 的下行接收信号为：

$$\begin{aligned}
\begin{bmatrix} y_{1,k} \\ y_{2,k} \end{bmatrix} &= \left(\begin{bmatrix} h_{k,1} & 0 \\ 0 & h_{k,2} \end{bmatrix} G_{\mathrm{PDMA}}^{[2,3]} \right) \begin{bmatrix} x_1 \\ x_2 \\ x_3 \end{bmatrix} + \begin{bmatrix} n_{1,k} \\ n_{2,k} \end{bmatrix} \\
&= \underbrace{\begin{bmatrix} \sqrt{0.8}h_{k,1} & \sqrt{0.2}h_{k,1}\mathrm{e}^{\mathrm{j}\pi/4} & 0 \\ \sqrt{0.8}h_{k,2} & 0 & \sqrt{0.2}h_{k,2}\mathrm{e}^{\mathrm{j}\pi/4} \end{bmatrix}}_{H_{\mathrm{PDMA}}} \begin{bmatrix} x_1 \\ x_2 \\ x_3 \end{bmatrix} + \begin{bmatrix} n_{1,k} \\ n_{2,k} \end{bmatrix}
\end{aligned} \tag{4-32}$$

（3）接收端处理。

图 4-15 所示为 PDMA 上行系统接收端处理框图，基站对上行的接收信号进行 OFDM 解调之后，输入到检测器和译码器，得到所有用户的信源比特。考虑到算法的工程可实现性，基站采用广义 SIC 接收机，具体说，可以采用 SIC 检测，或者 BP 检测，或者基于 BP 的迭代检测译码（Belief Propagation and Iterative Decoding Detection，BP-IDD）算法。

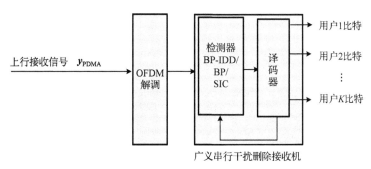

图 4-15　PDMA 上行系统接收端处理框图

图 4-16 所示为 PDMA 下行系统用户 k 接收端处理框图，用户 k 对接收信号进行 OFDM

解调之后，输入到检测器和译码器，得到用户 k 的信源比特。终端采用广义 SIC 接收机进行多用户检测。接收机算法将在 4.2.3 节中详细介绍。

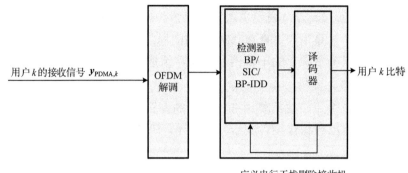

图 4-16   PDMA 下行系统接收端框图

4.2.2   PDMA 发送端关键技术

PDMA 图分多址接入技术的发端关键技术包括 PDMA 编码图样矩阵设计和分配。本节首先介绍 PDMA 编码图样矩阵设计，然后介绍 PDMA 编码图样分配方案。

1. PDMA 编码图样矩阵设计

根据 5G 移动物联网和移动互联网应用的高负荷需求，需要设计满足高负载和高谱效的稀疏特性 PDMA 编码图样矩阵，要求该 PDMA 编码图样矩阵适用于不同信道条件，且具有不等分集度和良好的单用户峰均功率比（Peak to Average Power Ratio，PAPR）特性。本节介绍满足各种负荷要求的 PDMA 编码图样矩阵的设计思路。

1）基本图样矩阵设计

首先定义过载比为非正交多址接入中用户的数量与所用资源数量的比值：$\alpha = K / N$，式中，K 为用户的数量，表现为 PDMA 编码图样矩阵的列数；N 为所用资源的数量，表现为 PDMA 编码图样矩阵的行数。对于给定的过载比，可以设计多种形式的 PDMA 编码图样矩阵来进行实现。假设系统复用的用户数为 K，则满足如下条件的 PDMA 编码矩阵 $G_{\mathrm{PDMA}}^{[N,K]} \sim G_{\mathrm{PDMA}}^{[N,M]}$ 均能够实现多用户编码图样映射：

$$G_{\mathrm{PDMA}}^{[N,M]} = \begin{bmatrix} 1 & 1 & \cdots & 0 & 1 & \cdots & 0 \\ 1 & 1 & \cdots & 0 & \cdots & 0 & \cdots & 0 \\ \vdots & \vdots & \ddots & \vdots & \cdots & \vdots & \ddots & \vdots \\ 1 & 0 & \cdots & 1 & 0 & \cdots & 1 \end{bmatrix}_{N \times M} \tag{4-33}$$

$$M = \sum_{i=1}^{N} C_N^i = 2^N - 1, \qquad M \geq N \tag{4-34}$$

$$G_{\text{PDMA}}^{[N,K]} \in G_{\text{PDMA}}^{[N,M]}, \qquad M \geq K \tag{4-35}$$

式中，$G_{\text{PDMA}}^{[N,M]}$ 是理论 PDMA 编码图样矩阵，$G_{\text{PDMA}}^{[N,K]} \sim G_{\text{PDMA}}^{[N,M]}$ 表示从理论 PDMA 编码图样矩阵 $G_{\text{PDMA}}^{[N,M]}$ 中选取 K 列形成的 K 个用户的 PDMA 编码图样矩阵。以过载比 150% 为例，PDMA 图样矩阵 $G_{\text{PDMA}}^{[2,3]}$ 或者 $G_{\text{PDMA}}^{[4,6]}$ 均能实现 150% 的过载比，两个矩阵定义如下：

$$G_{\text{PDMA}}^{[2,3]} = \begin{bmatrix} 1 & 1 & 0 \\ 1 & 0 & 1 \end{bmatrix} \tag{4-36}$$

$$G_{\text{PDMA}}^{[4,6]} = \begin{bmatrix} 1 & 1 & 1 & 1 & 0 & 0 \\ 1 & 1 & 1 & 0 & 1 & 0 \\ 1 & 1 & 0 & 1 & 0 & 1 \\ 1 & 0 & 0 & 0 & 1 & 1 \end{bmatrix} \tag{4-37}$$

式中，PDMA 图样矩阵 $G_{\text{PDMA}}^{[2,3]}$ 在两个基本资源单元传输 3 个用户的数据，对应于该 PDMA 图样矩阵的用户 1 同时在两个资源单元上传输数据，用户 2 只在第 1 个资源单元上传输数据，用户 3 只在第 2 个资源单元上传输数据。虽然 $G_{\text{PDMA}}^{[2,3]}$ 和 $G_{\text{PDMA}}^{[4,6]}$ 能达到相同的过载比，$G_{\text{PDMA}}^{[4,6]}$ 在接收端的检测复杂度会明显高于 $G_{\text{PDMA}}^{[2,3]}$。

下面给出不等分集度 PDMA 编码图样矩阵的设计准则：

- 根据系统的业务需要和过载比选择对应的 PDMA 编码图样矩阵维度，根据系统可以支持的计算能力选择合适的列重，如果系统能够支持复杂计算，倾向于选择高列重的图样，否则，选择轻列重的图样。高列重的图样具有更高的分集度，可以提供更可靠的数据传输，但是会增加接收端的检测复杂度。
- PDMA 图样矩阵内具有不同分集度（图样矩阵中各列中元素"1"的个数）的组数（分集相同的 PDMA 图样为一组）尽量多，以减轻 SIC 接收机的差错传播问题或者加速 BP 检测器的收敛速率。
- 只要过载比大于 100%，PDMA 图样矩阵内必然会有分集度相同的图样。为了尽量优化干扰删除的性能，要求具有相同分集度的图样之间的干扰尽量小。即对于给定的分集度，选择的图样应该最小化任意两个图样之间的最大内积值。对于相等分集度的图样，图样之间的内积越小，相互之间的干扰越小。小的内积表示两个图样之间元素"1"的位置重叠较少，即两个图样共享的资源个数较小，两个用户的数据仅仅复用在较少的资源上。

2）复杂度与性能比较分析

PDMA 编码图样矩阵的设计过程中要考虑性能和复杂度的折中。由于复杂度取决于实际采用的检测算法，本节假设接收机采用 BP 检测算法进行分析。BP 检测算法的实现复杂度正比于 PDMA 编码图样矩阵的行重 d_c（每一行不为 0 的元素的个数）和调制阶数 Q 乘积的 2 的指数幂，即 $O(2^{d_c Q})$，因此，PDMA 编码图样矩阵的行重越大，复杂度越高；调制阶数越高，复杂度越高。

这里考虑在 150% 过载设计，分别给出在 2 个物理资源上接入 3 用户传输和在 4 个物理资源上接入 6 用户传输的 PDMA 编码图样矩阵：

$$G_{\text{PDMA}}^{[2,3]} = \begin{bmatrix} 1 & 1 & 0 \\ 1 & 0 & 1 \end{bmatrix} \tag{4-38}$$

$$G_{\text{PDMA}}^{[4,6]} = \begin{bmatrix} 1 & 1 & 1 & 0 & 0 & 0 \\ 1 & 1 & 0 & 1 & 0 & 0 \\ 1 & 1 & 1 & 0 & 1 & 0 \\ 1 & 0 & 0 & 1 & 0 & 1 \end{bmatrix} \tag{4-39}$$

PDMA 编码图样矩阵 $G_{\text{PDMA}}^{[2,3]}$ 和 $G_{\text{PDMA}}^{[4,6]}$ 的过载比都是 150%。下面分别进行 PDMA 编码图样矩阵 $G_{\text{PDMA}}^{[2,3]}$ 与正交传输的性能对比，以及 PDMA 编码图样矩阵 $G_{\text{PDMA}}^{[2,3]}$ 和 $G_{\text{PDMA}}^{[4,6]}$ 的性能对比。

图 4-17 给出了 ITU UMA-NLOS 信道模型下采用 PDMA 编码图样矩阵 $G_{\text{PDMA}}^{[2,3]}$ 的 PDMA 传输和正交传输（OMA）的各用户误块率（Block Error Rate，BLER）性能对比。其中 OMA 和 PDMA 分别占用 12 个和 24 个物理资源块（Physical Resource Block，PRB），每个 UE 均为 QPSK 调制，编码速率为 1/2，每个 UE 的信源都是 1704 比特，并且保证 OMA 和 PDMA 传输的频域功率谱密度相等。由于 PDMA 传输一个 UE 占用两个资源，一个 UE 的频谱效率为 $2 \times 0.5 / 2 = 0.5$ bps/Hz。三个 UE 的频谱效率总和为 1.5 bps/Hz，而正交传输一个 UE 的频谱效率为 1 bps/Hz。从频谱效率的角度看，PDMA 传输可实现大于 50% 的增益，从 BLER 性能可以看出采用 $G_{\text{PDMA}}^{[2,3]}$ 的 PDMA 传输可靠性也高于正交传输。

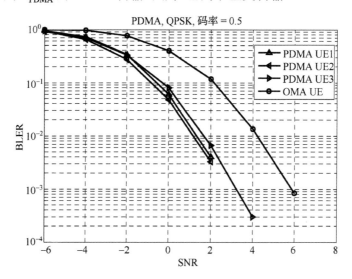

图 4-17　PDMA 编码图样矩阵 $G_{\text{PDMA}}^{[2,3]}$ 性能评估

如图 4-18 所示，在 1/2 编码速率条件下，基于 PDMA 编码矩阵 $G_{\text{PDMA}}^{[2,3]}$ 的平均 BLER 性能与 $G_{\text{PDMA}}^{[4,6]}$ 的平均 BLER 性能对比。其中，$G_{\text{PDMA}}^{[2,3]}$ 和 $G_{\text{PDMA}}^{[4,6]}$ 分别占用 4 个和 8 个 PRB，每个 UE 的调制均为 QPSK，编码速率为 1/2，信源都是 264 比特，并且保证两种 PDMA 传输的发送总功率相等。在平均 BLER=1% 时，采用 $G_{\text{PDMA}}^{[4,6]}$ 的性能要比 $G_{\text{PDMA}}^{[2,3]}$ 好大约 1.8 dB，但 $G_{\text{PDMA}}^{[2,3]}$ 的检测复杂度小于 $G_{\text{PDMA}}^{[4,6]}$ 的 1/16。

3）扩展图样矩阵设计——PDMA 联合编码调制

传统上多址技术和调制编码是独立设计的，并不能达到系统性能的最优化。PDMA 技

术的特点使得其可以和编码调制技术联合进行设计，获取更大的性能增益。实际上，4.2.1
节的"3. PDMA 技术的系统模型"中已经给出了一种设计方式，但是需要在高维空间中
进行星座图的设计，设计优化的难度较高。一种较为简单的实现方式是通过在 PDMA 编码
图样矩阵中引入相位偏移和功率缩放因子，使得多用户叠加之后的星座图逼近于高斯分布，
获得成形增益。

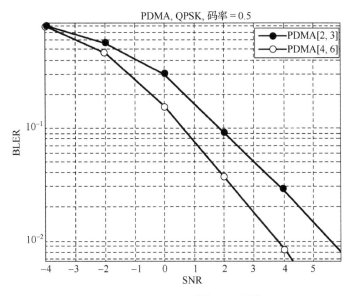

图 4-18　PDMA 编码图样矩阵 $G_{\mathrm{PDMA}}^{[2,3]}$ 和 $G_{\mathrm{PDMA}}^{[4,6]}$ 的性能对比

以下行 PDMA 编码图样矩阵 $G_{\mathrm{PDMA}}^{[2,3]}$ 为例，3 个用户复用在 2 个资源上，基站在 2 个资
源上的发射信号为：

$$\begin{bmatrix} s_1 \\ s_2 \end{bmatrix} = \begin{bmatrix} 1 & 1 & 0 \\ 1 & 0 & 1 \end{bmatrix} \begin{bmatrix} x_1 \\ x_2 \\ x_3 \end{bmatrix} \tag{4-40}$$

式中，s_i 是第 i 个资源上的发射信号，x_k 是第 k 个用户的调制符号。与正交多址技术使用
的 QAM 调制相比，PDMA 将多个用户的信号叠加在一起，即调制后的信号可以表示为用
户星座点信号的线性叠加：

$$\begin{aligned} s_1 &= x_1 + x_2 \\ s_2 &= x_1 + x_3 \end{aligned} \tag{4-41}$$

假设 3 个用户都是 BPSK 调制，用户 1、用户 2、用户 3 的调制符号均为+1 或者−1，
则两用户叠加后的信号集合为[−2,0,+2]。此时，当接收信号为−2 或者+2 时可以直接判断出
发送信号，然而当接收信号为 0 时，则很难进行判断。3 个用户叠加后的信号星座图符号
只有 3 个独立的星座点，并且并非等概分布。如果每个用户都采用 QPSK 调制，则叠加后
的星座图有 9 个独立的星座点，如图 4-19(a) 所示；如果每个用户采用 16QAM 调制，则叠
加后的星座图有 49 个星座点，如图 4-19(b) 所示。

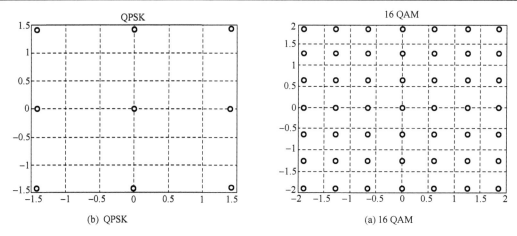

图 4-19　编码调制联合的叠加星座图

PDMA 进行叠加后的信号星座图有如下的特征：

（1）叠加后的信号具有非等概率分布。

（2）叠加后信号的星座点映射不再是一一映射，而可能多组输入都会映射为相同的叠加后星座点。

（3）叠加后的星座图依然具有 QAM 调制的形式。

从信息论角度分析，当输入星座图为 QPSK 和 16QAM 时，合成星座图最多可以承载 $\log_2(9)$=3.17 比特和 $\log_2(49)$=5.61 比特。然而，输入调制符号分别能够承载 4 比特和 8 比特，即合成星座图导致了 0.83 比特和 2.39 比特的容量损失。并且星座图阶数越高，对应的容量损失越大。对于 64QAM 的输入星座图，容量损失可以到达 4.19 比特。为了补偿容量损失，采用功率缩放、相位偏移和 PDMA 图样矩阵的联合优化，消除叠加后的星座图的模糊度，并且使用户的数据在叠加后逼近于高斯分布，从而获得成形增益。

具体方案是在用户的数据叠加之前引入功率缩放因子和相位偏移因子加以区分，可表示为：

$$s = \sqrt{\alpha}x_1 e^{j\varphi} + \sqrt{1-\alpha}x_2 \qquad (4\text{-}42)$$

为便于说明，在这个例子中我们只对用户 1 的信号引入了相位偏移因子，实际上可以对所有用户的信号引入相位偏移因子。

以 QPSK 和 16QAM 为例，假设 $\varphi = \pi/4$，$\alpha = 0.5$，即只引入相位偏移因子，则叠加后的星座图如图 4-20 所示。可以发现，相位偏移叠加后的星座图相比于直接叠加的星座图更接近于高斯分布：分布的区域趋向于圆形，并且圆心附近的密度高于外围的密度。图 4-21 给出了 QPSK 和 16QAM 只引入幅度缩放后进行叠加得到的星座图，其中 QPSK 的幅度缩放因子 $\alpha = 0.8$，16QAM 的幅度缩放因子 $\alpha = 0.95$。通过引入幅度缩放，可以避免多对一映射的发生。同时引入相位偏移和功率缩放得到的星座图如图 4-22 所示，其中 $\varphi = \pi/4$，$\alpha = 0.8$。

对于 PDMA 传输，多用户信号之间的相位偏移和功率缩放等效于在 PDMA 编码图样矩阵中引入幅度和相位参数。以 PDMA 编码图样矩阵 $G_{\text{PDMA}}^{[2,3]}$ 为例，合并了相位偏移和功率缩放因子的 PDMA 编码图样矩阵的形式为：

$$G_{\text{PDMA}}^{[2,3]} = \begin{bmatrix} \alpha_{11}\mathrm{e}^{-\mathrm{j}\varphi_{11}} & \alpha_{21}\mathrm{e}^{-\mathrm{j}\varphi_{11}} & 0 \\ \alpha_{12}\mathrm{e}^{-\mathrm{j}\varphi_{12}} & 0 & \alpha_{32}\mathrm{e}^{-\mathrm{j}\varphi_{32}} \end{bmatrix} \tag{4-43}$$

式中，α_{ij} 和 φ_{ij} 是第 i 个用户在第 j 个时频资源上的功率缩放因子和相位偏移因子。最优的功率缩放因子和相位偏移因子取决于用户个数和输入星座图的形状。

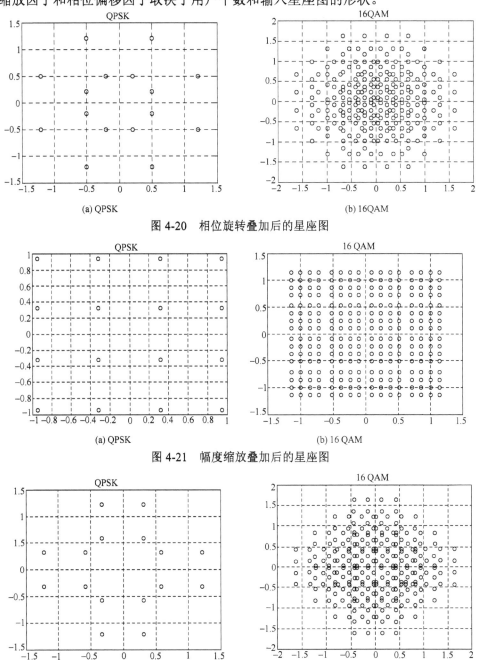

(a) QPSK　　　　　　　　　　　　　　(b) 16QAM

图 4-20　相位旋转叠加后的星座图

(a) QPSK　　　　　　　　　　　　　　(b) 16 QAM

图 4-21　幅度缩放叠加后的星座图

(a) QPSK　　　　　　　　　　　　　　(b) 16 QAM

图 4-22　幅度缩放和相位旋转叠加后的星座图

2．PDMA 编码图样分配方案

如上文所述，PDMA 作为一种非正交多址技术，采用具有不等分集度的编码图样进行用户之间的分割。PDMA 系统中的资源包括时间、频率、空间、功率等形式，这些资源以PDMA 编码图样分配的方式进行统一分配。PDMA 图样的分配在基站侧可以在无线资源管理算法中完成，优化的准则以及实现的算法与传统无线资源管理算法并无本质区别。因此，本节重点关注上行免调度传输所涉及的 PDMA 编码图样分配方案。

在 4G LTE 系统中，终端有上行数据要发送时需要先在基站配置的周期性资源上发送上行调度请求。基站收到请求后进行调度决策，并将调度结果发送给终端，指示终端在哪些资源上传输数据。一般情况下，该过程需要十几毫秒。5G 系统海量连接场景以及低时延高可靠场景中，如此大的时延将是不能接受的。此外，调度结果是通过下行控制信令发送给终端，大量的连接使得下行的控制信道资源成为瓶颈。免调度传输是降低时延和减少控制信道开销的可行方案。

免调度传输是指终端不发送调度请求，而自行选择用于上行发送的资源。为保护由基站调度的传统业务传输，通常免调度传输会限制在一个预先定义好的资源集合内，该资源集合称为资源池。对于正交传输，资源池中包括时频资源，终端从中选择一个时频资源进行传输。

终端在选择资源时无法进行协调，因此有可能两个终端选择了相同的资源，即发生冲突。冲突会导致终端发送的数据无法正确解调。发生冲突的概率取决于共享同一个资源池的终端的数量，以及资源池的大小。资源池越大，发生冲突的概率越低，但是相应的占用系统资源比例也越高。

作为一种非正交传输方案，PDMA 可以自然地与免调度传输结合，降低冲突的概率。具体来说，PDMA 允许终端以超过 100% 的过载比共享相同的资源，也就是说，PDMA 增加了一个资源选择的维度——PDMA 编码图样。传统的资源池扩展之后即可以包括 PDMA 编码图样。资源池内的一组资源与一个 PDMA 编码图样矩阵关联。终端选择时频资源的同时从 PDMA 编码图样矩阵中选择一个 PDMA 编码图样。即便两个用户选择了相同的时频资源，只要两者选择的 PDMA 编码图样不同，接收端仍然可以成功解调两个用户的数据。如果选定的 PDMA 编码图样矩阵过载比为 α，则相当于资源池扩大到原来的 α 倍。

PDMA 编码图样矩阵中不同图样具有不同的分集度，从而会带来不同的检测可靠性，终端选择 PDMA 编码图样的策略，需要能充分利用 PDMA 编码图样不等分集度的特点，实现与用户信道条件的灵活匹配。

定义 PDMA 上行免调度传输基本传输单元是由时间、频率、PDMA 编码图样、导频等资源构成的四元组合。其中时间和频率定义了 PDMA 编码图样映射的资源（也可以包括空域资源），时频资源包含的资源个数是 PDMA 编码图样矩阵行数的整数倍。导频以一组正交导频集合中的一个为基本单位，用于上述 3 个资源都相同的情况下（即发生了碰撞），通过导频区分出各个用户使得基站可以准确估计出各个用户的信道，并依靠先进的检测算法实现多用户检测。

图 4-23 是 PDMA 基本传输单元的示意图。图中分集度相同的 PDMA 编码图样分成一

组，称为一个 PDMA 编码图样组，共有 3 个 PDMA 编码图样组，分集度分别为 3、2、1。之所以按照分集度分组，主要考虑用户终端所处位置到基站的距离以及信道条件不同，可以将处于信道条件相近的终端分在同一分集度的图样组内，如图 4-24 所示，便于资源的分配。图 4-23 同时体现了相同的时间和频率资源下，PDMA 基本传输单元和 PDMA 编码图样资源、导频的分配关系。对于导频分配，每个 PDMA 基本传输单元（如图 4-23 中编号从 0 到 27）对应一个导频，不同的 PDMA 基本传输单元的导频不同。对于 PDMA 编码图样资源分配，在图 4-23 所示的立方体图中，水平方向的 PDMA 基本传输单元分配不同的编码图样资源；垂直方向上不同 PDMA 基本传输单元分配的相同的编码图样资源，如编号 0～6 的 PDMA 基本传输单元对应于不同的 PDMA 编码图样资源；而编号 0、7、14、21 的 PDMA 基本传输单元对应于相同的 PDMA 编码图样资源，依此类推。

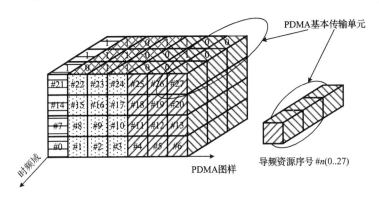

图 4-23　PDMA 基本传输单元

参与免调度传输的终端对 PDMA 编码图样的选择可以采用如下两种方案。

（1）方案一：资源预先配置方式。

在终端接入后，基站为终端分配好相应的 PDMA 基本传输单元。即终端与一定数量 PDMA 传输基本单元绑定，从而与一定的 PDMA 编码图样资源、时频域资源和导频资源绑定，在终端有数据要发送时，即在分配的 PDMA 传输单元中选择相应的基本传输单元进行发送。

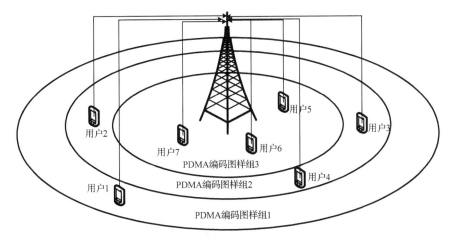

图 4-24　基于用户分组的 PDMA 编码图样分配

（2）方案二：终端选择方式。

基站不进行资源的预先配置。终端根据自己特有的特征按照一定规则映射，选取相应的 PDMA 传输基本单元。

下面利用 PDMA 编码图样矩阵 $G_{\text{PDMA}}^{[3,7]}$ 阐述上述过程。

对于 $G_{\text{PDMA}}^{[3,7]}$ 矩阵，

$$
G_{\text{PDMA}}^{[3,7]} = \begin{bmatrix} 1 & 1 & 0 & 1 & 1 & 0 & 0 \\ 1 & 1 & 1 & 0 & 0 & 1 & 0 \\ 1 & 0 & 1 & 1 & 0 & 0 & 1 \end{bmatrix} \underbrace{\qquad}_{C_3^3=1} \underbrace{\qquad}_{C_3^2=3} \underbrace{\qquad}_{C_3^1=3} \tag{4-44}
$$

其具有 3 种不同分集度的图样，则可以将 PDMA 编码图样分为 3 个图样组，每个图样组内的图样个数分别为 1、3、3。这样，按照不等分集度的特点，可以依据终端到基站的远近进行分组，例如根据终端上报的参考信号接收功率（Reference Signal Received Power，RSRP）值，如图 4-24 所示。对于 $G_{\text{PDMA}}^{[3,7]}$ 矩阵，可分为 3 类终端，分别对应于相应的图样组。针对方案一，与终端绑定的 PDMA 传输单元对应的 PDMA 编码图样资源、时频域资源和导频资源由基站统一分配，并通知给终端。分配给一个终端的 PDMA 传输单元对应的 PDMA 编码图样最好属于同一个 PDMA 编码图样组。

4.2.3　PDMA 接收端关键技术

高性能的接收机检测技术是 PDMA 多址方式的核心研究内容。接收机需要采用性能优良的检测算法实现尽可能大的过载比，提升承载的用户数和传输的频谱效率。本节将重点介绍适用于 PDMA 实现的 3 种检测算法。

1. 串行干扰删除（SIC）算法

根据 PDMA 的设计原理，在接收端采用串行干扰删除方法可以实现信号的检测接收。串行干扰删除算法的性能很大程度上取决于多用户的接收信号状况，PDMA 通过优化发端 PDMA 编码图样，有效提高了不同用户间的区分度，为接收端串行干扰删除提供了有利条件。

基本的 SIC 接收机结构如图 4-25 所示（以 3 个用户接收为例）。接收信号进入 SIC 检测器后，多用户检测器串行进行检测，即每次仅检出一个用户的数据，用户的数据由相对应的单用户检测单元器检测得出。该检测器运行后，首先由用户 1 检测单元检测译码得到第 1 个用户的数据，并且重构出用户 1 的信号，然后从接收信号中消除重构的用户 1 的信号，将消除后的信号输入用户 2 检测单元以检出用户 2 的数据，以此类推，直至完成所有用户数据的检测。

2. 置信传播（BP）算法

BP 检测算法也为消息传递算法[13~15]（Message Passing Algorithm，MPA），具有逼近于最大后验概率检测算法的良好性能。PDMA 编码图样矩阵的稀疏特性极大降低了 BP 算法的复杂度，因此 BP 算法可以应用于 PDMA 系统。

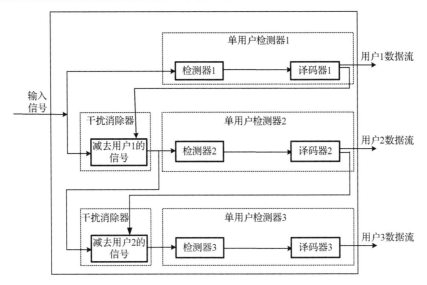

图 4-25　基本的 SIC 接收机结构

　　根据 4.2.1 节的"3. PDMA 技术的系统模型"中给出的 PDMA 上行接收信号模型,在给定基站的 PDMA 接收信号向量 $\boldsymbol{y}_{\text{PDMA}}$ 和 PDMA 多用户等效信道响应矩阵 $\boldsymbol{H}_{\text{PDMA}}$ 条件下,PDMA 多用户发送调制符号向量 $\boldsymbol{x}_{\text{PDMA}}$ 的最优检测算法是联合 MAP 检测:

$$\hat{\boldsymbol{x}}_{\text{PDMA}} = \arg\max_{\boldsymbol{x}_{\text{PDMA}}} p(\boldsymbol{x}_{\text{PDMA}} \mid \boldsymbol{y}_{\text{PDMA}}, \boldsymbol{H}_{\text{PDMA}}) \tag{4-45}$$

式(4-45)是联合 MAP 的最优解,可以通过基于局部的 MAP 解来近似,利用贝叶斯公式进一步推导可得[12]:

$$\hat{x}_k = \arg\max_{s \in \aleph_k} \sum_{\boldsymbol{x}_{\text{PDMA}}, x_k = s} P(\boldsymbol{x}_{\text{PDMA}}) \prod_{n \in N_v(k)} p(\boldsymbol{y}_{\text{PDMA},n} \mid \boldsymbol{x}_{\text{PDMA}}) \tag{4-46}$$

式中,$\aleph_k$ 是用户 k 的星座点构成的集合,$N_v(k)$ 是用户 k 的 PDMA 编码图样映射的时频资源序号集合。根据式(4-46)可知,该问题可以用基于因子图迭代检测的 BP 算法来求解。

　　下面以上行单天线发送单天线接收的 PDMA 编码图样矩阵 $\boldsymbol{G}_{\text{PDMA}}^{[3,6]}$ 为例,给出对应的因子图和 BP 算法计算过程。$\boldsymbol{G}_{\text{PDMA}}^{[3,6]}$ 的表达式如下:

$$\boldsymbol{G}_{\text{PDMA}}^{[3,6]} = \begin{bmatrix} 1 & 1 & 1 & 0 & 1 & 0 \\ 1 & 1 & 0 & 1 & 0 & 1 \\ 1 & 0 & 1 & 1 & 0 & 0 \end{bmatrix} \tag{4-47}$$

图 4-26 给出了 PDMA 编码图样矩阵 $\boldsymbol{G}_{\text{PDMA}}^{[3,6]}$ 的因子图。该因子图将 PDMA 多用户系统抽象为信道节点(Channel observation NoDe,CND)和用户节点(User NoDe,UND)两类节点,以及描述 CND 和 UND 之间约束关系的边(Edge)。PDMA 编码图样矩阵的每一行对应一个 CND,每一列对应一个 UND。PDMA 编码图样矩阵中取值为 1 的元素对应的 CND 和 UND 之间存在一个边,取值为 0 则表示 CND 和 UND 之间不存在边。进一步,x_k,$k = 1, \cdots, 6$ 代表用户 k 的数据,对应一个用户节点;y_j,$j = 1, \cdots, 3$ 代表时频资源单元 j 上的

接收信号，对应一个信道节点。$d_u(k)$ 为用户节点 k 的度数，表示用户 k 使用的时频资源单元数；$d_c(j)$ 为信道节点 j 的度数，代表时频资源单元 j 上复用的用户数。图 4-26 中，用户节点 x_1 连接了 3 个信道节点，其度数 $d_u(1)=3$，同理可得 $d_u(2)=d_u(3)=d_u(4)=2$，$d_u(5)=d_u(6)=1$。3 个信道节点 y_1、y_2 和 y_3 分别连接了 4、4、3 个用户节点，度数分别为 4、4、3。

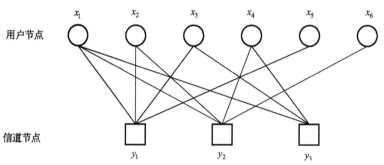

图 4-26　PDMA 编码图样矩阵 $G_{\text{PDMA}}^{[3,6]}$ 的因子图

对于图 4-26 所示的因子图，定义消息（或者外信息）是软信息的度量值，表示连接用户节点和信道节点的每条边的可靠性，一般采用对数似然比（Log Likelihood Ratio，LLR）定义。

BP 检测算法通过对信道节点和用户节点之间消息的迭代处理，获得最终输出给译码器的后验信息。下面分别给出一次 BP 迭代处理过程中信道节点和用户节点的消息处理过程。

图 4-27 给出了一次 BP 迭代处理过程中用户节点的消息处理过程，在第 l 次迭代时用户节点 x_k 传送给信道节点 y_j 的外信息 $L_{x_k \to y_j}^{l}(x_k = s)$ 由式（4-48）计算得到。

$$L_{x_k \to y_j}^{l}(x_k = s) = \sum_{j' \in N_v(k) \setminus j} L_{x_k \leftarrow y_{j'}}^{l-1}(x_k = s) \tag{4-48}$$

式中，$L_{x_k \leftarrow y_j}^{l}$，$x_k = s$ 是第 l 次迭代时信道节点 y_j 传送给用户节点 x_k 的外信息，s 表示任意比特序列对应的调制符号，s_0 表示全 0 比特序列对应的调制符号，$N_v(k)$ 为与用户节点 x_k 相连的所有信道节点的集合。

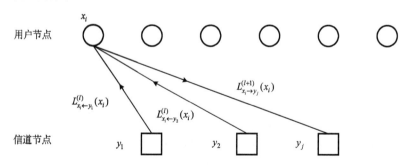

图 4-27　PDMA 编码图样矩阵 $G_{\text{PDMA}}^{[3,6]}$ 的用户节点的消息处理过程

图 4-28 给出了一次 BP 迭代处理过程中信道节点的消息处理过程，在第 l 次迭代时信道节点 y_j 传送给用户节点 x_k 的外信息 $L_{x_k \leftarrow y_j}^{l}(x_k = s)$ 采用式（4-49）计算。

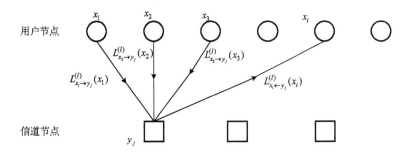

图 4-28 PDMA 编码图样矩阵 $\boldsymbol{G}_{\mathrm{PDMA}}^{[3,6]}$ 的信道节点的消息处理过程

$$L_{x_k \leftarrow y_j}^l (x_k = s) = \ln \frac{E\left\{ p(y_j \mid \boldsymbol{x}) \mid x_k = s, \left\{ L_{x_{k'} \rightarrow y_j}^l (x_{k'}), k' \in N_c(j) \backslash k \right\} \right\}}{E\left\{ p(y_j \mid \boldsymbol{x}) \mid x_k = s_0, \left\{ L_{x_{k'} \rightarrow y_j}^l (x_{k'}), k' \in N_c(j) \backslash k \right\} \right\}}$$

$$= \ln \frac{\displaystyle\sum_{\boldsymbol{x}_{N_c(j)k}, x_k = s} p(y_j \mid \boldsymbol{x}) \cdot \prod_{k' \in N_c(j) \backslash k} P(x_{k'})}{\displaystyle\sum_{\boldsymbol{x}_{N_c(j)k}, x_k = s_0} p(y_j \mid \boldsymbol{x}) \cdot \prod_{k' \in N_c(j) \backslash k} P(x_{k'})} \qquad (4\text{-}49)$$

式中，$N_c(j)$ 为与信道节点 y_j 相连的所有用户节点的集合。

当采用 max-log 算法 $\log(\exp(a) + \exp(b)) \approx \max(a, b)$ 近似时，式（4-49）可以进一步简化为：

$$\begin{aligned} L_{x_k \leftarrow y_j}^l (x_k = s) \simeq & \max_{\boldsymbol{x}_{N_c(j)k}, x_k = s} \left\{ -\frac{1}{2\sigma^2} \left| y_j - \boldsymbol{h}_j^{\mathrm{T}} \boldsymbol{x} \right|^2 + \sum_{k' \in N_c(j) \backslash k} L_{y_j \rightarrow x_{k'}}^l (x_{k'}) \right\} - \\ & \max_{\boldsymbol{x}_{N_c(j)k}, x_k = s_0} \left\{ -\frac{1}{2\sigma^2} \left| y_j - \boldsymbol{h}_j^{\mathrm{T}} \boldsymbol{x} \right|^2 + \sum_{k' \in N_c(j) \backslash k} L_{y_j \rightarrow x_{k'}}^l (x_{k'}) \right\} \end{aligned} \qquad (4\text{-}50)$$

式中，$\boldsymbol{h}_j$ 表示 $\boldsymbol{H}_{\mathrm{PDMA}}$ 的第 j 列，σ^2 表示复高斯噪声的功率，s、$N_c(j)$ 和 $N_v(k)$ 的定义同前。

当迭代满足收敛结束条件（例如，迭代次数达到最大迭代收敛条件 $L_{\max}$）时，通过下式计算变量节点 $x_k = s$ 的后验信息 $L^{\mathrm{D}}(x_k = s)$，并把后验信息 $L^{\mathrm{D}}(x_k = s)$ 输出给译码器，用于进行译码操作。

$$L^{\mathrm{D}}(x_k = s) = \sum_{j' \in N_v(j)} L_{x_k \leftarrow y_{j'}}^{L_{\max}}, \ x_k = s \qquad (4\text{-}51)$$

3. 基于 BP 的迭代检测译码（BP-IDD）算法

为了进一步提升 BP 检测的性能，可以考虑把 BP 检测器和 Turbo 译码器进行联合迭代处理，即采用基于 BP 的迭代检测译码算法[16,17]。BP-IDD 的基本原理是将译码后的信息反馈作为 BP 检测器的输入先验信息，充分利用译码后的信息来进一步提高 BP 检测算法的性能。

图 4-29 给出了基于 PDMA 编码图样矩阵 $\boldsymbol{G}_{\mathrm{PDMA}}^{[3,6]}$ 的 BP-IDD 检测算法的因子图。其中，x_k，$k = 1, \cdots, 6$ 代表用户 k 的数据符号，对应用户节点，其中每个用户的数据符号对应 3 个变量节点，c_i，$i = 1, \cdots, 3$ 为用户节点 1 对应的变量节点，每个用户的变量节点都遵循一定

的编码条件，在因子图中表示为每个用户的变量节点都与对应的用户节点相连。y_j，$j=1,\cdots,3$ 代表时频资源单元 j 上的接收信号，对应一个信道节点。

一般来说，用户节点与信道节点之间的迭代检测即上一节描述的 BP 检测，用户节点与变量节点之间的迭代检测称为 Turbo 译码，而将两种迭代算法之间进行外信息传递的迭代检测称为基于 BP 的迭代检测译码。由于数据经过信道译码会进一步提高解调数据的可靠性，将其输出的外信息作为下一次 BP 迭代检测的输入先验信息能有效提高检测器的性能，因此，BP-IDD 的检测性能优于 BP 检测。

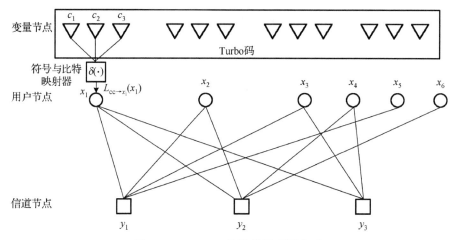

图 4-29　BP-IDD 算法的因子图表示

定义内部迭代次数（记为 l）指 BP 算法内部信道节点和用户节点之间的迭代次数，外部迭代次数（记为 w）指 BP 检测器和 Turbo 译码器之间的迭代次数。相对于 BP 检测，BP-IDD 检测中 $L^{l,w}_{x_k \to y_j}(x_k=\alpha)$、$L^{l,w}_{x_k \leftarrow y_j}(x_k=\alpha)$、$L^{l,w}_{x_k \to \mathrm{CC}}(x_k=\alpha)$ 的计算公式更新如下：

$$L^{l,w}_{x_k \to y_j}(x_k=\alpha) = \sum_{j' \in N_v(k) \setminus j} L^{l-1,w}_{x_k \leftarrow y_{j'}}(x_k=\alpha) + L^{w-1}_{x_k \leftarrow \mathrm{CC}}(x_k=\alpha) \tag{4-52}$$

$$L^{l,w}_{x_k \leftarrow y_j}(x_k=\alpha) = \ln \frac{E\left\{p(y_j \mid \boldsymbol{x}) \mid x_k=\alpha, \left\{L^{l,w}_{y_j \leftarrow x_{k'}}(x_{k'}), k' \in N_c(j) \setminus k\right\}\right\}}{E\left\{p(y_j \mid \boldsymbol{x}) \mid x_k=0, \left\{L^{l,w}_{y_j \leftarrow x_{k'}}(x_{k'}), k' \in N_c(j) \setminus k\right\}\right\}} \tag{4-53}$$

式中，$L^{w-1}_{x_k \leftarrow \mathrm{CC}}(x_k=\alpha)$ 表示在第 $w-1$ 次外迭代过程中 Turbo 信道译码器（并且经过符号与比特映射器之后）反馈至 BP 检测器的对应用户节点的外信息。

第 w 次外迭代、第 l 次内迭代过程中，用户节点传递给 Turbo 信道译码器的外信息 $L^{l,w}_{x_k \to \mathrm{CC}}(x_k=\alpha)$：

$$L^{l,w}_{x_k \to \mathrm{CC}}(x_k=\alpha) = \sum_{j' \in N_v(j)} L^{l-1,w}_{x_k \leftarrow y_j}(x_k=\alpha) \tag{4-54}$$

上述 3 种检测算法，从性能来看，BP-IDD 优于 BP，BP 优于 SIC，从算法实现复杂度来看，BP-IDD 高于 BP，BP 高于 SIC。因此，从性能、复杂度和应用场景考虑，推荐 PDMA

上行接收机采用 BP-IDD 算法，PDMA 下行接收机采用 BP 算法，当配对用户之间的信道质量差异较大的情况下，可考虑 SIC 检测算法。

4.2.4　PDMA 技术后续进一步研究的内容

理论上，PDMA 技术可以普适地应用于面向 IMT-2020 的 5G 典型场景中，包括广域连续覆盖、热点覆盖、低功耗大连接、低时延高可靠等。

从实际应用来看，PDMA 技术还面临如下一些挑战，需要在后续的研究中解决：

1．PDMA 基础理论的进一步深入研究

在容量分析中，需要对发送端和接收端联合优化进行理论建模，充分考虑多用户信道估计误差、时频偏误差、检测复杂度受限等约束条件，同时需要以接收机的可实现性为准则，研究采用低复杂度的 SIC 算法结构的多用户容量界的结构特征，对多用户编码图样矩阵的优化设计提出指导方案。

在整个理论分析方案中，关键性的难点是面向实际需求，采用混合规划、启发式优化等理论分析工具，分析和求解多址信道的和容量上界。

2．PDMA 发送端设计方案优化

PDMA 发送端需要考虑分集和复用增益以及算法的复杂度，设计出具有低复杂度、高性能的 PDMA 编码图样矩阵；利用 PDMA 编码图样矩阵的不等分集度特点，设计优化的基于图样分组和用户分组的 PDMA 编码图样分配方法；在基于单个信号域的用户图样设计基础上，进一步考虑多个信号域的联合优化，是发送端重点解决的难点问题。

3．PDMA 接收机设计方案优化

接收机性能是 PDMA 多址方式的核心研究内容，根据 PDMA 的编码图样分割用户，接收机可采用性能更优的迭代接收检测算法来提升性能。特别是面向实用化，设计低复杂度接收检测算法是重要的研究方向。同时，通过运用多用户信息理论，设计与优化接收机整体结构，平衡 PDMA 编码图样检测算法之间的性能和复杂度，是需要深入研究的重要技术难点。

4．PDMA 与多天线技术结合

多天线技术作为有效提升系统性能的重要手段，将 PDMA 与多天线进行结合，通过将信号图样与多天线所构造的空域特性联合编码，可以有效提升 PDMA 多址接入的多用户检测特性。研究多用户空域编码的最优化设计准则以及设计易于串行干扰删除的多用户空域编码方案是其中的核心难点问题。同时，利用 PDMA 与多用户 MIMO 技术结合，可以有效提升配对性能。研究 PDMA 与多用户 MIMO 结合情况下的无线资源管理和用户配对算法，以及如何进行信息状态反馈及链路自适应也是两者结合的重要研究内容。

▌4.3　其他新型多址接入

本节对业界正在讨论的其他一些新型多址接入技术以及新波形技术进行介绍,具体包括功分非正交多址接入、稀疏码分多址接入、滤波器组多载波、通用滤波多载波、广义频分复用等。

4.3.1　功分非正交多址接入

1. 基本原理

2012 年 NTT DoCoMo 提出在蜂窝移动通信系统下行引入 4.2.1 节的“1. 非正交传输技术的理论分析”中介绍的叠加编码传输,并将其命名为非正交多址接入(Non-Orthogonal Multiple Access,NOMA)。NOMA 可以看作在功率域进行多用户数据的叠加和发送,也称为功分多址。

蜂窝移动通信系统中,一个基站覆盖范围之内容易找到信道条件有差异的一对用户。如图 4-30 所示的系统,用户 1 位于小区中心,用户 2 位于小区边缘,用户 1 的信道条件优于用户 2。基站发射信号进行用户 1 和用户 2 信号的叠加编码,假设基站总发射功率为 P,分配给用户 1 的发射功率为 $(1-\alpha)P$,分配给用户 2 的发射功率为 αP。用户 1 接收端采用 SIC 检测,用户 2 接收端采用线性检测,可以获得相对于正交传输的性能提升。

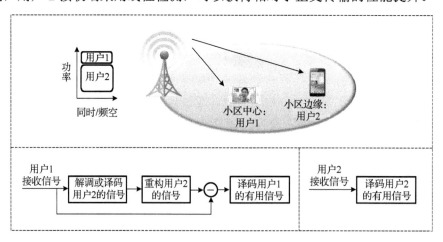

图 4-30　下行 NOMA 的收发端信号处理

根据 4.2.1 节的分析,功率分配因子 α 的选取决定了用户 1 和用户 2 的速率在信道容量区域边界上的具体位置。α 越大,分配给用户 2 的发射功率越多,相应的用户 2 可以获得更高的传输速率,反之用户 1 可以获得更高的传输速率。实际系统中,为了保证用户调度的公平性,通常希望基站功率分配的结果能最大化两个用户的加权速率和:

$$\alpha^* = \arg\max_{0 \le \alpha \le 1} w_1 R_1 + w_2 R_2$$

$$= \arg\max_{0 \le \alpha \le 1} w_1 \log_2\left(1 + \frac{(1-\alpha)P|h_1|^2}{N_0}\right) + w_2 \log_2\left(1 + \frac{\alpha P|h_2|^2}{(1-\alpha)P|h_2|^2 + N_0}\right) \tag{4-55}$$

最优功率分配的结果与两个用户的信噪比以及加权值都有关系，需要实时计算。通常加权值选取为用户的历史平均速率的倒数。

NOMA 叠加传输的处理过程如图 4-31(a)所示。两个用户的数据分别经过编码调制，得到调制符号，根据功率分配因子对调制符号进行功率缩放后将两个用户的信号叠加传输。两个用户的调制符号叠加传输，相当于将两个星座图拉伸之后叠加在一起构成一个合成星座图。图 4-31(b)给出了两个用户采用 QPSK 调制叠加后的星座图，图中用了两个用户的数据比特联合标注了合成的星座图，前两个比特为用户 2 的数据比特，后两个比特为用户 1 的数据比特。

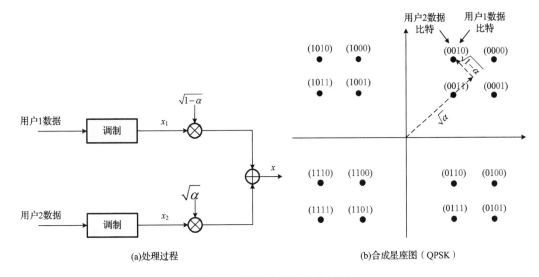

(a)处理过程　　　　　　　　　　　　　(b)合成星座图（QPSK）

图 4-31　两用户叠加传输示例

检测过程中，用户 1 需要解调两个用户的数据，因此两个用户的数据比特到合成星座图的映射关系会影响用户 1 的解码性能。一种优化策略是令汉明距离最小的数据比特（两个用户的数据比特）映射到欧式距离最小的星座点上，也就是采用 Gray 映射，如图 4-32 所示。将图 4-32 与图 4-31 进行比较，从发射端处理过程来看，用户 1 的星座调制输出由用户 1 和用户 2 的数据比特共同确定；从合成星座图来看，用户 1 的数据比特映射方式进行了修改，使得相邻的星座点对应的数据比特仅有 1 位不同。

上面的例子中，如果固定功率分配因子 $\alpha = 4/5$，则合成星座图其实就是 Gray 映射的 16QAM 星座图。此时，发射端处理过程可以简化为联合星座图映射，即用户 1 和用户 2 的数据联合从 16QAM 的星座图中选择出调制符号。用户 1 接收时按照 16QAM 进行解调，同时解调出用户 1 和用户 2 的数据。该方案相当于将星座点映射的数据比特在用户间进行了分割，也称为比特分割多址（Bit Division Multiple Access，BDMA）。比特分割方案的优势是用户 1 接收端不需要采用 SIC 接收，可以按照单用户传输进行解调，避免了差错传播的问题。比特分割的发端处理过程和星座图映射如图 4-33 所示。

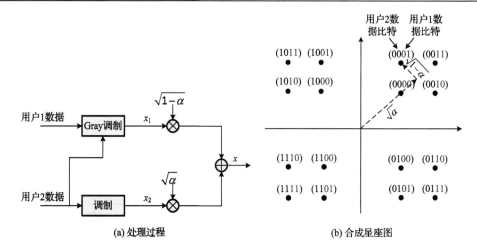

(a) 处理过程   (b) 合成星座图

图 4-32　两用户 Gray 映射示例

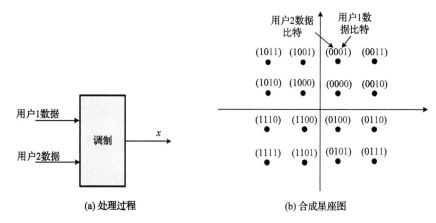

(a) 处理过程   (b) 合成星座图

图 4-33　比特分割（BDMA）示例

3GPP 在 2015 年 3 月设立了关于多用户叠加传输的研究项目[18]，进行下行非正交多址技术的研究，NOMA 以及上述讨论的两种变化方案均在讨论范围之内，有可能在 3GPP Rel-14 版本进行标准化工作。

2．系统设计

本节将讨论 NOMA 方案在实际系统应用中所要解决的一些问题，包括信令设计、调度算法和信道状态信息反馈。

1）信令设计

以图 4-30 中的系统为例，用户 1 为了完成对用户 2 的数据解调，需要获知用户 2 传输参数相关的信息。用户 1 采用的检测算法不同，相应需要的参数信息也不同。如果用户 1 采用符号级的 SIC 检测或者最大似然检测，用户 1 需要知道用户 2 的调制阶数和资源分配信息。对于码字级 SIC，要求用户 1 能对用户 2 的数据包进行译码，因此额外要知道用户 2 的编码方式、编码速率、冗余版本等信息。解调之后重构用户 2 的信号需要功率分配信息，以便能正确地调整重构信号的幅度，准确地进行干扰删除。

　　这些信息的获取有两种途径：基站信令通知或者用户自己进行盲检测。基站信令通知可以简化终端的实现，但是会带来一定的系统开销。用户盲检会增加用户的复杂度，并且盲检的可靠性会影响最终的解调性能。可行的策略是对所有的参数进行筛选，盲检可靠性较高的参数可以留给用户盲检，其他的参数则由基站通过信令进行通知，在性能、复杂度和系统开销之间找到一个平衡点。

　　2）调度算法

　　叠加传输所能获得的增益大小取决于配对的用户之间的信道条件差异，因此通过调度算法选择合适的用户进行配对传输是获得系统性能提升的关键。简单来说，调度器可以通过遍历所有可能的调度决策实现用户选取和功率分配。每个调度决策包括一个用户组合以及相应的功率分配系数。对于每个子带，调度器计算每个调度决策下的用户组合的性能指标（例如加权速率和），并将性能指标最优的调度决策作为当前子带的调度结果。

　　如果每个子带独立地进行调度，则会出现如图 4-34 所示的情况。用户 1 在子带 1 上与用户 2 配对，用户 2 是远端用户（信道条件差的用户）；用户 2 在子带 2 上与用户 3 进行配对，用户 3 是远端用户；用户 3 在子带 3 上与用户 4 进行配对，用户 4 是远端用户；用户 4 在子带 4 上与用户 5 配对，用户 5 是远端用户。如果用户 1 用码字级 SIC 接收机进行数据接收，则用户 1 需要将用户 2～用户 5 的数据先全部解调出来，才能进行干扰删除。这无疑极大地增加了终端的检测复杂度，因为在实际系统中子带的个数远大于 4，调度的用户数也远大于 4，用户为了解调自己的数据，需要解调众多其他用户的数据。因此在设计调度算法时，除了对系统性能的优化外，还要考虑一定的约束，限制终端检测的复杂度。

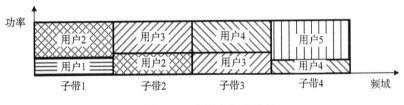

图 4-34　多用户调度结果

　　3）信道状态信息反馈

　　基站在进行链路自适应（如调制阶数和编码速率选择）时，需要一些终端反馈信息的支持。LTE 系统中，基站是依靠终端反馈的信道质量信息（Channel Quality Indicator，CQI）完成链路自适应的。CQI 由终端在一定的传输假设下计算并通过上行信道反馈给基站。这一套机制在 LTE 系统中工作效果良好，因为基站可以根据需要使最终调度后的传输和终端计算时假设的传输一致，这时基于终端反馈的 CQI 就可以准确地进行链路自适应。

　　引入了叠加传输之后，直接应用这套机制将会面临一些问题。首先，用户的信号功率具有不确定性，取决于基站的功率分配结果。其次，用户是否会有配对用户，以及和哪些用户配对在终端进行计算时是不确定的，这将直接影响用户的信道质量信息计算。具体讲，一个用户如果和一个信道条件更好的用户配对，那么该用户检测会将配对用户的信号看作干扰；而同一个用户如果和一个信道条件更差的用户配对，那么该用户检测时采用 SIC 算法，配对用户产生的干扰大大减少。这两种情况下用户的信道质量会存在显著差异，但是这些差异无法体现在终端反馈的 CQI 中。

目前有两种思路解决信道状态信息反馈的问题：

（1）依靠终端反馈解决：令终端计算多种假设下的信道质量信息，包括干扰假设和功率分配假设等。所有的信息在终端计算，可以获得较准确的信道质量信息，但是会增加终端的复杂度和系统的开销。

（2）依靠基站计算解决：终端在反馈时按照一个固定的假设进行反馈，例如没有配对用户，由基站根据调度的结果和终端的反馈信息进行推算，得到链路自适应所需的参数。该方案对终端较简单，但是准确度受限于基站侧算法的设计。

4.3.2 稀疏码分多址接入

稀疏码分多址（Sparse Code Multiple Access，SCMA[19~25]）是基于稀疏码本的新型非正交多址技术，其基本思想是通过码域稀疏扩展和非正交叠加，在同样的物理资源数下容纳更多用户，增加网络总体吞吐量。

1. 发送端设计

SCMA 的发送端的基本原理如图 4-35 所示，通过一个 SCMA 编码器直接得到了稀疏的 SCMA 码字，同时实现了传统低密度扩频 CDMA（Low Density Spread-CDMA，LDS-CDMA）的 QAM 调制和扩频处理功能[19]。SCMA 可包含单个或多个数据层，用于实现多用户复用。单个用户的数据对应其中的一层或多层，每一个数据层有一个预定义的 SCMA 码本，其中包含多个由多维调制符号组成的 SCMA 码字。同一 SCMA 码本中的 SCMA 码字具有相同的稀疏图样。

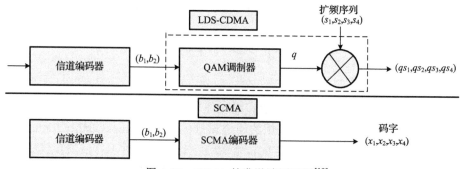

图 4-35　SCMA 的发送端原理图[19]

图 4-36 所示为比特到码字的映射过程，共有 6 个数据层，每一数据层对应每一个码本。每个码本包含 4 个码字，码字长度为 4，每个码字包含两个非零元素和两个零元素。在映射时，根据比特对应的编号从码本中选择码字，不同数据层的码字直接叠加。比如，对于用户 1 的编码数据 11，其选择用户 1 对应的码本 1 中第 4 个码字，对于用户 2 的编码数据 10，选择其对应码本 2 中的码字 3，其他用户依次类推。

表 4-1 给出了一种与图 4-36 类似的 6 个用户的码本定义。其中，表 4-2 中一个码字对

应于图 4-36 的一列，同一个码本中 4 个码字的非零元素都不相同（如图 4-36 中的不同图案所示）；不同码本的码字中相同的非零元素对应于图 4-36 中的相同图案。

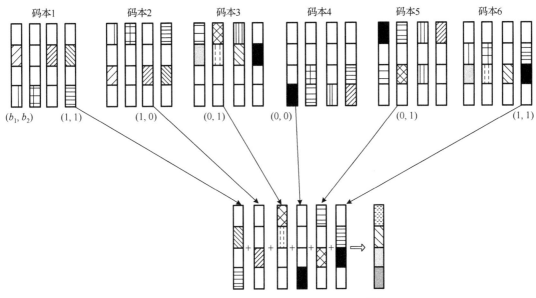

图 4-36　SCMA 的比特到码字映射过程[19]

　　SCMA 的多用户码本设计是取得良好性能的一个关键。SCMA 的设计借鉴多维星座图获得编码和成形增益，相对于单用户的多维星座图设计，SCMA 需要考虑多个用户复用时相互之间的影响。基于 SCMA 技术的不同用户的数据在码域和功率域进行复用，并共享时频资源。如果复用的数据层数超过码字的长度，则称系统出现过载（Overloading）。

表 4-1　SCMA 码本定义[21]

SCMA 码本索引	每个用户的 SCMA 码本			
码本 1	0	0	0	0
	$-0.1815 - 0.1318i$	$-0.6351 - 0.4615i$	$0.6351 + 0.4615i$	$0.1815 + 0.1318i$
	0	0	0	0
	0.7851	-0.2243	0.2243	-0.7851
码本 2	0.7851	-0.2243	0.2243	-0.7851
	0	0	0	0
	$-0.1815 - 0.1318i$	$-0.6351 - 0.4615i$	$0.6351 + 0.4615i$	$0.1815 + 0.1318i$
	0	0	0	0
码本 3	$-0.6351 + 0.4615i$	$0.1815 - 0.1318i$	$-0.1815 + 0.1318i$	$0.6351 - 0.4615i$
	$0.1392 - 0.1759i$	$0.4873 - 0.6156i$	$-0.4873 + 0.6156i$	$-0.1392 + 0.1759i$
	0	0	0	0
	0	0	0	0
码本 4	0	0	0	0
	0	0	0	0
	0.7851	-0.2243	0.2243	-0.7851
	$-0.0055 - 0.2242i$	$-0.0193 - 0.7848i$	$0.0193 + 0.7848i$	$0.0055 + 0.2242i$

SCMA 码本索引	每个用户的 SCMA 码本			
码本 5	−0.0055 − 0.2242i	−0.0193 − 0.7848i	0.0193 + 0.7848i	0.0055 + 0.2242i
	0	0	0	0
	0	0	0	0
	−0.6351 + 0.4615i	0.1815 − 0.1318i	−0.1815 + 0.1318i	0.6351 − 0.4615i
码本 6	0	0	0	0
	0.7851	−0.2243	0.2243	−0.7851
	0.1392 − 0.1759i	0.4873 − 0.6156i	−0.4873 + 0.6156i	−0.1392 + 0.1759i
	0	0	0	0

　　不同用户信道编码后的信源比特进行 SCMA 调制和 SCMA 码本映射后，直接叠加后从发送端发出，如图 4-37 所示。

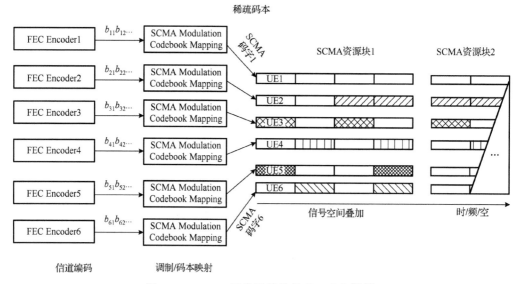

图 4-37　SCMA 的发送端信号处理流程[19,20]

　　与 LDS-CDMA 类似的是，SCMA 可以采用置信度传播算法（Message Passing Algorithm，MPA）来实现多用户检测，对于一个良好设计的 SCMA 多用户码本，置信度传播算法可以近似实现最优检测的性能。

　　图 4-38 展示了采用缩减星座点的降阶投影码本进行调制映射的原理。编码的数据比特首先被映射成了从 SCMA 码本中选出的稀疏码字，然后对码字进行降阶投影后的星座设计，如图 4-38 所示，某稀疏码字的其中一非零单元的数据比特的映射中的 01 和 10 比特进行合并，对于另一非零单元映射的 00 和 11 数据进行合并，这样接收端就可以减少判断的次数，由 4 的指数次方降到 3 的指数次方。

　　SCMA 可以用于上行，也可以用于下行。对于上行，利用用户信号非正交叠加技术，SCMA 系统比 LTE 在同样资源数下可容纳更多的用户，实现海量连接。对于上行而言，采用文献[23]中的竞争性免调度接入机制可以大幅降低上行接入过程中动态请求和授权的信令开销，尤其提高小包业务和机器类业务的快速低开销接入，并且降低终端能耗。高效低复杂度对用户状态和数据进行检测的盲检测技术是实现免授权的上行随机竞争接入的关键[24]。对于下行，SCMA 采用多维调制技术和频域扩频分集技术，提升用户的链路传输质量，并且（可以通过扩频）实现小区干扰平均化使得链路自适应更为鲁棒[25]。

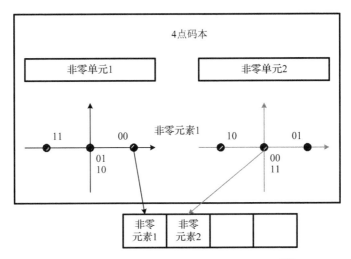

图 4-38　采用降阶投影的 SCMA 码字示例[22]

2．接收端设计

SCMA 接收端采用基于置信度传播的消息传递算法（MPA）或者 Turbo-MPA 检测算法。MPA 检测算法[19]是基于 SCMA 码字级的置信传播算法，基本原理与 4.2.3 节介绍的 BP 算法相同，此处不再赘述。Turbo-MPA 检测算法[22]是考虑 Turbo 译码器和 MPA 算法的迭代检测算法，基本原理与 4.2.3 节介绍的 BP-IDD 算法相同，此处不再赘述。

SCMA 可以使用现有 OFDM 系统中的导频设计和信道估计，与现有的 OFDM 技术兼容，支持现有的 MIMO 发送模式。同时，SCMA 的应用还面临不少技术挑战。首先，当前 MPA 算法实现复杂度要显著高于现有系统，特别是在高负载情况下。一方面需要研究低复杂度的接收机算法，另一方面需考虑复杂度与性能的合理折中。其次，SCMA 的设计中新增了数据层的概念，和现有系统相比增加了一维自由度，需要研究多用户调度、用户分组和功率分配的优化方案。

4.3.3　非正交波形

正交频分复用（OFDM）技术能很好地克服无线信道的频率选择性衰落，已成功应用于无线局域网、4G 以及数字视频广播等多种通信系统中。但由于 OFDM 采用矩形脉冲作为原型滤波器，频域上旁瓣较大并且衰减缓慢，因此在高速移动条件下的快衰落信道中，其子载波间的正交性难以保证。面向 5G 的海量机器通信应用，OFDM 系统带来相应的挑战，从无线传输层面看主要体现在：第一，由于海量机器通信的不定时性，OFDM 需要的严格同步和正交机制会带来不可容忍的信令开销；第二，旁瓣功率泄漏较大的 OFDM 难以充分挖掘已用频带之间的碎片资源；第三，在频率/时间准同步情况下基于 OFDM 的多载波性能会显著恶化。

针对这些不足，非正交波形主要对多载波的调制波形和滤波方式进行优化设计来更好地抑制峰均比和抵抗带外泄漏，并且改善在准频率同步情况下的系统性能。目前主流的代表性技术主要有滤波器组多载波（Filter Band Multi-Carrier，FBMC[26-31]）、通用滤波多载波（Universal Filtered Multi-Carrier，UFMC[31,32]）、广义频分复用（Generalized Frequency Division Multiplexing，GFDM[33,34]），这些技术也是目前欧盟 5GNOW 项目[35]重点关注的非正交波形技术备选方案。

1. 滤波器组多载波

滤波器组多载波（FBMC）是与 OFDM 技术同期提出来的技术[26,27]，文献[29]给出了 FBMC 的系统模型，讨论了它在频偏和时延下的系统性能。FBMC 的收发机原理如图 4-39 所示[30]，从发送端来看，和 OFDM 相比，FBMC 在 IFFT 之前增加了偏移正交幅度调制（Offset Quadrature Amplitude Modulation，OQAM）预处理模块，对复数信号进行了实部和虚部分离；在 IFFT 之后增加了滤波器组模块，实现了频域的扩展。与发送端相对应，FBMC 在接收端增加了滤波器组模块和 OQAM 后处理模块。

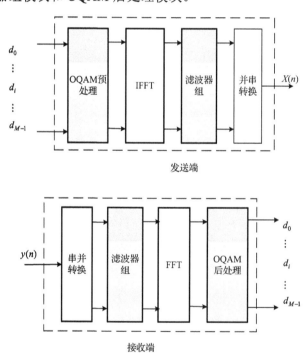

图 4-39　FBMC 的收发机原理图[30]

为了减小 OFDM 原型滤波器的带外衰减，FBMC 使用新型的原型滤波器，增加滤波器的抽头系数，如式（4-56）所示，其中 H_k 表示抽头系数，滤波器的频谱响应包括 $2K-1$ 个抽头系数。其在 OFDM 原型滤波器的基础上，通过引入了重叠因子 K（表示相邻滤波器间重叠的采样个数），如果发射端的信号采样频谱设为 W，则使得子载波的间隔由 W/M 减小为 W/KM（M 表示 IFFT 的位数，也是子载波个数）；而时域符号的长度也由 T（T 为 OFDM

下的符号周期）增加为 KT，导致信号在时域和频域都有重叠。图 4-40 给出了重叠因子 $K=4$ 下的 FBMC 的频率响应和 OFDM 的频率响应[30]，可以看出，相对于 OFDM 原型滤波器，FBMC 原型滤波器的带外衰减性能好很多。

$$h(t)=1+2\sum_{k=1}^{K-1}H_k\cos\left(2\pi\frac{kt}{KT}\right) \tag{4-56}$$

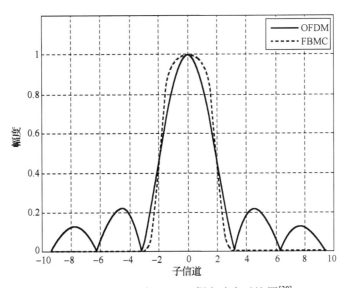

图 4-40　FBMC 和 OFDM 频率响应对比图[30]

由于**重叠因子 K** 的存在，每一个子载波符号 $d_i(mM)$ 都要扩展加权乘以 $2K-1$ 个的抽头系数 H_k。如果还是使用直接的 FFT 处理，那么所需的 FFT 位数将要由原先的 M 扩展为 KM，计算复杂度明显提高。为了减小计算量，通常采用多相（PolyPhase Network，PPN）滤波器组来进行[30]，它能保持 FFT/IFFT 位数为 M 不变，通过在时域上做些额外的处理来实现原型滤波器。假设原型滤波器频率响应为 $B_0(f)$，那么滤波器组中第 k 个滤波器 $B_k(f)$ 就是由 $B_0(f)$ 经过 k/M 个单位频偏得到，具体用公式表达如下：

$$B_k(f)=H\left(f-\frac{k}{M}\right)=\sum_{i=0}^{L-1}h_ie^{-j2\pi i(f-k/M)} \tag{4-57}$$

$$B_k(Z)=\sum_{p=0}^{M-1}e^{j\frac{2\pi}{M}kp}Z^{-p}H_p(Z^M) \tag{4-58}$$

$$H_p(Z^M)=\sum_{k=0}^{K-1}h_{kM+p}Z^{-kM} \tag{4-59}$$

可以看出，FBMC 的滤波器组简化实现，只需要在原先的 IFFT 之后加入多相结构模块，其实现结构如图 4-41 所示。

虽然新型原型滤波器能一定程度保证不相邻滤波器之间互不干扰，但由于增加了采样率，FBMC 的相邻滤波器之间的干扰不可避免。如果舍弃相邻载波，那么整个 FBMC 系统的码率就是原先系统的 50%，这在无线通信速率要求越来越高的情况下是不合适的。因此，FBMC 还采用了 OQAM 调制方式，如图 4-42 所示，以保持和 OFDM 原型滤波器组相同的码率。对于 OQAM 调制，在发送端，FBMC 可以将原先复数信号的实数部分和虚数部分分开处理，时间间隔为符号周期 *T*/2。在发送端，通过在相邻子载波间交替发送实部和虚部的方式来降低干扰；在接收端，FBMC 可以通过实部和虚部的分别处理来去除干扰项，从而得到原始的发送信号。

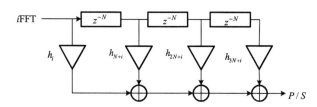

图 4-41   发送端多相滤波器组的实现结构

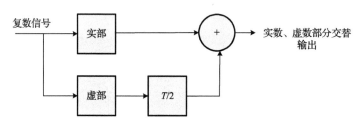

图 4-42   OQAM 调制框图

和 OFDM 系统相比，FBMC 系统在收、发射机中引入了 OQAM 模块和多相滤波器组，其结构设计更加复杂，成本更高。并且，为了避免相邻子载波之间的干扰，FBMC 接收端的均衡器、信道估计、同步等算法实现更加复杂。因此，FBMC 系统的关键技术研究包括 FBMC 收发流程、原型滤波器及系统方案设计、导频设计和信道估计、子信道均衡方法、载波偏移和符号同步方案等。

FBMC 系统比 OFDM 系统也具有如下一些优势：①FBMC 信号带外频谱泄漏更低，能够充分利用碎片频谱；②FBMC 调制技术具有强的抗干扰能力，FBMC 系统与其他系统共存性更好；③FBMC 对频率和时间同步要求低，不需要全网信号严格的同步和正交；④FBMC 能针对不同的信道特点对原型滤波器进行设计，能够更好地满足应用场景设计要求以对抗符号间干扰和载波间干扰，减少了循环前缀和保护频带的使用，频谱利用率更高。基于这些优势，FBMC 将会在下一代无线通信中扮演重要角色。

2. 通用滤波多载波

通用滤波多载波（UFMC）技术是 Vakilian 等人 2013 年提出[32]、结合了滤波 OFDM 和 FBMC 的一些优点的多载波传输方案。UFMC 的收发机原理结构如图 4-43 所示，每组子载波构成一个子带，子带间互不交叠，发端以子带为单位进行滤波（例如用升余弦滤波器）。UFMC 各组子载波内采用多载波调制的方法，可适用于对发送信号峰均比要求较低的下行链路。在上行链路传输时，由于终端设备往往功率受限，对发送信号峰均比有较高的要求。

UFMC 不使用循环前缀，使用中会带来如下问题：①同一个子带内产生了载波间干扰（Inter-Carrier Interference，ICI），需要在接收端进行均衡；②对于滤波后的时域拖尾造成的符号间干扰（Inter-Symbol Interference，ISI），UFMC 采用时域保护间隔。由于没有使用 CP，时域滤波器阶数和分块的长度决定 UFMC 系统的频谱效率。总体来看，UFMC 是以发射机和均衡器的复杂度增加为代价，获得了系统在准同步情况下的良好性能。

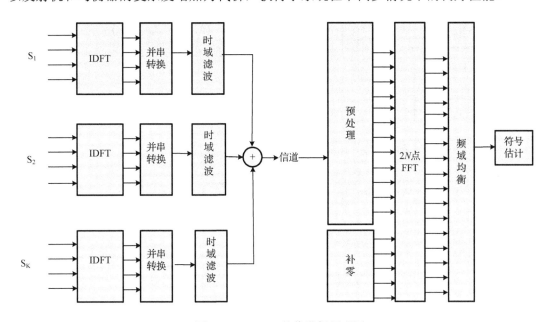

图 4-43　UFMC 的收发机原理图

3. 广义频分复用

广义频分复用（GFDM）是一种频谱效率高、发送和接收较为简单、带外功率泄漏小、各子带无需同步的多载波传输方案。GFDM 的收发机原理如图 4-44 所示[34]，与 OFDM 不同的是，GFDM 是在每个子带载波发送的一帧数据上加 CP，而不是在调制后加 CP。接收端使用一阶频域均衡，通过干扰抵消接收技术可较为彻底地消除 ICI。其中，每个子带的原型低通滤波器（Low Pass Filter，LPF）相同。

GFDM 循环地利用脉冲成形滤波器，其将 N 个时隙和 K 个子载波上的符号块视为一帧，通过设计一组滤波器以及尾比特（Tail biting）操作，将发送端的滤波过程转化为循环卷积，省去了发送滤波器拖尾消耗的 CP。GFDM 不必在每一个符号前面添加循环前缀，只需在一帧前面添加循环前缀即可，避免了帧间干扰的同时，提高了频谱利用率。GFDM 调制中，各个子载波在频域不再保持正交性，会引入 ICI 干扰，需要在接收端通过特殊干扰删除来消除干扰的影响。将 GFDM 技术应用于上行链路，每个用户可使用一个子带，该子带的发送信号等效为单载波信号，因此具有较低的峰均比。

表 4-2 对上述几种非正交多载波技术与正交 OFDM 做了一个简单的对比。从计算复杂度上来看，OFDM 是最具优势的多载波传输方式，GFDM 和 FBMC 各子带均不要求同步，并且在旁瓣抑制上均明显好于 OFDM。FBMC 各子带滤波器高度重叠，并且不需要 CP，

故频谱效率高于 GFDM。FBMC 只能采用 OQAM 来减轻严重的 ICI，使其在 MIMO 中的应用受到一定限制，GFDM 则没有类似缺点，使用灵活，收发机结构简单。UFMC 是介于两者之间的一种方案。这 3 种方案的接收效果取决于均衡器的设计，而均衡的复杂度直接影响到与 MIMO 结合的效果。

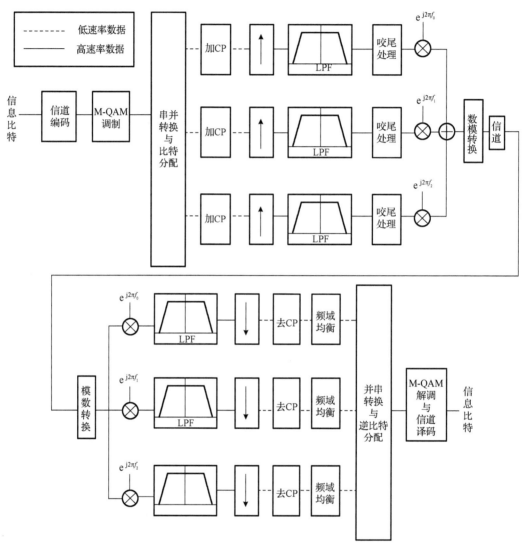

图 4-44 GFDM 收发机原理图

表 4-2 新波形技术与 OFDM 技术的对比

特　征	OFDM	FBMC	UFMC	GFDM
对于时间频率同步的要求	高	低	低	低
适用碎片频谱	不适用	适用	适用	适用
适用短帧长	不适用	适用	适用	不适用
小数据带宽	不适用	适用	适用	不适用
与 MIMO 结合	容易	较难	容易	容易

续表

特　征	OFDM	FBMC	UFMC	GFDM
复杂度	低	中等	高	低
灵活性（例如子载波间隔、滤波器等）	中等	中等	高	高
重用现有的技术（例如信道估计、MIMO 处理等）	高	低	高	高

▎4.4　本章小结

　　本章主要讨论了用于 5G 移动通信系统物理层的新型多址接入技术。首先介绍了以往移动通信系统所使用的正交多址接入技术；接着分析了 5G 移动通信系统在新型多址接入方面所面临的挑战；然后重点介绍了图样分割多址接入技术，包括理论来源、系统模型、发送端关键技术、接收端关键技术、实现问题探讨等；最后讨论了业界的其他新型多址接入技术和新波形技术，包括功分多址接入技术、稀疏码分多址接入技术、滤波器组多载波技术等。

▎4.5　参考文献

[1]　IMT.trend from ITU-R WP5D, www.itu.org.

[2]　Pattern Division Multiple Access, Future summit 2014, www.future-forum.org.

[3]　康绍莉，戴晓明，任斌. 面向 5G 的 PDMA 图样分割多址接入技术. pp.43-47, 电信网技术，2015.5.

[4]　X. Dai, S. Sun, and Y. Wang. Successive interference cancellation amenable space-time codes with good multiplexing-diversity tradeoffs. 15th Asia-Pacific Conference on Communications, APCC 2009.

[5]　X. Dai, S. Chen, S. Sun, et al. Successive interference cancellation amenable multiple access (SAMA) for future wireless communications. International Symposium on Wireless Communications Systems, 2014, pp. 222-226.

[6]　T. M. Cover, J. A. Thomas. Elements of Information Theory. 2nd ed., John Wiley & Sons, Inc., 2006.

[7]　D. Tse, P. Viswanath. Fundamentals of wireless communication. Cambridge University Press, 2005.

[8]　X. Dai, S. Sun, Y. Wang. Reducing complexity of quasi-maximum-likelihood detectors through companding for coded MIMO systems. IEEE Transactions on Vehicle Technology, 2012, 61(3):1109-1123.

[9]　X. Dai, S. Sun, Y. Wang. Reduced-complexity performance-lossless (quasi-)maximum-likelihood detectors for S-QAM modulated MIMO systems. Electronics Letters, 2013, 49(11):724-725.

[10]　S. Loyka, F. Gagnon. Performance analysis of the V-BLAST alogorithm: an analytical approach. IEEE Transactions on Wireless Communication, 2004, 3(4):1326-1337.

[11]　D. Truhachev. Achieving AWGN multiple access channel capacity with spatial graph coupling. IEEE

Communications Letters, 2012, 16(5):585-588.

[12] D. Truhachev. Universal multiple access via spatially coupling data transmission. Information Theory Proceedings (ISIT), 2013 IEEE International Symposium on, 2013, pp.1884-1888.

[13] R. Hoshyar, F. P. Wathan, R. Tafazolli. Novel low-density signature for synchronous CDMA systems over AWGN channel. IEEE Transactions on Signal Processing, 2008, 56(4):1616-1626.

[14] R. Hoshyar, F. P. Wathan, and R. Tafazolli. Novel low-density signature structure for synchronous DS-CDMA systems. IEEE Global Telecommunications Conference, 2006.

[15] D. Guo and C. Wang. Multiuser detection of sparsely spread CDMA. IEEE Journal on Select Areas Communications, 2008, 26(3):321-431.

[16] R. Razavi, M. Al-Imari, M. A. Imran, R. Hoshyar, and D. Chen. On receiver design for uplink low density signature OFDM (LDS-OFDM). IEEE Transactions on Communications, 2012, 60(11): 3499-3508.

[17] S. Morosi, R. Fantacci, D. Re. Design of turbo-MUD receivers for overloaded CDMA systems by density evolution technique. IEEE Transactions on Wireless Communications, 2007, 6(10):3552-3557.

[18] 3GPP RP-150496. New SI Proposal: Study on Downlink Multiuser Superposition Transmission for LTE. Media Tek, 2015.

[19] H. Nikopour and H. Baligh. Sparce code multiple access. Proceedings of IEEE PlMRC, 2013.

[20] M. Taherzadeh, H. Nikopour, A. Bayesteh, and H. Baligh. SCMA codebook design. Proceedings of IEEE VTC Fall, 2014.

[21] InnovateAsia - 1st 5G Algorithm Competition - SCMA, http://www.innovateasia.com/5g/gp2.html

[22] Y. Wu，S. Zhang，Y. Chen. Iterative multiuser receiver in sparse code multiple access systems. IEEE International Conference on Communications, 2015, pp.4521-4526.

[23] K. Au, L. Zhang, H. Nikopour, E. Yi, A. Bayesteh. Uplink contention based SCMA for 5G radio access. Eprint Arxiv, 2014, pp.900-905.

[24] A. Bayesteh, E. Yi, H. Nikopour, H. Baligh. Blind detection of SCMA for uplink grant-free multiple-access. International Symposium on Wireless Communications Systems, 2014, pp.853-857.

[25] H. Nikopour, E.Yi, A. Bayesteh, et al. SCMA for downlink multiple access of 5G wireless networks. IEEE Global Communications Conference, 2014, pp. 3940-3945.

[26] R. Chang. High-speed multichannel data transmission with bandlimited orthogonal signals. Bell Syst. Technical Journal, 1966, 45:1775-1796.

[27] B. R. Saltzberg. Performance of an efficient parallel data transmission system. IEEE Transactions Communication Technology, 1967, 15(6):805-811.

[28] F. Schaich. Filterbank based multi carrier transmission (FBMC)-evolving OFDM: FBMC in the context of WiMAX. 2010 IEEE Wireless Conference, 2010, pp. 1051-1058.

[29] G. Cheng, D. Fei, S. Hu, Y. Xiao, S. Li. A detection algorithm for STBC-OFDM/OQAM systems. 2011 IEEE International Symposium on Wireless Communication, Networking and Mobile Computing, 2011, pp.1-4.

[30] D. Chen, D. Qu, T. Jiang, Y. He. Prototype filter optimization to minimize stopband energy with NPR constraint for filter bank multicarrier modulation systems. IEEE Transactions on Signal Processing, 2013,

61(1): 159-169.

[31] F. Schaich, T. Wild. Waveform contenders for 5G-OFDM vs.FBMC vs.UFMC. ISCCSP, 2014, pp.457-460.

[32] V. Vakilian, T. Wild, F. Schaich, S. T. Brink, JF. Frigon. Universal-filterd multi-carrier technique for wireless systems beyond LTE", Globalcom Workshop, 2013, pp.223-228.

[33] R. Datta, N. Michailow, M. Lentmaier, G. Fettweis. GFDM interference cancellation for flexible cognitive radio PHY design", IEEE 2012 VTC-fall, 2012.

[34] N. Michailow, M. Matthe, I. S. Gaspar, A. N. Caldvilla, L. L. Mendes, A. Festag, G. Fettweis. Generalized frequency division multiplexing for 5th generation cellular networks. IEEE Transactions on Communications, 2014, 62(9):3045-3061.

[35] G. Wunder, P. Jung, M. Kasparick. 5G NOW: Non-orthogonal, asynchronous waveforms for future mobile applications. IEEE Communicaton Magazine, 2014, 52(2):97-105.

第 5 章
Chapter 5

▶ 新型编码调制

　　带宽有效编码调制技术是 5G 移动通信系统物理层的一项关键技术，本章主要讨论近年来出现的新型编码调制技术，包括基于多元 LDPC 码和极化码的编码调制，以及超奈奎斯特传输等。我们首先简要介绍编码调制的基本概念和原理，然后介绍编码调制系统的主要性能度量参数（频谱效率、信道容量等）；关于新型信道编码，我们主要介绍了多元 LDPC 码和极化码的编译码原理、算法，在此基础上讨论了多元 LDPC 编码调制方法和使用极化码的多层编码调制原理。最后，介绍了超奈奎斯特速率传输的基本概念和原理。

5.1 编码调制技术发展现状

5.1.1 现代信道编码技术

1948 年，香农发表了著名的论文《通信的数学理论》，这篇论文开创了信息与编码理论这一新兴学科。此后，构造可达到信道容量或者可逼近信道容量的信道编码成为编码学者长期追求的目标。

信道编码主要分为线性分组码和卷积码。Hamming 码是一类线性分组码，它由 Hammng 于 20 世纪 40 年代提出，可以纠正一个随机错误。基于布尔代数，Muller 提出一类可以纠多个随机错误的线性分组码。后来，Reed 给出该码的一种简单译码算法，该码被称为 Reed-Muller 码。信道编码理论的一个重要突破是 1960 年前后 Reed-Solomon（RS）码和 BCH 码的发明，它们都是循环线性分组码。实际上，RS 码是 BCH 码的一类非二元特例，而 BCH 码又可看作 RS 码的子域子码。BCH 码和 RS 码均可采用代数译码算法进行快速有效的译码，因此均易于硬件实现。RS 码同时具有优异的纠随机和突发错误能力，因此可广泛应用于 CD、硬盘等存储领域，并且可有效地在级联编码方案中作为外码使用。几乎同一时期，R. G. Gallager 提出低密度校验（LDPC）码，但在随后的几十年中低密度校验码并没有引起太多的关注。

卷积码是由 Elias 于 1955 年提出的。Wozencraft 给出了卷积码的序列译码算法。后来，Fano 改进了该算法。信道编码的另一个重要进展是 1967 年 Viterbi 提出了 Viterbi 算法，1973 年 Forney 证明了 Viterbi 算法实际上是卷积码的最大似然译码算法。在 Linkabit 公司和 NASA JPL 实验室的推动下，Viterbi 算法很快成为了 NASA 深空通信标准的一部分，并且得到了广泛的商用。1974 年，Bahl、Cocke、Jelinek 以及 Raviv 提出了一种卷积码的最大后验概率（Maximum A Posteriori，MAP）译码算法，即 BCJR 算法，它是一种最小化比特错误率（BER）的译码算法。由于复杂度相比 Viterbi 算法更高且译码性能无明显优势，BCJR 算法在当时并没有得到广泛的应用，但它对日后 Turbo 码迭代译码算法的繁荣起到了重要的作用。

上述各信道编码方案虽然译码复杂度大多在可接受的范围内，然而由于码长较短，其性能距 Shannon 限有较大距离。为了构造出译码复杂度可接受且差错控制性能优异的长码，Elias 在发明卷积码的前一年便提出了乘积码的概念。乘积码以两个线性分组码作为分量码，其码长为各分量码码长的乘积，译码可通过对各分量码单独译码从而得到次优的结果。1966 年，Forney 提出了另一种由短分量码构造长码的编码方案：（串行）级联码。级联码通过将内码和外码进行串行级联，在不增加译码复杂度的同时获得较大的性能提升。20 世纪 70 年代，NASA 采用以卷积码为内码、RS 码为外码的级联码作为其标准的一部分。

现代编码始于 1993 年。在 1993 年的 IEEE 国际通信会议（ICC）会议上，来自法国 ENST Bretagne 的 C. Berrou 等人提出了对于信道编码界具有革命性意义的 Turbo 码。Turbo 码的差错控制性能一举超越了截止速率 R_0，且史无前例地逼近了香农限（码率为 1/2、码长为 65535 比特时，在 AWGN 信道上距二进制输入信道容量限仅约 0.5 dB，距高斯输入的香农限 0.7 dB）。这是第一种能有效逼近信道容量的编码方案。由于采用并行级联结构，Turbo 码也被称为并行级联码（Parallel Concatenated Codes，PCC）。Turbo 码巧妙地将并行级联结构与伪随机交织器结合，从而实现了随机编码的思想。同时，Turbo 码在接收端采用两个软输入/软输出（SISO）译码器进行迭代反馈操作来逼近最大似然译码。Turbo 码的提出迅速激起了编码界对迭代可译码的研究热情，同时学者们围绕迭代译码思想步入了对现代编码理论的不懈研究和探索中。步入 21 世纪以来，Turbo 码已广泛应用于各种数字通信系统中，例如，CCSDS 的深空通信标准、数字视频广播（DVB）标准、第三代移动通信系统以及最新的 3GPP LTE 标准。

Turbo 码问世后不久，剑桥大学的 D. MacKay 和 MIT 的 D. Spielman 等人几乎同时发现：Gallager 早在 1962 年提出的 LDPC 码在迭代译码算法下也能够逼近信道容量。Spielman 和 Sipser 在其论文中给出了一类基于 Expander 图的 LDPC 码，而这类性能优异的 Expander 码具有线性的编译码复杂度。这些成果让这个沉寂 30 多年的码重新焕发活力，同时迅速引发了又一轮对迭代译码研究的热潮。2001 年，Luby 等提出了非规则 LDPC 码，达到了在瀑布区非常逼近容量限的性能。同时，Chung 等人的研究结果表明：对于码率为 1/2 的非规则 LDPC 码，当其码长趋于无穷大时，在二进制输入 AWGN 信道上进行可靠通信所需的 E_b/N_0 门限值距香农限仅为 0.0045 dB。他们按设计的度分布构造出了码长为 10^7 比特的具体 LDPC 码，该码在 BER = 10^{-6} 时所需的 E_b/N_0 距离香农限不到 0.04 dB。另外，Gallager 的工作显示，规则 LDPC 码的最小距离随码长线性增加，这就保证了在码长充分大时采用最大似然译码，规则 LDPC 码不会有错误平层（error floor）现象。

低密度校验（LDPC）码是一类线性分组码，名字中的低密度来源于其校验矩阵的稀疏性，即校验矩阵中只有数量极少的非零元素。相对于 Turbo 码，LDPC 码已被证实有多个优点：

- 不需要复杂的交织器，降低了系统的复杂度和系统时延；
- 具有更好的误帧率性能，迎合了现代数字通信的需要；
- 错误平层大大降低，满足了极低误码率通信系统的需求；
- 译码算法为线性复杂度，译码器功耗更小，数据吞吐率更高。

Gallager 在提出 LDPC 码时便同时给出了其迭代后验概率（APP）译码算法，然而这个成果在当时用硬件实现起来过于复杂，因此被编码界忽视了 30 多年。1981 年，Tanner 提出了一种规范图码的表示方法，即校验约束建立在局部码元集合上的 Tanner 图。他还证明了基于有限无环 Tanner 图时，最小和算法（Min-Sum Algorithm，MSA）准确实现了最小码字错误概率的最大似然译码，和积算法（Sum-Product Algorithm，SPA）则实现了最小符号错误概率的最大边缘后验概率译码。1995 年，Wiberg 将 Tanner 的图模型推广到了隐含状态变量的 Wiberg 图，而网格图成为了 Wiberg 图的特例，这样基于网格图的译码算法都被包含在了消息传递算法中。在网格图上，最小和算法等价于 Viterbi 算法，而和积算法则等价于 BCJR 算法。作为迭代可译码，Turbo 码和 LDPC 码都可以统一到图模型下，称为稀疏图码。随后，基于 Wiberg 的工作，Kschischang、Frey 和 Loeliger 等提出了因子图（factor graph）的概念，将复杂的全局计算分解为简单的局部计算。同时，Forney 引入了正规图（normal graph）的概念，从而将因子图中节点的功能单一化。随着图模型与迭代译码思想的不断进步与发展，基于图码（codes on graph）的现代编码理论也逐渐趋于完善和成熟。

多年来，关于 LDPC 码的研究工作主要集中在性能分析、码设计与构造以及高效译码算法方面。目前，LDPC 码一般可以分为两大类：①随机或伪随机码；②结构化码。它们的校验矩阵通常具有循环或准循环结构，非常便于编译码器的硬件实现。根据构造方法，结构化码又可以进一步分为：

（1）基于计算机辅助方法（例如 PEG、ACE）构造的（结构化伪随机）码，这类码的典型例子是具有 RA 结构的 LDPC 码，以及基模图（protograph）码；

（2）代数码，它们是用代数或组合工具（包括有限域、有限几何、组合设计等）构造的码。

对于低码率长码，随机构造的 LDPC 码通常可以给出相当不错的性能；但是对于中短码长，特别是高码率码，代数构造的 LDPC 码会好于随机构造的码。

在 LDPC 码的译码算法方面，Gallager 的论文给出了软判决与硬判决两类迭代译码算法（现在称之为和积算法和比特翻转算法），LDPC 码的"再发现"之后，人们对高性能的简化译码算法也进行了深入研究，提出了各种在性能与复杂度之间可以很好折中的译码算法，我们将目前二元 LDPC 码的典型迭代译码算法列如下：

- 和积算法（sum-product algorithm，SPA）
- 最小和算法（min-sum algorithm，MSA）
- 轮转式迭代译码算法（revolving iterative decoding（RID）algorithm）
- 基于可靠度的译码算法（reliability-based iterative decoding algorithm）
- 迭代大数逻辑译码算法（iterative majority-logic decoding（IMLGD）algorithm）
- 比特翻转算法（bit-flipping（BF）algorithm）
- 加权比特翻转算法（weighted-BF（WBF）algorithm）

关于 LDPC 码的设计与性能分析，目前主要借助密度进化（包括 EXIT 图）作为分析工具进行优化设计。研究结果表明，LDPC 码的性能（包括译码收敛速度、错误平层、收敛门限等）主要与 7 个因素有关：变量节点（VN）与校验节点（CN）的度分布、码的最小距离、陷阱集分布、因子图上环的分布、围长（girth）、变量节点的连接性（connectivity）以及校验矩阵的行冗余。在实践中，还需要考虑校验矩阵的密度以及编译码实现复杂度。

上述 LDPC 码属于分组码，1999 年 Felstrom 和 Zigangirov 提出了 LDPC 卷积码及其编译码技术，它可以看作是将一些标准 LDPC 分组码以链的形式耦合在一起而得到的，因而也被称为空间耦合 LDPC（spatially-coupled LDPC，SC-LDPC）码。SC-LDPC 码的一个主要特征是随着码长（termination length）的增加，收尾的 SC-LDPC 在 BP 译码下能达到与其分量 LDPC 分组码在 ML 译码下相同的门限性能，这被称为"门限饱和"。类似于

LDPC 分组码，LDPC 卷积码的半无限校验矩阵也具有稀疏特点，并可以通过基于滑窗结构的迭代置信传播译码器进行译码，因而编译码时延小。Costello 等于 2006 年将 SC-LDPC 码同 LDPC 分组码进行了系统的比较，指出在相同运算复杂度下，SC-LDPC 码的纠错性能优于 LDPC 分组码，并更适宜于不需要将数据分块的连续数据传输系统以及可变帧长的包通信系统。SC-LDPC 对信道的变化也具有一定的鲁棒性，因而也适用于无线移动通信系统。

虽然 Turbo 码和 LDPC 码的性能已经非常接近信道容量，但都是通过仿真验证的，还没有发明一种可以理论证明达到信道容量的编码方案。该问题在 21 世纪初得到突破：2008 年 Arikan 提出了 Polar 码，这是一类可理论证明达到任意二进制输入离散无记忆对称信道容量，并且具有低复杂度编译码器的信道码。Polar 码构造的核心是"信道极化（channel polarization）"。在文献[9]中，Arikan 使用 2×2 矩阵（称为 Kernel）

$$G = \begin{bmatrix} 1 & 0 \\ 1 & 1 \end{bmatrix}$$

的 n 阶 Kronecker 幂 $G^{\otimes n}$ 来进行信道极化（或者说，将长为 2^n 的输入序列进行变换）。通过极化，$N=2^n$ 个独立二进制输入信道被变换为容量接近于 0 或 1 的极端信道，然后可以在容量接近于 1 的无噪信道上直接传输信息。虽然 Polar 码被证明是可以达到信道容量的，但是由于在逐次抵消（Successive Cancellation，SC）译码下其译码错误概率（FER）随码长 N 的变化关系是 $P_e = O(2^{-N^\beta})$，$\beta < 1/2$，因此它在中短码长下的性能还不尽如人意（使用 SC 译码算法的 Polar 码实际仿真性能比 LDPC 码稍差）。目前，如何提高 Polar 码在有限长下的性能是一个研究热点，这需要从极化构造与译码算法两个方面去努力。最明显的进展是使用列表译码（list decoding）与 CRC 相结合合来改进码的性能，达到了与二元 LDPC 码类似的性能。图 5-1 给出了一个典型的性能对比。

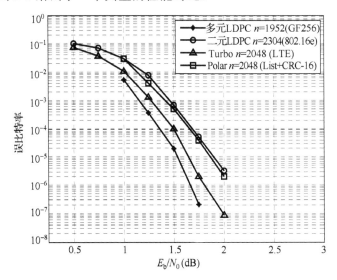

图 5-1　AWGN 信道上 Turbo、LDPC 与 Polar 的性能比较，码率均为 1/2

5.1.2 编码调制的原理与方法

1. 编码调制的概念与原理

在传统的数字通信系统中，编译码器和调制解调器是两个主要的组成部分，它们各自独立进行设计，如图 5-2 所示。1974 年，Massey 提出了将编码与调制作为一个整体进行联合设计的观点。不久后，Ungerboeck 和 Imai 等分别给出了编码调制系统的具体实现方案。采用这些编码调制方案，可以在不增加系统所占带宽的条件下获得较大的编码增益，即在不牺牲频谱效率的同时获得功率效率的提升。Imai 和 Hirakawa 提出的方案称为多层编码（multilevel coding，MLC）技术，它采用分组码、卷积码或者级联码作为分量码，并通过信号集合分割进行恰当的比特-信号映射。1982 年，Ungerboeck 提出了网格编码调制（Trellis Coded Modulation，TCM），它采用码率 $R=m/(m+1)$ 的卷积码及软判决维特比译码，在不增加带宽和相同的信息速率下可获得 3～6 dB 的功率增益。实际上，TCM 也可以看作是 MLC 的一个特例。如果 MLC 中的分量码是等长的二进制线性分组码，则该方案也被称为分组编码调制（Block Coded Modulation，BCM）。

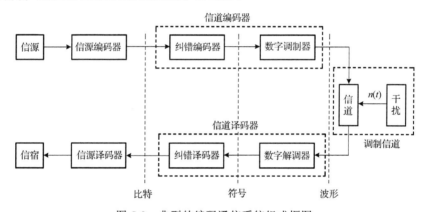

图 5-2　典型的编码通信系统组成框图

编码调制技术的核心是在欧氏空间里优化码的设计，即通过联合设计编码和信号映射关系，最大化信号序列间的最小欧氏距离。

编码调制遵循下面两个基本原理：

（1）通过扩展信号星座（即增加调制信号集中的信号个数）而不是通过增加系统的带宽来提供编码所要求的信号冗余。

从后面调制信号星座的容量分析可知（参见图 5-8），信号星座点个数增加一倍所提供的冗余已足够实现在不增加系统带宽的条件下逼近容量限的性能。再进一步扩展星座，所得到的性能增益将很少。因此，在通常的编码调制系统中采用的是码率为 $m/(m+1)$ 的信道码。

（2）将编码与调制作为一个整体进行联合优化设计。

因为尽管信号集的扩展提供了编码所需的冗余，但它同时也减少了星座点之间的距离

（假定星座的平均能量保持不变），这个星座点距离上的减少必须用编码增益来补偿。只有进行联合设计，编码调制系统才能获得较大的净增益。

如果是按照传统方法，简单地在一个纠错编码器后级联一个 M 进制调制器，而纠错编码器是基于汉明距离准则进行设计，则所得到的结果往往会令人失望。在 AWGN 信道上，将编码与调制作为一个整体进行优化设计，应该是基于使编码的信号序列之间的最小欧氏距离而不是汉明距离最大化来设计系统方案。编码调制方案的设计最好从信号空间的角度来看待，所以编码调制也称为信号空间编码。

图 5-3 给出了用于 8-PSK 的码率为 2/3 的 8 状态 TCM 编码方案的一个例子，它相对于未编码的 QPSK 有 3.6 dB 的渐近编码增益。

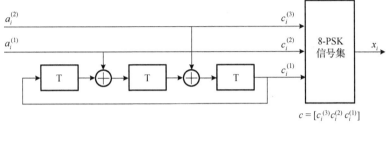

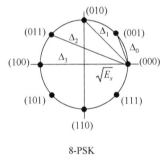

8-PSK

图 5-3　一个 8-PSK 调制的 8 状态 TCM 编码例子

在衰落信道下，TCM 技术的研究进展则不像 AWGN 信道那样乐观，因为在 AWGN 信道中的最佳 TCM 码在衰落信道多数情况下是次佳的。基于系统在衰落信道中的性能很大程度上取决于信号分集这一特点，Zehav 于 1992 年提出了基于比特交织的编码调制方案（Bit-Interleaved Coded Modulation，BICM），比基于符号交织的 TCM 方案在衰落信道下有更好的性能。同时，人们在此准则指导下还研究了其他适用于衰落信道的编码调制方案。

Turbo 码的出现也为编码调制技术的研究提供了新的思路。Turbo 码具有接近香农理论极限的性能，尤其是低信噪比下性能优异，显然是实现编码调制的理想方案。一种直接方法是将 Turbo 码与 BICM 方案相结合。1998 年，Robertson 提出了基于 Turbo 原理的 TCM 方案，称为 Turbo-TCM 或 TTCM，它将两个码率为 $m/(m+1)$ 的分量 TCM 码进行并行级联，替代 Turbo 码原有的两个分量卷积码的并行级联。为了降低 TTCM 译码的复杂度，文献[21]提出了一种时变非对称 Turbo TCM 方案，称为低复杂度级联两状态 TCM（CT-TCM）。该方案中编码器的状态数为 2，这样就大大降低了译码复杂度。仿真结果表明，在 AWGN 信道下，其性能接近或优于现有的其他各 Turbo 类 TCM 的性能，是接近香农限的一种低复杂度编码调制方案。另一方面，X. Li 和 J. A. Ritcey 于 1998 年提出了基于迭代解调译码的 BICM，即 BICM-ID，改进了 BICM 在 AWGN 信道下的性能。

LDPC 码的再发现之后，采用 LDPC 码的 BICM 方案也得到了深入研究。同时，采用 Turbo 码、LDPC 码作为分量码的多层编码调制技术（包括多层叠加编码）也得到了广泛的研究。它们都能在带宽受限区域达到接近容量限的性能。由于 BICM 方案实现简单，目前采用 Turbo 码、LDPC 码的 BICM 方案在各类通信系统中获得了广泛应用。面向未来通信系统的多元 LDPC 编码调制、基于极化码的 BICM、MLC 方案也正在深入研究之中。

2. 编码调制的方法

现有的一些逼近容量限的编码调制方法可大致分为如下 5 类：

（1）Turbo-TCM；

（2）接收端使用迭代解调译码的 BICM；

（3）使用迭代多级译码的 MLC；

（4）叠加二元编码；

（5）基于多元 LDPC 码的编码调制。

其中，（2）、（3）、（4）的分量码可以是 Turbo 码，也可以是 LDPC 码或 Polar 码。

MLC 系统的根本策略在于用一个独立的二元码来保护信号星座符号中的每一个比特，因此，MLC 系统需要用到多个独立的编码器，如图 5-4 所示。在接收端，接收的符号序列需要多个译码器进行逐步译码，因为 MLC 的编码器和译码器结构均比较复杂，因而当时没有得到广泛的应用。2004 年，Xiao Ma 等人在 MLC 基础上提出了一种单层的或多层的叠加（Superposition）编码调制方案，与 MLC 系统的不同之处在于将普通的多进制映射器更换为线性叠加映射器，具有星座成形的功能，能够在高信噪比区域获得可观的成形增益。

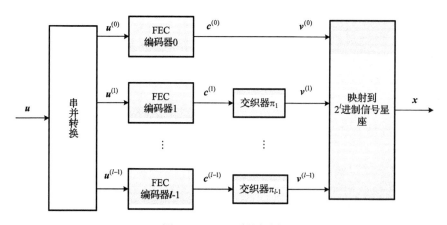

图 5-4　MLC 系统框图

TCM 系统的复杂度相对较低，其中编码器和扩展信号星座被联合起来设计。设计的出发点是最大化编码序列之间的欧氏距离，从而在 AWGN 信道下获得了优异的性能。TCM 系统的译码可以通过维特比算法实现最大似然译码。20 世纪 90 年代，学者们受到 Turbo

码的启发，将 Turbo 原理与 TCM 系统结合，提出了如图 5-5 所示的 Turbo-TCM 系统，实现了可逼近信道容量的性能。2003 年，李坪等人提出一种级联两状态网格编码调制（CT-TCM）系统，实现了低复杂度、高性能的 Turbo-TCM 编码调制方案。

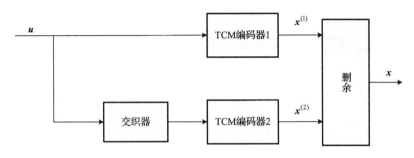

图 5-5　Turbo-TCM 系统框图

为了改善 TCM 在衰落信道下的性能，Zehavi 于 1992 年提出了比特交织编码调制。其基本思想是在编码器的输出端加上一个比特交织器，然后将交织后的序列以某种规则映射到高阶星座图上。这样做的好处是利用比特交织增强了编码分集增益，从而大大改善了系统在衰落信道下的性能。1998 年，Caire 对 BICM 系统进行了详尽的理论推导和分析，完善了 BICM 的理论框架。稍后，Ritcey 等将软信息迭代的思想引入 BICM 系统，使外信息在解调器和译码器之间形成迭代，提升了系统性能，该系统被称为比特交织迭代译码系统（BICM-ID），如图 5-6 所示。在可逼近信道容量的信道编码被广泛研究后，人们发现将 Turbo、LDPC 类码应用到 BICM-ID 系统中去，就是 Gallager 于 1968 年提出的逼近任意离散无记忆信道容量编码的一种有效实现形式。可逼近信道容量编码与 BICM-ID 的有机结合，构成了一种在 AWGN 和衰落信道都非常有效的编码调制方案。

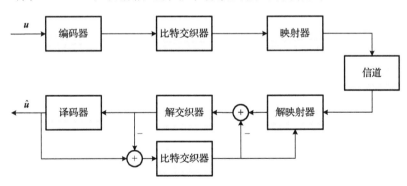

图 5-6　BICM-ID 系统框图

此外，多元 LDPC 码与对应高阶调制的结合也是一种性能优异的高谱效编码调制方案，如图 5-7 所示。众所周知，二元 LDPC 码在 BPSK 调制下性能甚佳；但在高阶调制情况下，由于接收端二进制比特流与高阶调制符号似然值相互转化而产生了性能损失。采用与高阶调制符号中比特个数对应的多元 LDPC 码，完全克服了这个问题。在未来的高可靠性与高谱效率通信系统中，多元 LDPC 码与高阶调制联合设计是一个强有力的候选方案。

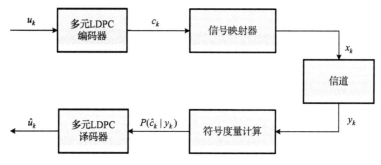

图 5-7　多元编码调制系统

5.1.3　编码调制系统的性能度量参数

现在我们讨论编码调制系统的主要性能度量参数，包括频谱效率、信噪比、可达信息速率等。假定连续时间 AWGN 信道的模型是 $y(t) = x(t) + n(t)$，其对应的离散时间 AWGN 信道模型是 $y = x + n$。

1. 频谱效率

假定采用奈奎斯特脉冲作为信号波形对发送的实（或复）符号进行调制。令 T 为码元周期（符号间隔），W 为连续时间信道的标称带宽，则由数字通信原理可知，如果离散时间 AWGN 信道上传输的是实符号（即信道模型是一维 AWGN 信道），则 $W = 1/(2T)$；如果离散时间信道上传输的是复符号（即信道模型是二维 AWGN 信道），则有 $W = 1/T$。

令 R 为编码调制系统的数据传输速率，单位为 b/s。系统的频谱效率定义为：

$$\rho \equiv \frac{\text{数据速率}}{\text{信道带宽}} = \frac{R}{W} \quad \text{b/s/Hz}$$

如果离散时间信道在 T 秒内发送 m 比特，则数据速率 $R = m/T$ [b/s]。于是，在采用一维调制信号的情况下（例如 PAM 信号），有 $\rho = 2m$；在采用二维调制信号的情况下（例如 QAM 信号），有 $\rho = m$。

令 b 表示离散时间信道每一维（或每实维）发送的比特数（T 秒内），则不论使用一维信号还是二维信号，均有

$$\rho = 2b \quad \text{b/s/Hz} \tag{5-1}$$

它等于每二维（或每复维）符号发送的信息比特数（b/2D）。

更具体地，对于一个采用码率为 R_c 的信道编码和 M 进制调制的通信系统来说，每个已调符号的传输数据比特数为 $m = R_c \log_2 M$，因此其频谱效率为[b/2D]

$$\rho = 2R_c \log_2 M, \quad \text{PAM}$$
$$\rho = R_c \log_2 M, \quad \text{QAM}$$

2. 信噪比

令 $E_s = \text{E}\left[|x_k|^2\right]$ 为离散时间信道上每个发送符号的平均能量，则连续时间信道上发送

信号 $x(t)$ 的平均功率为 $P = E_s / T$。系统的信噪比 SNR 定义为：

$$\text{SNR} = \frac{\text{信号功率}}{\text{噪声功率}} = \frac{P}{N_0 W}$$

式中，N_0 表示单边噪声功率谱密度，于是有：

$$\text{SNR} = \frac{E_s / T}{N_0 W} = \begin{cases} \dfrac{2E_s}{N_0}, & \text{PAM} \\[2ex] \dfrac{E_s}{N_0}, & \text{QAM} \end{cases}$$

令 N 表示所用信号星座的维数，E_N 表示 N 维信号的平均能量，则 SNR 可统一表述为：

$$\text{SNR} = \frac{E_N}{N\sigma^2}$$

另一个常用的 SNR 度量是 E_b/N_0，其定义为：

$$\frac{E_b}{N_0} = \frac{P}{RN_0} = \frac{P}{\rho W N_0} = \frac{\text{SNR}}{\rho} \tag{5-2}$$

式中，

$$E_b = P / R = \begin{cases} 2E_s / \rho, & \text{PAM} \\ E_s / \rho, & \text{QAM} \end{cases} \tag{5-3}$$

表示每信息比特的平均能量（the average received energy per information bit）。

3. 信道容量

从信息论可知，一个连续时间且带宽受限的 AWGN 信道的信道容量是：

$$C_{[\text{b/s}]} = W \log_2(1 + \text{SNR}) = W \log_2\left(1 + \frac{P}{N_0 W}\right) \quad \text{b/s} \tag{5-4}$$

达到该容量的最佳输入分布是 $x(t)$ 服从高斯分布。

一个实或复的离散时间 AWGN 信道的容量是

$$C_{[\text{b/2D}]} = \log_2(1 + \text{SNR}) = \log_2\left(1 + \frac{E_s}{N\sigma^2}\right) \quad \text{b/2D} \tag{5-5}$$

式中，$N=1$（实信号）或 2（复信号）为信号星座的维数。因为信道支持每秒 W 个二维实符号的传输，所以这两个信道容量是一致的。

从式（5-5），为了能够以 R b/s 的速率进行传输并且达到任意小的错误概率，系统的谱效率必须满足下式：

$$\rho = R / W < \log_2(1 + \text{SNR}) = C_{[\text{b/2D}]} \tag{5-6}$$

该不等式右边称为香农限（Shannon limit）。一个等价表示是 $SNR > 2^\rho - 1$。香农限也可以用 E_b/N_0 表示为：

$$\frac{E_{\mathrm{b}}}{N_0} > \frac{2^{\rho}-1}{\rho} \tag{5-7}$$

在实际通信系统中，发送信号 x 常常是受限取自于某一有限信号星座 $\mathcal{X}$，并且发送 x 的概率 $P(X)$ 是固定的（例如，均匀分布），这种情况下，信道容量常被称为受限容量（constrained-capacity）或可达信息速率（information rate）。图 5-8 给出了在符号等概发送的条件下，使用常用信号集在 AWGN 信道上的可达信息速率。它们可通过下式采用数值计算方法得到：

$$C = \sum_{j=1}^{M} \frac{1}{M} \int_{-\infty}^{+\infty} p(y\mid a_j) \log_2 \frac{p(y\mid a_j)}{M^{-1}\sum_i p(y\mid a_i)}\,\mathrm{d}y$$

式中假定信道输入 X 取值于有限字符集 $\mathcal{A}_X = \{a_j \in \mathbb{R}, 1\leqslant j \leqslant M\}$，但是信道输出不受限，即 $\mathcal{A}_Y = (-\infty, +\infty)$。

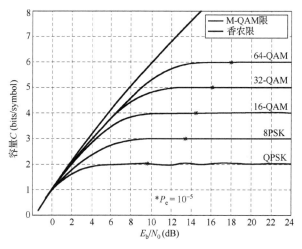

图 5-8   AWGN 信道上不同调制方式的容量限

不同调制方式在瑞利衰落信道上的可达信息速率也可用类似方法获得，如图 5-9 所示。

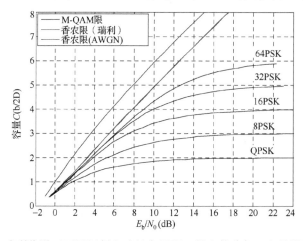

图 5-9   独立瑞利信道下不同调制方式的容量限。假定接收机已知信道信息（CSI）

5.1.4　编码调制技术在蜂窝移动通信系统中的应用

随着移动通信系统的发展，人们对通信系统中数据速率、传输数据可靠性及频谱利用率的要求也不断增加，因此通信系统中的编码调制技术也不断发展。

在 GSM 系统中，对业务信道采用码率为 1/2、约束长度为 5 的卷积码，共输出 378 比特，它和不加差错保护的 78 比特合在一起，共计 456 比特。卷积编码后的速率为 456 b/20 ms，即 22.8 kb/s。编码后数据再进行信道交织，以抵抗信道相关衰落。具体来说，GSM 系统的交织是将 456 比特划分为 8 组（每组 57 比特），进而放在 8 个时隙中进行传输。采用的调制技术为 GMSK 调制，并在接收端使用 Viterbi 算法进行解调。在 2G 移动通信系统中应用卷积编码和交织，对保证话音和低速数据业务的业务质量（QoS）有很好的效果。

第 3 代通信系统（3G）中采用卷积码和 Turbo 码等编码方式。3G 通信系统建立在 2G 技术基础之上，所需提供的业务种类大大增加，这就对信道编码提出了更高的要求，第三代移动通信的两大组织 3GPP 和 3GPP2 主要把卷积码用于语音和低速率数据的纠错编码，而把 Turbo 码以及交织等技术作为高速率数据的信道编码方案。其中 WCDMA 和 CDMA2000 中的编码方案如表 5-1 和表 5-2 所示。

表 5-1　WCDMA 中不同传输信道和控制信息所使用的编码方案

信道类型	编码方案	码 率 R
广播信道（Broadcast channel，BCH）	卷积码	1/2
寻呼信道（Paging channel，PCH）		
随机接入信道（Random Access Channel，RACH）		
专用信道（Dedicated Channel，DCH）		1/3，1/2
前向接入信道（Forward Access Channel，FACH）	Turbo 码	1/3

表 5-2　CDMA 2000 中前向传输信道和后向传输信道以及控制信息所使用的编码方案

信道类型	编码方案	码 率 R
接入信道	卷积码	1/3
增强型接入信道	卷积码	1/4
反向公用控制信道	卷积码	1/4
反向分组数据控制信道	分组码	7/64
反向请求信道	卷积码	1/4
反向专用控制信道	卷积码	1/4
反向基本信道	卷积码	1/3（RC1） 1/2（RC2） 1/4（RC3 和 4）
反向补充编码信道	卷积码	1/3（RC1） 1/2（RC2）

续表

信道类型	编码方案	码 率 R
反向补充信道	卷积码	1/4（RC3，$N{\le}3048$） 1/2（RC3，$N{>}3048$） 1/4（RC4）
	Turbo 码（RC3，$N{\ge}360$ 或 RC4，$N{\ge}552$）	1/4（RC3，$N{\le}3048$） 1/2（RC3，$N{>}3048$） 1/3、1/4 或 1/5（RC4）
反向分组数据信道	Turbo 码	1/5（RC7）
同步信道	卷积码	1/2
广播控制信道	卷积码	1/3
公共分配信道	卷积码	1/3
前向公共控制信道	卷积码	1/3
前向专用控制信道	卷积码	1/6（RC6） 1/3（RC7） 1/4（RC8，20 ms） 1/3（RC8，5 ms） 1/2（RC9，20 ms） 1/3（RC9，5 ms）
前向基本信道	卷积码	1/6（RC6） 1/3（RC7） 1/4（RC8，20 ms） 1/3（RC8，5 ms） 1/2（RC9，20 ms） 1/3（RC9，5 ms）
前向补充信道	卷积码	1/6（RC6）
	卷积码或 Turbo 码（RC6，RC7 且 $N{\ge}360$ 或 RC8，RC9 且 $N{\ge}552$）	1/3（RC7） 1/4（RC8） 1/2（RC9）

  相比目前各个 3G 移动通信系统，LTE 系统提高了通信速率和频谱利用率，具有分组交换与 QoS 以及更灵活的频谱带宽设置。在编码方法的选择上，根据传输信道业务类型的不同 LTE 主要采用咬尾卷积码和 Turbo 码等信道编码方法。而在控制信道除了采用咬尾卷积码外，还采用了分组码和重复码等简单编码方法，如表 5-3 所示。

表 5-3　LTE 中不同传输信道和控制信息所使用的信道编码方案

传输信道/控制信息	编码方案	码 率
上行共享信道（Uplink Shared channel，UL-SCH）	Turbo 码	1/3
下行共享信道（Downlink Shared channel，DL-SCH）		
寻呼信道（Paging channel，PCH）		
多播信道（Multicast channel，MCH）		
广播信道（Broadcast channel，BCH）	咬尾卷积码	1/3
下行控制信息（Downlink Control Information，DCI）	咬尾卷积码	1/3
控制格式指示（Control Format Indicator，CFI）	分组码	1/16
HARQ 指示（HARQ Indicator，HI）	重复码	1/3
上行控制信息（Uplink Control Information，UCI）	分组码	可变
	咬尾卷积码	1/3

LDPC 码虽然在现有蜂窝移动通信系统中还未应用，但它已经在其他通信系统中获得了广泛应用，例如无线局域网（IEEE 802.11n）、WiMax（IEEE 802.16e）、数字视频广播（DVB-S2）、10G Base-T 以太网（IEEE 802.3an）、美国国家航空航天局（NASA）的近地轨道卫星通信以及深空通信中（CCSDS 建议）。LDPC 码在光通信与固态存储器中的应用也正在研究中。LDPC 码和 Polar 码是下一代通信系统（5G）中信道编码方案的强力候选者。

5.2　编码与信号星座成形

5.2.1　编码增益与成形增益

在编码调制系统中，我们通常使用下面的方法改善信号星座设计。

第一个方法是改变星座中信号点的相对间隔。六边形星座使得相同最小距离下信号方差变小。（或者，我们可以固定方差，这样的话六边形星座与方形星座相比，将会有更大的最小距离。）通过改变信号点相对间隔在相同最小距离下减少的功率或者在相同功率下增加的最小距离就称为编码增益（Coding Gain）。

第二个方法是改变星座的形状或轮廓而不改变信号点的相对位置。圆形（球形）星座与方形星座相比，将会有更小的方差。在相同情形下，对于信号点的方形网格的任意成形区域，一个圆形星座都将有最小的方差。由此带来的功率上的减少就称为成形增益（Shaping Gain）。值得注意的是，星座成形改变了数据符号的边缘概率密度，如图 5-10 所示。编码增益和成形增益可以相结合。例如，将圆形星座中的信号点改变成为六边形网格排列，同时保持圆形星座的形状。通常，信道编码用来处理星座内部信号点的安置，而成形处理信号点形状区域。

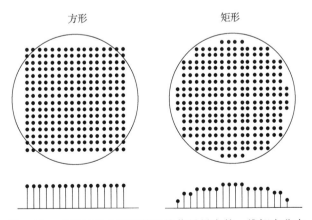

图 5-10　成形与未成形下的二维信号星座的一维概率分布

第三个方法是采用多维信号星座。N 维信号星座上的数据符号以 $N/2$ 信号间隔发送（每信号间隔发送两维）。当我们设计一个二维星座并选择 $N/2$ 个连续符号作为基于此星座的一个任意二维符号序列时，由此得到的 N 维信号星座是二维信号星座的 $N/2$ 重（fold）笛卡儿积，这样的 N 维信号星座的性能与其基础二维星座的性能相同。另一个可选方案为直接设计一个 N 维信号星座而不受笛卡儿积结构的束缚。当 $N>2$ 时，这个信号星座即称为多维信号星座。

多维信号星座可以比二维星座获得更好的成形和编码增益。然而，多维信号星座的复杂度随着维数呈指数倍增加。

对于采用高阶调制的带宽受限传输系统，系统总的增益可分为编码增益和成形增益两部分。编码增益主要取决于信道码的距离特性，而成形增益依赖于调制信号星座的设计。对于大信号星座（例如大于 256-QAM），编码与成形可看作是两个几乎独立的部分；而对于小信号星座，编码与成形相互作用，系统总的增益不能简单相加。

星座成形是一种使输入信号逼近信道最佳输入分布，从而获得成形增益的技术。传统的编码调制系统使用等概（均匀分布）的输入信号，而对于加性高斯白噪声（AWGN）信道，平均功率受限信号的最佳输入分布是高斯分布，采用均匀的信号集，系统性能最多只能达到输入受限容量（constrained-capacity），要想实现逼近香农容量限的传输（在高 SNR 区域），必须同时使用编码与星座成形。

下面将对极限成形增益进行推导。不失一般性，我们以一维星座为例。

基线系统中的信号点采用均匀分布，而在成形系统中信号点应呈现为离散高斯分布。为了达到相同的传输速率，两个分布必须有相同的熵。在考虑大规模信号点星座时，采用连续概率密度函数（Probability Density Function，PDF）能够更加轻易接近分布。因此我们对一个连续均匀概率密度函数和一个高斯概率密度函数进行对比。

令 E_u 为参考系统的平均能量。我们给出它的发送符号 x 的微分熵为：

$$h(X)=\frac{1}{2}\log_2(12\sigma_x^2)=\frac{1}{2}\log_2(12E_u)$$

如果 $x\sim\mathcal{N}(0,E_g)$（高斯分布的平均能量为 E_g），它的熵为：

$$h(X)=\frac{1}{2}\log_2(2\pi e E_g)$$

由于上面两个熵相等，我们得到：

$$\gamma_{s,\infty}\equiv\frac{E_u}{E_g}=\frac{\pi e}{6}\approx 1.53\text{ dB} \tag{5-8}$$

参数 $\gamma_{s,\infty}$ 称为极限成形增益，它由连续高斯概率密度分布函数获得。

5.2.2　信号星座成形方法

根据获得成形增益的方法，信号星座成形基本上可分为两种技术：
- 第一种称为几何成形，使信号星座的几何形状类似于球体（在高维信号空间中）；
- 第二种称为概率成形，使发送信号具有与正态分布相近的分布。

几何成形可通过寻找最佳星座点的位置或是利用不等间隔的信号星座来获得成形增

益，如图 5-11 所示。概率成形的基本原理是使能量较低的信号被使用的概率高于能量较高的信号。因能量较高的信号被使用的概率降低，信号的平均功率就会降低，从而可以节省发射功率。概率成形可采用在信号空间叠加的方法来实现不等概的输入分布，也可利用成形码使得能量较低的信号被使用的概率大于能量较高的信号。

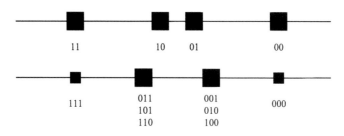

图 5-11　几何成形与概率成形示意图

在编码调制系统中具体实现时，这两种成形技术可以有多种实现方法，但大体上可以分为两大类：单层编码与两层编码方法。

在两层方案中，一层为信道编码，另一层为信源编码（成形编码）。图 5-12 所示是编码与成形结合的两层方案。首先把一个给定的 n 维信号星座 $\mathcal{A}$ 划分成若干个信号点子集 $\mathcal{A}_i$，$1 \leq i \leq m$。二进制数据流 $\boldsymbol{u}$ 按照一定的速率划分为两个子数据流 $\boldsymbol{u}^{(c)}$ 和 $\boldsymbol{u}^{(s)}$。子数据流 $\boldsymbol{u}^{(c)}$ 进入一个信道编码器，输出的序列 $\boldsymbol{c} = (c_1, \cdots, c_j, \cdots, c_L)$ 用来选择信号子集序列 $\boldsymbol{s} = (s_1, \cdots, s_t, \cdots, s_N)$，其中 $s_t \in \{\mathcal{A}_i, 1 \leq i < m\}$。这一层称为信道编码层。子数据流 $\boldsymbol{u}^{(s)}$ 进入一个成形编码器，输出的序列用来选择一个特定的信号点序列 $\boldsymbol{x} = (x_1, \cdots, x_t, \cdots, x_N)$，其中 x_t 是子集 s_t 里的信号点。这一层称为信源编码层。根据不同的信号选择方法，信号星座中每个点的使用概率或许不一样。信道编码层的作用是在子集序列中引入冗余，从而使得接收端能够无误地（以尽可能小的错误概率）恢复子集序列。

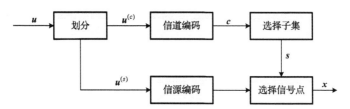

图 5-12　编码与成形结合的两层实现方案

信源编码层的作用是对于给定的速率，选择信号点使得信号星座的平均能量尽可能小；等价地，对于给定的平均能量，选择尽可能多的信号点使得传输速率尽可能高。两层方案的最佳性（从达到信道容量的角度）是基于编码和成形的可分性的。已经证明，对于高信噪比的系统，如果信道编码层和信源编码层分开设计并适当地构成一个两层系统，则信道容量的损失是可以忽略的。

图 5-13 所示是编码和成形结合的单层方案。二进制数据序列 $\boldsymbol{u}$ 进入信道编码器，产生输出码字 $\boldsymbol{c}$。码字 $\boldsymbol{c}$ 进入成形映射器后输出信号序列 $\boldsymbol{x}$。在该方案中，信号映射器具有成形编码功能，它把均匀等概的二进制序列转化为统计特性与信道特性相匹配的信道符号序列，

使得相应的互信息尽可能大。在此基础上，再设计一个（二元或多元）信道码，以逼近这个互信息，从而逼近信道容量。单层结构的最佳性是由 Gallager 引理保证的，其对所有的信噪比都成立。理论上，在接收端可以实现最小误比特率（BER）译码／解映射算法。在实际中，可以采用迭代的译码-映射算法。这时，往往要在编码器和映射器之间引入一个随机交织器。

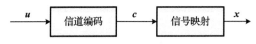

图 5-13   编码与成形结合的单层实现方案

5.2.3   几种简单的成形方法

下面着重讨论单层方案中的概率成形与几何成形。二者的联系在于高维球体（或类球体）在任一维上的投影近似服从正态分布。二者的区别在于前者依靠优化低维信号的概率分布来获得成形增益，而后者依靠优化高维信号星座的形状来获得成形增益。前者在译码时通常需要实现迭代的译码-解映射算法，而后者一般不需要译码器和映射器之间进行迭代。

1. 使用星形信号星座的几何成形

对于二维信号星座，一种典型的几何成形方法是使用不等间隔（或称为非均匀）的信号星座，如图 5-14 所示。这是一个 64-APSK 的星座图，信号点分布在 4 圆环上，且圆环之间是不等间隔的。这样，从一维分布来看，如同图 5-11 一样，有更多的点处于低功率电平上。文献[33]给出了一个格雷编码的 64-APSK（Gray-APSK）星座图设计，每一环上的信号点数相同并且它们的相位偏移也相同。第 l 个环的半径由下式确定：

$$r_l = \sqrt{-\ln(1-P_l)}$$

式中，P_l 为第 l 个环内（含环上）信号点的总发送概率。

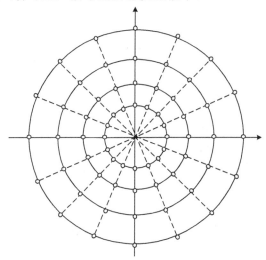

图 5-14   64-APSK 信号星座

对于该 APSK 信号星座，可以进一步将几何成形与下述的概率成形方法相结合，达到成形增益的进一步提升。例如，将 64-APSK 的最内环减少到 8 个信号点，而每个信号点对应于两个标号（label）。

2．基于 Gallager 映射的概率成形

令 X 表示信道的输入符号，Y 表示信道的输出符号。对于一个给定的信号星座 $\mathcal{A}_x$，假定 $P_X^*(x), x \in \mathcal{A}_x$ 是信道的最佳输入分布（能使互信息 $I(X;Y)$ 最大化）。Gallager 映射器的基本设计方法如下：

首先将信道编码器输出的编码比特序列 c 按一定长度进行分组 $c_0, c_1, c_2, \cdots$，然后采用多对一的映射方法，将一个或多个比特序列 c_i 映射到 $\mathcal{A}_x$ 的每一个星座点上，使得由此导致的星座点选择概率（即 X 的实际分布）尽可能接近于 $P_X^*(x)$。图 5-15 是一个使用 4-PAM 星座时的 Gallager 映射例子。如果信道编码为二元码，在接收端我们需要采用 BICM-ID 这种软信息迭代联合解调/译码方式来进行信号检测。

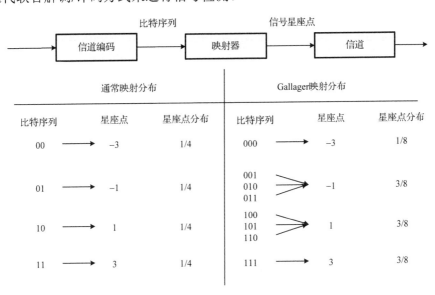

图 5-15　4-PAM Gallager 映射

在二元编码情况下，类似于 BICM，对于有限码长，在 Gallager 映射器中采用不同的标记（labeling）策略，系统的误码率性能也会不同。对于 BICM 系统中 Gallager 映射器的优化设计，可以采用下述标记设计准则：

（1）对于同一组内的不同标号（label），设计时尽量最小化标号之间的最大汉明距离；

（2）对于不同组内的不同标号，设计时同样尽量最小化标号之间的最大汉明距离；

（3）信号星座图中的星座点使用概率要尽量逼近离散高斯分布。

图 5-16 给出了将 4 比特长符号调制到 8-PAM 星座的 Gallager 映射。

该映射不但考虑了星座点使用概率近似离散高斯分布，而且最小化了组内以及组外相邻标号之间的最大汉明距离。经过这样的优化设计，不但给系统带来了成形增益，而且在解调译码出错的时候，最大程度地降低了系统的误比特率。

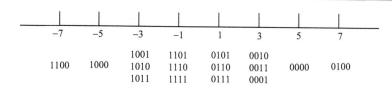

图 5-16   8-PAM Gallager 映射

对于 PAM 信号的设计可以直接推广至常用的 QAM 调制。图 5-17 给出了一个将符号长度为 5 比特的符号映射到 16-QAM 星座图上的 Gallager 映射器具体例子。

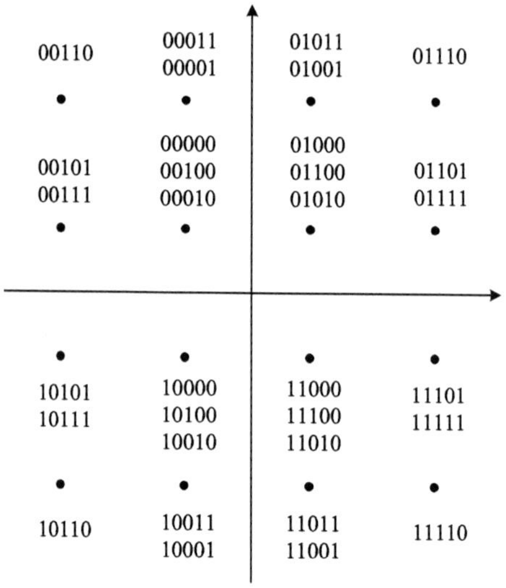

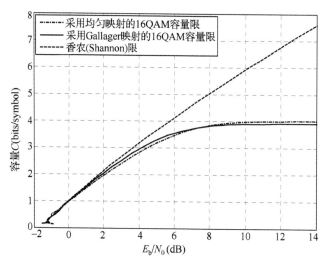

图 5-17   16-QAM Gallager 映射

在上述 Gallager 映射器所给出的输入分布下，采用 16-QAM 星座的编码调制系统的信道容量如图 5-18 所示。

图 5-18   16-QAM 容量曲线

接下来通过进一步结合几何成形与概率成形的思想，我们给出一种新的成形映射方法[30]，其一方面通过去掉部分能量较大的信号点以节省信号星座的平均功率，另一方面利用 Gallager 映射将部分符号以多对一的方式映射到信号星座上，最终获得近似高斯的信号输入分布。图 5-19 给出了一种基于 64-QAM 星座的成形映射方案，记为 44-QAM。图中，调制符号表示为比特序列，空心点表示不使用的信号点（或者说，发送概率为零）。

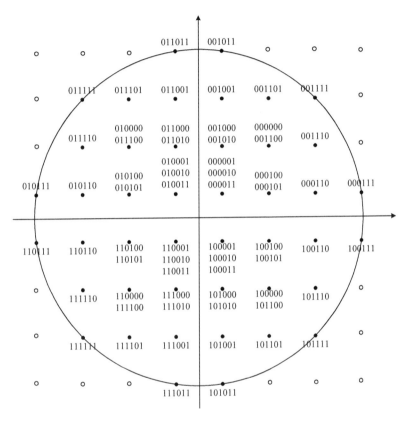

图 5-19　44-QAM 信号星座映射

在 AWGN 信道上，该分布可获得逼近最大成形增益的性能提升。通过容量分析可以看出，利用所提方法在中低速率区域可简单有效地获得成形增益，如图 5-20 所示。

基于 BICM-ID 系统，我们选用 CMMB 标准中的（9216，4608）LDPC 码和 DVB-T2 标准中的（64800，32400）LDPC 码，码率均为 1/2，结合图 5-19 中的成形映射和传统 Gray 映射，给出了系统在 AWGN 信道下的误码性能，如图 5-21 所示。LDPC 码译码器最大迭代 50 次，译码器和解调器联合迭代最大 10 次。从图中可以看出，相对于采用 64-QAM 的情况，44-QAM 方案下 BICM-ID 系统采用两个 LDPC 码的 BER 在 10^{-5} 时可分别获得约 0.68 dB 和 0.52 dB 的提升，且距选用 DVB-T2 LDPC 码时的译码门限约 0.4 dB。

3．叠加成形方法

考虑一个叠加编码调制系统[27]中的发送信号产生方法。假定将经过单层或多层信道编码后的数据流划分为多层（如 K 层）比特流，记第 k 层中的二进制比特流为 $\boldsymbol{v}^{(k)}=(v_1^{(k)},\cdots,v_N^{(k)})$。

在 t 时刻，所有 K 层的编码符号 $v_t^{(k)}$ 组成一个矢量 $v_t = (v_t^{(0)}, v_t^{(1)}, \cdots, v_t^{(K-1)})$，经过信号映射器映射到信号集 $\mathcal{A}$ 中的一个信号点 $x_t \in \mathcal{A}$。线性叠加映射器（Σ 映射器）的结构如图 5-22 所示。

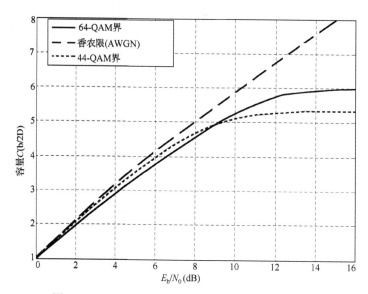

图 5-20 64-QAM 和 44-QAM 编码调制系统的容量

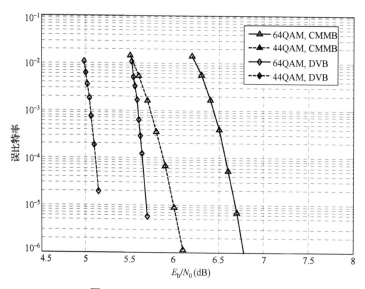

图 5-21 AWGN 信道下的误码性能

在具体映射过程中，各层编码符号首先被 2-PAM 映射器映射成数据流 $\alpha_k(1 - 2v^{(k)})$，$k \in \{0, 1, K-1\}$，其中 α_k^2 是第 k 层信息所对应的能量。然后，叠加映射器将所有 K 层信号进行算术求和，形成一种 "和" 信号 x：

$$x = \sum_{k=0}^{K-1} \alpha_k \cdot (1 - 2v^{(k)}) \tag{5-9}$$

这里，$\{\alpha_k\}$ 满足 $\sum\limits_{k=0}^{K-1}\alpha_k^2 = E_s$。如果所有 α_k 相同，则映射器称为 I 型叠加映射器；否则，称为 II 型叠加映射器。由 I 型叠加映射器产生的信号星座是等间隔、不等概率的，如图 5-23 所示。由 II 型叠加映射器产生的信号星座一般是不等间隔的。

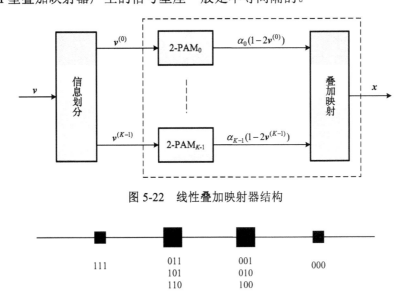

图 5-22　线性叠加映射器结构

图 5-23　叠加编码信号星座概率示意图

图 5-23 所示是一个 $K=3$ 时的叠加映射器例子。在这种情况下，$P_X=\{1/8, 3/8, 3/8, 1/8\}$。对应信号集为 $\mathcal{A}=\{-3,-1,1,3\}$，并且 $\alpha_0=\alpha_1=\alpha_2=1$。在 I 型叠加映射器中，各层对应的信号能量相同，采用互信息设计准则，各层具有不同的码率，这样就类似于前述的 MLC 方案。在 II 型叠加映射器中，所有层可采用码率相同的信道码，但是每一层对应不同的能量；通过适当调节层间的能量关系，可达到在接收端各层能正确译码。功率分配方案有多种形式，可参考文献[27]。当各层的信道码相同（包括码率）时，一种最简单的功率分配方案如下：设 t 时刻发送信号总能量为 E_s，则各层信号能量 α_k^2 之间的约束关系为：

$$\begin{cases} \sum\limits_{k=0}^{K-1}\alpha_k^2 = E_s \\[2mm] \alpha_k^2 \Big/ \left(1+\sum\limits_{j>k}\alpha_j^2\right) = \alpha_{K-1}^2, \quad k=K-2,K-3,\cdots,0 \end{cases} \qquad (5\text{-}10)$$

这里我们对信道噪声方差进行了归一化处理，即 $\sigma_n^2=1$。

　　在传统的多层编码调制系统中，互信息的链式法则表现为系统中各层之间的速率分配，而这里表现为各层之间的功率分配。采用叠加映射的编码调制系统整体框图如图 5-24 所示，接收机采用迭代解调译码方法。基于 Turbo 码与 LDPC 码的叠加映射编码调制系统能够达到非常逼近香农容量限的性能[27,36]。

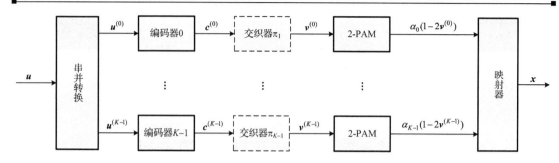

图 5-24　基于叠加映射的多层编码调制系统框图

5.3　多元 LDPC 编码

多元 LDPC 码也是由 Gallager 在其博士论文中基于模算术提出的。1998 年 Davey 和 MacKay 将其推广，提出了定义在有限域上 GF(q)，q>2 上的多元 LDPC 码，同时给出了一种 q 元和积译码算法（QSPA）。随后，Barnault、Declercq 和 Fossorier 又提出了基于 q 元域上快速傅里叶变换的和积译码算法（FFT-QSPA），这种算法比 QSPA 更为简单高效。

现有的研究结果表明，相对于二元 LDPC 码，多元 LDPC 码具有如下优点：

（1）多元 LDPC 码的列重往往较小，因此在构造时可以有效避免环长较小的环，从而获得更好的纠错性能。

（2）在中短码长下，多元 LDPC 码比二元 LDPC 码具有更优的纠错性能。

（3）多元 LDPC 码的抗突发错误能力比二元 LDPC 码强。

（4）多元 LDPC 码是面向符号的，非常适宜与高阶调制方案结合从而提供更高的数据传输速率和频谱效率。二元 LDPC 码与高阶调制相结合时存在比特概率和符号概率间的相互转换，导致信息损失；而多元 LDPC 码结合高阶调制可采用基于符号的后验概率译码算法从而避免这样的问题。Broadcom 公司研究了发送端采用二元 LDPC 码、而接收端采用符号译码的编码调制方案。

由此可见，多元 LDPC 码具有很高的实际应用价值。欧洲的 ENSEA 联合三星、意法半导体等诸多公司进行的"达芬奇计划"（DAVINCI Project），便是围绕多元 LDPC 码展开的关于多元编码调制系统的研究，旨在为下一代移动通信系统提供更可靠的高频谱效率解决方案。然而，多元 LDPC 码的译码复杂度较高。若采用 QSPA 进行译码，多元 LDPC 码的译码复杂度可达 $\mathcal{O}(q^2)$；采用 FFT-QSPA，其译码复杂度为 $\mathcal{O}(q\log q)$。因此设计多元 LDPC 码的低复杂度译码算法成为一个重要的研究问题，为此人们提出了多种简化译码算法，我们将在后面进行详述。另外，多元 LDPC 码的性能分析与优化设计也比二元码复杂。多元 LDPC 码的密度进化中所跟踪的消息密度是多维的参数向量，因此其运算复杂度远高于二元 LDPC 码的密度进化。多元 LDPC 码的构造还涉及 GF(q) 上非零元素的选择等问题。

此外，学术界也对多元 LDPC 码进行了广泛的扩展研究。其中，比较典型的扩展方案是多元 LDPC 卷积码。

5.3.1　多元 LDPC 码的基本概念及因子图表示

为方便起见，我们这里的讨论限于定义在有限域上的多元 LDPC 码。令 GF(q)为一个包含 q 个元素的有限域，其中 q 是素数的幂次。一个长为 n 的 q 元 LDPC 码是由 GF(q)上的 $m \times n$ 稀疏校验矩阵 **H** 的零空间所定义的线性分组码，其中 m 为校验方程的个数。这里要求 **H** 中的非零元素密度 r 很低（r 定义为矩阵中非零元素的个数与元素总个数的比值）。其码率为：

$$R_c = \frac{n - \text{rank}(\boldsymbol{H})}{n}$$

式中，rank(**H**)表示矩阵 **H** 的秩。若矩阵 **H** 具有恒定的列重和行重，分别为 γ 和 ρ，则矩阵 **H** 的 GF(q)上零空间给出了一个 (γ, ρ) -规则 q 元 LDPC 码。如果 **H** 是一个由 GF(q)上同样大小的稀疏循环移位矩阵构成的阵列，则矩阵 **H** 的 GF(q)上零空间定义了一个 q 元准循环(QC)LDPC 码。

通常，一个 q 元 LDPC 码的校验矩阵 **H** 具有如下结构特性：

（1）任意两行（或两列）不会有超过一个相同位置上同时为非零元素；

（2）**H** 的密度 r 很小（域越大，**H** 越超稀疏）。

上述两条性质是在迭代译码时性能很好的码的常备条件，其中第（1）条也常称为行列约束（RC-constraint）。

q 元 LDPC 码的因子图可以采用与二元 LDPC 码相同的方法来构造。作为一个例子，图 5-25 给出了 GF(4)上一个（5,3）Hamming 码的 Forney 型因子图（又称 Normal 图），其对应的校验矩阵为：

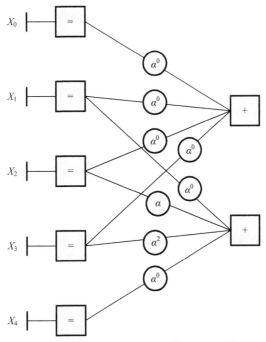

图 5-25　GF(4)上的(5,3)Hamming 码的 Forney 型因子图

$$\boldsymbol{H} = [h_{i,j}] = \begin{bmatrix} 0 & 1 & 1 & 1 & 1 \\ 1 & 0 & 1 & \alpha & \alpha^2 \end{bmatrix}$$

式中，α 是 GF(4)上的本原元。图 5-25 中的零和约束表示为：

$$\sum_{j \in \mathcal{N}(i)} h_{i,j} x_j = 0$$

上式中，$\mathcal{N}(i)$表示参加第 i 个校验方程的编码符号索引集合，且求和运算是定义在 GF(4)上的。

5.3.2 多元 LDPC 码的译码

多元 LDPC 码具有优秀的性能，但是较高的译码运算复杂度一直阻碍着其实际应用，因此多元 LDPC 码的低复杂度译码算法一直是研究热点和难点。QSPA 译码复杂度主要集中在校验节点的更新过程，因此 Davey 于 1999 年将快速傅里叶变换（FFT）应用于 QSPA 算法的校验节点运算，提出了多元码的 FFT-QSPA 译码算法，将译码复杂度降为了 $O(q \log q)$，该算法随后由 Barnault 等进一步做出完整描述。2003 年，Song 等在译码更新中同时将消息表示为概率和对数值，并给出校验节点采用 FFT 运算更新对数消息的方法，提出了一种 Log-FFT-BP 算法。2004 年，Wymeersch 等提出 Log-SPA 译码算法，将消息在更新过程中表示为对数似然比（LLR），在不损失译码性能的同时避免了实数乘法运算。

为了进一步降低复杂度，2007 年，Declercq 和 Fossorier 将二元 LDPC 码的最小和算法推广到多元 LDPC 码，提出了一种扩展最小和（Extended Min-Sum，EMS）译码算法，通过将 LLR 消息向量的长度从 q 截短为 n_m，$n_m \ll q$ 在牺牲微弱性能的同时显著降低了译码器的计算与存储复杂度。随后，Voicila 等又对 EMS 算法的具体实现方式进行了改进，将其加法复杂度降为 $O(n_m \log_2 n_m)$。然而，EMS 算法校验节点更新步骤中存在大量的实数比较运算，因此其总体运算复杂度实际上为 $O(n_m^2)$。为了减少 EMS 算法的实数比较运算次数，Boutillon 等于 2010 年提出一种检泡（Bubble Check，BC）算法，有效将多元 LDPC 码译码复杂度降为 $O(n_m \sqrt{n_m})$，并进一步针对 $n_m \leqslant 16$ 的情况提出了一种改进检泡（L-BC）算法。2012 年，X. Ma 等将 EMS 算法重新描述为网格（trellis）上的简化搜索算法，并基于此描述给出了两个不同的 EMS 算法，分别叫作 D-EMS 算法和 T-EMS 算法（统称为低复杂度的 X-EMS 译码算法）。最近，Li 等采用校验约束的 trellis 来计算校验节点的配置集合（configuration set），提出了多元 LDPC 码的 trellis-EMS 算法。

另一类多元 LDPC 码的简化译码算法是 Min-Max 译码算法，它将校验节点的求和运算替换为取最大值运算。2013 年，基于组合优化来简化校验节点配置集合与消息可靠度的计算，Wang 等提出一种简化最小和算法[48]，该方法大大简化了 EMS 算法的复杂度。

需要注意的是，上述译码算法对于高码率多元 LDPC 码（校验节点的度数比较大），译码复杂度仍然较大，从而限制了它们在大域（$q>64$）上的应用。基于可靠度的译码算法提供了另一种解决方案。对于大数逻辑可译的多元 LDPC 码，2010 年 Chen-Bai 和 Zhao-Ma

等分别提出了两种低复杂度的基于符号可靠度的译码算法[50,51]。同年，Chen-Huang 等也提出了基于迭代软/硬符号可靠度的译码算法[52]。2014 年，Huang 还研究了一种基于比特可靠度的低复杂度译码算法[53]。

此外，Sarkis 等研究了多元 LDPC 码的随机译码问题，Flanagan 等则将线性规划译码推广到了多元线性码的译码。

表 5-4 给出了多元 LDPC 码的几种代表性译码算法的相关信息和复杂度等。表中的"消息表示"列中，Prob.和 LLR 分别表示概率和对数似然比。

表 5-4　多元 LDPC 码的几种代表性译码算法

算　　法	提　出　者	消　息　表　示	复　杂　度
QSPA	1998，Davey 等	Prob.	$\mathcal{O}(q^2)$
FFT-QSPA	1999，Davey 等	Prob.	$\mathcal{O}(q\log_2 q)$
Log-FFT-BP	2003，Song 等	Prob. & Log	$\mathcal{O}(q\log_2 q)$
Log-SPA	2004，Wymeersch 等	LLR	$\mathcal{O}(q\log_2 q)$
EMS（Original）	2005，Declercq 等	LLR	$\mathcal{O}(n_m q)$
EMS（Improved）	2007，Voicila 等	LLR	$\mathcal{O}(n_m^2)$
Min-Max	2008，V. Savin 等	LLR	$\mathcal{O}(q^2)$
BC-EMS	2010，Boutillon 等	LLR	$\mathcal{O}(n_m\sqrt{n_m})$
X-EMS	2012，Ma 等		
基于可靠度的消息传递算法	2010，Zhao，Chen 等	欧氏距离	$\mathcal{O}(q)$
简化 MSA	2013，Chung-Li Wang 等	LLR	$\mathcal{O}(q^2)$

多元 LDPC 码的译码算法最好通过因子图来描述。上一节中我们给出 GF(4)上（5,3）Hamming 码的 Forney 型因子图模型，下面结合一般的因子图模型来介绍主要的译码算法。给定一个 GF(q)上 LDPC 码的 $m \times n$ 校验矩阵，其相应的 Forney 型因子图上包含两类约束函数：相等约束（即变量节点）与零和约束（即校验节点）。图 5-26 是一个（3,6）-规则 LDPC 码的 Forney 型因子图表示，其中圆圈对应于校验矩阵 **H** 中的非零元素。

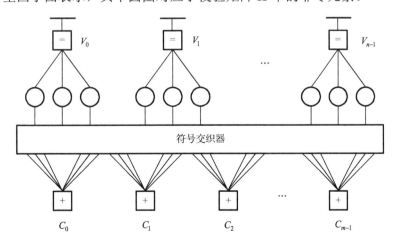

图 5-26　多元（3,6）-规则 LDPC 码的 Forney 型因子图表示

1. 多元 LDPC 码的和积译码算法

作为一种软判决译码算法，多元和积算法（QSPA）[42]基于码符号间的校验约束关系，迭代地处理各个接收符号以逐步提高译码符号的可靠度。每个接收符号的可靠度采取该符号的概率值或对数似然比（LLR）表示，每次迭代结束时得到的外信息被用来更新符号的先验信息以供下一次迭代使用。译码迭代持续进行直到某一准则被满足后，依据输出的符号可靠性度量对其做出硬判决。

设 $C[n,k]$ 为一个定义在 $\mathrm{GF}(q)$ 上的 q 元 LDPC 码。编码器的输入信息序列为 $\boldsymbol{u} = (u_0, u_1, \cdots, u_k), u_i \in \mathrm{GF}(q)$，$\boldsymbol{u}$ 通过 q 元 LDPC 编码器后，产生一个长为 n 的码字：

$$\boldsymbol{v} = (v_0, v_1, \cdots, v_n), \quad v_i \in \mathrm{GF}(q)$$

实际应用中，有限域的阶数 q 通常选择为 2 的整数幂，即 $q = 2^s$。这样，每个码字 $\boldsymbol{v} = (v_0, v_1, \cdots, v_{n-1})$ 均对应着一个二进制比特序列：

$$\boldsymbol{v}_{\mathrm{b}} = ((v_{0,0}, \cdots, v_{0,s-1}), (v_{1,0}, \cdots, v_{1,s-1}), \cdots, (v_{n-1,0}, \cdots, v_{n-1,s-1})) \tag{5-11}$$

假定采用单位信号能量的 BPSK 调制 $(1 \rightarrow +1, 0 \rightarrow -1)$，则发送信号可表示为 $x_{j,l} = 2v_{j,l} - 1$，通过 AWGN 信道进行传输后，其相应的软判决接收信号序列为：

$$\boldsymbol{y}_{\mathrm{b}} = ((y_{0,0}, \cdots, y_{0,s-1}), (y_{1,0}, \cdots, y_{1,s-1}), \cdots, (y_{n-1,0}, \cdots, y_{n-1,s-1})) \tag{5-12}$$

式中，

$$y_{j,l} = (2v_{j,l} - 1) + w_{j,l}$$

$w_{j,l} \sim N(0, N_0 / 2)$ 为加性高斯白噪声样值。

记硬判决接收序列为：

$$\boldsymbol{z}_{\mathrm{b}} = ((z_{0,0}, \cdots, z_{0,s-1}), (z_{1,0}, \cdots, z_{1,s-1}), \cdots, (z_{n-1,0}, \cdots, z_{n-1,s-1}))$$

则对所有 $0 \leqslant j < n$ 和 $0 \leqslant l < s$，在给定信道输出值 $y_{j,l}$ 时接收比特 $z_{j,l}$ 为 "1" 的概率为：

$$p_{z_{j,l}}^1 = \frac{1}{1 + \exp(4y_{j,l} / N_0)} \tag{5-13}$$

相应地，$z_{j,l}$ 为 "0" 的概率为 $p_{z_{j,l}}^0 = 1 - p_{z_{j,l}}^1$。对于 $0 \leqslant j < n$，q 元符号硬判决序列 $\boldsymbol{z}$ 中第 j 个接收符号 z_j 为 a_t 的概率为：

$$P_j^{a_t} = \prod_{l=0}^{s-1} p_{z_{j,l}}^{a_{t,l}} \tag{5-14}$$

式中 $(a_{t,0}, a_{t,1}, \cdots, a_{t,s-1})$ 是 a_t 的二进制比特序列表示形式。概率 $P_j^{a_t}$ 即为 QSPA 初始化时的变量节点先验信息（或者说信道信息）。

在 QSPA 的迭代更新过程中，软判决接收序列 $\boldsymbol{y}$ 中接收符号的可靠性度量在每一次迭代中都被更新，译码器基于更新后的可靠性度量再计算新的硬判决序列 $\boldsymbol{z}$。

首先定义两个索引集合：

$$\mathcal{N}_{\mathrm{v}}(j) = \{i \mid h_{i,j} \neq 0,\ 0 \leqslant i < m\}$$

$$\mathcal{N}_{\mathrm{c}}(i) = \{j \mid h_{i,j} \neq 0,\ 0 \leqslant j < n\}$$

式中，$\mathcal{N}_{\mathrm{v}}(j)$ 是与第 j 个变量节点相连的校验节点索引集，$\mathcal{N}_{\mathrm{c}}(i)$ 是参与第 i 个校验的变量节点索引集。另外，$\mathcal{N}_{\mathrm{v}}(j) \backslash i$ 表示从集合 $\mathcal{N}_{\mathrm{v}}(j)$ 去掉元素 i 的子集，$\mathcal{N}_{\mathrm{c}}(i) \backslash j$ 表示从集合 $\mathcal{N}_{\mathrm{c}}(i)$ 去掉元素 j 的子集。

令序列 $\boldsymbol{z}^{(k)} = (z_0^{(k)}, z_1^{(k)}, \cdots, z_{n-1}^{(k)})$ 表示第 $k-1$（$k \geqslant 1$）次迭代结束后的硬判决结果。若基于 $\boldsymbol{z}$ 计算的伴随式向量

$$\boldsymbol{s}^{(k)} = (s_0^{(k)}, s_1^{(k)}, \cdots, s_{m-1}^{(k)}) = \boldsymbol{z}^{(k)} \cdot \boldsymbol{H}^{\mathrm{T}} \tag{5-15}$$

是一个全零的 m 维向量，则译码迭代终止，并输出 $\boldsymbol{z}^{(k)}$ 作为最终的译码码字。其中，

$$s_i^{(k)} = z_0^{(k)} h_{i,0} + z_1^{(k)} h_{i,1} + \cdots + z_{n-1}^{(k)} h_{i,n-1} \tag{5-16}$$

在 QSPA 译码的第 k 次迭代中，通过连接变量节点 v_j 和校验节点 c_i 的边 (c_i, v_j) 传递的消息主要分为两类，即 $Q_{i,j}^{a,(k)}$ 和 $R_{i,j}^{a,(k)}$：

（1）$Q_{i,j}^{a,(k)} = P(z_j^{(k)} = a \mid \{s_{i'}^{(k)} = 0, i' \in \mathcal{N}_{\mathrm{v}}(j) \backslash i\})$，即为变量节点 v_j 传递到校验节点 c_i 的概率信息；

（2）$R_{i,j}^{a,(k)} = P(s_i^{(k)} = 0 \mid z_j^{(k)} = a, \mathrm{pmf}(z_{j'}) = Q_{i,j'}^{(k-1)}, \forall j' \in \mathcal{N}_{\mathrm{c}}(i) \backslash j)$，即为校验节点 c_i 传递到变量节点 v_j 的概率信息。

令 $a_0, a_1, \cdots, a_{q-1}$ 分别表示有限域 $\mathrm{GF}(q)$ 的 q 个元素，且 $P_j^{a_0}, P_j^{a_1}, \cdots, P_j^{a_{q-1}}$ 为 $\boldsymbol{z}$ 中第 j 个接收符号 z_j，$0 \leqslant j < n$ 分别取域元素 $a_0, a_1, \cdots, a_{q-1}$ 的先验概率。显然 $P_j^{a_0} + P_j^{a_1} + \cdots + P_j^{a_{q-1}} = 1$。概率值 $R_{i,j}^{a,(k)}$ 由下式给出：

$$R_{i,j}^{a,(k)} = \sum_{\boldsymbol{z}^{(k)}, z^{(k)} = a} P(s_i^{(k)} = 0 \mid \boldsymbol{z}^{(k)}, z^{(k)} = a) \cdot \prod_{j' \in \mathcal{N}_{\mathrm{c}}(i) \backslash j} Q_{i,j'}^{b_{j'},(k)} \tag{5-17}$$

对所有的 $a \in \mathrm{GF}(q)$、$i \in \mathcal{N}_{\mathrm{v}}(j)$ 和 $j \in \mathcal{N}_{\mathrm{c}}(i)$ 计算出校验节点输出消息 $R_{i,j}^{a,(k)}$，利用 $R_{i,j}^{a,(k)}$ 按照式（5-18）更新变量节点概率 $Q_{i,j}^{a,(k)}$：

$$Q_{i,j}^{a,(k+1)} = \phi_{i,j}^{(k+1)} P_j^a \prod_{i' \in \mathcal{N}_{\mathrm{v}}(j) \backslash i} R_{i',j}^{a,(k)} \tag{5-18}$$

式中，$\phi_{i,j}^{(k+1)}$ 是概率归一化因子，即 $\phi_{i,j}^{(k+1)}$ 取值满足下式：

$$Q_{i,j}^{a_0,(k+1)} + Q_{i,j}^{a_1,(k+1)} + \cdots + Q_{i,j}^{a_{q-1},(k+1)} = 1$$

对 QSPA 译码算法的具体步骤描述如下。

（1）初始化。

令 $k = 0$，并将最大迭代次数设定为 $I_{\max}$，对每个满足 $h_{i,j} \neq 0$ 的整数对 (i, j)，其中 $0 \leqslant i < m$ 且 $0 \leqslant j < n$，同时设定 $Q_{i,j}^{a_0,(0)} = P_j^{a_0}, Q_{i,j}^{a_1,(0)} = P_j^{a_1}, \cdots, Q_{i,j}^{a_{q-1},(0)} = P_j^{a_{q-1}}$。

（2）当迭代次数 $k < I_{\max}$ 时，重复如下消息更新规则。

① 校验节点更新步骤（水平步骤）：

对所有的 $a \in \mathrm{GF}(q)$，在所有校验节点 c_i 处对所有满足 $h_{i,j} \neq 0$ 的 j，按式（5-17）计算校验节点的输出消息 $R_{i,j}^{a,(k)}$。

② 变量节点更新步骤（垂直步骤）：

对所有的 $a \in \mathrm{GF}(q)$，在所有校验节点 v_i 处对所有满足 $h_{i,j} \neq 0$ 的 j，按式（5-18）计算变量节点的输出消息 $Q_{i,j}^{a,(k+1)}$。

（3）迭代判决。

按照如下规则得出硬判决序列 $z^{(k+1)} = (z_0^{(k+1)}, z_1^{(k+1)}, \cdots, z_{n-1}^{(k+1)})$，其中，

$$z_j^{(k+1)} = \arg \max_{a \in \mathrm{GF}(q)} P_j^a \prod_{i \in \mathcal{N}_v(j)} R_{i,j}^{a,(k+1)} \tag{5-19}$$

利用硬判决序列计算新的伴随式 $s^{(k+1)} = z^{(k+1)} \cdot H^{\mathrm{T}}$。若 $s^{(k+1)} = 0$ 或者译码达到最大迭代次数 $I_{\max}$，停止译码；否则，令 $k = k+1$ 并转到步骤（2）。

2. 基于快速傅里叶变换的 QSPA 算法

为了降低多元和积译码算法 QSPA 的运算复杂度，Davey 通过对校验节点更新步骤引入快速傅里叶变换（FFT）运算，即 FFT-QSPA 算法，将 QSPA 中复杂度最高的校验节点更新过程大大简化，有效地将译码复杂度降为 $\mathcal{O}(q \log q)$。

FFT-QSPA 算法的译码过程中，令 $z(k) = (z_0^{(k)}, z_1^{(k)}, \cdots, z_{n-1}^{(k)})$ 为第 k 次迭代开始时的硬判决符号序列，此符号序列满足第 i 个校验 $s_i^{(k)}$ 当且仅当

$$\sum_{j \in \mathcal{N}_c(i)} h_{i,j} z_j^{(k)} = 0 \tag{5-20}$$

定义 $\tilde{z}_{i,j}^{(k)} = h_{i,j} z_j^{(k)}$，则根据有限域 $\mathrm{GF}(q)$ 上的运算封闭性，有 $\tilde{z}_{i,j}^{(k)} \in \mathrm{GF}(q)$。由式（5-20）可得：

$$\tilde{z}_{i,j}^{(k)} = \sum_{j \in \mathcal{N}_c(i) \backslash j} h_{i,j} z_j^{(k)} \tag{5-21}$$

针对 H 中的非零元素 $h_{i,j}$ 定义两个新的变量：$\tilde{Q}_{i,j}^{\tilde{a},(k)}$ 和 $\tilde{R}_{i,j}^{\tilde{a},(k)}$。对 $\tilde{a} = h_{i,j} a$，定义二者如下：

$$\tilde{Q}_{i,j}^{\tilde{a},(k)} \stackrel{\Delta}{=} Q_{i,j}^{a,(k)}$$
$$\tilde{R}_{i,j}^{\tilde{a},(k)} \stackrel{\Delta}{=} R_{i,j}^{a,(k)} \tag{5-22}$$

令 $a_0, a_1, \cdots a_{2^s-1}$ 为 $\mathrm{GF}(2^s)$ 上的 2^s 个元素，定义相应的概率向量为：

$$\tilde{Q}_{i,j}^{(k)} \stackrel{\Delta}{=} (\tilde{Q}_{i,j}^{\tilde{a}_0,(k)}, \tilde{Q}_{i,j}^{\tilde{a}_1,(k)}, \cdots, \tilde{Q}_{i,j}^{\tilde{a}_{2^s-1},(k)})$$
$$\tilde{R}_{i,j}^{(k)} \stackrel{\Delta}{=} (\tilde{R}_{i,j}^{\tilde{a}_0,(k)}, \tilde{R}_{i,j}^{\tilde{a}_1,(k)}, \cdots, \tilde{R}_{i,j}^{\tilde{a}_{2^s-1},(k)}) \tag{5-23}$$

式中 $\tilde{Q}_{i,j}^{\tilde{a}_t,(k)}$ 和 $\tilde{R}_{i,j}^{\tilde{a}_t,(k)}$ 表示符号 $\tilde{z}_{i,j}^{(k)}$ 取值为 $\mathrm{GF}(2^s)$ 中符号 $\tilde{a}_t = h_{i,j} a_t$ 的概率。

考虑两个长度均为 2^s 的概率向量 $\boldsymbol{u}$ 和 $\boldsymbol{v}$。对于 $0 \leqslant t < 2^s$，令 u^{a_t} 和 v^{a_t} 分别表示 $\boldsymbol{u}$ 和 $\boldsymbol{v}$ 中与 $a_t \in \mathrm{GF}(2^s)$ 相对应的概率似然值。$\boldsymbol{u}$ 和 $\boldsymbol{v}$ 在 $\mathrm{GF}(2^s)$ 上的卷积是长为 2^s 的概率向量 $\boldsymbol{w} = \boldsymbol{u} \otimes \boldsymbol{v}$，其中运算符号 $\otimes$ 表示卷积运算，且 $\boldsymbol{w}$ 中与 $a_t \in \mathrm{GF}(2^s)$ 相对应的概率分量 w^{a_t} 由下式给出：

$$w^{a_t} = \sum_{a_f, a_l \in \mathrm{GF}(2^s): a_t = a_f + a_l} u^{a_f} v^{a_l} \tag{5-24}$$

其中加法运算定义在 $\mathrm{GF}(2^s)$ 上。由式（5-17），式（5-22）和式（5-24），概率向量 $\tilde{\boldsymbol{R}}_{i,j}^{(k)}$ 的更新运算可写为如下形式：

$$\tilde{\boldsymbol{R}}_{i,j}^{(k)} = \bigotimes_{j' \in \mathcal{N}_c(i) \backslash j} \tilde{\boldsymbol{Q}}_{i,j'}^{(k)} \tag{5-25}$$

概率向量 $\tilde{\boldsymbol{R}}_{i,j}^{(k)}$ 的更新可以使用 FFT 有效地计算：

$$\tilde{\boldsymbol{R}}_{i,j}^{(k)} = \mathrm{FFT}^{-1} \prod_{j \in \mathcal{N}_c(i) \backslash j} \mathrm{FFT}(\tilde{\boldsymbol{Q}}_{i,j}^{(k)}) \tag{5-26}$$

式中 FFT^{-1} 表示 FFT 的逆运算。

下面给出一种计算式（5-26）中 $\tilde{\boldsymbol{R}}_{i,j}^{(k)}$ 的具体算法。长为 2^s 的概率向量 $\boldsymbol{u}$ 以 2 为基的 FFT 运算可写为如下形式：

$$\boldsymbol{v} = \mathrm{FFT}(\boldsymbol{u}) = \boldsymbol{u} \times_0 \boldsymbol{F} \times_1 \boldsymbol{F} \times \cdots \times_{s-1} \boldsymbol{F} \tag{5-27}$$

其中 $\boldsymbol{F}$ 是 $\mathrm{GF}(2)$ 上的 2×2 矩阵：

$$\boldsymbol{F} = \begin{bmatrix} 1 & 1 \\ 1 & -1 \end{bmatrix} \tag{5-28}$$

若使用 $\mathrm{GF}(2)$ 上长为 s 的向量 $(a_{t,0}, a_{t,1}, \cdots, a_{t,s-1})$ 表示 $\mathrm{GF}(2^s)$ 上的元素 a_t，则对 $0 \leqslant l < s$，$\boldsymbol{w} = \boldsymbol{u} \otimes_l \boldsymbol{F}$ 可计算如下：

$$
\begin{aligned}
w^{(a_{t,0}, \cdots, a_{t,l-1}, 0, a_{t,l+1}, \cdots, a_{t,s-1})} &= u^{(a_{t,0}, \cdots, a_{t,l-1}, 0, a_{t,l+1}, \cdots, a_{t,s-1})} + u^{(a_{t,0}, \cdots, a_{t,l-1}, 1, a_{t,l+1}, \cdots, a_{t,s-1})} \\
w^{(a_{t,0}, \cdots, a_{t,l-1}, 1, a_{t,l+1}, \cdots, a_{t,s-1})} &= u^{(a_{t,0}, \cdots, a_{t,l-1}, 0, a_{t,l+1}, \cdots, a_{t,s-1})} - u^{(a_{t,0}, \cdots, a_{t,l-1}, 1, a_{t,l+1}, \cdots, a_{t,s-1})}
\end{aligned} \tag{5-29}
$$

易得：

$$\boldsymbol{F}^{-1} = \frac{1}{2} \begin{bmatrix} 1 & 1 \\ 1 & -1 \end{bmatrix}$$

由式（5-23）得：

$$\boldsymbol{u} = \mathrm{FFT}^{-1}(\boldsymbol{v}) = \boldsymbol{v} \times_0 \boldsymbol{F}^{-1} \times_1 \boldsymbol{F}^{-1} \times \cdots \times_{s-1} \boldsymbol{F}^{-1} \tag{5-30}$$

综合式（5-27）和式（5-28），可以采用 FFT 有效地计算 $\mathrm{FFT}(\tilde{\boldsymbol{Q}}_{i,j}^{(k)})$。而由式（5-26），可以计算：

$$\tilde{\boldsymbol{R}}_{i,j}^{(k)} = (\tilde{R}_{i,j}^{\tilde{a}_0, (k)}, \tilde{R}_{i,j}^{\tilde{a}_1, (k)}, \cdots, \tilde{R}_{i,j}^{\tilde{a}_{2^s-1}, (k)}) \tag{5-31}$$

由于 $\tilde{a}_t = h_{i,j} a_t$，根据 $\tilde{R}_{i,j}^{\tilde{a}_t, (k)}$，$0 \leqslant t < 2^s$ 的定义可知 $R_{i,j}^{a_t, (k)} = \tilde{R}_{i,j}^{\tilde{a}_t, (k)}$。

综上所述，由校验节点传递至变量节点的消息向量 $\boldsymbol{R}_{i,j}^{a_t,(k)}$ 以如下 3 个步骤进行更新：

（1）根据 $\tilde{Q}_{i,j}^{\tilde{a}_t,(k)} = Q_{i,j}^{a_t,(k)}$，从 $\boldsymbol{Q}_{i,j}^{(k)}$ 中计算出 $\tilde{\boldsymbol{Q}}_{i,j}^{(k)}$；

（2）计算 $\tilde{\boldsymbol{R}}_{i,j}^{(k)} = \mathrm{FFT}^{-1}\left(\prod_{j' \in N_c(i)\backslash j} \mathrm{FFT}(\tilde{\boldsymbol{Q}}_{i,j'}^{(k)})\right)$；

（3）根据 $R_{i,j}^{a_t,(k)} = \tilde{R}_{i,j}^{\tilde{a}_t,(k)}$，$\tilde{a}_t = h_{i,j}a_t$ 从 $\tilde{\boldsymbol{R}}_{i,j}^{(k)}$ 中计算出 $\boldsymbol{R}_{i,j}^{(k)}$。

3. 多元 LDPC 码的扩展最小和译码

2007 年，Declercq 等人将多元 LDPC 码 LLR 消息向量的长度由 q 截短为 $n_m \ll q$，提出了扩展最小和（EMS）译码算法[44]。随后，Voicila 等人从实现角度对 EMS 算法进行了改进，将译码的运算复杂度降为 $\mathcal{O}(n_m\log_2 n_m)$ [45]。下文所指的标准 EMS 算法均指 Voicila 所给出的 EMS 算法。

首先，介绍多元 LDPC 码迭代译码中消息的 LLR 表示形式。令 α 为 GF(q) 上的本原域元素，则因子图上传递的 LLR 消息向量为：

$$\boldsymbol{L}_V = (L[0], L[1], \cdots, \mathrm{L}[\alpha^{q-2}]) \tag{5-32}$$

式中，

$$L[\alpha^i] = \ln\frac{P(\alpha^i)}{P(0)}, \quad i \in \{-\infty, 0, 1, \cdots, q-2\} \tag{5-33}$$

表示变量 V 为符号 $\alpha^i \in \mathrm{GF}(q)$ 的 LLR 测度值，而 $P(\alpha^i)$ 表示其概率测度值。EMS 算法截取 $\boldsymbol{L}_V$ 中最大的 n_m 项，并将其按降序排列得到消息向量 $\boldsymbol{U} = (U[0], U[1], \cdots, U[n_m-1])$。令 $U^Q[i] \in \mathrm{GF}(q)$ 为 $U[i]$ 所对应的 GF(q) 元素，则 $\boldsymbol{U}$ 相应的符号索引向量为 $\boldsymbol{U}^Q = (U^Q[0], U^Q[1], \cdots, U^Q[n_m-1])$。令 $\gamma_U = U[n_m] - \delta$ 表示 $\boldsymbol{U}^Q$ 之外其他域元素对应的似然值，其中 δ 为经优化的固定偏移值。

记 $\boldsymbol{U}_{VC}$ 为变量节点 V 向校验节点 C 传递的消息向量，$\boldsymbol{U}_{CV}$ 为校验节点 C 向变量节点 V 传递的消息向量。采用已得到广泛应用的前向/后向算法，EMS 算法将各节点更新运算分为若干两输入单输出的基本步骤。简便起见，下面的算法描述中只给出了变量节点和校验节点的基本步骤。

EMS 译码算法如下。

（1）初始化。

将 $\boldsymbol{U}_{VC}$ 初始化为信道初始消息向量 $\boldsymbol{L}_V$ 中最大的 n_m 项。

（2）置换步骤。

将 $\boldsymbol{U}_{VC}^Q$ 各项与该置换节点的 GF(q) 域元素相乘，从而完成对消息向量的置换。

（3）校验节点更新步骤。

采用前向后向算法，将度为 d_c 的校验节点更新分解为 $2(d_c - 2)$ 个校验节点基本步骤。记校验节点基本步骤的输入消息向量为 $\boldsymbol{V}$ 和 $\boldsymbol{I}$，输出消息向量为 $\boldsymbol{U}$，其相应的符号索引向量分别为 $\boldsymbol{V}^Q$、$\boldsymbol{I}^Q$ 和 $\boldsymbol{U}^Q$。定义集合 $\mathcal{T} = \{T[k], k \in [0, q-1]\}$，其中，

$$T[k] = \max_{i,j \in [0,n_m-1]^2} \{U[i] + I[j]\}_{V^Q[i] + I^Q[j] = T^Q[k]} \tag{5-34}$$

$T^Q[k]$ 为 $T[k]$ 对应的 GF(q) 索引符号，则输出消息向量 U 由 T 中最大 n_m 项按降序排列得到。

（4）逆置换步骤。

对 U_{CV}^Q 相应于步骤（2）进行逆置换。

（5）变量节点更新步骤。

采用前向后向算法，将度为 d_v 的变量节点更新分解为 $2(d_v - 2)$ 个变量节点基本步骤。记变量节点基本步骤的输入消息向量为 $\overline{V}$ 和 $\overline{I}$，输出消息向量为 $\overline{U}$，其相应的符号索引向量分别为 $\overline{V}^Q$、$\overline{I}^Q$ 和 $\overline{U}^Q$。定义长度为 $2n_m$ 的向量 $Z = (Z[0], Z[1], \cdots, Z[2n_m - 1])$：

$$Z[i] = \overline{V}[i] + X, \quad Z[n_m + 1] = \overline{I}[i] + \gamma_V, \quad i \in [0, n_m - 1] \tag{5-35}$$

其中，

$$X = \begin{cases} \overline{I}[j], & \text{若 } \overline{I}^Q[j] = \overline{V}^Q[i] \\ \gamma_{\overline{I}}, & \text{若 } \overline{I}^Q[j] \notin \overline{V}^Q \end{cases} \tag{5-36}$$

输出消息向量 $\overline{U}$ 则由 Z 中最大的 n_m 项按降序排列得到。

（6）判决步骤。

将变量 V 判决为消息符号索引向量 U^Q 的首项，校验方程满足或到达最大迭代次数 $I_{\max}$ 则结束译码，否则返回步骤（2）。

另外，为了避免 EMS 算法消息向量中似然值不断增大而导致溢出，变量节点更新完成后，须对 U 各项减去 $U[n_m - 1]$。由式（5-34）可见，校验节点基本步骤运算复杂度很高，文献[44]则给出标准 EMS 算法校验节点基本步骤实现算法。首先，引入方阵 $M = \{M[i,j]\}$，其中 $0 \le i, j < n_m$，$M[i,j] = V[i] + I[j]$，再令 $M^Q[i,j]$ 表示 $M[i,j]$ 对应的 GF(q) 索引符号。引入长度为 n_m 的排序器 S，将 S 初始化为 M 的第一列，则校验节点基本步骤第 k，$k \le n_{op}$ 步运算如下所述：

① 计算 S 中最大值 $M[i,j]$。若其对应 GF(q) 元素 $M[i,j] \notin U^Q$，则将 $M[i,j]$ 存入 U，否则不操作；

② 计算 $M[i, j+1] = V[i] + I[j+1]$，并用其替换 S 中的 $M[i,j]$ 后，返回步骤①。

图 5-27 举例说明校验节点基本步骤具体运算第 $k = 5$ 步。图中黑色圆圈表示已计算项，白色圆圈则指 S 中的待比较项。假设虚线圆圈（$M[3,0]$）为 S 最大值，其相应 $M^Q[3,0] \notin U^Q$。将 $M[3,0]$ 存入 U，并将 S 中的 $M[3,0]$ 替换为 $M[3,1]$。

EMS 算法运算复杂度随参数 n_m 的减小而降低。然而，若 n_m 取值过小，EMS 算法则相对 QSPA 有较大的性能损失。例如，64 元 LDPC 码采用参数 n_m=32 的 EMS 算法译码时，其性能相对 QSPA 几乎无损失，而当 n_m=16 时，则性能损失较大。针对这一问题，林伟等提出了一种动态扩展最小和（Dynamic EMS，D-EMS）译码算法，这里将不做赘述，详情请参阅文献[49]。

算法性能举例：考虑一个（168，84）64 元的重复累积（QIRA）码，其码率为 0.5。

信号映射采用 BPSK，经 AWGN 信道传输。接收端分别采用 FFT-QSPA 和 n_m=32 的 EMS 算法进行译码，最大迭代次数设定为 50 次，其误比特率及误帧率曲线由图 5-28 给出。从图中可以看出，当取 n_m=32 时，EMS 算法的性能与 FFT-QSPA 性能的差距不到 0.1 dB。

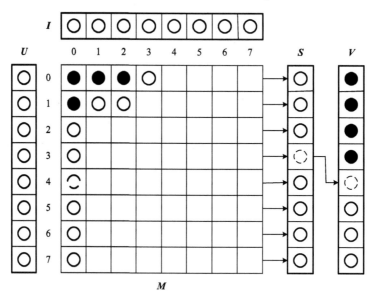

图 5-27   EMS 算法校验节点步骤

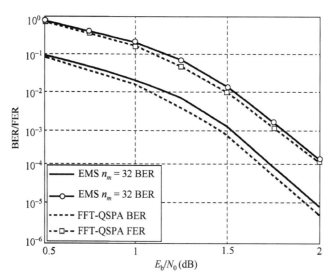

图 5-28   64 元（168,84）LDPC 码在 BIAWGN 信道上采用不同译码算法的性能

4. 基于可靠度的多元 LDPC 译码算法

尽管相对于 FFT-QSPA，前述的 EMS 类算法已经降低了很大的译码复杂度，但是在域较大（例如，$q > 32$）时，排序运算将导致较大的译码复杂度。更进一步，EMS 类和简化最小和算法对于高码率多元 LDPC 码（H 矩阵的行重较大），译码复杂度仍然很高。基于

可靠度的译码算法在性能与复杂度之间提供了一个较好的折中。下面我们对基于可靠度的译码算法做一简单介绍[52]。

考虑 GF(2^s) 上的多元 LDPC 码 $\mathcal{C}[n,k]$，每个码字 $\boldsymbol{v} = (v_0, v_1, \cdots, v_{n-1})$ 都可以写成相应的二进制形式 $\boldsymbol{v}_b = ((v_{0,0}, \cdots, v_{0,s-1}), (v_{1,0}, \cdots, v_{1,s-1}), \cdots, (v_{n-1,0}, \cdots, v_{n-1,s-1}))$。假设采用 BPSK 调制，并将 "0" 映射到 "+1"，"1" 映射到 "–1"，那么接收序列为：

$$\boldsymbol{y}_b = ((y_{0,0}, \cdots, y_{0,s-1}), (y_{1,0}, \cdots, y_{1,s-1}), \cdots, (y_{n-1,0}, \cdots, y_{n-1,s-1}))$$

式中，

$$y_{j,t} = (1 - 2v_{j,t}) + w_{j,t}, \quad j = 0, 1, \cdots, n-1, \ t = 0, 1, \cdots, s-1 \tag{5-37}$$

$w_{j,t}$ 是均值为 0、方差为 $N_0/2$ 的高斯随机变量。基于 $\boldsymbol{y}_b$ 做硬判决，可以得到 GF(2^s) 上的硬判决接收序列 $\boldsymbol{z} = (z_0, z_1, \cdots, z_{n-1})$。假设 $\boldsymbol{y}_b$ 中的每个符号（样本）以原点为中心对称、均匀地量化到 $2^\omega - 1$ 个区间里，每个区间的长度都是 Δ，每个样本值都可以用 ω 比特表示。令量化得到的序列为 $\boldsymbol{q}_b = ((q_{0,0}, \cdots, q_{0,s-1}), (q_{1,0}, \cdots, q_{1,s-1}), \cdots, (q_{n-1,0}, \cdots, q_{n-1,s-1}))$，其中 $q_{j,t}$ 是 $y_{j,t}$ 量化后的版本，取值区间为 $[-(2^\omega - 1), +(2^\omega - 1)]$。对 $0 \le l < 2^s$，令 $(a_{l,0}, a_{l,1}, \cdots, a_{l,s-1})$ 为 $a_l \in \text{GF}(q)$ 的二进制表示。对每个 $a_l \in \text{GF}(q)$，计算如下和式：

$$\varphi_{j,l} = \sum_{t=0}^{s-1} (1 - 2a_{l,t}) q_{j,t} \tag{5-38}$$

这是一个取值在区间 $[-s(2^\omega - 1), +s(2^\omega - 1)]$ 的整数。求和值 $\varphi_{j,l}$ 给出了将 $(q_{j,0}, q_{j,1}, \cdots, q_{j,s-1})$ 译为 a_l 的可靠度。对于 $0 \le j < n$，令 $\boldsymbol{\varphi}_j = (\varphi_{j,0}, \varphi_{j,1}, \cdots, \varphi_{j,2^s-1})$ 为第 j 个接收符号的判决向量。对 $0 \le j < n$，定义：

$$\phi_{i,j} = \min_{j' \in \mathcal{N}_c(i) \backslash j} \max_l \varphi_{j',l} \tag{5-39}$$

我们可以将 $\phi_{i,j}$ 看作是参与校验和 s_i 的其他变量节点贡献给变量节点 v_j 的外信息。在算法的每次迭代中，$\phi_{i,j}$ 用来进行加权处理。为了叙述该算法，我们给出如下符号说明：

- 令 $I_{\max}$ 为最大迭代次数；
- $\boldsymbol{z}^{(k)} = (z_0^{(k)}, z_1^{(k)}, \cdots, z_{n-1}^{(k)})$ 为第 k 次迭代开始时的硬判决译码序列；
- $\boldsymbol{s}^{(k)} = (s_0^{(k)}, s_1^{(k)}, \cdots, s_{m-1}^{(k)}) = \boldsymbol{z}^{(k)} \cdot \boldsymbol{H}^{\text{T}}$ 为 $\boldsymbol{z}^{(k)}$ 的伴随式；
- $\sigma^{(k)}_{i,j}$ 为第 k 次迭代开始时校验节点 c_i 发送到变量节点 v_j 的外信息，其中，

$$\sigma_{i,j}^{(k)} = -h_{i,j}^{-1} \left(\sum_{j' \in \mathcal{N}_c(i) \backslash j} h_{i,j'} z_{j'}^{(k)} \right) \tag{5-40}$$

- $\boldsymbol{R}_j^{(k)} = (R_{j,0}^{(k)}, R_{j,1}^{(k)}, \cdots, R_{j,2^s-1}^{(k)})$ 为第 k 次迭代开始时 $z_j^{(k)}$ 的可靠性度量向量，其中 $R_{j,l}^{(k)}$ 是将 $z_j^{(k)}$ 译为 a_l 的可靠度量。

对于 $k = 0$ 以及 $0 \le j < n$，我们设定 $\boldsymbol{R}_j^{(0)} = \lambda \boldsymbol{\varphi}_j$，即

$$R_{j,l}^{(0)} = \sum_{t=0}^{s-1} \lambda (1 - 2a_{l,t}) q_{j,t}$$

其中，参数 λ（一个整数）是比例因子。λ 的精心选择可以优化码的性能。对于 $0 \leqslant j < n$，定义 $\boldsymbol{\psi}_j^{(k)} = (\psi_{j,0}^{(k)}, \psi_{j,1}^{(k)}, \cdots, \psi_{j,2^s-1}^{(k)})$，其中，

$$\psi_{j,l}^{(k)} = \sum_{-\sigma_{i,j}^{(k)} = a_l, i \in \mathcal{N}_v(j)} \phi_{i,j} \tag{5-41}$$

那么，$\boldsymbol{\psi}_j^{(k)}$ 就是一个用于在第 k 次迭代中更新 $\boldsymbol{R}_j^{(k)}$ 的加权外信息向量。第 $k+1$ 次迭代中 $z_j^{(k+1)}$ 的可靠性度量为：

$$R_j^{(k+1)} = R_j^{(k)} + \psi_j^{(k)} = (R_{j,0}^{(k)} + \psi_{j,0}^{(k)}, \cdots, R_{j,2^s-1}^{(k)} + \psi_{j,2^s-1}^{(k)}) \tag{5-42}$$

我们称 $\phi_{i,j}$ 为外部加权系数。当 $\phi_{i,j} = 1$ 时，此算法与文献[50]中的译码算法等价。为了使译码算法的数值计算稳定，我们还进行如下的归一化处理：

$$R_{j,l}^{(k+1)} = \begin{cases} -\eta, & \text{如果 } R_{j,l}^{(k+1)} < R_{j,\max}^{(k+1)} - 2\eta \\ R_{j,l}^{(k+1)} - R_{j,\max}^{(k+1)} + \eta, & \text{否则} \end{cases}$$

式中，$\eta = 2^{\omega-1} - 1$ 是最大量化值，$R_{j,\max}^{(k+1)} = \max\limits_{a_i \in \mathrm{GF}(q)} R_{j,l}^{(k+1)}$。

基于前文的讨论和定义，使用软信息度量的迭代大数逻辑译码（Iterative Soft-Reliability-Based MLGD，ISRB-MLGD）算法工作过程如下：

（1）初始化。令 $k = 0$，$\boldsymbol{z}^{(0)} = \boldsymbol{z}$，最大迭代次数为 $I_{\max}$。令 $R_{j,l}^{(0)} = \lambda\varphi_{j,l}$，$0 \leqslant j < n$ 且 $0 \leqslant l < 2^s$。对 $0 \leqslant i < m$，$j \in N_c(i)$，计算并存储外部加权系数 $\phi'_{i,j}s$。

（2）基于硬判决序列 $\boldsymbol{z}^{(k)}$ 计算伴随式 $\boldsymbol{s}^{(k)}$。若 $\boldsymbol{s}^{(k)} = 0$，停止译码并输出 $\boldsymbol{z}^{(k)}$ 作为译码码字；否则，转到（3）；

（3）若 $k = I_{\max}$，停止译码，宣布译码失败；否则，转到（4）；

（4）对 $0 \leqslant j < n$，使用式（5-37）计算 $\boldsymbol{\psi}_j^{(k)}$，并更新可靠性度量向量 $\boldsymbol{R}_j^{(k+1)} = \boldsymbol{R}_j^{(k)} + \boldsymbol{\psi}_j^{(k)}$，转到（5）；

（5）$k \leftarrow k+1$，对 $0 \leqslant j < n$，做出下述硬判决：

$$z_j^{(k)} = \arg \max_{a_i \in \mathrm{GF}(q)} R_{j,l}^{(k)} \tag{5-43}$$

形成新的接收序列 $\boldsymbol{z}^{(k)} = (z_0^{(k)}, z_1^{(k)}, \cdots, z_{n-1}^{(k)})$。转到（2）。

图 5-29 给出了基于欧氏几何（Euclidean Geometry，EG）构造的 GF（256）上的（255,175）循环 LDPC 码在不同译码算法下的性能。其校验矩阵是一个 255×255 的循环阵，包含 175 个冗余校验方程，其行重和列重均为 16。码的最小距离至少是 17。当采用 BPSK 调制并在 AWGN 信道上传输时，译码分别采用 FFT-QSPA 和 ISRB-MLGD 算法迭代 50 次时，其误帧率性能曲线如图所示。仿真中采用 12 比特、4095 级量化，量化间隔为 $\Delta = 0.03125$。乘性因子 λ 取 16。从图中可以看出，在 BLER=10^{-5} 时，ISRB-MLGD 算法的性能与 FFT-QSPA 相比有 0.9 dB 的损失。然而复杂度分析表明，ISRBMLGD 算法的计算复杂度比 FFT-QSPA 低很多。

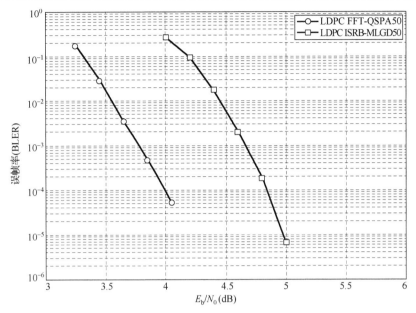

图 5-29　256 元（255，175）EG-LDPC 码使用不同译码算法下的误码性能

5.3.3　多元 LDPC 码的基本构造方法

与二元 LDPC 码类似，多元 LDPC 码的构造方法主要有随机构造和结构化构造。随机构造方法主要有随机填充算法和 PEG 算法。结构化的构造主要有基于有限域的构造以及基于有限几何的构造。在中短码长的情况下，结构化码会优于随机或者伪随机码，并且它有很低的误码平层。

构造多元 LDPC 码主要就是构造其校验矩阵，二元 LDPC 码的绝大部分构造方法可直接应用到多元 LDPC 码，因此它们在构造方面具有一定的共通性。例如，各种消环算法、停止集和陷阱集的搜索算法、低编码复杂度的矩阵结构等。然而，不同于二元 LDPC 码，多元 LDPC 码的校验矩阵构造还涉及 GF(q) 非零元素的选择等问题。下面简单介绍几种多元 LDPC 码的构造方法。

1．PEG 构造方法

每一个 LDPC 码都对应一个 Tanner 图（因子图），而 Tanner 图中最短环的长度为该 Tanner 图的围长（girth）。而 PEG 构造方法的出发点就是为了增大 Tanner 图的围长。构造从一个没有边的二部图开始，即一个具有 n 个变量节点的集合和一个具有 m 个校验节点的集合，并且没有连接两个集合的边。通过一系列规则和给定的变量节点度序列，然后在变量节点和校验节点之间逐步添加边。不断地通过边选择过程（edge selection procedure）为变量节点逐条添加边，直到添加的边数等于该节点的度。这种对一个变量节点逐步添加边的过程称为边增长（edge growth）。边增长过程一次只能在一个变量节点上实施。当一个变量节点完成边增长后，就转移到下一个变量节点。边增长转移的规则是从度数小的变量节点转到度数大的变量节点。当所有变量节点完成边增长后，就得到了一个变量节点满足给定要求的 Tanner 图。其中，边选择过程是为了使得最后 Tanner 图的围长最大。最后，根据得到的 Tanner 图，可以找到对应的校验矩阵，最后通过域元素优化技术选取合适的非零元素，就可以得到对应的 LDPC 码。

2. 代数构造

基于代数构造的 LDPC 码具有以下优点：

（1）具有循环或者准循环结构，可以使用线性移位寄存器进行快速编码；

（2）可以简单地知道码的最小距离的下界，从而确保有较低的错误平层；

（3）可以用大数逻辑进行译码，从而大大降低了译码复杂度。

下面给出 5 种构造 LDPC 码的方法。

1）基于有限几何的构造方法

有限几何具有以下基本结构：

（1）两点构成一条线；

（2）两条线要么不相交（即没有公共点）要么相交且仅相交于一点（即只有一个公共点）；

（3）如果两条线相交于两点，那么它们是同一条线。

这种结构保证了构造出的 LDPC 码对应 Tanner 图的围长至少是 6。这里主要介绍有限域上的两大类有限几何，即欧氏几何和射影几何。这两种结构中的点均可用有限域上的向量表示，而线由一维线性子空间或者其陪集表示。μ 面则由 μ 维线性子空间或者其陪集表示。利用点是不是在线上、线是不是在面上这种关联关系，可以得到点和线、线和面等一系列的关联矩阵，将其作为校验矩阵，就可以得到性能优异、误码平层低的 LDPC 码。

2）基于有限域的构造方法

有限域是构造 LDPC 码的一种有力工具。首先，利用有限域的性质构造一个满足 RC 约束的基矩阵 W。通常利用有限域构造基矩阵的方法有以下几种。

（1）利用有限域的元素直接构造：简单列举一种，即将域 $GF(q)$ 中的非零元素按幂次排列，然后做成 $(q-1) \times (q-1)$ 方阵，则可以从该方阵中选取所需要的基矩阵；

（2）利用有限域中的子群（按加法和乘法两种）构造：运算按加法为例，令 G 为域 $GF(p^m)$ 中大小为 p^{m-t} 的一个子群，则按加法运算，域 $GF(q)$ 中有 p^t 个 G 的陪集，将这些陪集按行排列（其中元素一一对应）可以形成一个 $p^t \times p^{m-t}$ 矩阵，可以从中选取所需要的基矩阵；

（3）利用基于有两个信息符号的 RS 码构造：对于任意一个 $(q-1, 2, q-2)$ 的 RS 码，可以找到一个重量为 $(q-1) \times (q-1)$ 的码字，然后将此码字循环可以得到一个 $(q-1) \times (q-1)$ 方阵，这样可以从中选取所需要的基矩阵。

其次，通过将基矩阵 W 中有限域的元素扩展成一个方阵，可以得到一类准循环的 LDPC 码。

基于有限域构造的具体方法举例如下：

设 α 为伽逻华域 $GF(q)$ $(q>2)$ 上的本原元，$\alpha^{-\infty} \triangleq 0, \alpha^0 = 1, \alpha, \cdots, \alpha^{q-2}$ 组成了 $GF(q)$ 上的所有元素。对于每一个非零元素 α^i 可构成 $q-1$ 维向量

$$z(\alpha^i) = (z_0, z_1, z_2, \cdots, z_{q-2}),$$

式中，第 i 个分量 $z_i = \alpha^i$，其余 $q-2$ 个分量均为零，该向量称为域元素 α^i 的 q 元位置向量。根据以上定义，我们采用基于本原元的方法，分别由以下几个步骤构造 $\mathrm{GF}(q)$ 上的 LDPC 码：

（1）定义 $\mathrm{GF}(q)$ 上的一个 $(q-1)\times(q-1)$ 矩阵 $\boldsymbol{W}$，向量 $\boldsymbol{w}_0 = (0, \alpha-1, \alpha^2-1, \cdots, \alpha^{q-2}-1)$ 作为该矩阵的第一行，其余 $q-2$ 行由向量 $\boldsymbol{w}_0$ 分别循环左移 1 次得到，即：

$$\boldsymbol{W} = \begin{bmatrix} \boldsymbol{w}_0 \\ \boldsymbol{w}_1 \\ \vdots \\ \boldsymbol{w}_{q-2} \end{bmatrix} = \begin{bmatrix} 0 & \alpha-1 & \cdots & \alpha^{q-2}-1 \\ \alpha-1 & \alpha^2-1 & \cdots & 0 \\ \vdots & \vdots & \ddots & \vdots \\ \alpha^{q-2}-1 & 0 & \cdots & \alpha^{q-3}-1 \end{bmatrix}$$

式中，$\boldsymbol{w}_{i+1}$ 由 $\boldsymbol{w}_i$ 循环左移一位得到，且 $0 \le i < q-1$。该 $\boldsymbol{W}$ 矩阵有 4 个特征：①任意两行中位置相同的项均不相同；②任意两列中位置相同的项均不相同；③每行或每列中的 $q-1$ 项均是 $\mathrm{GF}(q)$ 上的不同元素；④每行或每列有且只有一个零元素。

（2）根据矩阵 $\boldsymbol{W}$ 中的每一个行向量 $\boldsymbol{w}_i$，以 $\boldsymbol{w}_i, \alpha\boldsymbol{w}_i, \cdots, \alpha^{q-2}\boldsymbol{w}_i$ 作为行构成一个 $(q-1)\times(q-1)$ 矩阵：

$$\boldsymbol{W}_i = \begin{bmatrix} \boldsymbol{w}_i & \alpha\boldsymbol{w}_i & \cdots & \alpha^{q-2}\boldsymbol{w}_i \end{bmatrix}^{\mathrm{T}}$$

再用 q 元位置向量替换 $\boldsymbol{W}_i$ 中的每一项，构成一个 $(q-1)\times(q-1)^2$ 矩阵 $\boldsymbol{H}_i = \begin{bmatrix} \boldsymbol{Q}_{i,0} & \boldsymbol{Q}_{i,1} & \cdots & \boldsymbol{Q}_{i,q-2} \end{bmatrix}$，其中 $\boldsymbol{Q}_{i,j}$ 由 $\boldsymbol{W}_i$ 中第 j，$0 < j < q-1$ 列的 $q-1$ 个元素的 q 元位置向量组成。显然，$\boldsymbol{H}_i$ 的其中一个子矩阵是 $(q-1)\times(q-1)$ 的零矩阵，其余 $q-2$ 个子矩阵为单位重量的循环矩阵。

（3）令：

$$\boldsymbol{H}_{qc} = \begin{bmatrix} \boldsymbol{H}_0 \\ \boldsymbol{H}_1 \\ \vdots \\ \boldsymbol{H}_{q-2} \end{bmatrix} = \begin{bmatrix} 0 & \boldsymbol{Q}_{0,1} & \cdots & \boldsymbol{Q}_{0,q-2} \\ \boldsymbol{Q}_{0,1} & \boldsymbol{Q}_{0,2} & \cdots & 0 \\ \vdots & \vdots & \ddots & \vdots \\ \boldsymbol{Q}_{0,q-2} & 0 & \cdots & \boldsymbol{Q}_{0,q-3} \end{bmatrix}$$

则 $\boldsymbol{H}_{qc}$ 是一个行重、列重均为 $q-2$ 的 $(q-1)^2\times(q-1)^2$ 方阵。对于一个规则 q 元 LDPC 码，令 γ、ρ 分别表示其校验矩阵的列重量与行重量。对于整数对 (γ, ρ)，$1 \le \gamma, \rho < q$，令 $\boldsymbol{H}_{qc}(\gamma, \rho)$ 表示 $\boldsymbol{H}_{qc}$ 的一个 $\gamma \times \rho$ 子阵，则由编码理论可知，$\boldsymbol{H}_{qc}(\gamma, \rho)$ 的零空间就形成一类 q 元准循环 LDPC 码。

3）CS-LDPC 码的构造方法

前两种构造方法有如下特点：它们的校验矩阵 $\boldsymbol{H}$ 可以写成一个二元矩阵 $\boldsymbol{H}_a$ 和一个对角矩阵（其主对角线上元素为一些特定的非零元素）的乘积。由此，通过替换对角矩阵的元素，可以构造一类可快速编码和译码的 column-scaled LDPC（简记为 CS-LDPC）码。还可以通过优化替换对角矩阵的元素，这样得到的 LDPC 码的性能更好。对于这类 CS-LDPC

码，除现有的 FFT-QSPA、EMS 等算法外，还有几种低复杂度的译码算法[56]。数值结果表明，这些算法在性能和复杂度之间取得了很好的折中。

4）叠加构造方法[37]

叠加方法是利用短的 LDPC 码构造长码的一种技术。首先，找到一个满足 RC 约束的 $c×t$ 稀疏矩阵 B（通过有限域构造，或者已知的 LDPC 码的校验矩阵）和一个集合 $Q=\{Q_1,Q_2,\cdots,Q_m\}$，其中集合 Q 中的 $k×n$ 稀疏矩阵满足如下结构特性：

（1）Q 中每个矩阵都满足 RC 约束；

（2）将 Q 中任意两个稀疏矩阵按照行或者列排列得到的新矩阵都满足 RC 约束。

这样，将 B 中每个 1 元素替换为一个 $k×n$ 矩阵，而把每个 0 元素替换为一个 $k×n$ 全零矩阵，便得到了一个大小为 $ck×tn$ 且满足 RC 约束的矩阵，即得到了一个码长为 tn 的新 LDPC 码。下面给出一个简单例子，并给出其结构图。

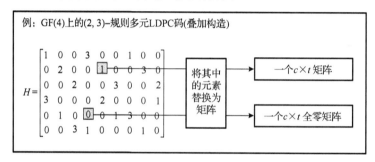

5）多元 IRA 码的构造方法

多元 IRA 码是一类非规则多元 LDPC 码，或者看作为一类级联码（非规则重复码与码率为 1 的卷积码的串行级联），因此它既能如 LDPC 码一样利用迭代译码算法进行并行迭代译码从而得到良好的差错控制性能，也能如串行级联码一样进行低复杂度的串行级联编码。多元 IRA 码的校验矩阵 H 可分为两部分，即 $H=[H_u, H_p]$，其中 H_u 为下面的 $M×K$ 矩阵：

$$H_u = \begin{bmatrix} \cdots & \beta_{1,1} & \cdots & \beta_{1,\alpha_1} & \cdots \\ \cdots & \beta_{2,1} & \cdots & \beta_{1,\alpha_2} & \cdots \\ \vdots & \cdots & \ddots & \cdots & \vdots \\ \cdots & \beta_{M,1} & \cdots & \beta_{M,\alpha_M} & \cdots \end{bmatrix}_{M×K}$$

$\beta_{i,j}$ 为 H_u 中第 i 行的第 j 个 GF(q) 非零元素。而 H_p 为一个具有双对角结构的 $M×M$ 矩阵，即

$$H_p = \begin{bmatrix} 1 & & & & & \\ \gamma_1 & 1 & & & & \\ & \gamma_2 & \ddots & & & \\ & & & 1 & & \\ & & & \gamma_{M-2} & 1 & \\ & & & & \gamma_{M-1} & 1 \end{bmatrix}_{M×M}$$

H_p 对应于编码器中的累加器部分，因此具有双对角结构。H_p 中，"1"表示 GF(q) 中的单位元，而 $\{\gamma_1, \gamma_1, \cdots, \gamma_{M-1}\}$ 为 GF(q) 加权器的加权系数序列，其余位置则全部为 GF(q) 中的零元素"0"。多元 IRA 码的校验矩阵 H 可按多元 LDPC 码的一般优化技术进行优化。这里，多元 IRA 码的校验矩阵 H 中的 H_u 部分按照渐进边增长（PEG）算法进行构造，矩阵中的 GF(q) 非零元素则随机进行选取。采用前述的方法，也可以构造出具有 QC 结构的多元 IRA 码[49]。

5.4　多元 LDPC 编码调制

5.4.1　多元 LDPC 编码调制系统模型

多元 LDPC 编码调制系统如图 5-30 所示。其中，信息符号序列 $u = (u_0, u_1, \cdots, u_{k-1})$，$u_i \in$ GF(q)，经过编码产生码字 $v = (v_0, v_1, \cdots, v_{n-1})$，$v_i \in$ GF(q)。假定发送信号取值于一个二维信号星座，并且信号集大小 $|\mathcal{X}| = q$。信号映射器将 v 映射成二维信号序列 $x = (x_0, x_1, \cdots, x_{n-1})$ 进行发送，其中 $x_i = \mathcal{M}(v_i)$ 由 GF(q) 符号 v_i 直接映射得到，$\mathcal{M}(\cdot)$ 为信号星座映射函数。该编码调制系统的谱效率为：

$$\eta = R\log_2|\mathcal{X}| \quad \text{bits/signal} \tag{5-44}$$

式中，$R = k/n$ 为多元 LDPC 码的码率。

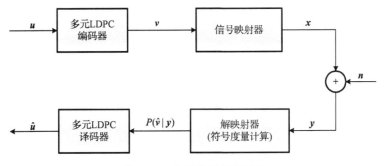

图 5-30　多元编码调制系统

图 5-31 给出了 GF(16) 上的 16 元 LDPC 编码符号与 16-QAM 星座图的映射关系。由图可见，映射器中 GF(16) 符号与 16-QAM 星座图中各星座点一一对应。二元编码调制系统中解调器需将星座符号软信息转换为比特软信息，而这里解调器可直接将星座符号的软信息赋给 GF(16) 符号，因此可有效避免因软信息转换而造成的性能损失。下面的讨论中，我们假定编码调制系统中码元符号所基于的有限域的大小 q 与高阶调制系统的调制阶数相等，这样系统可获得优异的差错控制性能。

如果信号序列 x 经由 AWGN 信道发送，那么接收序列 $y = (y_0, y_1, \cdots, y_{n-1})$ 由下式给出：

$$y_j = x_j + w_j, \quad j = 0,1,\cdots,n-1 \tag{5-45}$$

式中，$w_j \sim \mathcal{CN}(0,N_0)$ 是独立同分布的复高斯随机变量，其均值为零，每一维上的方差均为 $N_0/2$。如果信道为瑞利平衰落信道，则接收信号为：

$$y_j = h_j x_j + w_j$$

式中，$h_j \sim \mathcal{CN}(0,1)$ 为信道衰落系数，又称为信道状态信息（CSI），其幅度服从瑞利分布。令平均发送信号能量为 $E_s = E[|x_j|^2]$，那么平均接收信噪比为：

$$\mathrm{SNR} = \frac{E_s}{N_0} = \eta \frac{E_b}{N_0} \tag{5-46}$$

式中，E_b 为每信息比特的平均能量。

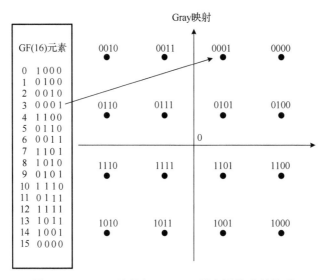

图 5-31 GF(16)符号与 16QAM 星座图的映射关系

在接收端，解调器（信号解映射器）基于信道接收序列计算得到的各调制信号的软信息（符号概率或似然值），然后将软判决/硬判决序列送到多元 LDPC 译码器中。多元 LDPC 译码器基于码约束关系，使用迭代译码算法给出发送信息序列的估计 $\hat{\boldsymbol{u}}$。

下面以 GF(16)上的 LDPC 码为例说明其性能。根据文献[37]中的构造方法，选择 $\boldsymbol{H}_{qc}$ 的前 4 行构成列重 $\gamma=4$、行重 $\rho=15$ 的子阵 $\boldsymbol{H}_{qc}(4,15)$，该子阵是一个 GF(16)上的行重为 14、列重为 3 和 4 的 60×225 矩阵，其零空间形成了码率为 0.77 的 16 元 QC-LDPC 码（225，173）。其信息长度为 173 个符号，编码后的码字长度为 225 个符号（或者说等效的二进制比特长度为 900），其码率为 $R = 173/225$。译码方法采用基于快速傅里叶变换的和积译码算法（FFT-QSPA），最大迭代次数为 50 次。图 5-32 是采用 16-QAM 调制方式的 16 元 QC-LDPC 码分别在高斯白噪声信道、独立和相关瑞利衰落信道 3 种信道环境下的比特错误率（BER）性能仿真图。为了比较，我们也给出了二元 LDPC 码（1024，781）在码率、调制方式和信道环境均相同的情况下的 BER 性能。由图 5-32 可以看出，相对于二元 LDPC 码，高阶域上的 LDPC 码在结合高阶调制时具有更好的纠错性能，即在相同的带宽开销下，编码调制系统采用多元 LDPC 码比采用二元 LDPC 码可提供更好的纠错性能。（当误比特率为 10^{-5} 时，16 元 LDPC 码在高斯信道、独立和相关衰落信道中相比于二元 LDPC 码，信噪比分别有约 1.8 dB、3 dB 和 3.5 dB 的性能增益）。

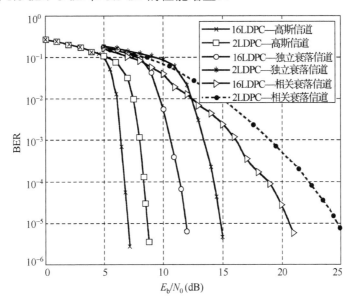

图 5-32　GF(16) 上的 16 元 LDPC 码与二元 LDPC 码在 16-QAM 调制下的性能对比

5.4.2　联合迭代检测译码算法

对于多元 LDPC 编码调制系统，采用 FFT-QSPA 译码的复杂度较高；而 EMS 类算法，在域较大（即 $q > 32$）时，排序运算将导致较大的译码复杂度。更进一步，EMS 类和简化最小和算法对于高码率码（$\boldsymbol{H}$ 矩阵的行重较大），译码复杂度仍然很高。

基于可靠度的译码算法在性能与复杂度之间提供了一个较好的折中。下面我们从译码器和检测器联合迭代工作的角度介绍一种基于可靠度的多元 LDPC 编码调制系统的联合迭代检测-译码（Iterative Joint Detection-Decoding，IJDD）算法[57]。该算法的工作模式如图 5-33 所示。其中检测器基于最大似然准则对接收序列进行硬判决得到估计序列 $\boldsymbol{z}$。检测器将 $\boldsymbol{z}$ 传递至多元 LDPC 硬译码器。LDPC 硬译码器基于码约束关系和消息传递原理对估计序列进行纠错，同时还会根据大数逻辑规则产生一个可靠度向量。译码器将纠错完的序列和可靠度量向量反馈给检测器，检测器利用译码器输出的软信息对软接收序列 $\boldsymbol{y}$ 进行修正。修正的规则是将受噪声污染而偏离原始发送信号的接收信号逐渐移动到某一星座点上，这一过程类似于图像处理中的去噪（denoising）过程。随后，检测器基于修正的接收序列做出新的硬判决，并将硬判决信息输送至 LDPC 译码器，如此迭代进行，直到满足某一条件为止。

下面我们简要描述具体算法。为方便起见，首先给出几点假设：

（1）采用的多元 LDPC 码 $\mathcal{C}$ 是一个 GF(q) 上的 (d_v, d_c) 规则码；

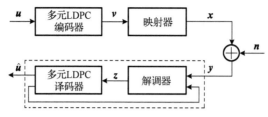

图 5-33 IJDD 译码算法工作模式

（2）信号映射采用一个二维星座图 $\mathcal{X}$，星座图中的信号点数 $|\mathcal{X}|$ 与有限域 GF(q) 的阶数相等，即 $|\mathcal{X}| = q$，那么每个码字 $\boldsymbol{v} \in \mathcal{C}$ 经映射得到信号序列 $\boldsymbol{x} = (x_0, x_1, \cdots, x_{n-1})$；

（3）信道为 AWGN 信道，即接收序列 $\boldsymbol{y} = (y_0, y_1, \cdots, y_{n-1})$ 由下式给出：

$$y_j = x_j + w_j, \quad j = 0, 1, \cdots, n-1$$

式中 $w_j \sim \mathcal{CN}(0, N_0)$ 为加性高斯白噪声。

这里的联合检测-译码算法是工作在多元 LDPC 编码调制系统因子图上的消息传递算法，如图 5-34 所示。图中有 3 类约束函数：映射约束（检测节点）、相等约束（变量节点）和零和约束（校验节点），其中的 $\mathcal{M}$ 表示映射/解映射。迭代过程中，硬信息沿着连接约束函数的边进行传播，并依据相应的约束被处理、更新。下面，我们分别从 3 类约束函数的角度描述消息更新的过程。

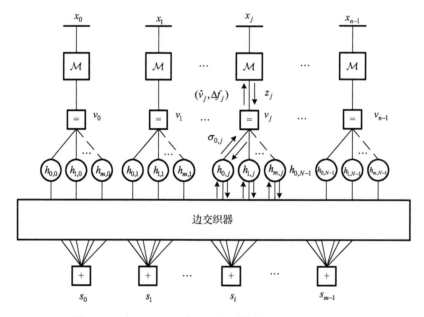

图 5-34 多元 LDPC 编码调制系统的 Forney 型因子图

令 $\mathcal{N}_v(i) = \left\{ j \mid h_{ji} \neq 0, 1 \leqslant j \leqslant d_c \right\}$ 表示与变量节点 v_i 相连的校验节点索引集合，$\mathcal{N}_c(j) = \{i \mid h_{ji} \neq 0, 1 \leqslant i \leqslant n\}$ 表示与校验 s_j 相连的变量节点索引集合。

首先，对接收序列 $\boldsymbol{y}$ 进行逐符号最大似然硬判决，得到发送序列 $\boldsymbol{x}$ 的估计序列 $\hat{\boldsymbol{x}} = (\hat{x}_0, \hat{x}_1, \cdots, \hat{x}_{n-1})$。假定信号集 $\mathcal{X}$ 中的每个信号等概传输，那么使用最大似然判决准则，$\hat{\boldsymbol{x}}$

中的元素由下式给出：

$$\hat{x}_j = \arg\min_{x \in \mathcal{X}} \left\| y_j - x \right\|, \quad 0 \leqslant j < n$$

其中，$\|\cdot\|$ 表示 Euclidean(L^2)范数。由于我们预先假设有限域的阶数与 $\mathcal{X}$ 的大小相同，因此每个编码符号 $v_j \in \mathrm{GF}(q)$ 都对应一个发送信号 $x_j \in \mathcal{X}$。这种一一对应关系可表示为：

$$x_j = \mathcal{M}(v_j), \quad 0 \leqslant j < n$$

相反，基于 $\hat{x}_j$ 可以得到译码器的输入向量 $z = (z_0, z_1, \cdots, z_{n-1})$：

$$z_j = \mathcal{M}^{-1}(\hat{x}_j), \quad 0 \leqslant j < n$$

即检测器对接收序列 y 进行硬判决和解映射，并将产生的序列 z 传递给译码器。

1. 校验节点的消息更新

对于每个变量节点 $v_j, 0 \leqslant j < n$ 而言，在接收到检测器输出的硬判决符号 z_j 后，v_j 只是简单地在每条边将 z_j 复制一遍后传递给相邻的校验节点。校验节点 s_i 接收到所有边传来的硬判决符号 z_j 后，依据校验约束关系计算其他参与校验 s_i 的变量节点贡献给变量节点 v_j 的外信息 $\sigma_{i,j}$。

令 $y^{(k)} = (y_0^{(k)}, y_1^{(k)}, \cdots, y_{n-1}^{(k)})$ 表示第 k 次迭代中的接收信号序列，$\hat{x}^{(k)} = (\hat{x}_0^{(k)}, \hat{x}_1^{(k)}, \cdots, \hat{x}_{n-1}^{(k)})$ 和 $z^{(k)} = (z_0^{(k)}, z_1^{(k)}, \cdots, z_{n-1}^{(k)})$ 分别表示对应的解调器硬判决序列和译码器输入序列。校验节点的消息更新公式如下：

$$\sigma_{i,j}^{(k)} = -h_{i,j}^{-1}\left(\sum_{j' \in \mathcal{N}_c(i) \setminus j} h_{i,j'} z_{j'}^{(k)} \right) \tag{5-47}$$

校验节点计算出外信息 $\sigma_{i,j}$ 后，沿着图中相应的边 $\{(i,j) \mid j \in \mathcal{N}_c(i)\}$ 传递给变量节点 v_j。

2. 变量节点的消息更新

对于一个度为 d_v 的变量节点 v_j，它可以沿着边 $\{(i,j) \mid i \in \mathcal{N}_v(j)\}$ 从相连的校验节点接收外信息 $\sigma_{i,j}$，并仿照投票系统进行工作：在 $\{\sigma_{i,j}\}_{i \in \mathcal{N}_v(j)}$ 中出现次数最多的元素 $a \in \mathrm{GF}(q)$ 被当作 v_j 的估计 $\hat{v}_j$。

令 $f_j(a)$ 为 GF(q) 上的元素 a 在 $\{\sigma_{i,j}\}_{i \in \mathcal{N}_v(j)}$ 中出现的次数，那么有 $0 \leqslant f_j(a) \leqslant d_v$。显然，$f_j(a)$ 代表了 z_j 译为 a 的可靠性度量。令：

$$\hat{v}_j = \arg\max_{a \in \mathrm{GF}(q)} \{f_j(a)\} \tag{5-48}$$

以及

$$\Delta f_j = f_j(\hat{v}_j) - \max_{a \in \mathrm{GF}(q) \setminus \{\hat{v}_j\}} \{f_j(a)\} \tag{5-49}$$

其中，$\hat{v}_j$ 是具有最高可靠度 v_j 的估计，Δf_j 是票数最高的两个元素的票数差。

在第 k 次迭代中，变量节点将投票的估计值 $\hat{v}_j$ 及投票结果的可靠度 Δf_j 组成一个信息对 $\{\hat{v}_j, \Delta f_j\}$，并将此信息对传递给检测节点。

3. 检测节点的消息处理

在联合迭代检测-译码算法中，检测器除了做最大似然硬判外，还要根据一定的准则更新接收序列 y。然后，检测器对更新后的接收序列做新的最大似然硬判，并将产生的硬判序列送至译码器，进行下一轮迭代。接下来描述接收序列的详细更新过程。

对于变量节点 v_j 而言，$\hat{x}_j$ 是基于当前的接收信号 y_j 做最大似然硬判决得到的信号点，而 $\mathcal{M}(\hat{v}_j)$ 是基于码约束给出的估计信号点。检测器基于这两个信号点，通过直接对 y_j 进行修正来完成信息的更新。这种修正过程在接收信号的观测空间里可视为不断移动 y_j 的位置，为了描述这一修正过程，我们引入几个符号约定。令 $I_{\max}$ 为最大迭代次数，对 $0 \le k \le I_{\max}$，令

- $L_j^{(k)}(p,q) = q - p$ 为从点 p 到点 q 的差向量，为简单起见，后面以 $L_j^{(k)}$ 代替 $L_j^{(k)}(p,q)$。
- $\mathcal{D}(y_j^{(k)}, r)$ 为以 $y_j^{(k)}$ 为圆心、以 r 为有效搜索半径的圆。

注意，$\mathcal{D}(y_j^{(k)}, r)$ 表征了最可能存在的发送信号 x_j 的星座点区域，而只有落入此区域的 $\mathcal{M}(\hat{v}_j)$ 被用于更新 $y_j^{(k)}$。假设 $y_j^{(k)}$ 本身是一个星座点，那么不妨将 $\mathcal{D}(y_j^{(k)}, r)$ 取为可以覆盖 $y_j^{(k)}$ 所有邻近星座点的区域，即圆的半径 r 应满足 $r \ge \sqrt{2} d_{\min}$，其中 $d_{\min}$ 是星座点间的最小欧氏距离。基于以上讨论，我们将检测节点对接收序列的更新规则描述如下。

对 $j = 0, 1, \cdots, n-1$，进行如下操作：

- 若 $\mathcal{M}(\hat{v}_j^{(k)}) \in \mathcal{D}(y_j^{(k)}, r)$，则

$$y_j^{(k+1)} = y_j^{(k)} + \xi_j^{(k)} L_j^{(k)} \tag{5-50}$$

- 否则，令 $y_j^{(k+1)} = y_j^{(k)}$。

其中 $\xi_j^{(k)}$ 由 $\xi_j^{(k)} = \dfrac{\Delta f_j^{(k)}}{d_v}$ 给出，且 $L_j^{(k)}$ 基于 $\mathcal{M}(\hat{v}_j^{(k)})$ 和 $\hat{x}_j^{(k)}$ 定义如下：

$$L_j^{(k)} = \begin{cases} \hat{x}_j^{(k)} - y_j^{(k)}, & 若 \mathcal{M}(\hat{v}_j^{(k)}) = \hat{x}_j^{(k)} \\ \mathcal{M}(\hat{v}_j^{(k)}) - \hat{x}_j^{(k)}, & 若 \mathcal{M}(\hat{v}_j^{(k)}) \ne \hat{x}_j^{(k)} \end{cases} \tag{5-51}$$

更新规则中的 $\xi_j^{(k)}$ 是修正步长，而矢量 $L_j^{(k)}$ 为修正方向。

为了形象化地理解检测节点对信号点的修正过程，我们给出一个 GF(16)上的（255,175）LDPC 码结合 16-QAM 调制时在信噪比 $E_b / N_0 = 8$dB 的 AWGN 信道上传输时，一个接收样本随着迭代进行在信号空间移动的轨迹，如图 5-35 所示。从图中可以看出，受噪声污染而偏离的信号点被逐渐移动到"正确"的信号点上。

值得一提的是，与 QSPA/EMS 算法相比，这里的 IJDD 算法有以下两个显著的不同点：

（1）在 IJDD 算法中，在各节点间传递的消息都是整数，易于处理；

（2）迭代过程在 3 类节点，即检测节点、变量节点和校验节点之间进行传递，而在 QSPA/EMS 算法中，软信息只在变量节点和校验节点之间传递。

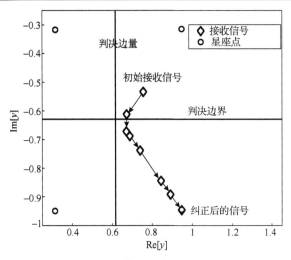

图 5-35 信号点修正轨迹图

与现有的基于可靠度量的算法相似，为了使 IJDD 算法中的投票规则足够有效，因此要求校验矩阵 $\boldsymbol{H}$ 的列重足够大。对于随机构造的 LDPC 码而言，这一点似乎很难满足，因此 IJDD 算法主要适用于基于有限域或者有限几何构造的 q 元 LDPC 码。下面我们给出仿真实例验证算法的有效性。

考虑一个基于有限域构造的 16 元（255,175）规则 LDPC 码，其相应的因子图中有 255 个变量节点和 255 个校验节点（包括 175 个冗余校验方程）。校验矩阵 $\boldsymbol{H}$ 的行重和列重均为 16。使用 16-QAM 调制并在 AWGN 信道上传输时，若接收端分别使用 FFT-QSPA 和 IJDD 算法进行译码 50 次，系统的误符号率和误帧率如图 5-36 所示。从图中可知，在误符号率为 10^{-6} 时，IJDD 算法与 FFT-QSPA 相比有 0.7 dB 的差距。最近，朱敏等对 IJDD 算法进行了改进，并推广到了低列重的多元 LDPC 码情况[58]。图 5-37 给出了一个性能改进例子。从图中可知，IJDD 类算法具有很快的收敛速度。

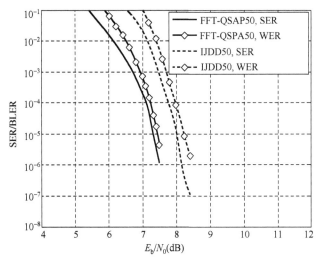

图 5-36 16 元（255,175）LDPC 码在 AWGN 信道上不同译码下的性能（16-QAM 调制）

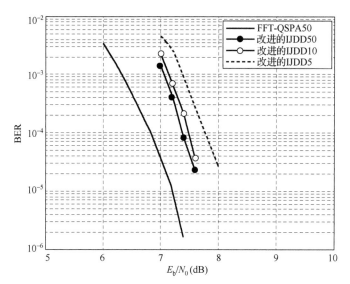

图 5-37　16 元（255,175）LDPC 码在 AWGN 信道上使用改进 IJDD 算法的性能（16-QAM 调制）

5.5　极化码及极化编码调制

极化（Polar）码是由 Arikan 于 2009 年基于信道极化现象而提出的一类线性分组码，是首个可证明能在二进制输入离散无记忆信道（BI-DMC）上，渐近性能可逼近信道容量的实用编码方案，并且具有较低的编译码复杂度和确定性的构造，因而近年来广受关注。

5.5.1　Polar 码的基本概念与原理

1. 信道极化

Polar 码建立在信道极化的基础之上。设 $W : \mathcal{X} \to \mathcal{Y}$ 为一个 BI-DMC，其输入字符集 $\mathcal{X} = \{0,1\}$，输出集合为 $\mathcal{Y}$。W 的信道转移概率为 $W(y|x), x \in \mathcal{X}, y \in \mathcal{Y}$。由 N 个独立且相同的 W 合并后组成的矢量信道为 $W^N : \mathcal{X}^N \to \mathcal{Y}^N$，信道转移概率为：

$$W^N(y_1^N \mid x_1^N) = \prod_{i=1}^{N} W(y_i \mid x_i)$$

对于具有输入输出对称性的对称信道（例如 BSC、BEC），其（对称）信道容量为：

$$
\begin{aligned}
C(W) &\triangleq I(X;Y) \\
&= \sum_{y \in \mathcal{Y}} \sum_{x \in \mathcal{X}} \frac{1}{2} W(y \mid x) \log_2 \frac{W(y \mid x)}{\frac{1}{2} W(y \mid 0) + \frac{1}{2} W(y \mid 1)}
\end{aligned}
$$

其中 X 在 $\{0,1\}$ 上等概率分布。如果对数以 2 为底，则有 $0 \leqslant C(W) \leqslant 1$。

Bhattacharyya 参数为：

$$Z(W) \triangleq \sum_{y \in \mathcal{Y}} \sqrt{W(y|0)W(y|1)}$$

当 W 的输入分布等概时，$C(W)$ 是可达的最高码率。每使用一次 W 只发送一个 0 或一个 1 时，$Z(W)$ 是最大似然译码错误概率的上界。$C(W)$ 和 $Z(W)$ 可以作为衡量信道速率和可靠性的参数。

信道极化是指将 N 个独立且相同的 BI-DMC 信道 W 经过信道合并和分裂操作形成 N 个新的比特信道 $\{W_N^{(i)} : 1 \leqslant i \leqslant N\}$ 的过程。随着 N 的增大，N 个比特信道中一部分会变成 $C(W_N^{(i)})$ 趋于 0 的纯噪声信道，另一部分变成 $C(W_N^{(i)})$ 趋于 1 的无噪声信道。在这样的极化信道上信道编码是非常简单的：只需要将所要传输的数据加载在 $C(W)$ 趋近于 1 的那些信道上，而 $C(W)$ 趋近于 0 的那些信道不使用（传输收发双方已知信号），就可以实现数据的可靠传输。图 5-38 给出了一个信道合并和分裂示意图。

信道合并是指 N 个独立且相同的 BI-DMC 信道 W 并行组成 N 阶信道 $W^N : \mathcal{X}^N \rightarrow \mathcal{Y}^N$，$N = 2^n, n \geqslant 0$，然后通过一一映射：$G_N : \{0,1\}^N \rightarrow \{0,1\}^N$ 来建立一个新的矢量信道：$W_N : \mathcal{U}^N \rightarrow \mathcal{Y}^N$，如图 5-39 所示。

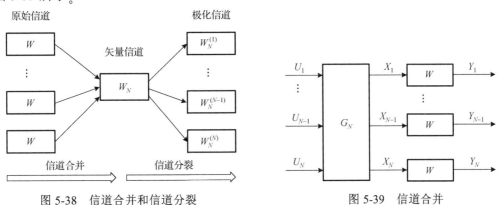

图 5-38   信道合并和信道分裂   图 5-39   信道合并

可以证明这个合并操作不会损失信息，即有：

$$C(W_N) = I(U^N; Y^N) = I(X^N; Y^N) = NC(W)$$

图 5-40 表示 2 个独立且相同的 W 组成 2 阶信道 $W_2 : \mathcal{X}^2 \rightarrow \mathcal{Y}^2$ 的过程，W_2 的转移概率为：$W_2(y_1, y_2 | u_1, u_2) = W(y_1 | u_1 \oplus u_2)W(y_2 | u_2)$。

图 5-41 表示 4 个相互独立的 W 组成 4 阶信道 $W_4 : \mathcal{U}^4 \rightarrow \mathcal{Y}^4$ 的过程。

为译码方便，通常采用奇偶分离的表示形式。图 5-42 表示两个互相独立的 W_2 组成 4 阶信道 $W_4 : \mathcal{U}^4 \rightarrow \mathcal{Y}^4$ 的过程。W_4 的转移概率为：

$$W_4(y_1^4 | u_1^4) = W_2(y_1^2 | u_1 \oplus u_2, u_3 \oplus u_4)W_2(y_3^4 | u_2, u_4)$$

图中，R_4 表示将输入向量 (s_1, s_2, s_3, s_4) 置换成 $v_1^4 = (s_1, s_3, s_2, s_4)$，即将输入的奇数位置的数据按顺序进入前一个合并信道 $W_{N/2}$，而偶数位置的数据按顺序进入后一个合并信道 $W_{N/2}$。W_4

的输入和 W^4 的输入之间的关系可以表示为：

$$x_1^4 = u_1^4 G_4 , \quad G_4 = \begin{bmatrix} 1 & 0 & 0 & 0 \\ 1 & 0 & 1 & 0 \\ 1 & 1 & 0 & 0 \\ 1 & 1 & 1 & 1 \end{bmatrix}$$

图 5-43 表示信道合并的一般形式，两个独立且相同的 $W_{N/2}$ 组成 W_N ， $N=2^n, n \geq 0$ 。 W_N 的输入向量 u_1^N 首先被转化成 s_1^N ， $s_{2i-1} = u_{2i-1} \oplus u_{2i}$ ， $s_{2i} = u_{2i}$ 。 R_N 为逆洗牌过程，即将输入 s_1^N 置换成 $v_1^N = (s_1, s_3, \cdots, s_{N-1}, s_2, s_4, \cdots, s_N)$ ，作为两个 $W_{N/2}$ 的输入。 W_N 的输入和 W^N 的输入之间的关系可以表示成： $x_1^N = u_1^N G_N$ ， $G_N = B_N F^{\otimes n}$ ，其中， $F = \begin{bmatrix} 1 & 0 \\ 1 & 1 \end{bmatrix}$ ， B_N 是比特反转器，即如果 $v_1^N = u_1^N B_N$ ，那么 $v_{b_1 \cdots b_n} = u_{b_n \cdots b_1}$ 。

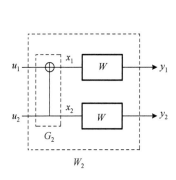

$$G_2 \triangleq \begin{bmatrix} 1 & 0 \\ 1 & 1 \end{bmatrix} , \quad x_1^2 = u_1^2 G_2$$

图 5-40 信道 W_2 的构造

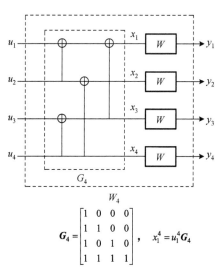

$$G_4 = \begin{bmatrix} 1 & 0 & 0 & 0 \\ 1 & 1 & 0 & 0 \\ 1 & 0 & 1 & 0 \\ 1 & 1 & 1 & 1 \end{bmatrix} , \quad x_1^4 = u_1^4 G_4$$

图 5-41 信道 W_4 的构造

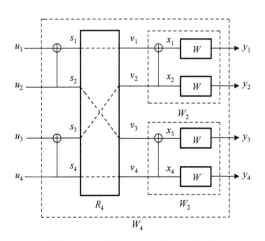

图 5-42 信道 W_4 的奇偶分离构造

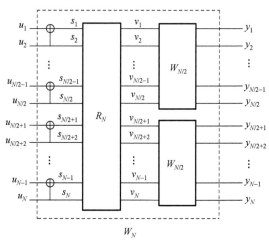

图 5-43 信道 W_N

　　信道分裂的过程是指将 W_N 分成 N 个二进制位信道 $W_N^{(i)}:\mathcal{U}\to\mathcal{Y}^N\times\mathcal{U}^{i-1},1\le i\le N$ ，转移概率定义为 $W_N^{(i)}(y_1^N,u_1^{i-1}\,|\,u_i)\triangleq\sum\limits_{u_{i+1}^N\in X^{N-i}}\dfrac{1}{2^{N-1}}W_N(y_1^N\,|\,u_1^N)$ ， U_i 为 $W_N^{(i)}$ 的输入， (Y_1^N,U_1^{i-1}) 为其输出，如图 5-44 所示。

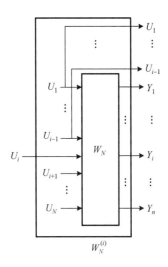

　　此过程也是无损的：

$$C(W_N)=I(U^N;Y^N)=\sum_{i=1}^{N}I(U_i;Y^N,U_1^{i-1})=\sum_{i=1}^{N}C(W_N^{(i)})$$

　　当 N 趋近于无穷大时， $C(W_N^{(i)})$ 趋近于 1 的比特信道个数占总信道数的比例会趋近于 $C(W)$ ， $C(W_N^{(i)})$ 趋近于 0 的比特信道个数占总信道数的比例会趋近于 $1-C(W)$ 。即经过信道的合并与分裂，我们得到了两种极端的信道：一类 $C(W_N^{(i)})$ 趋近于 1 的"好"信道和一

图 5-44　比特信道 $W_N^{(i)}:U\to Y^N\times U^{i-1}$

类 $C(W_N^{(i)})$ 趋近于 0 的"坏"信道，而且"好"信道所占的比例渐近趋于原 W 信道的容量。

　　定理[Polarization]：采用上述极化方案，随着构造长度的增加，几乎所有比特信道变成无噪的或者完全无用的。即对于任意 $\delta\in(0,1)$ ，随着构造长度 N 的增加，有

具有 $C(W_i)>1-\delta$ 的好信道所占的比例 $\to C(W)$

而具有 $C(W_i)<\delta$ 的坏信道所占的比例 $\to 1-C(W)$

　　定理[极化速率]：上述定理成立有 $\delta\approx 2^{-\sqrt{N}}$ 。

　　对于 $N=2$ 的情况，信道分裂创建了下面两个比特信道，如图 5-45 所示。

坏信道：$W^-:U_1\to(Y_1,Y_2)$
　　　　$C(W^-)=I(U_1;Y_1,Y_2)$

好信道：$W^+:U_2\to(Y_1,Y_2,U_1)$
　　　　$C(W^+)=I(U_1;Y_1,Y_2,U_2)$

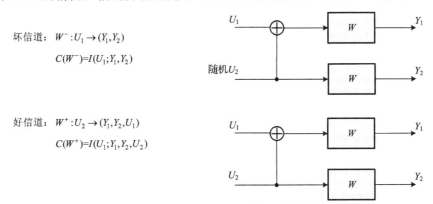

图 5-45　信道分裂创建的比特信道

　　而且 $C(W^-)\le C(W)\le C(W^+)$ ， $C(W^-)+C(W^+)=2C(W)$ ，即信道总容量保持不变，但是被不均等分配了。

　　对于删除概率为 ε 的二进制删除信道 BEC，其比特信道的对称信道容量可用下式计算：

$$C(W_N^{(2i-1)})=C(W_{N/2}^{(i)})^2,\qquad C(W_N^{(2i)})=2C(W_{N/2}^{(i)})-C(W_{N/2}^{(i)})^2$$

　　一个简单例子：假定 W 是一个 BEC 信道，其删除概率 $\varepsilon=0.5$ 。

对于 $N=1$，$C(W_1^{(1)})=1-\varepsilon=0.5$

对于 $N=2$，$C(W_2^{(1)})=(1-\varepsilon)^2=0.25$，$C(W_2^{(2)})=2(1-\varepsilon)-(1-\varepsilon)^2=0.75$

对于 $N=4$，$C(W_4^{(1)})=C(W_2^{(1)})^2=0.0625$，$C(W_4^{(2)})=2C(W_2^{(1)})-C(W_2^{(1)})^2=0.4375$

$C(W_4^{(3)})=C(W_2^{(2)})^2=0.5625$，$\quad C(W_4^{(4)})=2C(W_2^{(2)})-C(W_2^{(2)})^2=0.9375$

图 5-46 表示 $N=1024$ 个删除概率为 $\varepsilon=0.5$ 的 BEC 经过信道合并和信道分裂，比特信道的对称容量分布。

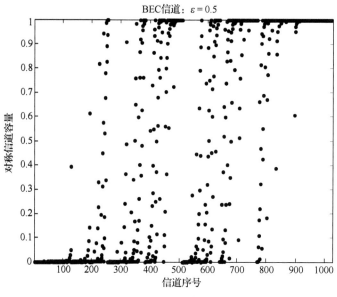

图 5-46　信道极化

2. Polar 码构造

利用信道极化的结果，我们可以以码率 1 向 $C(W_N^{(i)})$ 趋于 1 的比特信道发送信息，以码率 0 向剩下的比特信道发送信息。按照这种思想构造出来的码就是 Polar 码。对于一个给定的 N，每一个码字都以相同的方法生成，即 $x_1^N=u_1^N\boldsymbol{G}_N$，$\boldsymbol{G}_N$ 是 N 阶生成矩阵。设 $\mathcal{A}$ 为 $\{1,\cdots,N\}$ 的任意一个子集，那么 $x_1^N=u_{\mathcal{A}}\boldsymbol{G}_N(\mathcal{A})\oplus u_{\mathcal{A}^c}\boldsymbol{G}_N(\mathcal{A}^c)$，其中 $\boldsymbol{G}_N(\mathcal{A})$ 是 $\boldsymbol{G}_N$ 的以 $|\mathcal{A}|$ 为行数的子矩阵。如果我们固定 $\mathcal{A}$ 和 $u_{\mathcal{A}^c}$，把 $u_{\mathcal{A}}$ 作为任意的变量，就可以得到对应于 $u_{\mathcal{A}}$ 的码字 x_1^N。我们称这样生成的码为 $\boldsymbol{G}_N$ 陪集码。一个 $\boldsymbol{G}_N$ 陪集码由参数向量 $(N,K,\mathcal{A},u_{\mathcal{A}^c})$ 确定，其中 K 为码的维数，即 $\mathcal{A}$ 的大小，K/N 为码率。我们将 $\mathcal{A}$ 称为信息比特（集合），$u_{\mathcal{A}^c}$ 称为冻结比特。例如，由 $(4,2,\{2,4\},\{1,0\})$ 确定的码可以写成：

$$x_1^4=u_1^4G_4=(u_2,u_4)\begin{pmatrix}1&0&1&0\\1&1&1&1\end{pmatrix}+(1,0)\begin{pmatrix}1&0&0&0\\1&1&0&0\end{pmatrix}$$

当信息比特 $(u_2,u_4)=(1,1)$ 时，码字 $x_1^4=(1,1,0,1)$。Polar 码的构造就是通过特定的规则选取信息比特集合 $\mathcal{A}$。我们可以通过计算比特信道的对称信道容量或 Bhattacharyya 参数，挑选对称信道容量较大的比特信道作为信息位。但目前除了 BEC 有精确的码构造外，其他信道都用近似构造代替，常用的构造方法有蒙特卡罗（Monte Carlo）构造、量化构造和高斯近似等方法。

5.5.2　Polar 码的编码方法与译码算法

1. Polar 码的编码

将信息比特放置在信息位，其他位放置事先确定好的冻结比特，组成待编码的输入序列 u_1^N，经过生成矩阵生成码字 $x_1^N = u_1^N G_N$。经过化简，$G_N = B_N F^{\otimes n}$，B_N 为比特反转矩阵，即把输入序列每一位置序号用二进制表示，比如 $N=8$ 时，第一位置序号用 000 表示，比特反转后依然为 000，第二位置用 001 表示，经过比特反转变为 100，即第二位置的输入比特与第五位置的输入比特交换。矩阵 $F = \begin{pmatrix} 1 & 0 \\ 1 & 1 \end{pmatrix}$。编码复杂度为 $O(N \log N)$。图 5-47 为 $N=8$ 时的编码过程。

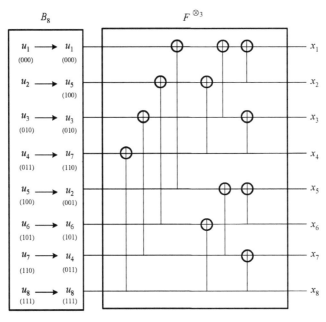

图 5-47　$G_8 = B_8 F^{\otimes 3}$

2. Polar 码的逐次抵消（SC）译码

考虑一个由 $(N, K, \mathcal{A}, u_{\mathcal{A}^c})$ 确定的陪集码。假定编码器输入序列 u_1^N 生成的码字 x_1^N 作为信道输入，信道输出 y_1^N 为接收向量。译码器的作用是根据 $\mathcal{A}$、$u_{\mathcal{A}^c}$ 和 y_1^N，产生对信息序列 u_1^N 的估计值 $\hat{u}_1^N$。由于译码器可以通过 $\hat{u}_{\mathcal{A}^c} = u_{\mathcal{A}^c}$ 避免冻结位的错误，译码器真正的任务是产生对 $u_{\mathcal{A}}$ 的估计值 $\hat{u}_{\mathcal{A}}$。串行逐次抵消译码是按照 i 从 1 到 N 的顺序逐次计算下式：

$$\hat{u}_i = \begin{cases} u_i, & i \in \mathcal{A}^c \\ h_i(y_1^N, \hat{u}_1^{i-1}), & i \in \mathcal{A} \end{cases}$$

式中 $h_i : Y^N \times X^{i-1}, i \in \mathcal{A}$，作为判决函数定义为：

$$h_i(y_1^N, \hat{u}_1^{i-1}) = \begin{cases} 0, & \text{如果} L_N^{(i)}(y_1^N, \hat{u}_1^{i-1}) \geq 1 \\ 1, & \text{其他} \end{cases}$$

这里 $L_N^{(i)}(y_1^N, \hat{u}_1^{i-1})$ 为如下的似然比（LR）函数：

$$L_N^{(i)}(y_1^N, \hat{u}_1^{i-1}) = \frac{W_N^{(i)}(y_1^N, \hat{u}_1^{i-1} \mid 0)}{W_N^{(i)}(y_1^N, \hat{u}_1^{i-1} \mid 1)}$$

当 $\hat{u}_1^N \neq u_1^N$ 时，一个分组错误产生。由于递归构造产生了位信道，$L_N^{(i)}(y_1^N, \hat{u}_1^{i-1})$ 的计算也用到下面的递归公式：

$$L_N^{(2i-1)}(y_1^N, \hat{u}_1^{2i-2}) = \frac{L_{N/2}^{(i)}(y_1^{N/2}, \hat{u}_{1,o}^{2i-2} \oplus \hat{u}_{1,e}^{2i-2}) L_{N/2}^{(i)}(y_{N/2+1}^N, \hat{u}_{1,e}^{2i-2}) + 1}{L_{N/2}^{(i)}(y_1^{N/2}, \hat{u}_{1,o}^{2i-2} \oplus \hat{u}_{1,e}^{2i-2}) + L_{N/2}^{(i)}(y_{N/2+1}^N, \hat{u}_{1,e}^{2i-2})}$$

$$L_N^{(2i)}(y_1^N, \hat{u}_1^{2i-1}) = \left[L_{N/2}^{(i)}(y_1^{N/2}, \hat{u}_{1,o}^{2i-2} \oplus \hat{u}_{1,e}^{2i-2}) \right]^{1-2\hat{u}_{2i-1}} \cdot L_{N/2}^{(i)}(y_{N/2+1}^N, \hat{u}_{1,e}^{2i-2})$$

由此，长度为 N 的 LR 可以由两个长度为 $N/2$ 的 LR 来计算，并递归至 $L_1^{(1)}(y_i) = \dfrac{W(y_i \mid 0)}{W(y_i \mid 1)}$。该译码方法的复杂度为 $O(N \log N)$。

3. Polar 码的列表（List）译码算法

在 SC 译码算法的基础上，2011 年 Tal 和 Vardy、Chen 和 Niu 分别提出了可以大大改善 SC 译码算法性能的列表译码算法（SCL）[59,60]。SCL 译码算法实际上是工作在码树（二叉树）图上的宽度优先搜索算法。假定列表的大小为正整数 L，则算法在码树的每一层上的最大搜索宽度为 L。当 $L=1$ 时，SCL 即退化为 SC 译码。具体地说，在 SC 译码算法中，我们对输入比特进行连续译码。在 SCL 译码算法中，每译一比特时，L 条译码路径可以同时存在。开始译码时，路径数为 1，遇到冻结位译码时，保持原路径数不变。在译第一位非冻结位时，并不直接判定该比特是 0 还是 1，而是复制此时唯一的一条路径，使路径数加倍，假定该比特分别为 0 和 1，两条路径分别进行译码。然后在译下一位非冻结位时进行相同的处理，直到路径数达到 L。在下一非冻结位译码时，路径数增加到 $2L$，要保持译码路径大小为 L，需要按照一定规则对所有路径排序，从而对路径进行删除、复制或保留的操作。在译最后一比特时，根据特定的规则，选取最有可能正确的路径作为最终的译码路径。图 5-48 表示 $L=4$ 时非冻结位的译码路径图。

但是后来发现 SCL 译码算法中，正确的译码路径也许在最后的 L 条路径中，但却不是最有可能的那一条，这样就不能被挑选出来从而导致译码错误。如果能够在译码器上增加辅助，使得译码器最终能够识别出正确的译码路径，就可以提高误码性能，于是产生了 CRC 辅助的列表译码算法。首先确定 CRC 校验位数为 r，剩下的 $k-r$ 位作为信息位。对 $k-r$ 位信息比特进行 CRC 编码处理，产生带有 r 位校验位的 k 比特信息作为 Polar 编码器输入。与 SCL 算法中最后选择最有可能的译码路径所不同，这里首先挑选符合 CRC 校验的路径，在符合 CRC 校验的路径中选取最有可能的路径作为最终的译码路径。CRC 辅助的列表译码算法又能进一步提高译码性能。列表译码算法的复杂度为 $O(LN \log N)$。

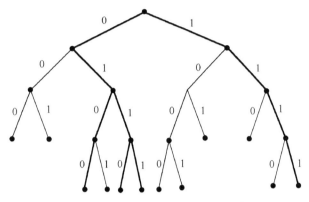

图 5-48　L=4 时非冻结位的译码路径

实际上，CRC 辅助的 Polar 编码器可看作是一个串行级联编码系统，其中 CRC 码作为外码，Polar 码作为内码。CRC 的作用有两个方面：一是增加码的最小距离，从而改进高信噪比下的性能；二是帮助列表译码器选择正确路径。

图 5-49 给出了码长为 2048 比特、码率为 1/2 的 Polar 码在 SC 译码和 SCL 译码算法下的性能对比。

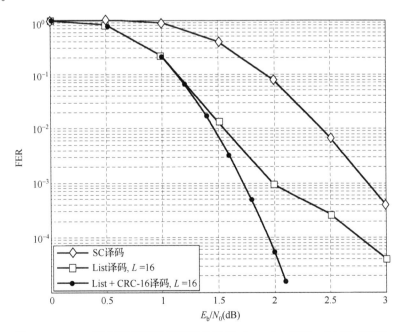

图 5-49　Polar 码在不同译码算法下的性能（AWGN 信道，BPSK 调制）

4. AWGN 信道上 Polar 码的构造

目前除了 BEC 有精确的码构造外，其他信道都用近似构造代替。常用的 AWGN 信道上 Polar 码的构造方法有蒙特卡罗构造、量化构造和高斯近似等方法。

蒙特卡罗法是以概率和统计的理论、方法为基础的一种计算方法。在进行码构造时，首先多次发送全零码字，经过信道后正常译码；然后累积统计每一比特的译码错误概率，作为判定是否为信息位的标准。这里的蒙特卡罗构造方法相当于多次对信道的学习过程，发送全零码字的次数限制了构造的精确度。当码率较高时，这种方法构造出来的码性能较好。

由 I. Tal 和 A. Vardy 提出的量化构造的主要思想是按照一定规则，将 AWGN 信道的连续输出量化为离散输出，即将 AWGN 信道量化成 BMS 信道，再通过上近似或下近似的方法，利用信道合成的递归结构进行近似构造。这种构造方法的复杂度较高，构造出来的 Polar 码性能较好。

高斯近似由 P. Trifonov 提出，主要思想是将每一位的转移概率对数似然比（LLR）$L_N^{(i)}(y_1^N, \hat{u}_1^{i-1})$ 都视作一个均值为 $E[L_N^{(i)}]$、方差为 $D[L_N^{(i)}]$ 的高斯变量，且有 $D[L_N^{(i)}] = 2E[L_N^{(i)}]$。利用下式计算 $E[L_N^{(i)}]$，并作为判断是否为信息位的依据：

$$E[L_N^{(2i-1)}] = \phi^{-1}(1 - (1 - \phi(E[L_{N/2}^{(i)}]))^2) , \quad E[L_N^{(2i)}] = 2E[L_{N/2}^{(i)}]$$

式中，

$$\phi(x) \triangleq \begin{cases} \exp(-0.4527x^{0.86} + 0.0218) , & 0 < x < 10 \\ \sqrt{\dfrac{\pi}{x}}\left(1 - \dfrac{10}{7x}\right)\exp\left(\dfrac{-x}{4}\right), & x > 10 \end{cases}$$

5. Polar 码与现有编码方法的比较

Polar 码是一种新型的编码方法，在长码下能达到逼近容量限的性能。下面我们主要通过计算机仿真考察其在短帧长下的性能，并与相应的 Turbo、LDPC 码的性能进行对比。

在本章开始的图 5-1 中，我们给出了码长为 2048 比特、码率为 1/2 的 Polar 码与 LTE-Turbo 码、WiMAX-LDPC 码在 AWGN 信道与 BPSK 调制下的性能对比。由图 5-1 可以看出，长度为 2048、码率为 0.5 的 Polar 码，在列表大小为 32 的 CRC-16 辅助的 SCL 译码算法下的性能，比长度为 2304 的 WiMax LDPC 码性能略好，但比同样长度的 LTE-Turbo 码要差一些。Polar 码的译码无需迭代，在 SCL 译码算法下，其译码时间复杂度为 $O(LN\log_2 N)$，空间复杂度为 $O(LN)$。

图 5-50 给出了码长为 512 比特和 128 比特、码率为 1/2 的 Polar 码与 LTE-Turbo 码、WiMAX 二元 LDPC 码以及 GF(256)上的多元 LDPC 码在 AWGN 信道与 BPSK 调制下的性能对比。从图中曲线可以看出，在短帧长下，1/2 码率的 Polar 码与多元 LDPC 码也有可比的性能，但它们的译码复杂度均较高。在高码率下，Polar 码与其他编码方法的性能比较还需要进一步研究。可以预见，在未来的 5G 移动通信系统中，Polar 码与 LDPC 码（二元、多元）等都是强有力的候选者。包括 Turbo 码在内，这些编码方法各有特点与适用场景。

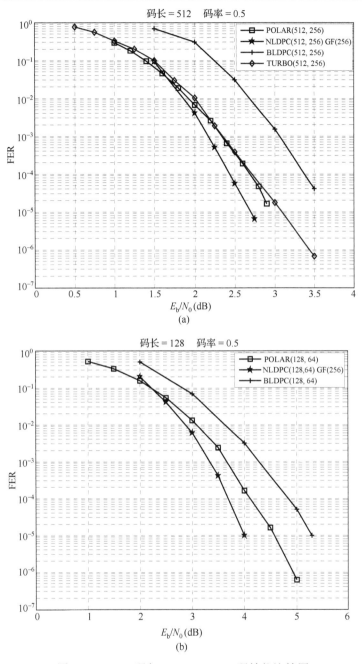

图 5-50 Polar 码与 Turbo、LDPC 码性能比较图

5.5.3 Polar 编码调制系统

Polar 编码调制方案主要有 MLC 和 BICM。在 MLC 系统中，Polar 码可与任意阶数调制相匹配，但其需要多个编译码器（或多次编码、译码），复杂度较高。在 BICM 系统中，Polar 码只需一个编译码器，但一般需要通过删余（puncture）来匹配调制阶数。

2013 年 M. Seidl 等人将二元 Polar 码与 MLC 和 BICM 相结合，提出了基于 Polar 码的编码调制方案[62]。MLC 方法是利用 MLC 的分层系统结构，根据每层子信道的信道容量，对每一层信道分别进行 Polar 编码，所有层的信道编码完成后，生成相应层数个相同码长、不同码率的 Polar 码，再对所有 Polar 码的同一位置的比特进行多进制映射，将生成的调制信号依次送入信道。

由于 MLC 和 Polar 码都可以用相同的方式描述，即串行二元划分（Sequential Binary Partition，SBP），因此可以将 MLC 和 Polar 码以 SBP 乘积级联的方式相结合。假设星座大小为 M，$M=2^m$，单个 Polar 码长度为 N（$N=2^n$），则构造长度为 mN 的多层 Polar 码，可以看作一个 m-SBP $\lambda:WY=\rightarrow\{B_\lambda^{(0)},\cdots,B_\lambda^{(m-1)}\}$ 和一个 N-SBP $\pi^n:B^N Y=\rightarrow\{B_\lambda^{(0)},\cdots,B_\lambda^{(m-1)}\}$ 的 mN 阶乘积级联（λ 和 π^n 对应着 MLC 和极化码信道变换方式）：

$$\lambda\otimes\pi^n:W^N\rightarrow\{B_{\lambda\otimes\pi^n}^{(0)},\cdots,B_{\lambda\otimes\pi^n}^{(mN-1)}\}$$

式中，W 信道用来发送长度为 m 比特的符号，$B_{\lambda\otimes\pi^n}^{(i)}$，$0\leqslant i\leqslant mN-1$ 为 W^N 经过划分的位信道。多层 Polar 码的编码过程可以用生成矩阵表示

$$P_{m,N}\cdot(G_N\otimes I_m)$$

然后按照映射规则 $\mathcal{L}$ 将每 m 个比特映射为传输的星座点。其中 $P_{m,N}$ 的作用为：向量 $b\cdot P_{m,N}$ 表示将 b 的第 $(Ni+j)$ 位置的元素映射为第 $(i+mj)$ 位置的元素。对所有的 $0\leqslant i<m$，$0\leqslant j<N$ 成立。I_m 为 (m,m) 阶单位矩阵。映射规则 $\mathcal{L}$ 可以选择格雷映射或 SP 映射。

比如，假设采用 8-PAM 调制，SP 映射，即 $m=3$，$N=4$ 时，多层 Polar 码的结构如图 5-51 所示。首先计算 8-PAM 调制下的 3 层比特信道的容量，根据信道容量的不同，将输入信息比特分配给 3 个 Polar 编码器，然后将生成的 3 个码字的同一比特位进行 8-PAM 调制。由于 $N=4$，因此总共发送 4 个信号至信道。

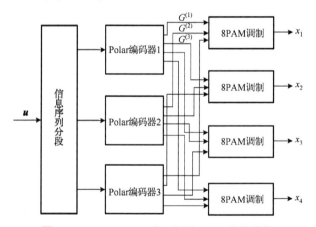

图 5-51 $m=3$，$N=4$ 时，多层 Polar 码的结构

可以证明，多层 Polar 码是可达信道容量的。不同的映射规则将影响多层 Polar 码的误码性能，在多级（multi-stage）译码下，SP 映射优于 Gray 映射。译码算法既可以用 SC 译码也可以用多级译码。

在 BICM 系统中，由于组成星座点标号（label）的各个比特具有不同的可靠度，因此

将调制也看作是一种极化现象，可将其与 Polar 编码结合成一个整体，通过联合优化来设计交织器。即设计的交织器使得"好"信道的比特映射到高可靠的符号比特位，将"差"信道的比特映射到低可靠的符号比特位。

以 16-QAM 为例，基于 BICM 系统结构的 Polar 编码调制系统模型如图 5-52 所示。

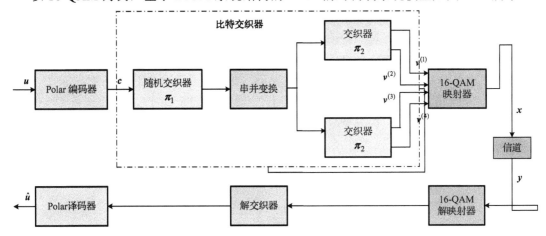

图 5-52　BICM 系统下 Polar 码 16-QAM 调制系统模型

假定原始信息序列 u 经 Polar 编码得到码字 c（假设码长为 N），进行比特交织后，通过 M 元调制器映射成符号序列 $x = \{x_i\}$，$1 \leqslant i \leqslant N / \log_2 M$。经信道传输后，对接收符号序列 $y = \{y_i\}$ 进行解调并计算比特似然值（比特概率或比特 LLR），然后将似然值送入解交织器中。Polar 码译码器对解交织后的序列进行译码，得到估计值 $\hat{u}$。

比特交织器由一个随机交织器 $\boldsymbol{\pi}_1$ 和两个针对调制极化设计的交织器 $\boldsymbol{\pi}_2$ 级联组成（我们称由 Polar 编译码过程引起的等效比特子信道的极化现象为 Polar 极化；而由调制引起的子信道极化现象为调制极化）。在 BICM 系统中，Gray 映射为最佳映射方案。16-QAM 在 Gray 映射下，其各子信道的容量如图 5-53 所示。这里，子信道 i 与星座点标号 $[v^{(1)}v^{(2)}v^{(3)}v^{(4)}]$ 中的第 i 个位置相对应。

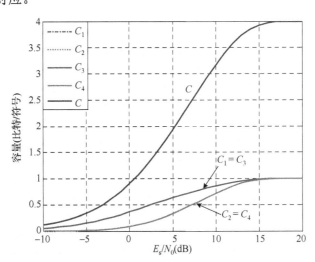

图 5-53　16-QAM 格雷映射各比特子信道信道容量

由图 5-53 可知，16-QAM 存在两种不同的可靠度（$C_1 = C_3$，$C_2 = C_4$），因此我们在随机交织后，可将序列划分为两组，其中这两组中同样位置对应的编码比特有不同的比特子信道容量。由于 16-QAM 是每 4 比特作为一个整体映射到一个调制信号（发送符号），而在 Gray 映射下存在有两个子信道的容量相等，因此设计的交织器 π_2 的作用是使得同组内每相邻 2 比特在 Polar 极化现象下其等效比特子信道的容量大小相近，从而容量相近的编码比特映射到调制极化后容量相等的子信道上。假设上面一组为比特子信道容量较大的一组，则其组内每连续的 2 比特分别映射到星座的第一比特和第三比特；同理，下面一组的每连续的 2 比特分别映射到星座的第二比特和第四比特，从而加剧极化现象。

与 MLC 不同的是，BICM 可以用一个并行二元划分（Parallel Binary Partition，PBP）表示。将生成矩阵为 G_{mN} 的长为 mN 的 Polar 码与 m-PBP $\overline{\lambda}_G$ 结合起来，可以得到比特交织的 Polar 编码调制，相应的译码算法要选择并行译码。

但是由于 BICM Polar 码的次优性，性能不如多层 Polar 码。故 SC 译码算法下，应当优先考虑 MLC。

5.6 编码调制与超奈奎斯特传输相结合

在通信系统的研发中，研究人员一直在追求更高的传输速率，以给用户更好的性能体验。对于频谱资源，尽管承载着日益增长的各种业务，而它本身却不可再生，在世界每个国家，频谱都是最有价值的资源。因此，人们一直在研究如何在有限的频带宽度上提供更多的数据传输业务。MIMO 技术可以通过同时在同一频段进行多个空间流的传输，其有效地提升了频谱利用率；高阶调制技术通过提高每个符号承载的比特数目来提升频谱利用率。研究人员还需从其他方面考虑，来继续提高频谱利用率，以实现在有限的频谱上提供更快速、更丰富的服务。

1924 年，奈奎斯特（Nyquist）就推导出在理想低通信道下的最高码元传输速率的公式：

$$理想低通信号下的最高码元传输速率 = 2W \text{ Baud}$$

其中，W 是理想低通信道的带宽，单位为赫兹（Hz）；Baud 是波特，即码元传输速率的单位，1 波特为每秒传送 1 个码元。

上述准则称为奈奎斯特第一准则。奈奎斯特准则的另一种表达方式是：每单位带宽的理想低通信号的最高码元传输速率是每秒 2 个码元。若码元的传输速率超过了奈奎斯特准则所给出的数值，则将出现码元之间的互相干扰，以致在接收端无法正确判定码元是 0 还是 1。

奈奎斯特第一准则限定了在无码间干扰的情况下最高的码元传输速率。当前，研究人员将目光放在了奈奎斯特第一准则上，即是否可以超越奈奎斯特第一准则的限制，通过提高码元传输速率来进一步提高频谱利用效率。

5.6.1 超奈奎斯特技术的基本原理

奈奎斯特第一准则规定了无码间干扰时的最高码元传输速率。1975 年，Mazo 提出了超奈奎斯特传输（Fast-Than-Nyquist，FTN）技术，FTN 就是超越奈奎斯特第一准则规定的速率，使用更高的传输速率来传输信息。FTN 的表达式如下：

$$s(t) = \sqrt{E_s} \sum_{n=0}^{\infty} a[n]h(t - n\tau T)$$

式中，$a[n]$ 为待发送的调制符号、$h(t)$ 为发送成型滤波函数、T 为 $1/2W$，即奈奎斯特第一准则规定的最小码元周期。τ（$0 < \tau < 1$）为压缩系数。

　　FTN 技术通过使用小于 1 的压缩系数，可以提高符号的发送速率，从而提升传输速率。由于没有改变发送成型滤波函数，因此发送信号仍然是原成型滤波函数的线性叠加，所以并没有改变信号传输所占用的频带宽度。由于在相同频带中使用更高的符号速率进行发送，因此 FTN 技术提高了频谱的利用效率。

　　通过图 5-54 可以看到，在以奈奎斯特速率发送时，每个符号经过成型滤波器后的波形，在其他符号的采样时刻取值均为 0，不会在接收端造成码间干扰（Inter-Symbol Interference，ISI），因此可以通过简单的方式进行解调处理。而在以超奈奎斯特速率发送时，将不能保证在其他符号的采样时刻取值均为 0，因此带来了符号间干扰，需要在发送端或接收端进行相应的处理后，才可以获得发送的调制星座点。

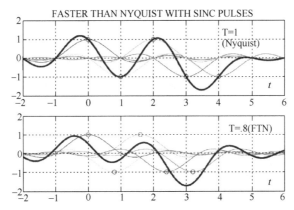

图 5-54　奈奎斯特系统与超奈奎斯特系统的发送信号图
（引用自 John B. Anderson，Fredrik Rusek，Viktor Owall，Faster-Than_Nyquist Signaling，Proceedings of the IEEE，101(8)，1817-1830，2013 中图 1）

　　如果通过持续降低压缩系数 τ 的值，是否可以无限制提升频谱利用效率呢？Mazo 在提出 FTN 系统概念的同时，提出了梅佐极限（Mazo Limit）。即针对不同的成型滤波器，均存在一个梅佐极限（大于 0，小于 1）。当压缩系数大于梅佐极限时，FTN 系统可以在发端或收端，通过去除码间干扰，从而在不损失能量效率（即针对达到相同误码率，所需 E_b/N_0 与不使用 FTN 技术时相同）的前提下，提升频谱利用效率；而当压缩系数小于梅佐极限时，在提高频谱利用效率的同时，将损失能量效率。如对于 Sinc 成型滤波函数，其梅佐极限为 0.802，即当 $\tau \in [0.802,1]$ 时，不会损失系统的能量效率，频谱利用率最高提升 24.7%；对于根升余弦成型滤波器（Root Raised Cosine，RRC），其梅佐极限为 0.703，在不损失能量效率的情况下，频谱利用率最高提升 42%。

　　当前，使用高阶调制来提高频谱利用率的方法比较常用，在 LTE-Advanced 中，已经使用 256-QAM 的调制方式。未经编码的数据，在误码率为 10^{-6} 的点上，对于 QPSK 调制，

理论上所需的 E_b/N_0 约为 10.5 dB，对于 16-QAM 调制，需要约 14.4 dB；对于 64-QAM 调制，需要约 18.8 dB；而对于 256-QAM 调制，则需要约 23.5 dB。可以看到，随着调制阶数的增加，频谱利用率随之提升，同时带来的是能量效率的损失，每当调制星座点携带的比特数增加 2 比特，能量效率约损失 3~5 dB。而对于 FTN 系统，可以在不损失能量效率的前提下提升频谱利用效率，但提升幅度有限。在损失能量效率的情况下，可以大幅度提升频谱利用效率。如在 FTN 系统中使用 BPSK 调制，$\tau = 0.25$ 时，频谱利用率相同于奈奎斯特系统中的 256-QAM 调制，而此时达到 10^{-6} 误码率所需的 E_b/N_0 仍然比 256-QAM 调制下小 4~5 dB。因此，从频谱利用率和能量效率方面来看，超奈奎斯特技术优于高阶调制技术。

FTN 技术是一个提高频谱利用率的技术，自从 Mazo 提出之后，由于其较高的复杂度，因此未被研究人员广泛研究与使用。最近几年，由于频谱的严重紧缺和集成电路技术的迅速发展，FTN 技术逐步引起各方面研究人员的广泛关注。随着 5G 技术研究的兴起，频谱利用效率成为 5G 技术的一个重要提升点，因此 FTN 技术现已成为 5G 研究的重点，并有望成为 5G 系统的候选技术之一。

而在 FTN 提高频谱利用率的同时，带来的是复杂度的迅速增加。由于使用高于奈奎斯特第一准则的速率发送，给接收端带来了人为的码间干扰，需要在发送端或接收端采用相应的技术去除码间干扰。

当 FTN 技术与多径信道、MIMO 技术、多载波技术相结合时，多径时延带来的干扰、天线间的干扰和多载波间的干扰与 FTN 引入的人为干扰相互叠加，使复杂度大大增加。因此，如何降低 FTN 系统的复杂度成为 FTN 技术是否可以广泛应用的关键。

5.6.2　FTN 的解调算法

FTN 系统中，由于以大于奈奎斯特采样的速率进行发送，因此在接收端会引入码间干扰。解调模块需要去除码间干扰，恢复出星座点。

设收到的数字采样信号为 y_n，则 y_n 可以表示为：

$$y_n = \sum_{j=0}^{\infty} a_j v_{n-j} + \eta_n$$

式中，$\{a_n\}$ 为发送的星座点，$\{v_n\}$ 为 ISI 的干扰系数，η_n 为噪声。

在无编码的条件下，为了解调出发送的星座点，主要有以下几种解调算法：维特比序列解调算法、减少状态的搜索算法、BCJR 解调算法、串行干扰消除算法和均衡算法等。

维特比序列解调算法：通过接收到的信号表达式，可以看出，在接收端，每个采样点的接收信号受到前后几个发送信号的影响。干扰系数可以通过成型滤波器与所使用的压缩系数求得，为固定值。应用维特比序列检测算法搜索最小欧几里德距离的序列，即可获得发送信号序列，如图 5-55 所示。

在接收端，当信号的噪声为白噪声时，维特比序列解调算法是 FTN 信号的最优解调算法。该算法是最大似然序列检测算法的简化算法，通过寻找概率最高的发送序列来实现

FTN 的解调。维特比序列检测算法的复杂度与 ISI 的长度相关，并与调制的阶数相关。在 FTN 系统中，如果使用 BPSK 调制方式，当发送一个符号时，会造成前后各 4 个符号的码间干扰，则对应的维特比序列检测共需要有 256（2^8）个状态，每向前搜索 1 个符号，则需要进行 512 次度量计算。

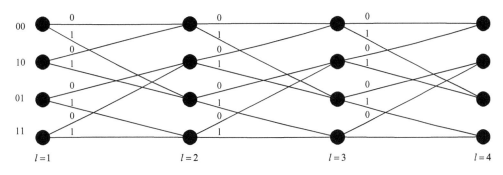

图 5-55　维特比序列解调算法

　　虽然维特比序列解调算法的性能较好，但由于其较高的复杂度，在实际应用中存在一定的困难。因此，研究人员提出了减少状态的维特比序列解调算法，通过选择一些 ISI 长度较短的脉冲成型函数来减少解调算法的状态数，进而降低维特比算法的复杂度。另一方面，由于 ISI 系数随着码间距离的增加而在逐渐减小，因此，如忽略某些距离较远码间干扰系数，将这些码间干扰看作噪声，同样可以降低维特比序列解调算法的复杂度，带来的性能损失可以近似忽略。减少状态的维特比序列解调算法在实际系统中有较多应用。

　　BCJR 解调算法：BCJR 算法是由 Bahl、Cocke、Jelinek 和 Raviv 于 1974 年提出的一种逐符号最大后验概率检测算法，它是今天数字通信的最广泛的两个算法之一（另一个是维特比算法）。该算法广泛应用于卷积码译码、Turbo 码译码等方面，可以输出软信息。

　　BCJR 算法同样可以应用于 FTN 系统的解调中。通过观察接收序列，给出每符号最小差错概率的符号序列。但 BCJR 算法的高复杂度是该算法的一个不足。

　　串行干扰消除算法：该算法通过根据已解出的符号，根据干扰系数，在接下来的符号解调中，首先去除已解出信号的干扰，再进行相应的解调。该算法具有简单、易实现的优点，但解调性能不高。

　　均衡算法：FTN 系统通过采样超于奈奎斯特采样速率的速度进行发送，在发端产生了码间干扰，这与多径信道中，由于信道反射、折射带来的码间干扰类似。因此可以通过现有均衡的方法来去除码间干扰，如时域均衡算法与频域均衡算法。与现有多径信道通信的不同是，多径信道中，需要首先进行多径信道的估计，之后才可以根据信道状态进行均衡处理；而在 FTN 系统中，由于干扰系数已知，因此不需要进行信道估计即可进行均衡处理。

　　还有一些其他的算法，在此不一一列举了。对于 FTN 系统，为了提高频谱利用效率，人为地引入了 ISI，在接收端，需要首先通过 FTN 解调算法去除 ISI，之后才可以进行正常的处理。如何降低 FTN 系统解调算法的复杂度成为 FTN 系统中的重要问题。

5.6.3 频域 FTN 技术

OFDM 系统由于其具备频谱利用率高、抗多径衰落的特点，已广泛应用于当前移动通信系统中。OFDM 系统将信道分成若干正交子信道，将高速数据信号转换成并行的低速子数据流，调制到在每个子信道上进行传输。正交信号可以通过在接收端采用相关技术来分开，这样可以减少子信道之间的相互干扰。每个子信道上的信号带宽小于信道的相关带宽，因此每个子信道上可以看成平坦性衰落，从而可以消除码间串扰，而且由于每个子信道的带宽仅仅是原信道带宽的一小部分，信道均衡变得相对容易。

在 OFDM 系统中，子载波间隔 Δf 严格满足 $\Delta f = 1/T$，来保证 $\Delta f \cdot T = 1$。因此不同子载波间完全正交，互相没有干扰。为了进一步提高频谱利用效率，发送信号符号的时间长度缩短为 τT（其中 $0 < \tau < 1$），此时，不同子载波间将不再正交，会带来子载波间干扰（Inter-Carrier Interference，ICI）；同时，由于每个符号的发送时间缩短了，一个符号上的子载波也会收到前后符号子载波的符号间干扰。具体如图 5-56 所示。

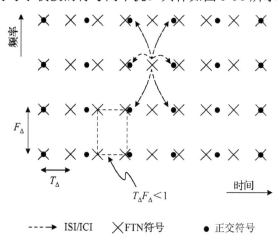

图 5-56 频域超奈奎斯特传输
（引用自 John B. Anderson，Fredrik Rusek，Viktor Owall，Faster-Than_Nyquist Signaling，Proceedings of the IEEE，101(8)，1817-1830，2013 中图 8）

发送数据可以表示为：

$$s(t) = \sqrt{E_s \tau \varphi} \sum_k \left[\sum_n a_{k,n} h(t - n\tau T) \right] e^{-j2\pi k \varphi t/T}$$

接收端在第 k 个符号第 n 个子载波上接收到的数据可以表示为：

$$r_{k,n} = \sqrt{E_s} a_{k,n} + \sum_{l \neq k, m \neq n} l_{l,m} a_{l,m} + \eta_{k,n}$$

式中，等号右边第一项为有用的信号，第二项为该子载波受到的 ISI 与 ICI 之和，第三项为噪声。

在频域 FTN 系统中，梅佐极限同样存在，对于 QPSK 调制和 30%的根升余弦的成型滤波器，可以在 $\Delta f \cdot T = 0.5$ 时不损失能量效率，因此，频域 FTN 系统对频谱利用率的提升空间比单载波 FTN 系统更高。

由于频域 FTN 系统中每个符号受到的干扰来源多于单载波 FTN 系统，因此其解调算法的复杂度也远远高于单载波 FTN 系统。

5.6.4　FTN 技术展望

超奈奎斯特调制技术自 1975 年由 Mazo 首先提出以来，由于其复杂度较高，因此并没有受到各个方面的重视，发展缓慢。自 2000 年以来，随着半导体技术的迅速发展，处理能力呈指数倍增长，同时，随着通信技术的快速发展，频谱资源逐步成为稀缺资源，这些都带动了 FTN 技术成为当今的研究热点问题。FTN 系统也从理论研究与仿真走向了演示系统。

世界上第一个 FTN 演示系统是由瑞典隆德大学（Lund University）于 2010 年率先搭建成功的。该演示系统使用 65 nm 的 CMOS 工艺设计，主频时钟为 100 MHz。具体芯片架构如图 5-57 所示。其中频域 FTN 的压缩系数（$\Delta f \cdot T$）可以设置为 0.4、0.5、0.6、0.7 或 0.9。

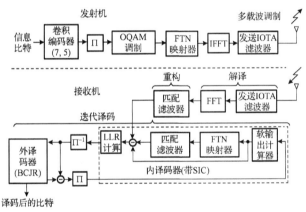

图 5-57　超奈奎斯特调制系统硬件架构
（引用自 John B. Anderson，Fredrik Rusek，Viktor Owall，Faster-Than_Nyquist Signaling，
Proceedings of the IEEE，101(8)，1817-1830，2013 中图 10）

当前，FTN 技术已经进行了深入的研究，但离 FTN 技术真正商用还有较大距离。后续研究工作的主要方向包括以下几个方面。

（1）FTN 的低复杂度解调算法研究：FTN 系统由于人为引入了 ISI 和 ICI，在接收端需要去除。当前阻碍 FTN 系统广泛应用的关键就是 FTN 解调算法复杂度过高。如能提出低复杂度的解调算法，将大大促进 FTN 系统的应用。

（2）FTN 系统在多径场景下的应用：实际通信系统的应用场景中存在多径传播。对于 FTN 系统来说，多径将加剧 ISI，因此进一步增加了解调的复杂度。如何在实际通信场景中应用 FTN 系统成为 FTN 技术商用的关键。

（3）FTN 与 MIMO 的结合：当前无线通信系统中几乎均采用了 MIMO 技术。如将 FTN 技术应用于 MIMO 系统中，还会在 ISI 和 ICI 基础上增加空间流之间的干扰。如何解决空间流间的干扰问题也是 FTN 系统能否在商用系统中应用的关键。

▌5.7 本章小结

本章主要讨论了用于 5G 移动通信系统物理层的新型编码调制技术。首先介绍了编码调制的基本原理和一些典型的编码调制方法；接着讨论了编码调制系统的主要性能度量参数：频谱效率、信噪比、可达信息速率等，以及它们之间的关系；然后介绍了编码增益与星座成形增益的概念，给出了几种典型的概率成形与几何成形方法。关于新型信道编码，主要讨论了多元 LDPC 码的编码原理与典型译码算法（包括 FFT-QSPA、EMS、基于可靠度的低复杂度译码算法等），在此基础上介绍了多元 LDPC 编码调制方法和联合迭代检测-译码算法；之后讨论了另一种新型信道编码方法——极化码，它是最近提出的一种可理论证明达到信道容量的编码方法，我们介绍了极化码的编译码原理、构造方法，以及使用极化码的多层编码调制技术。最后，讨论了在时域和频域实现超奈奎斯特传输的基本概念和原理，以及检测算法。

▌5.8 参考文献

[1] C. Berrou and A. Glavieux, "Near optimum error correcting coding and decoding: Turbo-codes, " *IEEE Trans. Commun.*, vol. 44, no.10, pp.1261-1271, Oct. 1996.

[2] R. G. Gallager, "Low density parity-check codes, " *IRE Trans. Inf. Theory*, vol. IT-8, no. 1, pp. 21-28, Jan. 1962.

[3] T. Richardson, M. Shokrollahi, and R. Urbanke, "Design of capacity approaching irregular low-density parity-check codes, " *IEEE Trans. Inf. Theory*, vol. 47, pp. 619-637, Feb 2001.

[4] S.-Y. Chung, G. D. Forney, Jr., T. J. Richardson and R. Urbanke, "On the design of low-density parity-check codes within 0.0045 dB from the Shannon limit, " *IEEE Commun. Letters*, vol. 5, pp. 58-60, Feb. 2001.

[5] R. M. Tanner, "A recursive approach to low complexity codes, " *IEEE Trans. Inf. Theory*, vol. IT-27, no. 9, pp. 533-547, Sep. 1981.

[6] A. Jimenez Felstrom and K. Zigangirov, "Time-varying periodic convolutional codes with low-density parity-check matrix, " *IEEE Trans. Inf. Theory*, vol. 45, pp. 2181-2191, Sep. 1999.

[7] M. Lentmaier, A. Sridharan, D. Costello, and K. Zigangirov, "Iterative Decoding Threshold Analysis for LDPC Convolutional Codes, " *IEEE Trans. Inf. Theory*, vol. 56, pp. 5274-5289, Oct. 2010.

[8] S. Kudekar, T. Richardson, and R. Urbanke, "Threshold Saturation via Spatial Coupling: Why Convolutional LDPC Ensembles Perform so well over the BEC, " *IEEE Trans. Inf. Theory*, vol. 57, pp. 803-834, Feb. 2011.

[9] E. Arıkan, "Channel polarization: A method for constructing capacityachieving codes for symmetric

binary-input memoryless channels, " *IEEE Trans. Inf. Theory*, vol. 55, pp. 3051-3073, July 2009.

[10] D. J. Costello, Jr., J. Hagenauer, H. Imai and S. B. Wicker, "Applications of error-control coding, " *IEEE Trans. Inform. Theory*, vol. 44, pp. 2531-2560, Oct. 1998.

[11] 张平, 王卫东, 陶小峰. WCDMA 移动通信系统. 人民邮电出版社, 2001.

[12] 3GPP TS 36.212 V8.6.0(2009-03)3rd Generation Partnership Project; TcclIllical Specification Group Radio Access Network; Evolved Universal Terrestrial Radio Access(E-UTRA); Multiplexing and channel coding(Release 8).

[13] Rl-062280, Ericsson, LTE Channel Coding [C].　3GPP TSG RAN WGl #46, Tallinn, Estonia, 28 August —l September 2006.

[14] J. L. Massey, "Coding and modulation in digital communications, " in *International Zurich Seminar Digital Communications, Zurich, Switzerland*, 1974.

[15] G. Ungerboeck, "Channel coding with multilevel/phase signals, " IEEE Trans. Inform.Theory, vol. 28, no. 1, pp. 55-67, Jan. 1982.

[16] H. Imai and S. Hirakawa, "A new multilevel coding method using error-correcting codes, " IEEE Trans. Inform. Theory, vol. 23, no. 3, pp. 371-377, May. 1977.

[17] E. Zehavi, "8-PSK trellis codes for a Rayleigh channel, " IEEE Transactions on Communications, vol. 40, no. 5, pp. 873-884, 1992.

[18] X. Li and J. A. Ritcey, "Bit-interleaved coded modulation with iterative decoding, " IEEE Communication Letters, vol. 1, no. 6, pp. 169-171, November 1997.

[19] X. Li, A. Chindapol, and J. A. Ritcey, "Bit-interleaved coded modulation with iterative decoding and 8-PSK signaling, " IEEE Transactions on Communications, vol. 50, no. 8, pp. 1250-1257, 2002.

[20] P. Robertson and T. Worz, "Bandwidth-efficient turbo trellis-coded modulation using punctured component codes, " IEEE J. Select. Areas Commun., vol.16, no.2, pp. 206-218, Feb. 1998.

[21] L. Ping, B. Bai, and X. Wang, "Low-complexity concatenated two-state TCM schemes with near-capacity performance, " *IEEE Trans. Inform. Theory*, 2003, 49(12)：3225-3234.

[22] G. D. Forney, Jr. and G. Ungerboeck, "Modulation and coding for linear Gaussian channels, " *IEEE Trans. Inform. Theory*, vol.44, no.6, pp. 2384-2415, Oct. 1998.

[23] G. Caire, G. Taricco, and E. Biglieri, "Bit-interleaved coded modulation, " *IEEE Trans. Inform. Theory*, vol. 44, no. 3, pp. 927-946, 1998.

[24] U. Wachsmann, R. F. H. Fischer, and J. B. Huber, "Multilevel codes: Theoretical concepts and practical design rules, " *IEEE Trans. Inform. Theory*, vol. 45, no. 5, pp. 1361-1391, July 1999.

[25] G. D. Forney, *Principles of Digital Communication(II)*. Course notes. MIT, 2005.

[26] E. A. Lee and D. G. *Messerschmitt, Digital Communication*, second edition, Boston: Kluwer, 1994.

[27] Xiao Ma and Li Ping, "Coded modulation using superimposed binary codes, " *IEEE Trans. Inform. Theory*, vol. 50, no. 12, pp. 3331-3343, December 2004.

[28] G. D. Forney, Jr, "Trellis shaping, " *IEEE Trans. Inform. Theory*, vol. 38, pp. 281-300, 1992.

[29] 马啸, 白宝明. 信号星座的概率成形与几何成形, pp.166-169. 中国电子学会第 13 届信息论学术年会, 2005 年 10 月, 中国长沙.

[30] 李琪，周林，张博，白宝明. 适用于 BICM-ID 系统的星座成形方法. 通信学报, 36(6), 2015 年 6 月.

[31] J. Tan and G. Stuber, "Analysis and design of symbol mappers for iteratively decoded BICM," *IEEE Transactions on Wireless Communications*, vol. 4, no. 2, pp. 662-672, 2005.

[32] Le Goff, S.Y., "Signal constellations for bit-interleaved coded modulation," *IEEE Trans. Inform. Theory,* 2003, 49(1): 307-313.

[33] Zaishuang Liu, Qiuliang Xie, Kewu Peng, and Zhixing Yang, "APSK constellation with Gray mapping," *IEEE Commun. Lett.*, vol.15, no.12, Dec. 2011.

[34] Cronie, H. S., "Signal shaping for bit-Interleaved coded modulation on the AWGN channel," *IEEE Trans. Communications*, 2010, 58(12): 3428-3435.

[35] X. Ma and L. Ping, "Power allocations for multilevel coding with sigma mapping," Electronics Letters, 2004, 40(10): 609-611.

[36] 王秀妮，马啸，白宝明. 多层叠加 LDPC 码编码调制技术[J].电子学报, 2009, (37)7:1536-1541.

[37] William E. Ryan and Shu Lin, *Channel Codes: Classical and Modern*. New York: Cambridge University Press, 2009.

[38] H. Xiao and A. Banihashemi, "Improved progressive-edge-growth(PEG)construction of irregular LDPC codes," [J] IEEE Global Telecommunications Conf, 2004(11/12):489-492.

[39] M. P. C. Fossorier, "Quasi-cyclic low-density parity-check codes from circulant permutation matrices [J]." *IEEE Trans. Inf. Theory*, 2004(8), 50(8):1788-1793.

[40] S. Zhao, X. Ma, X. Zhang, and B. Bai, "A Class of Nonbinary LDPC Codes with Fast Encoding and Decoding Algorithms [J]." *IEEE Trans. Commun.*, 2013(1), 61(1):5-6.

[41] G. D. Forney, "Codes on graphs: Normal realizations [J]." *IEEE Trans Inform Theory*, 2001(2), 47(2): 520-547.

[42] M. C. Davey and D. J. C. MacKay, "Low-density parity check codes over GF(q)[J]." IEEE Communications Letter, 1998(6), 2(6): 165-167.

[43] D. J. C. MacKay and M. C. Davey, "Evaluation of Gallager codes of short block length and high rate applications [J]." Proc. IMA International Conference on Mathematics and Its Applications Codes, Systems and Graphical Models, 2000: 113-130.

[44] D. Declercq and M. Fossorier. "Decoding algorithms for nonbinary LDPC codes over GF(q)[J]." *IEEE Trans. Commun.*, 2007, 55(4): 633-643.

[45] A. Voicila, D. Declercq, F. Verdier, M. Fossorier, and P. Urard. "Low-complexity decoding for non-binary LDPC codes in high order fields [J]." *IEEE Trans. Commun.*, 2010, 58(5):1365-1375.

[46] H. Wymeersch, H. Steendam, and M. Moeneclaey. "Log-domain decoding of LDPC codes over GF(q)[J]." Proc. IEEE Int. Conf. on Commun, 2004, 2: 772-776.

[47] X. Ma, K. Zhang, H. Chen, and B. Bai, "Low complexity X-EMS algorithms for nonbinary LDPC codes," *IEEE Trans. Commun.*, vol. 60, no. 1, pp. 9-13, Jan. 2012.

[48] C. L. Wang, X. Chen, Z. Li, and S. Yang, "A simplified min-sum decoding algorithm for non-binary LDPC codes," *IEEE Trans. Commun.*, vol. 61, no. 1, pp. 24-32, Jan. 2013.

[49] 林伟. 多元 LDPC 码: 设计、构造与译码[D]. 西安电子科技大学博士学位论文, 2012.

[50] D. Zhao, X. Ma, C. Chen, and B. Bai, "A low complexity decoding algorithm for majority-logic decodable nonbinary LDPC codes, " *IEEE Commun. Lett.*, vol. 14, no. 11, pp. 1062-1064, Nov. 2010.

[51] C. Chen, B. Bai, X. Wang, and M. Xu, "Nonbinary LDPC codes constructed based on a cyclic MDS code and a low-complexity nonbinary message-passing decoding algorithm, " *IEEE Commun. Lett.*, vol. 14, no. 3, pp. 239-241, Mar. 2010.

[52] C. Chen, Q. Huang, C. Chao, and S. Lin, "Two low-complexity reliability-based message-passing algorithms for decoding non-binary LDPC codes [J]." *IEEE Trans. Commun.*, 2010, 58(11): 3140-3147.

[53] M. Zhang, Q. Huang, Z. Wang, and L. Wang, "Bit-reliability based low-complexity decoding algorithms for non-binary LDPC codes, " *IEEE Trans. Commun.*, vol. 62, no. 12, pp. 4230-4240, Dec. 2014.

[54] L. Zeng, L. Lan, Y. Tai, S. Song, S. Lin, and K. Abdel-Ghaffar. "Constructions of nonbinary quasi-cyclic LDPC codes: a finite field approach, " *IEEE Trans. Commun.*, vol. 56, no. 4, pp. 545-554, Apr. 2008.

[55] L. Zeng, L. Lan, Y. Tai, S. Song, S. Lin, and K. Abdel-Ghaffar, "Constructions of nonbinary quasi-cyclic LDPC codes: A finite geometry approach, " *IEEE Trans. Commun.*, vol. 56, no. 3, pp. 378-387, Mar. 2008.

[56] S. Zhao, X. Ma, X. Zhang, and B. Bai, "A class of nonbinary LDPC codes with fast encoding and decoding algorithms, " *IEEE Trans. Commun.*, vol. 61, no. 1, pp. 1-6, Jan. 2013.

[57] X. Wang, B. Bai, and X. Ma, "A low-complexity joint detection-decoding algorithm for nonbinary LDPC-coded modulation systems, " in *Proc. IEEE Int. Symp. Inf. Theory*, Austin, TX, USA, June 2010, pp. 794-798.

[58] Min Zhu, Quan Guo, Baoming Bai, and X. Ma, "Reliability-based joint detection-decoding algorithm for nonbinary LDPC-coded modulation systems, " *IEEE Trans. Commun.*, vol. 63, no. 11, Nov. 2015.

[59] I. Tal and A. Vardy, "List Decoding of Polar Codes, " *IEEE Trans. Inform. Theory*, vol. 61, no. 5, pp. 2213-2226, May 2015.

[60] K. Chen, K. Niu, and J. Lin, "Improved Successive Cancellation Decoding of Polar Codes, " *IEEE Trans. Commun.*, " vol. 61, no. 8, pp. 3100-3107, August 2013.

[61] B. Li, H.Shen, and D. Tse, "An Adaptive Successive Cancellation List Decoder for Polar Codes with Cyclic Redundancy Check, " *IEEE Commun. Lett.*, vol. 16, no. 12, pp. 2044-2047, Dec 2012.

[62] M. Seidl, A. Schenk, C. Stierstorfer, and J. B. Huber, "Polar-Coded Modulation, " *IEEE Trans. Commun.*, vol. 61, no. 10, pp. 4108-4119, Oct. 2013.

第 6 章
Chapter 6

▶ 同频同时全双工

同频同时全双工技术是一种新型的双工技术，本章主要介绍全双工技术的基本概念、潜在优势以及干扰消除技术的实现和性能分析。此外，还针对全双工技术的一些典型应用场景进行了分析，对全双工系统的容量、资源分配方法及其与 MIMO 结合的技术进行了介绍。

6.1 同频同时全双工技术原理

6.1.1 全双工基本原理

双工技术是为解决通信节点实现收发双向通信的技术。传统上，通信系统分为单工系统、半双工系统和全双工系统。其中，单工系统是指通信节点只能进行接收或者发射的操作，如寻呼系统；半双工系统是指通信节点可以进行收发双向传输，但是在某个时刻只能进行接收或者发射，如对讲机；全双工是指通信节点能够同时进行接收和发射，如无线电话系统。传统的双工模式包括频分双工（FDD）和时分双工（TDD），前者为发射和接收设置不同频率的信道，后者为发射和接收设置不同的时隙。在采用传统双工方式的系统中，发射和接收均采用正交的信道资源，因而发射和接收信号之间不存在干扰。

近年来兴起了一种新的双工技术，该技术在相同的时间和频率资源上进行发射和接收，通过干扰消除的方法降低发射和接收链路之间的干扰，这一技术被称为同频同时全双工（co-frequency co-time full duplex）或者单信道全双工（single channel full duplex）技术。为简单起见，我们在本章中简称该技术为全双工。如图 6-1 所示为同频同时全双工通信节点的原理图。由于接收和发射使用相同的物理信道，因而发射信号会对自身接收机产生非常大的干扰，如何处理这一干扰是同频同时全双工技术需要解决的首要问题。另一方面，由于接收和发射复用同一条物理信道，因而该条物理信道的使用效率获得了提高。如果收发之间的干扰能够被理想地消除，那么理论上可以将频谱效率提高一倍。

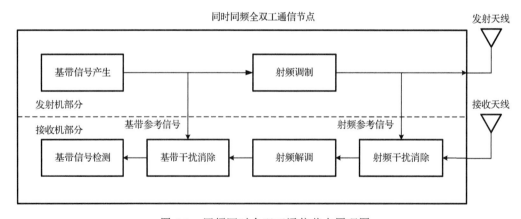

图 6-1   同频同时全双工通信节点原理图

发射和接收间的干扰称为自干扰（self-interference）。对于线性时不变系统，自干扰信号原则上是可以完全消除的。首先，自干扰属于系统内部干扰，对于一台同频同时全双工设备，其发射信号是其自身已知的，接收机可以获得基带或射频的发射信号；其次，由于接收机获得了发射信号，因而可以利用它作为导频信号对干扰信道参数进行估计。对于时不变系统，随着导频信号持续时间的增长，导频序列累计的能量增加，信道估计精度可以趋近于无穷高。因此，当接收机具备理想的发射信号和信道估计后，可以重建自干扰信号，并将其从接收信号中减掉，这样就可以完全消除自干扰。该原理的本质是利用了接收机可以获得发射机信息，因而发射信号不会增加接收信号的熵。

自干扰信号消除的实际困难主要在于实际系统并非线性时不变系统，以及发射机的噪声等因素，包括热噪声及相位噪声等恶化了接收机的信噪比。

实际的通信系统可以根据自身的需求，采用全双工与现有的 TDD 或 FDD 双工方式混合的工作方式。如果系统的负载率较低，则可以使用传统的 TDD 或 FDD 模式以避免系统内部的自干扰；而当系统负载率较高时，则可以利用全双工技术提高频带的使用效率。全双工系统的上、下行信道共享同一个时频资源空间，系统实际上融合了 TDD 与 FDD 两种现有模式，并且消除了两者间的界限。在全双工与 TDD 或 FDD 双工方式之间进行模式选择将为系统带来选择分集的增益。另一方面，全双工技术也对当前采用 TDD 和 FDD 两种体系的通信系统提供了一种相互融合的演进方案，有利于拓展系统和技术在未来的发展空间。

6.1.2　全双工技术的发展现状

全双工这一概念的产生和应用至少可以追溯至 1940 年之前[1]。在连续波雷达系统中，发射和接收使用相同的频率，由此引起发射机到接收机的干扰泄漏。传统的连续波雷达系统利用发射天线和接收天线的空间隔离，或者在收发共享同一天线的系统中使用环路器来增强发射与接收链路间的隔离度。到 20 世纪 60 年代，模拟干扰消除器使得干扰消除能力达到 60 dB[2]。此外，在中继系统中也较早地应用了全双工技术，如直放站为了增大无线通信系统的覆盖范围将接收信号放大后以同样的频率发射，因此需要隔离发射机与接收机间的信号。经过多年的发展，目前全双工中继在系统设计和理论上都获得了深入的研究。

在全双工中继系统中，发送和接收链路上传输的并非独立的数据。而近年来获得广泛关注的全双工技术在发送和接收两个链路上传输的是独立的数据，因而才具备了显著提高频谱效率的潜力。

在国内，2006 年北京大学的研究人员提出了一种同频同时隙双工系统[3]，可将基站的发射信号和接收信号设置在同一频率和同一时隙上。为了解决系统中下行信号对上行信号的干扰，即本基站发射信号和邻小区基站发射信号对本小区基站接收机的干扰，系统设置了信号预处理单元，利用有线连接获得上述发射机信号，使得来自空中接口的干扰成为已知干扰，并设计了相应的射频干扰消除器。

国外关于同频同时全双工技术的报道最早见于 2010 年的单信道全双工（Single Channel Full Duplex，SCFD）的试验演示，它描述了 Stanford 大学基于 IEEE 802.15.4（Zigbee）协议开发的点对点全双工双向通信系统，节点的双工干扰消除能力达到 73 dB，通信距离达到 2 m 左右[4,5]。2011 年，通过采用巴伦（balun）器件设计干扰消除电路使得全双工系统获得了较好的宽带信号干扰消除效果，在 40 MHz 带宽内实现了 45 dB 的射频干扰消除[5]。

2011 年，Rice 大学的研究人员也报道了全双工技术的研究成果[6~8]，他们利用射频与数字联合的干扰消除方法，实现了 39 dB 的干扰消除，并且利用天线隔离技术提供了 39 dB

的干扰衰减，总的干扰抑制达到 78 dB。Rice 大学的进一步研究表明，当双工干扰增大时，射频干扰消除与数字干扰消除的联合消除能力也随之增强；但是，在射频干扰消除已经足够好的情况下，再加入基带干扰消除，反而可能导致残余干扰进一步增加，他们将这一现象解释为数字干扰消除中的信道估计误差所导致的结果[8]。此外，Rice 大学的研究人员还基于 IEEE 802.11 系统实现了 64 个子载波、带宽为 10 MHz 的 OFDM 系统，干扰消除总能力达到 80 dB[7]。

6.2　全双工系统自干扰消除技术

6.2.1　天线干扰消除

天线干扰消除是一种被动的干扰消除方式，它通过增加发射天线与接收天线之间的隔离度来抑制发射机信号对接收机的干扰。天线干扰消除可以利用天线间的空间传输损耗、高隔离度的微波器件以及电磁波传播特性等来实现。

一般来说，天线干扰消除是静态的，即天线经过加工或校准后无法根据信道的变化自适应地动态调节。天线干扰消除可以有效地降低直射路径的干扰，但是对于经过周围电磁传播环境反射所引起的干扰信号，很难通过固定的天线设计方法得到抑制。因而，经多径反射后达到接收机的信号很可能成为限制天线干扰消除性能的瓶颈因素，并且还将导致等效信道的相干带宽降低。例如，通过实验发现，对于同一套全双工系统，在微波暗室中测量干扰隔离可以达到 74 dB，而在富反射环境下的干扰隔离能力仅有 46 dB[11]。对于由反射引起的多径信号，可以通过射频或基带干扰消除进行抑制。下面先介绍几种天线干扰消除的方法。

1．利用空间衰减或介质隔离抑制自干扰

对于采用独立收发天线的全双工系统，收发天线间存在空间传输损耗。可以通过增加发射天线和接收天线之间的距离来隔离自干扰。然而，考虑到设备体积和天线架设的工程条件等因素，在通常情况下收发天线间的距离是受限的。

分布式天线技术可以为全双工系统提供较大的空间隔离。在蜂窝小区系统中基站发射天线位于小区中心，而接收天线分布于小区内，如图 6-2 所示[12]。用户的上行信号通过与其距离较近的基站接收天线接收，因而可以获得较好的上行信号质量。另一方面，基站发射天线与接收天线间距离较远，可以降低基站发射天线对接收天线的自干扰，并且基站接收天线通过有线信道与基站发射机相连，可以获得基站的发射信号，并在干扰消除器中将基站发射的下行信号消除。该方法可以通过缩小接收天线覆盖的范围来获得更高的上行信干噪比。

此外，还可以利用在收发天线之间安置屏蔽材料来增加天线间的电磁隔离度，减少双工干扰直达波在接收天线处的泄漏。

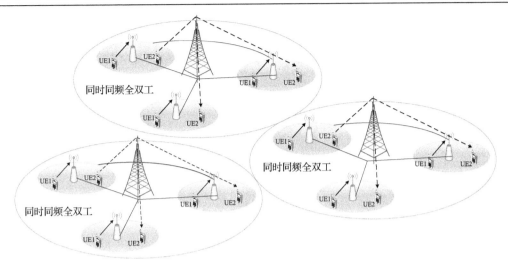

图 6-2 采用分布式接收天线的全双工蜂窝系统结构示意图

2. 利用天线方向性抑制自干扰

当全双工通信节点的发射和接收目标用户处于不同方向上时,可以采用两个具有方向性的天线分别对准发射和接收方向[13]。如图 6-3 所示的全双工系统由一个全双工基站和两个半双工终端组成,M_1 为下行用户,M_2 为上行用户。基站由 4 根波束宽度为 90° 的天线组成,4 根天线分别对准不同的方向,因而彼此具有方向性隔离。当两个终端用户从不同方向上发射和接收时,可以采用两根具有不同辐射方向的天线分别进行发射和接收[11]。

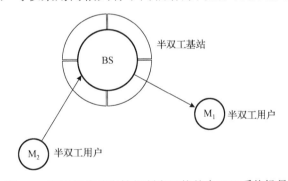

图 6-3 利用天线方向性抑制自干扰的全双工系统场景

方向性天线的使用可以提高目标方向上信号的接收增益,抑制其他方向的干扰信号,从而获得信噪比的提升。在实际应用中,全双工中继可以利用该方法获得较好的性能增益,因为基站和需要中继转发的手机通常位于中继的两个相反的方向上,例如基站和手机分别位于建筑物的外侧和内侧,这为使用天线方向性隔离方法提供了便利条件。

3. 利用天线极化方向抑制自干扰

电磁波电场强度的取向和幅值随时间而变化,如果这种变化具有确定的规律,就称电磁波为极化电磁波。电磁波传播时电场矢量始终在一个平面内传播,称为线极化波。在垂直于电磁波传播的平面上,可以构造两个相互垂直的极化波方向。如果发射和接收电磁波的天线分别在两个垂直的方向上具有最强的辐射或接收，则这种交叉极化的方法为我们提供了另一种天线间电磁隔离的手段。如果全双工通信节点的发射与接收天线的极化方向彼此垂直，则可以有效降低直达波自干扰的接收功率。

4. 利用波束成型抑制自干扰

波束成型的方法是利用发射或接收端的多天线系统，通过对信号进行加权处理获得方向性的增益或在某些方向上实现干扰抑制。下面具体介绍几种利用波束成型抑制自干扰的技术。

1）发射天线波束成型

通过调节多发射天线的相位和幅度，使得接收天线处是发射天线的零增益点，因此能够降低自干扰。如图 6-4(a)所示的两根发射天线和一根接收天线的情况[4]，其中两根发射天线到达接收天线的距离差设置为载波波长的一半，而两根天线的发射信号在接收天线处幅度相同、相位相反，因而相互抵消。相似地，也可以使用图 6-4(b)所示的结构，两个天线发射的信号是等幅反相的，并且对称地放置于接收天线两侧，同样可以获得干扰信号在接收天线处的抑制。

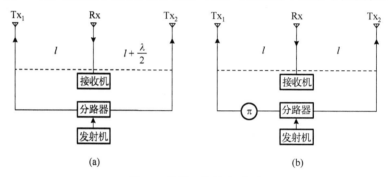

图 6-4 发射天线波束成型

该方法需要对发射天线进行校准，包括天线增益和信号相位的校准。如果两根发射天线辐射的信号强度不同，则在接收天线上将无法实现理想的对消。此外，该方法原理上可以实现对特定频率的干扰消除，但是对于宽带信号而言，偏离该频点的信号则无法满足路程差为半波长的条件，因而无法实现理想消除。该方法还对天线的摆放位置较为敏感，尤其对于频率较高的信号，其波长较短，因而位置偏差会引起较明显的消除能力下降。

根据文献[4]的报道，采用两根发射天线一根接收天线的方案，天线干扰消除可以达到30 dB。

上述方案在使用中无法根据信道情况调整波束。更一般地，可以通过动态调整天线加权系数的方法实现数字波束成型以适应不同的信道条件[14]。

2）接收天线波束成型

通过控制各接收天线的幅度和相位，将多天线接收到的信号进行加权合并可以获得接收波束成型的效果。如果接收波束在干扰到达方向上具有极低的接收增益，则从该方向入射的自干扰信号将获得显著的抑制。

一种较为简单的设计是使多天线接收的信号等幅反相,合并后使得干扰信号相互抵消。如图 6-5(a)所示的采用两根接收天线和一根发射天线的配置，发射天线到达两个接收天线的距离差为载波波长的一半，因此两个接收天线上接收的干扰信号等幅反相，通过合路器将两者合并后将彼此相互抵消。相似地，也可以采用图 6-5(b)的结构实现自干扰抑制。

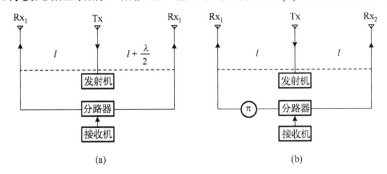

图 6-5　接收天线波束成型

3）联合使用发射与接收天线波束成型

联合使用上述发射和接收天线波束成型的方法，可以获得叠加的干扰抑制的效果。如图 6-6 所示，发射天线对称设置于一条直线上，接收天线对称设置于与其垂直的另一条直线上[15]。利用天线位置的对称性及反相器，可以使一对对称的发射天线的信号在接收天线上相互抵消，而接收天线又通过反相合并再一次使得干扰信号相互抵消。

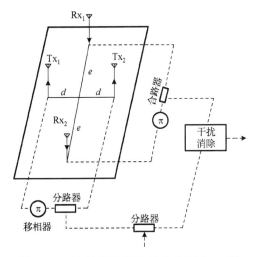

图 6-6　联合接收发射波束成型抑制自干扰

5. 共用收发天线的自干扰抑制方法

全双工系统的天线一般采用收发天线分离的结构。近年来也有研究使用单根天线进行全双工收发的方法。实际上，在 FDD 系统中就有采用环行器（circulator）隔离发射和接收信号，实现单天线收发的技术，由于其同时存在收发信号的频率正交性，因而相对全双工系统更容易实现。

如图 6-7 所示，采用具有 3 个端口的环行器，其中端口 1、2 和 3 分别连接发射机、天线和接收机[9]。环行器允许从端口 1 至端口 2 和从端口 2 至端口 3 方向的信号传播，因而可以保证信号从发射机传至天线，以及接收信号从天线传至接收机。但是对于干扰泄漏的方向，即从端口 1 至端口 3 的信号传播具有抑制作用。实际器件不可避免地存在端口 1 至端口 3 的干扰泄漏，这也成为制约环行器干扰隔离能力的重要因素。根据实验结果，环行器大约可以提供 15 dB 的干扰隔离能力[9]。

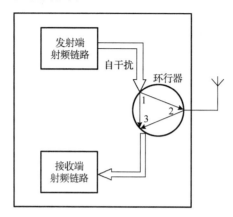

图 6-7   收发共用天线的全双工设备示意图

然而，仅仅通过环行器进行干扰隔离还远远不够。通常，发射信号在天线端口会发生反射进入接收链路。为解决这一问题，文献[16]给出了一种电路设计，使得干扰信号可以在内部电路进一步获得抵消，因而提高了单天线系统的收发隔离度。结果显示，这一方法可以实现收发链路间 40 dB 的干扰隔离。

6.2.2   射频干扰消除

1．射频干扰消除原理

射频干扰消除器可以在接收机低噪声放大器（LNA）之前，也可以在 LNA 之后；其结构可以是单抽头的，也可以是多抽头的。根据其结构，射频干扰消除技术可以消除干扰信道的直达波，也可以消除经过多径传播的干扰信号。

图 6-8 描述了一个典型的射频干扰消除器，图下方所示的两路射频信号均来自发射机，一路经过天线辐射发往接收机，另一路作为参考信号经过幅度调节和相位调节，使它与接收天线所接收到的干扰信号幅度相等、相位相反，并通过合路器实现干扰的消除[17]。

另一种射频干扰消除器的结构是根据干扰信道的参数先生成基带的干扰信号，然后再上变频为射频参考信号。例如，在 OFDM 系统中进行多个子载波上的干扰消除[8]，先估计每个子载波上干扰信道衰落参数的幅值和相位，然后对发射机的每个子载波上的基带信号进行调制，使得它们与接收信号幅度相等、相位相反，再经混频器重构射频自干扰信号，最后在合路器中消除来自空口的自干扰[18]。

一般来说，射频干扰消除的目的是缓解系统对模数转换器过饱及信号幅度过大所引起非线性效应的压力。高效的射频干扰消除，将极大地降低系统对数模转换器位数的要求，并提高系统整体的干扰消除性能。

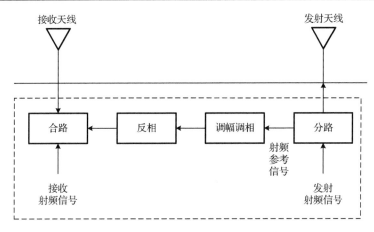

图 6-8　射频干扰消除器的典型结构

　　射频参考信号产生的方式一般采用如下两种方案：一种较为常见的方案是，从靠近天线的射频前端部分用分路器引出一路信号到射频干扰消除模块，通常分路器放置在发射端功放之后，这样可以使参考信号中包含尽量多的发射端噪声和信号非线性失真等信息，使其可以在射频干扰消除器中得到部分的消除[9]。另一种方案是在发射机基带进行独立的射频干扰消除参考信号的调制，并将其上变频后进行射频干扰消除。该方案由于采用基带调制的方式，因而对参考信号的相位和幅度的控制更加灵活，适合于解决宽带系统在频率选择性衰落信道下的自干扰消除。

　　射频干扰消除器通常采用单抽头的结构，如文献[4]报道的单抽头射频干扰消除能力可达到 20 dB。然而，这种结构会存在一些问题。首先，接收干扰延迟与参考信号延迟不同，这将降低干扰消除的能力，尤其是对于宽带信号。另外，对于天线周围的传播环境存在反射体的情况，接收干扰信号中存在多径分量，即使可以调节参考信号与能量最强的直射信号互相消除，但仍无法将其他路径的信号消除，这有可能成为限制射频自干扰消除能力的瓶颈。

　　具有多延迟抽头结构的射频干扰消除可以解决上述问题。与数字 FIR 滤波器类似，将多个固定延迟的延迟线串联，射频参考信号输入延迟线前端，每个抽头可以输出具有不同延迟（相位）的参考信号，再将各抽头信号幅度进行调节后合并成一路信号，将其与接收信号合并。文献[9]报道的多抽头射频干扰消除器的干扰消除能力约为 60 dB。文献[19]的设计更为复杂，为了对不同延迟的信号进行相位旋转和幅度调节，系统对每个延迟的信号又构造了多个具有固定的不同相位的信号，并通过对这些信号进行实数加权和线性合并实现其相位的调节；最后再将具有不同延迟的信号进行合并形成接收机恢复的干扰信号，其中权重的估计可以采用基于最速下降的迭代估计算法。

2. 理想射频器件模型下的射频干扰消除能力

　　下面通过数学建模、理论分析和计算的方法对射频自干扰消除的性能进行估计。

　　接收机收到的 f 频点上的自干扰信号可以表示为：

$$I_1 = A \cdot x(t) \cdot \exp(\mathrm{j}2\pi f t + \mathrm{j}\phi_0) \cdot \exp\left(-\mathrm{j}2\pi\frac{l_1}{\lambda} + \mathrm{j}\phi_1\right) \tag{6-1}$$

式中，A 是接收的自干扰信号的幅度值，t 表示时间，$x(t)$ 表示基带自干扰信号，$\lambda = \dfrac{c}{f}$ 是频率为 f 的电磁波波长，c 表示光速，ϕ_0 是自干扰信号的发射初始相位，ϕ_1 是自干扰信号在传播过程中由于反射等物理现象引入的附加相位，l_1 是自干扰信号从分路器到合路器之间的传播距离。参考信号的数学模型建模为：

$$I_2 = (A + \varepsilon_A) \cdot x(t) \cdot \exp(\mathrm{j}2\pi ft + \mathrm{j}\phi_0) \cdot \exp\left(-\mathrm{j}2\pi \frac{l_2}{\lambda} + \mathrm{j}\phi_2\right) \tag{6-2}$$

式中，ε_A 是参考信号相对于自干扰信号的幅度偏差，ϕ_2 是参考信号在传播过程中由于反射等物理现象引入的附加相位，l_2 是参考信号从分路器到合路器的传播距离。在频点 f 处，自干扰信号和参考信号的相位差可以表示为 $\Delta\phi_f = \dfrac{2\pi(l_1 - l_2)}{\lambda} + \phi_2 - \phi_1$。

自干扰信号和参考信号经过合路器后输出的残余干扰信号为：

$$\begin{aligned} \Delta I &= I_1 + I_2 \\ &= A \cdot x(t) \cdot \exp(\mathrm{j}2\pi ft + \mathrm{j}\phi_0) \cdot \exp\left(-\mathrm{j}2\pi \frac{l_1}{\lambda} + \mathrm{j}\phi_1\right)(1 + \exp(\mathrm{j}\Delta\phi_f)) + \\ &\quad \varepsilon_A \cdot x(t) \cdot \exp(\mathrm{j}2\pi ft + \mathrm{j}\phi_0) \cdot \exp\left(-\mathrm{j}2\pi \frac{l_2}{\lambda} + \mathrm{j}\phi_2\right) \end{aligned} \tag{6-3}$$

残余干扰功率可以表示为：

$$|\Delta I|^2 = 2A(A + \varepsilon_A) \cdot |x(t)|^2 \cdot (1 - \cos(\Delta\phi_f - \pi)) + |\varepsilon_A|^2 |x(t)|^2 \tag{6-4}$$

如果要求自干扰信号和参考信号的相位差在载频 f_c 处反相，则应满足：

$$\Delta\phi_{f_c} = \frac{2\pi(l_1 - l_2)}{\lambda_c} + \phi_2 - \phi_1 = (1 + 2k_c)\pi \tag{6-5}$$

式中，$\lambda_c = \dfrac{c}{f_c}$，$k_c$ 为任意整数。因此自干扰信号与参考信号的路程差满足下述条件时可以在给定频点上实现干扰消除：

$$\Delta_l = l_1 - l_2 = \frac{(1 + 2k_c)\pi - (\phi_2 - \phi_1)}{2\pi} \lambda_c \tag{6-6}$$

当系统在 f_c 频点上实现理想的自干扰消除时，即路程差满足上式条件时，将系统频带内任意一个频点 f 处的自干扰信号和参考信号的相位差表示为 $\Delta\phi_f$，假设信号的初始相位 ϕ_1 和附加相位旋转 ϕ_2 不随频率变化，则有：

$$\begin{aligned} \Delta\phi_f - \Delta\phi_{f_c} &= 2\pi(l_1 - l_2)\left(\frac{1}{\lambda_f} - \frac{1}{\lambda_{f_c}}\right) \\ &= [(1 + 2k_c)\pi - (\phi_2 - \phi_1)] \cdot \left(\frac{f - f_c}{f_c}\right) \end{aligned} \tag{6-7}$$

上式可以看作在任意频点 f 处参考信号相位对于理想干扰消除相位的偏离。假设路程差 Δ_l

不为零，则相位偏差与频率偏差 $(f - f_c)$ 呈正比，与中心频率 f_c 呈反比。因此可以得出如下结论：对于射频干扰消除在载波频率上实现理想干扰消除的情况，随着带宽的增加，频带边缘的干扰消除能力减小；而在给定系统带宽的情况下，随着载波频率的增大，频带上的平均干扰消除能力增强。

在通常情况下，在中心频率上形成干扰消除的凹陷点对整个带宽内的干扰消除是最佳的。根据上述分析，这需要对路程差或信号相位进行精确的控制。

下面通过仿真来分析各参数对射频干扰消除的影响。取 $k = 0$，$f_c = 2.1\,\text{GHz}$，假设两接收天线路程差是在中心频率 f_c 处理想反相，取 $k_c = 0$，残余干扰功率受频率偏差和幅度偏差影响的仿真结果如图 6-9 所示。

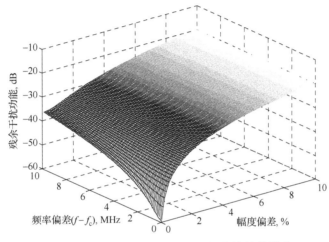

图 6-9　残余干扰功率受频率和幅度偏差的影响

从仿真结果可以看出，当幅度偏差 1%时，中心频率 f_c 处的干扰消除能力为 40 dB，距离中心频率 10 MHz 处干扰消除能力为 35 dB，载波中心与频带边缘的干扰消除能力差约 5 dB。当幅度偏差 10%时，中心频率 f_c 处和距离中心频率 10 MHz 处的干扰消除能力均约为 20 dB，此时载波中心与频带边缘的干扰消除能力差小于 0.2 dB，因此陷波点变得不明显，带内残余干扰接近平坦。当幅度误差为零时，距离中心频率 10 MHz 处的干扰消除能力为 36.5 dB，将干扰消除功率在 20 MHz 频带内积分可得 20 MHz 频带内的平均干扰消除能力为 41.28 dB。

不同 k_c 值下的幅度误差对干扰消除的影响参见表 6-1。由表 6-1 可知，$k = 0$ 时能得到最好的干扰消除性能，因此在考虑干扰信号和参考信号路程差时，应尽量保证两路信号的传播路程相等。

表 6-1　不同幅度误差和路程差情况下，载波点/偏离载波 10 MHz 处的干扰消除能力

k＼幅度误差	0%	1%	3%	5%	10%
0	$-\infty$/−36.5	−40.1/−35	−30.5/−29.5	−26.1/−25.7	−20.1/−20
1	$-\infty$/−27.0	−40.1/−26.8	−30.5/−25.35	−26.1/−23.4	−20.1/−19.2
2	$-\infty$/−22.6	−40.1/−22.5	−30.5/−21.9	−26.1/−20.9	−20.1/−18

幅度误差 / k	0%	1%	3%	5%	10%
3	$-\infty/-19.7$	$-40.1/-19.6$	$-30.5/-19.2$	$-26.1/-18.6$	$-20.1/-16.7$
4	$-\infty/-17.5$	$-40.1/-17.4$	$-30.5/-17.2$	$-26.1/-16.8$	$-20.1/-15.3$
5	$-\infty/-15.8$	$-40.1/-15.7$	$-30.5/-15.5$	$-26.1/-15.2$	$-20.1/-14.1$
6	$-\infty/-14.3$	$-40.1/-14.3$	$-30.5/-14.1$	$-26.1/-13.8$	$-20.1/-13.0$
7	$-\infty/-13.1$	$-40.1/-13.0$	$-30.5/-12.9$	$-26.1/-12.7$	$-20.1/-11.96$
8	$-\infty/-12.0$	$-40.1/-12.0$	$-30.5/-11.8$	$-26.1/-11.6$	$-20.1/-11.02$
9	$-\infty/-11.04$	$-40.1/-11.0$	$-30.5/-10.87$	$-26.1/-10.7$	$-20.1/-10.17$
10	$-\infty/-10.18$	$-40.1/-10.1$	$-30.5/-10.01$	$-26.1/-9.87$	$-20.1/-9.28$
15	$-\infty/-6.84$	$-40.1/-6.8$	$-30.5/-6.70$	$-26.1/-6.58$	$-20.1/-6.25$
20	$-\infty/-4.47$	$-40.1/-4.4$	$-30.5/-4.3$	$-26.1/-4.23$	$-20.1/-3.95$

6.2.3　数字干扰消除

在同频同时全双工通信系统中，通过空中接口泄漏到接收机天线的双工干扰是直达波和多径到达波之和。射频干扰消除技术主要用于消除直达波，而数字干扰消除技术则主要用于消除多径到达波。多径到达的干扰信号在频域上呈现出频率选择性衰落的特性。

数字干扰消除器中通常需要一个数字信道估计器和一个有限冲击响应（FIR）数字滤波器。信道估计器用于干扰信道的参数估计，滤波器用于干扰信号的重构。由于滤波器多阶时延与等效的数字多径信道时延具有相同的结构，将信道参数用于设置滤波器的权值，再将发射机的基带信号通过上述滤波器，即可在数字域重构经过空中接口的自干扰信号，并实现对该干扰的消除。此外，也可以利用最小均方（LMS）等算法自适应地估计滤波器系数，实现干扰消除。

在进行数字干扰消除时需要对干扰信道进行估计，信道估计的精度直接影响着数字干扰消除的精度。设信道脉冲响应的真实值为 $\boldsymbol{h}=[h_1,h_2,\cdots,h_L]$，其中 h_i 表示第 i 径的信道参数，信道估值为 $\hat{\boldsymbol{h}}=[\hat{h}_1,\hat{h}_2,\cdots,\hat{h}_L]$。设估计偏差为 $\boldsymbol{h}_e$，则 $\hat{\boldsymbol{h}}=\boldsymbol{h}+\boldsymbol{h}_e$。干扰信号的重建过程为干扰基带信号与信道估值的卷积，则残余干扰可以由下式表示：

$$I_e(n)=\hat{\boldsymbol{h}}\otimes x(n)-\boldsymbol{h}\otimes x(n)=\boldsymbol{h}_e\otimes x(n) \tag{6-8}$$

干扰消除能力可以用干扰消除前后的干扰功率比值来衡量，表示为：

$$\gamma=10\log\frac{E\left[I_e(n)^2\right]}{E\left[I(n)^2\right]}=10\log\frac{E\left[\|\boldsymbol{h}_e(n)\|\right]}{E\left[\|\boldsymbol{h}(n)\|\right]} \tag{6-9}$$

可见干扰消除能力等于归一化的信道估计方差。如果信道估值的归一化均方误差为 20 dB，则干扰消除能力最多只能达到 20 dB。因此，高精度的数字干扰消除必须有高精度的干扰信道估值作为保证。

文献[8]报道的实验结果显示，随着接收干扰功率的增加，干扰消除能力也随之增长，其原因就是由于接收干扰信号强度增加，干扰信道的估值更加准确，因而干扰消除能力也随之增长。此外，实验结果还发现当射频干扰消除能力提高时，数字干扰能力随之下降。这也是由于射频干扰消除同时降低了干扰导频信号的功率，因而恶化了干扰信道的估计精度，进而影响到数字干扰消除的能力。

在理论上，全双工发射机所发射的全部信号对其自身接收机都是已知的，可以作为导频使用估计干扰信道，然而考虑到自干扰信号上同时叠加了目标信号，在进行干扰信道估计时目标信号就成为了干扰。为了提高信道估计的精度，则需要长时间地根据接收信号进行信道估计，这增加了一定的系统计算复杂度。另一种保证干扰信道估计精度的方法是为干扰信道设置独立的导频信道，即在没有目标接收信号的信道上发射干扰导频信号。例如在 WLAN 系统中，可以令全双工接入节点在空闲时间发射导频信号进行干扰信道参数的估计。目标接收信号与干扰导频信道的划分方式可以采用时分正交或频分正交等方式，这样可以避免在估计干扰信道时目标接收信号的干扰，提供更加精确的干扰信道估值。

6.2.4　器件非理想特性对干扰消除的影响和解决方法

在实际系统中，器件的一些非理想特性将使得自干扰消除变得更为困难和复杂。器件非理想特性的影响主要集中在射频模拟器件上。例如，发射机和接收机的晶振均不可避免地存在相位噪声、功率放大器存在非线性效应等。下面简单分析这些非理想因素带来的影响，并介绍一些典型的解决方法。

一般来说，接收到的自干扰信号包含线性信号、非线性信号和噪声等成分。线性信号包含发射信号经空间传播后线性叠加的各径反射信号分量。只要射频干扰消除器和基带干扰消除器中的信道参数估计足够精确，这些线性分量理论上就可以完全消除。非线性信号成分是指线性信号成分经过系统中的非线性器件，如混频器和功率放大器等的非线性效应引起的非线性信号畸变分量。发射噪声包括发射机功率放大器引入的热噪声以及晶振引入的相位噪声等。表 6-2 中给出了一个典型的 WiFi 系统所测量得到的各分量成分及其相应的干扰消除需求分析[20]。在总的干扰消除需求较大的情况下，系统要求的残余干扰需要低于接收到的非线性成分和噪声成分，因而对非线性和噪声成分的抑制和消除也必须成为自干扰消除要解决的任务。

表 6-2　相对–85 dBm 噪底的各成分干扰消除能力需求

	功率（dBm）	需要的干扰消除能力（dB）
总发射信号	20	105
线性元件	20	105
非线性元件	–10	75
发射天线噪声	–20	65

1．相位噪声

由发射机和接收机晶振引入的相位噪声导致接收干扰信号的 SINR 降低，并且发生频谱扩展。文献[21]与[22]通过实验证实了相位噪声是导致某些全双工系统射频和数字干扰消除能力受限的瓶颈。实验中发现，在模拟干扰消除和数字干扰消除能力较高时，其总的干扰消除能力并不会随着两者能力的提高而叠加增长。例如，当提高模拟消除能力时，数字干扰消除能力会减弱，而其干扰消除总和的增长并不明显。而如果采用性能更好的晶振，则会明显提升干扰消除的效果。

　　为了减轻器件非理想因素对干扰消除带来的影响，可以在系统设计时从发射机射频链路的后端引出参考信号，使得参考信号中尽量多地包含发射机射频链路非理想器件引入的信号畸变和噪声，这样在接收机的射频干扰消除器上就可以将其与接收信号的非线性分量和噪声分量对消[23]。因此，参考信号可以选择从发射机功放后端引出，使其包含功放带来的非线性效应和热噪声。但是，如果采用分路器获得参考信号，则参考信号功率较大，需要经过较强的衰减后再与接收信号对消。另外，相位噪声可以建模为 Wiener 过程，即其自相关性随时间差的增加而下降。因此，当参考信号和接收信号的延迟差越小时，相位噪声的抵消效果越好[24]。

2．量化噪声的影响

　　接收机模数转换器（ADC）在数字信号上引入的量化噪声将影响干扰消除的精度以及目标信号的解调。量化噪声对 SINR 的影响受到量化比特数、信号特性和量化方案等的影响，其分析较为复杂。有兴趣的读者可以参考文献[23]中对均匀量化的 OFDM 系统的建模和分析，以及文献[25]对 QAM 调制系统中量化噪声对 SINR 和误码率性能的分析。文献[1]对量化噪声的影响进行了粗略估计。假设采用一个 14 比特的 ADC，其有效比特数为 11 比特，考虑到信号的幅度动态范围需要预留 2 比特以防止信号峰值采样饱和。为了使量化噪声低于噪底而不致引起性能恶化，接收噪声需要消耗额外的 1 比特量化。因此量化噪声大约低于自干扰信号 $6.02 \times (11-3) \approx 48$ dB，这成为限制数字干扰消除能力的因素。

　　ADC 采样位数是影响数字干扰消除能力的重要因素。当干扰功率远大于目标信号功率时，ADC 采样需要保证整体信号不失真，从而导致目标信号的实际采样有效位数很低，因而量化噪声的影响很大。该现象与 CDMA 系统中的远近效应类似，即强信号会对弱信号产生抑制作用。为解决该问题，选用具有较高采样位数的 ADC 器件是一个直接的解决方法。

　　另一方面，信号的峰均值比（PAPR）也会对数字干扰消除产生影响。在相同功率的情况下，具有高 PAPR 的信号动态范围更大，对 ADC 器件采样位数的要求也越高。对于数字干扰消除器，若满足大动态范围的干扰信号无失真采样，则目标信号的有效采样位数受限无法提高。因此，降低全双工系统信号的 PAPR 将对数字干扰消除有益，这对于 PAPR 较高的 OFDM 信号更加明显。可以采用常见的抑制 PAPR 信号的方法，如限幅法等。

3．IQ 不平衡

　　IQ 不平衡是零中频通信系统中常见的问题之一，它导致发射信号 EVM（误差向量幅度）的提高。在一般的系统中，IQ 不平衡对信号解调的影响不大，然而在需要高精度的全双工干扰消除系统中，信号的任何非线性失真都可能成为干扰消除能力的限制因素。IQ 不平衡引起的带内镜像可以在数字域上消除，例如采用 widely-linear 数字干扰消除器[26]。

4．非线性效应

由于发射机功放的非线性失真等原因，接收干扰信号中还含有部分非线性成分。在某些情况下，非线性分量可能成为限制干扰消除能力的瓶颈，此时有必要采用非线性数字干扰消除技术。非线性模拟信号通常可以建模为如下的泰勒展开形式[9]：

$$y(t) = \sum_m a_m x_p(t)^m \tag{6-10}$$

式中，$x_p(t)$ 是理想的带通模拟信号。由于偶数阶分量距离中心频率较远，因此落入系统频带内的非线性干扰仅包含奇数阶分量，非线性数字信号可以表示为：

$$y(n) = \sum_{m \in 奇数, n=-k, \cdots, k} x(n)(|x(n)|)^{m-1} h_m(n) \tag{6-11}$$

式中，$h_m(n)$ 是第 m 阶分量的系数，需要进行估计然后才能消除。在奇数阶分量中，随着阶数的升高，分量的功率下降，因而我们只需估计较低阶的奇数分量系数，在接收机重建这些非线性分量，并将其从接收信号中减掉。

6.3　全双工技术应用场景分析

6.3.1　点对点通信

点对点同频同时全双工系统由两个全双工节点构成，如图 6-10 所示。

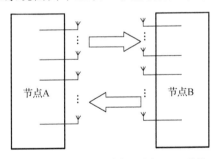

图 6-10　点对点同频同时全双工系统

在该系统中，两个节点都采用全双工模式，且都具备自干扰消除能力。在自干扰消除能力允许的范围内，系统中的干扰可以得到较好的抑制，因而通信的可靠性可以得到保障。适用于该模型的潜在通信场景包括：无线回传（backhaul）系统与 D2D 通信等。

6.3.2　中继

全双工中继是较早获得研究和应用的全双工场景[10]。如图 6-11 所示，全双工中继作为

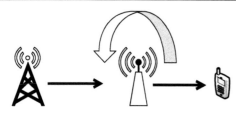

图 6-11 全双工中继应用场景

协作节点提高一条半双工传输链路的信号质量，扩大通信距离。传统的半双工中继通常需要两个时隙分别完成接收和转发的操作；而全双工中继可以同时进行接收和转发，从而提高了中继的效率，并且减少了转发的延迟。

全双工中继的天线干扰隔离更容易实现，因为中继的发射天线和接收天线可以放置于不同的位置或者朝向不同的方向。例如，接收天线可以放置于建筑物墙体外侧，而发射天线位于室内，利用收发天线间的传输损耗来增强干扰隔离度。

6.3.3 无线局域网

在现有的无线局域网中，接入节点（AP）和无线终端均采用 TDD 双工方式工作。在 TDD 双工接入节点和无线终端中，发射链路和接收链路共享一根天线，并对该天线进行时分复用。每个通信节点在每个时刻只能进行信号发射或者接收。此外，无线局域网中的接入节点和无线终端通过载波侦听多址（CSMA）方式进行随机接入。在数据传输之前，通信节点需要先对无线信道进行侦听，当无线信道被其他通信节点占用时，该通信节点需要避让；当无线信道空闲时，该通信节点接入信道并进行数据传输。现有无线局域网中的这种随机接入信道实际上是一个竞争信道，因此通信信令和通信数据都存在发生碰撞的可能性，这种碰撞将直接导致阻断或破坏通信数据的后果。随着通信节点的数目增多，无线局域网中的负载提高，通信信令和通信数据发生碰撞的概率加大，网络的通信性能也越来越差。

全双工技术应用于无线局域网存在如图 6-12 所示的两种方案。一种方案是 AP 与终端均采用全双工模式，另一种方法是仅将现有无线局域网中的接入节点升级为全双工接入节点，而无线终端则采用 TDD 或 FDD 的双工方式。采用全双工技术可以提高系统频谱利用效率，减轻 WLAN 中上行和下行碰撞问题，提升系统的性能。

图 6-13 为 AP 采用全双工模式的无线局域网系统示意图，该全双工无线局域网中有 3 个通信节点，分别是无线局域网的全双工接入节点、TDD 双工终端 1 和终端 2。当终端 1 和终端 2 距离较远时，两者之间的干扰可以通过空间隔离。系统可以采用如下的工作方式：当检测到信道空闲时，全双工接入节点和终端 2 采用请求发送（RTS）/清除发送协议（CTS）竞争地进行随机接入信道，其中接入节点希望发送数据到终端 1，而终端 2 希望发送数据到接入节点。在现有的无线局域网中，当 TDD 双工接入节点和终端 2 同时发送请求时要发送 RTS 短帧，此时将会发生上行信道和下行信道的碰撞，无法进行有效通信。而在全双工系统中，由于全双工接入节点可以同时同频地进行信号收发，且能够消除自身发送 RTS 所造成的干扰，因此全双工接入节点可以在向终端 1 发送 RTS 短帧的同时接收来自终端 2 的 RTS 短帧。终端 1 接收到全双工接入节点的 RTS 短帧之后，发送 CTS 短帧进行应答。与此同时，已经消除自身由于发送 CTS 造成的干扰的全双工接入节点也能够发送 CTS 短帧对终端 1 进行应答。由此，可以实现同时同频的上下行数据传输，提升了系统的频谱效率。

全双工技术将显著减小无线局域网中的碰撞概率。在 AP 端，当其发送下行信号时，若有其他终端发送上行信号，则 TDD 双工 AP 将无法接收该信号；而全双工 AP 则可以同时进行接收，因此减少了这一类型的碰撞。

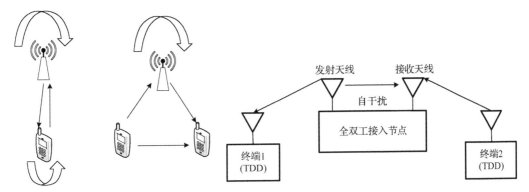

图 6-12　全双工 WLAN 系统　　　　　　图 6-13　全双工无线局域网系统的示意图

此外，全双工技术还可以帮助解决载波侦听多址接入（CSMA）系统中的隐藏节点问题。当上行和下行的用户距离 AP 较远且位于相反方向上时，这两个用户可能彼此接收不到对方的信号而成为隐藏节点。当系统中存在隐藏节点时，将会导致系统碰撞概率的增加。为解决该问题，文献[19]中提出了一种 s-STR 方法，即在 AP 收到上行用户发送的信号时，随机发送一个虚假包（dummy packet），而隐藏节点探测到 dummy packet 会认为信道被占用，暂时不发送信号。

6.3.4　蜂窝系统

考虑采用全双工技术的蜂窝系统，基站为全双工模式，终端为 TDD 或 FDD 双工模式。考虑同频组网情况下的相邻小区干扰，如图 6-14 所示，系统中存在 6 种类型的同频干扰：①本小区基站下行对上行的干扰；②本小区上行用户对下行用户的干扰；③同频小区间上行对下行的干扰；④同频小区间下行对上行的干扰；⑤同频小区间上行对上行的干扰；⑥同频小区间下行对下行的干扰。其中⑤和⑥两类干扰在传统的半双工系统中也存在；而①～④类干扰是传统的半双工系统中不存在的干扰。图 6-15 给出了终端采用时分双工模式时小区内信道的时隙分配方式。全双工技术将导致蜂窝系统中信干噪比的恶化，其干扰类型和数量也将大于传统 TDD/FDD 双工系统，这为干扰协调和抑制提出了较大的挑战。下面逐项分析各类干扰的抑制方法。

第①类干扰，即本小区基站下行对上行的干扰，是全双工系统独有的干扰类型。该干扰可以通过前面介绍的全双工自干扰消除技术解决。文献[1]对基站干扰消除能力的需求进行了估计。假设基站发射功率为 24 dBm，手机发射功率为 21 dBm 且位于小区边缘，到达基站的路损为 111 dB，则基站接收手机信号功率为–90 dBm。假设基站发射天线到接收天线的空间隔离为 15 dB，则接收到的干扰信号为 24–15=9 dBm，比目标信号高 99 dB。如果要求在 SIR=5 dB 条件下解调，则需要干扰消除能力为 104 dB。

另外，文献[12]提出了一种采用分布式基站接收天线的小区结构，增大了发射天线和接收天线之间的距离，通过空间传播的损耗减小了双工干扰；另一方面，由于分布式接收天线距离终端用户更近，因而可以获得更好的上行信道质量。

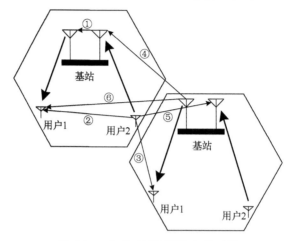

图 6-14 全双工蜂窝网络中的干扰

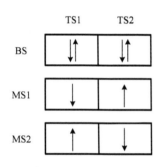

图 6-15 采用时分双工终端的全双工通信系统时隙分配示意图

第②类干扰是本小区上行用户对下行用户的干扰。由于通常下行手机并不知道本小区上行手机的发射信号，因而无法简单地直接进行干扰消除。有几种方案可以抑制或消除这类干扰。一种方法是利用上下行用户间的空间传输损耗来降低相互干扰，这需要基站在进行调度时选择距离较远的两个用户并放置在一个全双工信道上。另一种方法是通过串行干扰消除（SIC），即下行手机收到基站下行信号和相邻手机的上行信号，先将基站下行信号当作噪声解调相邻手机的上行信号，然后利用信道信息重建上行干扰信号并将其从接收信号中减掉，这样就得到了没有干扰的基站下行信号，再进行下行信号的解调。此外，还可以借助一条额外的手机间 D2D 通信的信道，如利用 ISM 频段的信道将上行信号从上行手机发送给下行手机，下行手机从该信号中解调出上行信号的信息，并将其作为边信息协助受干扰的下行信号解调[27]。

第③类干扰是同频小区间上行对下行的干扰，这类干扰与第②类干扰相似，也可以利用第②类干扰的消除技术进行消除。此外，对于采用内外圈结构的小区，如果小区内层允许全双工模式，而外层仅允许半双工模式，则第③类干扰可以通过空间隔离得到抑制。

第④类干扰是同频小区间下行对上行的干扰，即基站间的干扰。此类干扰是所有干扰中最强的，因为基站架设的位置比较高，基站间可能存在视距传播路径；并且，基站的发射功率和天线增益都比较高，这些因素都使得基站间的干扰功率比较高。可以通过如下的方法降低此类干扰：一种方法是通过有线链路将干扰信号引至基站接收机处理单元，对于射频信号可以采用 RoF（Radio over Fiber）技术传输；另一种方法是利用 3D MIMO 技术，尤其是利用天线在垂直方向的波束指向性。如图 6-16 所示，由于基站的架设位置通常比较高，通过调整波束在垂直方向的下倾角，使其覆盖位置相对较低的本小区用户，而躲避位置较高的相邻小区的基站天线，这样就可以降低相邻小区间的干扰。

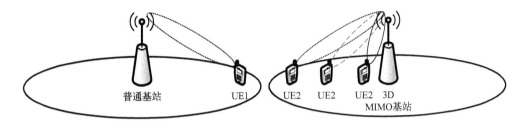

普通基站　　　　UE1　　UE2　UE2　UE2　3D
　　　　　　　　　　　　　　　　　　MIMO基站

图 6-16　利用具有下倾角的基站天线波束抑制基站间的干扰

对于第⑤和⑥类干扰，由于其在传统双工系统中也存在，可以利用现有蜂窝系统中抗相邻小区干扰的方法解决，本章就不做详述了。

6.3.5　保密通信

保密通信近年来受到许多领域的关注。无线通信的发射信号在空间中传播，很容易被窃听。物理层安全利用物理层信道容量特性实现保密通信，为无线通信提供了一种保密通信的机制。Wyner 首先提出了物理层安全的概念，其基本思想是设法使窃听者的信噪比低于通信者通信所需的信噪比，则窃听失败。为此，Wyner 提出了保密容量（secrecy capacity）的概念，将其定义为发射端可靠传送保密信息至合法接收端的最大传输速率，在该传输速率下窃听者无法截获任何消息。目前看来，传统的物理层安全的研究主要分为两个方向：①通过空域隔离降低窃听者信噪比；②附加人工噪声降低窃听信噪比。

在同频同时全双工通信系统中，全双工节点在其接收机处消除的自干扰实际上是释放在整个传播空间的。接收机消除的已知干扰，对窃听者而言是一个未知干扰。从这点考虑，全双工节点的发射信号对窃听者窃听信号形成了一个强大的人工干扰。不论窃听者想窃听全双工通信链路中的哪一条，另外一条通信链路都会对窃听者带来干扰。由于窃听者无法消除空中接口双向通信中来自任何一方的信号，导致监听门限提高。因此，全双工技术可以提高保密容量[28-30]。

6.3.6　认知无线电

为了提高频谱的使用效率，研究者们提出了认知无线电（Cognitive Radio）技术，该技术在某区域的某段频谱的授权用户未使用的情况下，使其他系统的用户可以自适应地占用即时可用的本地频谱，同时在整个通信过程中不给主用户带来有害干扰。因此，认知无线电系统需要具备频谱感知的能力。当认知无线电通过频谱探测技术检测到某段频率的信道上主用户功率低于某个门限值时，就可以在该段频谱上发起通信。然而，对于半双工的认知无线电，这样的工作方式仍可能产生对主用户的干扰，这是因为当认知无线电发射信号后，主用户可能随时也发起信号的传输，而半双工认知无线电在自身发射信号的同时是无法再对信道进行检测的。

全双工技术可以解决上述问题[31]。因为全双工设备在发射信号的同时仍可以接收该信道上的信号，因而可以随时监测信道上是否有主用户存在，一旦发现主用户的信号高于某个门限值，则马上中止信号发射，保证主用户的通信不受干扰。

6.4   全双工系统容量

6.4.1   点对点通信系统容量

考虑发射功率受限情况下由两个全双工节点组成的通信系统的最大无误传输速率问题。在比较全双工和半双工系统时，功率约束条件可以分两种情况表述：①系统的总发射功率受限；②系统中每个通信节点的发射功率受限。对于第①种情况，两个节点发射功率相同，信道为高斯信道时，半双工系统容量为：

$$C_{HD} = \frac{1}{2}\log_2\left(1+\frac{S}{N}\right) \tag{6-12}$$

全双工系统容量为：

$$C_{FD} = \log_2\left(1+\frac{S}{2(I+N)}\right) \tag{6-13}$$

式中，S 表示目标信号功率，N 表示噪声功率，I 表示全双工残余干扰功率。定义全双工容量增益为：

$$G_c = \frac{C_{FD}}{C_{HD}} = \frac{\log_2\left(1+\dfrac{S}{2(I+N)}\right)}{\dfrac{1}{2}\log_2\left(1+\dfrac{S}{N}\right)} \tag{6-14}$$

当 $I = 0$，即全双工系统的干扰能够全部消除时，全双工的容量增益随着 SNR 的增长而单调增长。随着 SNR 趋近于零，容量增益趋近于 1，即全双工没有容量提升。这是因为对于功率受限系统，带宽的增加无法带来显著的容量增益。而随着 SNR 趋近于无穷，容量增益也随之增长而趋近于 2。

对于第②种情况，由于全双工系统中上下行信道都发射信号，因而其总的发射功率实际上是半双工的 2 倍。我们首先针对高斯信道下两个全双工节点间的通信进行分析和比较。此时，半双工系统容量为：

$$C_{HD} = \frac{1}{2}\log_2\left(1+\frac{S}{N}\right) \tag{6-15}$$

全双工系统容量为：

$$C_{FD} = \log_2\left(1+\frac{S}{I+N}\right) \tag{6-16}$$

全双工容量增益为：

$$增益 = \frac{C_{FD}}{C_{HD}} = \frac{\log_2\left(1+\dfrac{S}{I+N}\right)}{\dfrac{1}{2}\log_2\left(1+\dfrac{S}{N}\right)} \tag{6-17}$$

通过数值计算获得如图 6-17 所示的结果。图 6-17 的结果表明，随着干扰噪声比（INR）的降低，即随着残余干扰的减少，全双工容量接近传统双工容量的 2 倍。

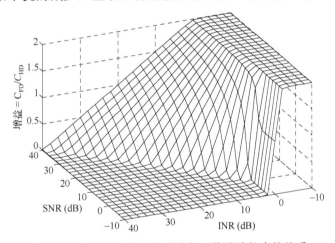

图 6-17　全双工信道容量增益与干扰消除能力的关系

6.4.2　多用户系统容量

同频同时全双工技术在应用于蜂窝无线通信系统时，在同一小区内的两个用户终端之间会存在同频干扰。考虑到无线终端（如手机）的尺寸较小，在无线终端实施全双工的难度较大，因而可以采用基站为全双工模式而移动终端为传统的 TDD 或 FDD 双工的模式。

考虑一个单小区场景，小区内由一个全双工基站和两个时分双工的终端用户节点组成，如图 6-18 所示。

如图 6-18 所示，全双工基站与 UE1 进行上行通信，与此同时与 UE2 进行下行通信。全双工基站应用干扰消除技术可以消除自身发射机的干扰。UE1 与 UE2 之间存在着用户之间的干扰，尤其当两个用户距离较近时干扰较大。

图 6-18 的通信系统可以建模为如图 6-19 所示的 Z 信道模型。基站接收信号经过自干扰消除后，残余干扰信号和噪声可以建模为等效噪声 Z_1。

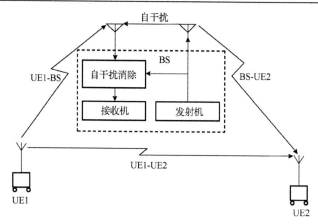

图 6-18　单小区自干扰场景图

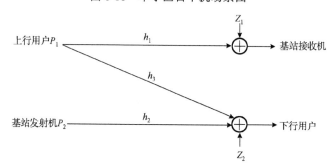

图 6-19　同频同时全双工 Z 信道模型

为了进行比较，我们将半双工系统和容量公式表示为：

$$C_{HD} = \alpha \times \log_2\left(1 + \frac{p_2|h_2|^2}{\sigma_o^2}\right) + (1-\alpha) \times \log_2\left(1 + \frac{p_1|h_1|^2}{\sigma_o^2}\right) \qquad (6\text{-}18)$$

式中，$0 \leqslant \alpha \leqslant 1$，表示下行链路占用系统总带宽的比例，$\sigma_o^2$ 表示噪声功率。在全双工系统中，如果下行终端将相邻上行终端的干扰当作噪声，则系统容量可以表示为：

$$C_{FD} = \log_2\left(1 + \frac{p_2|h_2|^2}{p_1|h_3|^2 + \sigma_o^2}\right) + \log_2\left(1 + \frac{p_1|h_1|^2}{\sigma_o^2}\right) \qquad (6\text{-}19)$$

根据 Z 信道的理论，全双工系统和容量如下：

$$C_{FD_z} = \begin{cases} \log_2\left(1 + \frac{p_1|h_1|^2}{\sigma_o^2}\right) + \log_2\left(1 + \frac{p_2|h_2|^2}{\sigma_o^2 + p_1|h_3|^2}\right), & \text{如果} 0 \leqslant h_i \leqslant 1 \\[3mm] \log_2\left(1 + \frac{p_2|h_2|^2}{\sigma_o^2}\right) + \log_2\left(1 + \frac{p_1|h_3|^2}{\sigma_o^2 + p_2|h_2|^2}\right), & \text{如果} 1 \leqslant h_i \leqslant \sqrt{1 + \frac{p_2|h_2|^2}{\sigma_o^2}} \\[3mm] \log_2\left(1 + \frac{p_2|h_2|^2}{\sigma_o^2}\right) + \log_2\left(1 + \frac{p_1|h_1|^2}{\sigma_o^2}\right), & \text{如果} h_i \geqslant \sqrt{1 + \frac{p_2|h_2|^2}{\sigma_o^2}} \end{cases} \qquad (6\text{-}20)$$

下面通过仿真来比较各系统的和容量。仿真参数如表 6-3 所示。

表 6-3 仿真参数

参 数	取 值
小区半径	115 m
BS 发射功率	37 dBm
UE 发射功率	27 dBm
路损因子	4

仿真中采用在六边形小区内随机撒点的方式来确定上行干扰用户的位置,下行终端到基站的距离画于横坐标上。仿真中对于传统双工系统,下行与上行信道带宽的比例选为 4∶3,仿真得到的各系统和容量如图 6-20 所示。由结果可以发现,当下行用户处于小区中心或者边缘时,全双工系统和容量增益较高。

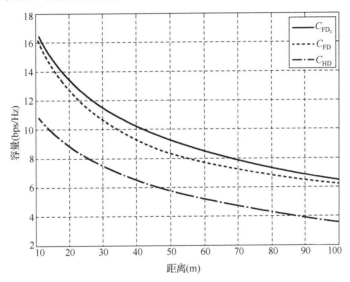

图 6-20 FD 和 HD 小区容量($\alpha = 4/7$)

6.4.3 爱尔兰容量

对于有 N 个信道的多用户接入系统,传统双工系统可以分配 $N/2$ 对上下行信道给用户,而全双工系统则可以分配 N 对上下行信道给用户。因而,在相同的频带资源情况下,全双工系统可使用的信道数是半双工系统的两倍。考虑到爱尔兰容量是信道数的凹函数,所以全双工系统的爱尔兰容量应该是传统双工系统的两倍以上。

考虑如下的传统双工和混合双工信道分配方案。在传统双工信道分配方案中,如图 6-21 所示,N 个资源单元分别分给上行信道和下行信道。在全双工信道分配方案中,如图 6-22 所示,N 个资源单元分别分给上行信道、下行信道和上下行混合信道。

图 6-21 和图 6-22 中,N 表示可用资源单元数量。如 $N=10$,在 TDD 双工模式下,表

示有 10 个时隙可用；在 FDD 双工模式下，表示有 10 个频段可用。当系统采用混合双工信道分配方案时，上行和下行用户各有 10 个资源单元可用。当系统采用传统双工信道分配方案时，上行和下行用户各有 5 个资源单元可用。

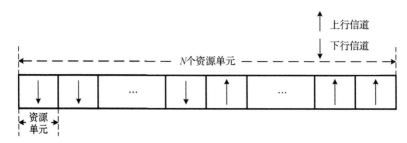

图 6-21　传统双工信道分配方案

在混合双工系统中，设 U 为上下行用户总数量，N 为可用资源数量。根据 U 和 N 的大小关系，可将工作模式分为 3 种情况：

（1）当 $U<N$ 时，所有时隙为半双工模式。

（2）当 $N \leqslant U \leqslant 2N$ 时，$U-N$ 个时隙为全双工，其他时隙为半双工。

（3）当 $U > 2N$ 时，所有时隙都为全双工模式，$U-2N$ 个用户无法分配信道。

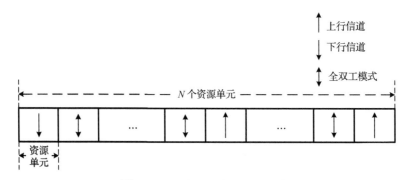

图 6-22　混合双工信道分配方案

设 i 为上行用户数，j 为下行用户数，则全双工遍历容量 $\mathrm{TP_F}$ 可以表示为：

$$\mathrm{TP_F} = \sum_{i+j \leqslant N} \Pr(N,i)\Pr(N,j)(i+j)\bar{C}_\mathrm{H} + \\ \sum_{i+j>N} \Pr(N,i)\Pr(N,j)[(i+j-N)\bar{C}_\mathrm{F} + (2N-i-j)\bar{C}_\mathrm{H}] \quad 0 \leqslant i,j \leqslant N \tag{6-21}$$

式中，第一项对应上行与下行用户数量小于 N 时的传统双工容量；第二项对应上行与下行用户数量大于 N，$i+j-N$ 个时隙的全双工容量，以及 $2N-i-j$ 个时隙的半双工容量；$\bar{C}_\mathrm{H}$ 表示单用户传统双工模式下的容量；$\bar{C}_\mathrm{F}$ 表示单用户全双工模式下的容量。$\Pr(C,i)$ 表示 C 个信道中 i 个上行信道被系统占用的概率；$\Pr(C,j)$ 表示信道中 j 个下行信道被系统占用的概率。

在传统双工系统中，设 U 为上下行用户总数量，N 为可用资源数量。在半双工系统中，上、下行用户各有 $N/2$ 个资源单元可用。传统双工模式遍历容量 $\mathrm{TP_H}$ 可写为：

$$TP_H = \sum_{i,j=0}^{N/2} \Pr(N/2, i)\Pr(N/2, j)(i+j)\overline{C}_H \tag{6-22}$$

式中，上行与下行用户分别占用 $N/2$ 个资源单元，$\overline{C}_H$ 表示单用户传统双工模式下的容量。

通过仿真获得的系统阻塞概率如图 6-23 所示，横坐标表示用户的话务量强度：$A = \lambda/\mu$，其中 λ 表示用户的到达率，即单位时间内呼叫请求次数，μ 表示每个用户的服务时间；纵坐标表示阻塞概率。从结果可以发现话务量强度越大，阻塞概率越大。此外，传统双工系统阻塞概率始终大于混合双工系统。

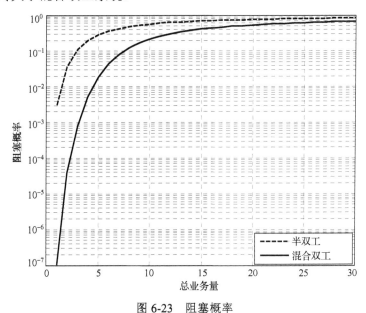

图 6-23　阻塞概率

6.4.4　中继全双工系统容量

无线中继技术可以有效地对抗大尺度衰落，扩大信号覆盖范围，提升系统容量，已在 IEEE 802.11j 等国际通信标准中被广泛采用。按照中继转发的方式，中继可以分为放大转发（Amplify-and-Forward，AF）和解码转发（Decode-and-Forward，DF）两类。AF 转发方案只需要中继端对接收到的信号进行简单的放大，然后转发给接收端。DF 转发方案需要中继端对接收信号进行解码，再将解码信息重新编码后发送给接收端。

将中继技术与全双工技术结合，可以为通信系统带来容量增益。将全双工技术应用于由信源节点和中继所组成的无线中继系统，得到几种典型的全双工中继网络场景。按照信号流向，全双工中继可以分为单向中继网络和双向中继网络。针对每种中继网络，我们将分析在 AF 或 DF 方式下的系统容量和性能。

1. 全双工单向中继网络

在单向无线中继网络中，发射节点 S 通过中继 R 协作向接收节点 D 发送信息，见图 6-24。

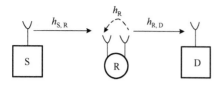

图 6-24　全双工单向中继网络

中继节点工作在全双工模式下，配置一根发射天线和一根接收天线，同时进行接收和转发；而传统的半双工中继通常需要利用频分或时分的方式来分别完成接收和转发操作。

假设 BS 与 MS 之间相距较远，信号经历大尺度衰落后强度较弱，因而由 S 至 D 的直连链路可以忽略不计。

假设信源 S 发射功率为 P_S，中继的发射功率为 P_R，由 S 到 R 以及由 R 到 D 链路的信道参数分别表示为 $h_{S,R}$ 和 $h_{R,D}$。由于中继工作在全双工模式，由中继发射天线到接收天线的干扰信道的信道参数为 h_R。中继端的信噪比为 $\gamma_{S,R} = P_S \left| h_{S,R} \right|^2 / N_0$，接收节点的信噪比为 $\gamma_{R,D} = P_R \left| h_{R,D} \right|^2 / N_0$，中继干扰链路的干噪比为 $\gamma_R = P_R \left| h_R \right|^2 / N_0$。DF 和 AF 中继转发模式下的系统容量可以分别表示为：

$$C_{S \to D}^{DF} = \min \left\{ \log_2 \left(1 + \frac{\gamma_{S,R}}{\gamma_R + 1} \right), \log_2 (1 + \gamma_{R,D}) \right\} \qquad (6\text{-}23)$$

$$C_{S \to D}^{AF} = \log_2 \left(1 + \frac{\dfrac{\gamma_{S,R}}{\gamma_R + 1} \cdot \gamma_{R,D}}{\dfrac{\gamma_{S,R}}{\gamma_R + 1} + \gamma_{R,D} + 1} \right) \qquad (6\text{-}24)$$

中继工作在全双工模式下，由 S 到 D 的通信过程仅需要一拍即可完成，而传统的半双工中继则需要两拍完成。在理想状态下，自干扰被完全消除，即 $\gamma_R = 0$，全双工中继所取得的系统容量为半双工的两倍。

近年来，多天线全双工中继成为研究热点。中继配置由多个发射天线和多个接收天线构成全双工 MIMO 中继，自干扰链路的增加为干扰消除提出了新的挑战。在中继端采用预编码的方法可以提升系统性能，获得容量增益[32]。同时，在中继端亦可采用天线选择获得分集增益。

考虑由多中继组成的中继单向通信网络，如图 6-25 所示。系统可以从网络的多个中继中按照一定的准则选取一个最好的中继进行数据传输，例如以容量最大化为准则根据信道参数选取最优的中继进行转发。该方法能够以较低的复杂度获得分集增益。

令 γ_{S,R_i} 和 $\gamma_{R_i,D}$ 分别表示 $S \to R_i$ 和 $R_i \to D$ 的信噪比，γ_{R_i} 表示第 i 个中继的接收干噪比。假设系统从 L 个中继中选择一个中继进行传输，在 AF 转发模式下的系统容量为：

$$C^{AF} = \log_2 \left(1 + \frac{\dfrac{\gamma_{S,R_i}}{\gamma_{R_i} + 1} \gamma_{R_i,D}}{\dfrac{\gamma_{S,R_i}}{\gamma_{R_i} + 1} + \gamma_{R_i,D} + 1} \right) \qquad (6\text{-}25)$$

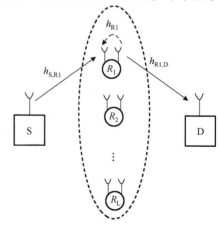

图 6-25　全双工单向中继网络

在 DF 转发模式下的系统容量为：

$$C^{\mathrm{DF}} = \min\left\{\log_2\left(1+\frac{\gamma_{\mathrm{S},\mathrm{R}i}}{\gamma_{\mathrm{R}i}+1}\right), \log_2(1+\gamma_{\mathrm{R}i,\mathrm{D}})\right\} \tag{6-26}$$

以容量最大化为准则，最优 AF 转发选择策略应为：

$$k_{\mathrm{opt}}^{\mathrm{AF}} = \arg\max_i\{\gamma_i\} \tag{6-27}$$

式中，$\gamma_i = \dfrac{\dfrac{\gamma_{\mathrm{S},\mathrm{R}i}}{\gamma_{\mathrm{R}i}+1}\gamma_{\mathrm{R}i,\mathrm{D}}}{\dfrac{\gamma_{\mathrm{S},\mathrm{R}i}}{\gamma_{\mathrm{R}i}+1}+\gamma_{\mathrm{R}i,\mathrm{D}}+1}$。最优 DF 转发选择策略应为：

$$k_{\mathrm{opt}}^{\mathrm{DF}} = \arg\max_i\left\{\frac{\gamma_{\mathrm{S},\mathrm{R}i}}{\gamma_{\mathrm{R}i}+1}, \gamma_{\mathrm{R}i,\mathrm{D}}\right\} \tag{6-28}$$

2. 全双工双向中继网络

考虑由 BS、RS 和 MS 组成的中继系统，3 个节点都工作在全双工模式下，MS 和 BS 在 RS 的协作下在一拍内实现双向通信，通信链路模型如图 6-30 所示。

假设 BS 发送的信号功率小于等于 αP，MS 发送的信号功率小于等于 $(1-\alpha)P$，其中 P 为发射总功率。BS 与 MS、BS 与 RS 以及 MS 与 RS 之间的信道参数分别表示为 h_{BM}、h_{BR} 和 h_{MR}。

在 AF 转发方式下，中继将收到的信号乘以放大因子 g 后广播出去，中继转发信号需要满足功率约束条件，因而 $g(\alpha) = \sqrt{P_{\mathrm{R}}/(h_{\mathrm{BR}}^2\alpha P + h_{\mathrm{MR}}^2(1-\alpha)P+1)}$，其中 P_{R} 为中继发射功率。BS 和 MS 在前一拍所发射的信号被视为自干扰并可以完全消除，BS 和 MS 所收到的信号可以分别表示为：

$$\begin{aligned}y_{\mathrm{M}}[i] &= h_{\mathrm{MR}}x_{\mathrm{R}}[i]+h_{\mathrm{BM}}x_{\mathrm{B}}[i]+n_{\mathrm{M}}[i]\\ &= gh_{\mathrm{BR}}h_{\mathrm{MR}}x_{\mathrm{B}}[i-1]+h_{\mathrm{BM}}x_{\mathrm{B}}[i]+gh_{\mathrm{MR}}n_{\mathrm{R}}[i-1]+n_{\mathrm{M}}[i]\end{aligned} \tag{6-29}$$

观察 BS 和 MS 的接收信号，可以将信道视为带有码间串扰的两路并行信道，将频率选择性信道的容量分析方法应用于此场景下，得到 BS 与 MS 双向通信的信道容量分别为：

$$C_{\mathrm{B}\to\mathrm{M}}^{\mathrm{AF}} = \frac{1}{2}\log_2\left(\frac{c_1a+\sqrt{(1+c_1a)^2-(c_1b)^2}}{2}\right) \tag{6-30}$$

$$C_{\mathrm{M}\to\mathrm{B}}^{\mathrm{AF}} = \frac{1}{2}\log_2\left(\frac{c_2a+\sqrt{(1+c_2a)^2-(c_2b)^2}}{2}\right) \tag{6-31}$$

式中，$a = h_{\mathrm{BM}}^2+g^2(\alpha)h_{\mathrm{BR}}^2h_{\mathrm{MR}}^2$，$b = 2g(\alpha)h_{\mathrm{BR}}h_{\mathrm{MR}}$，$c_1 = P_{\mathrm{B}}/(1+g^2(\alpha)h_{\mathrm{MR}}^2)$，$c_2 = P_{\mathrm{M}}/(1+g^2(\alpha)h_{\mathrm{BR}}^2)$。

在 DF 转发策略下，B. Rankov 等在文献[33]中将一些协作方案，如基于块状马尔可夫叠加编码（Block Markov Superposition Coding）应用于图 6-26 所示的全双工双向中继网络。

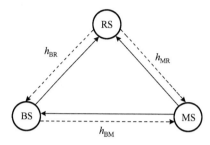

图 6-26　全双工双向中继网络

6.5　全双工系统资源分配

6.5.1　双工模式选择

全双工技术可以和现有双工技术结合形成混合双工系统。一方面，在系统低负载情况下传统双工技术可以满足用户传输速率的需求，此时无需采用全双工技术，从而避免全双工带来的复杂干扰和干扰消除所需的系统运算量增加；另一方面，混合的双工方式可以与现有双工方式在一段时期内共存，从而提供一条传统双工向全双工演进的平滑路线。

在全双工与 TDD 共存的系统中，可以基于现有的 TDD 系统时隙设计，保留部分上行和下行时隙，仅改造部分上行或下行时隙变为全双工时隙。更一般地，可以在时频二维空间内以时频资源块为单位进行传统半双工与全双工模式的选择。

双工模式的选择可以根据系统传输速率的需求。在传输速率要求不高的情况下可以使用传统双工模式。在传输速率要求较高的情况下，需要对用户的信道状态、全双工引起的系统干扰抬升水平等进行估计，在干扰可控且具有性能增益的情况下使用全双工模式。反之，如果采用全双工模式会对系统带来严重的干扰且相比传统双工不具有性能增益，则仍应选择传统双工模式。例如，在为一对传统双工用户分配上行和下行信道时，如果两个用户间距离很近，则无法以全双工模式将两个用户的上行和下行设置于同一条物理信道上。

6.5.2　天线模式选择

一个简单的全双工通信设备通常配置有两根天线，即一根天线用于发射，另一根天线用于接收。每个全双工节点的射频链路与天线存在两种组合方式，即天线 1 发射、天线 2 接收，或者天线 1 接收、天线 2 发射。考虑一对全双工通信节点相互通信的场景，共存在 4 种可能出现的天线选择方式，如图 6-27 所示。

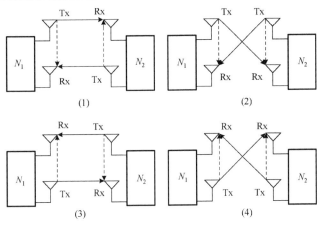

图 6-27　全双工天线模式

根据信道情况从 4 种天线选择模式中选择一种进行通信则能够获得选择分集的增益。天线选择的准则可以根据最大化和容量或者最小化误符号率等[34]。如果 N_1 与 N_2 节点具有相同的发射功率，考虑到信道互易性，图 6-27 中（1）与（3）具有相同的和容量，类似地，（2）与（4）也具有相同的和容量。

6.5.3　功率分配

在传统双工系统中，接收与发射链路的功率分配可以分开考虑。对于衰落信道的功率分配，可以采用经典的注水方法。而在全双工系统中，在非理想干扰消除的情况下，发射链路的功率将会影响接收信号所受到的干扰强度，进而影响其性能，因此在进行功率分配时需要对收发链路进行联合优化。

考虑两个全双工通信节点互相通信的场景，每个全双工节点配备多个发射天线和多个接收天线。功率优化问题可以表述为在两个节点的总发射功率限定的情况下分配各个发射天线上的功率使得系统的和容量最大化。文献[35]对这一问题进行了建模和分析，由于这类问题属于 NP-hard 问题，因此难以获得全局最优解，需要通过适当放宽条件使其转化为凸优化问题进行求解。

对于基站采用全双工、移动终端采用传统双工的系统，考虑基站干扰消除能力受限并且终端间存在干扰的情况，功率优化问题可以建模为基站和终端发射功率分别受限情况下的最大化系统和容量[36]问题。采用拉格朗日乘子法可以求解该最优化问题。此外，注意到当基站或终端的优化分配功率为零时，系统将退化为传统双工模式，因此功率分配实际上还隐含了双工模式切换的优化问题，系统可以以最大化容量为目标优化功率分配，并根据功率分配的结果确定其双工模式。

6.5.4　多用户系统资源分配

考虑如图 6-18 所示的全双工系统，基站为全双工模式，手机终端为传统双工模式。用户资源分配需要考虑到上、下行用户之间的干扰，调度算法需要解决用户上行和下行的信道分配，在提高系统总体性能的情况下兼顾用户公平性。传统的半双工系统可以将上行、下行分别在各自的信道资源空间内进行分配，而全双工系统的上、下行信道资源是重叠的，且上、下行用户间具有相互影响，因此必须将上、下行信道分配进行联合优化。因而，相比传统双工系统，全双工系统资源分配的优化参数更多，条件更加复杂。

在优化准则上，仍可采用常见的最大化总吞吐以及比例公平等准则。文献[37]研究了针对采用分布式基站接收天线的小区结构的用户资源分配方案。考虑到遍历用户上、下行模式以及各种信道分配方案需要很高的计算复杂度，提出了一种次最优方案，先确定用户的上、下行工作模式，再确定上、下行用户的信道分配。

6.6 全双工技术与 MIMO 的结合

6.6.1 波束成型

全双工和 MIMO 系统通常都需要多天线实现，将两种技术合并将会进一步提高频谱效率。全双工与 MIMO 技术的合并需要考虑实现的复杂度和性能。2012 年，Princeton 大学的研究者提出了 MIDU（Joint MIMO and full Duplexing）的方法，通过增加一倍天线数提供一种简单的干扰消除方法。

全双工系统中利用多天线进行波束成型可以降低收发天线间的干扰。这类方法可以分为发送波束成型和接收波束成型以及两者的混合等方式。

6.6.2 多流 MIMO

如果全双工系统中的多发射天线分别传送不同的编码数据流，则射频干扰消除和基带干扰消除需要消除多流数据。如果干扰能够成功消除，则全双工 MIMO 系统可以看作在同一条物理信道上传输上行和下行的两个独立 MIMO 链路，可以采用与传统双工系统相似的空时编码方案等。

考虑包含 A 和 B 两个节点的点到点通信链路，每个节点包含两根天线。系统模型如图 6-28 所示。两个节点间的信道用 2×2 的矩阵 H 表示，h_{ij} 表示其第 (i, j) 个元素。考虑平坦衰落信道模型，每个 h_{ij} 是独立同分布的零均值且单位方差的复高斯变量。设全双工自干扰消除后残留自干扰导致的 SNR 损失为 $\beta \geq 1$。例如，$\beta = 1$ 表示自干扰完全消除，$\beta = 2$ 表示残余干扰导致底噪提高 3 dB。设 $\rho = \dfrac{P}{\sigma^2}$ 为接收信号平均 SNR，其中 P 表示平均发射功率，σ^2 表示噪声方差。

假设发射端未知信道信息的情况下，半双工链路容量如下：

$$C_{\mathrm{hd}}^{(\mathrm{w/oCSIT})}(\boldsymbol{H},\rho)=\sum_{i=1}^{2}C\left(\frac{\rho}{2}\lambda_i\right) \tag{6-32}$$

假设发射端已知信道信息，半双工链路容量如下：

$$C_{\mathrm{hd}}^{(\mathrm{CSIT})}(\boldsymbol{H},\rho)=\max_{P_i:\sum_i P_i\leqslant P}\sum_{i=1}^{2}C\left(\rho\frac{P_i}{P}\lambda_i\right) \tag{6-33}$$

式中，$C(x):=\log_2(1+x)$，λ_i 是 $\boldsymbol{HH}^{\mathrm{H}}$ 的第 i 大的特征值。

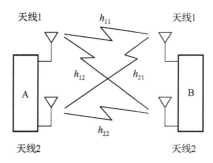

图 6-28　全双工通信场景

对于全双工节点，不失一般性地，假设两个节点均使用第一根天线作为发射天线。全双工链路容量为两个独立 SISO 信道的容量和。当全双工系统发射机未知信道时的容量为：

$$C_{\mathrm{fd}}^{(\mathrm{w/oCSIT})}(\boldsymbol{H},\rho)=\sum_{i=1}^{2}C\left(\frac{\rho}{\beta}|h_{i\bar{i}}|^2\right) \tag{6-34}$$

式中 $\bar{i}=3-i$。当全双工系统发射机已知信道信息时的容量为：

$$C_{\mathrm{fd}}^{(\mathrm{CSIT})}(\boldsymbol{H},\rho)=\max\left(C_{\mathrm{fd}}^{(\mathrm{w/oCSIT})}(\boldsymbol{H},\rho),\sum_{i=1}^{2}C\left(\frac{\rho}{\beta}|h_{ii}|^2\right)\right) \tag{6-35}$$

对上述 MIMO 传统双工与全双工容量仿真和研究可以参阅文献[5]，其中对衰落信道情况下的中断容量进行了仿真比较。研究表明，在不同场景下，两者各有优势：在低信噪比场景下 MIMO 传统双工系统性能更好，而高信噪比场景下全双工系统更高效。当信噪比较低时，MIMO 传统双工容量优于全双工，这主要是因为 MIMO 传统双工多天线发射可以获得多天线分集增益，通信性能更健壮；而当信噪比较高时，全双工相比 MIMO 传统双工系统可以获得更高的容量，这主要是由于全双工链路的平均功率是传统双工 MIMO 链路平均功率的两倍。虽然全双工系统中单个节点的发射功率和传统双工 MIMO 单个节点的发射功率相同，但是全双工链路的两个节点同时发射信号，而传统双工 MIMO 系统的两个节点交替发射信号。

全双工多流 MIMO 系统存在两个挑战：首先，全双工多流 MIMO 需要估计大量的信道参数。对于配备 N 个发射天线和 N 个接收天线的全双工系统，实现 N 个流的 MIMO 全双工系统，除了需要针对目标信号估计 N^2 个信道参数外，还需要估计 N^2 个自干扰信道参数，这可能需要大量导频信号的支撑。另外，接收机的每个射频接收链路需要针对 N 个自干扰进行干扰消除，这样共需要 N^2 个干扰消除器，因而其系统复杂度随着 MIMO 数据流数量的增多而以幂指数的方式增长。

在射频上对 N^2 个干扰进行消除，可以采用多级干扰消除的结构。如果每级干扰消除采用 L 阶的 FIR 模拟滤波器，则总共需要对 $L \times N^2$ 个滤波器抽头参数进行估计，其实现复杂度较大。

为解决该问题，可以采用类似于预均衡的技术在基带重建干扰信号，在每条射频链路上采用单级干扰消除的方法来避免大量的模拟硬件开销。根据这一方案，发射机需要估计 $N \times N$ 的干扰信道矩阵，并将发射数据向量乘以干扰信道矩阵得到各接收链路上的干扰信号基带形式，然后进行滤波和上变频，最后在射频干扰消除器中将其与接收信号中的干扰互相抵消[38]。

由于干扰信道通常都在视距范围内，多天线间的干扰信道表现出强相关性，干扰信道矩阵也可能不满秩。考虑到干扰信道的强相关性，在设计中可以令各个干扰信号源共用部分 FIR 滤波器，由此重建具有强信道相关性的干扰信号部分；另外，各个接收天线的干扰消除器要设立独立的 FIR 滤波器以重建信道不相关部分的干扰信号[20]。采用这种方案可以减少总的滤波器阶数以及需要估计的加权系数的数量。

另外，在导频设计上，为保证干扰信道的估计精度，可以采用时分双工方式的导频设计。对于多天线上发射的导频信号可以采用时分或码分等正交化的方法。

文献[39]提出了一种利用多组成对放置的发射和接收天线获得天线间干扰隔离的多天线系统。在该方案中，发射天线和接收天线被分别放置于相互垂直的两条直线上，且均按照对称于直线交叉点的位置成对放置。位置上对称的一对发射天线发射相位差为 π 的两个信号，其在对称位置的接收天线上激励的电流将会相互抵消。此外，将接收天线与其对称位置上的天线接收到的信号进行 180° 反相后合并，可以进一步消除在干扰发射天线方向上入射的干扰信号。通过设置多对发射和接收天线，可以实现多流 MIMO 发射和接收，并且同一节点的收发天线间有较好的隔离度。

6.6.3　空间调制

全双工与 MIMO 技术的合并需要联合考虑实现复杂度和系统性能。实现 N 个流的 MIMO 全双工系统，需要估计 N^2 个自干扰信道参数及 N^2 个干扰消除器，系统复杂度较高。

空间调制（Spatial Modulation）是一种多天线技术，它通过控制从若干个发射天线中选择一根或多根天线进行发射，可以提高系统的频谱利用效率。如果将空间调制与全双工技术结合，由于空间调制技术一般只有一根天线处于发射状态，因而对接收天线造成的自干扰只有一个流，只需要采用单级干扰消除器，其实现复杂度比多流 MIMO 方法低得多，且相比全双工 SISO 系统可以获得频谱效率的提高。

空间调制全双工（Spatial Modulated Full Duplex，SMFD）技术的方案是：对于配备 N 根天线的全双工通信节点，由 $\log_2 N$ 比特的发射信息选择一根天线发射，其余 $N-1$ 根天线作为接收天线。以 2×2 系统为例，系统框图如图 6-29 所示。

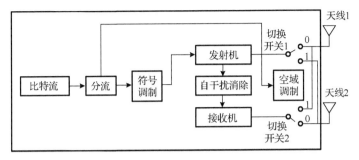

图 6-29　空间调制全双工系统框图

在进行调制时，信息比特被分为两个流，一个流进行数字调制，另一个流选择发射天线。接收机根据发射信息和干扰信道信息进行干扰消除，对于多接收天线的情况可以进行联合解调。与配备一根发射天线和一根接收天线的传统全双工技术相比，该系统发射机仅需要增加天线切换开关。

采用高斯相关性信道模型，最大互信息的中断概率如图 6-30 所示。其中，$\beta = 10\log_2(1 + I_r / N_0)$ 是由于干扰消除不理想而导致的 SNR 损失参数，I_r 表示残余干扰的功率，N_0 表示噪声的功率。结果表明残余干扰损害系统性能，SMFD 性能优于全双工 SISO。

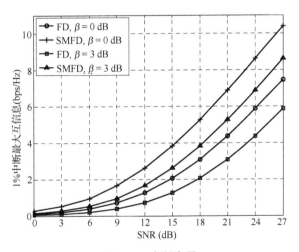

图 6-30　中断容量

图 6-31 比较了空间调制全双工系统与全双工 SISO 系统的各态历经容量与残余干扰和信道相关性之间的关系。

空间调制全双工技术具有如下特点：

（1）编码方式简单；

（2）系统内自干扰源仅为一根发射天线，干扰消除代价相对较低；

（3）接收天线可获得分集效果。

在实际中可以根据系统实现代价和频谱效率增益需求等因素综合考虑，选择不同方式的全双工 MIMO 方案。

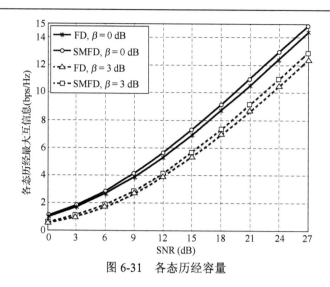

图 6-31   各态历经容量

▍6.7   本章小结

全双工技术是一项新颖的无线通信系统物理层技术，在本质上它利用了发射机对自身发射信号的已知信息。传统的双工方式，收发链路被看作两条独立的链路并采用正交的频率资源分割方法，因而没有利用上述发射机的信息。而全双工技术则利用了这一信息，在处理上下行链路的资源分配问题时令收发机共用同一物理信道，这从信息论的角度看是合理而高效的。实际应用的难点主要在于高精度、大动态范围的干扰消除器设计和无线网络中的干扰管理等问题。

本章介绍了自干扰消除的 3 种方法，包括天线干扰消除、射频干扰消除和数字干扰消除，并对制约各种方法干扰消除能力的因素进行了分析。如何针对这些因素进一步提高干扰消除器的性能是未来需要进一步解决的问题。

此外，本章还介绍了全双工技术的一些典型应用场景，在较为简单的场景，如点对点通信或中继等应用中全双工技术已具备实际应用的条件。然而对于一些更为复杂的场景，如蜂窝网络等，全双工技术会使得小区内部以及同频小区间的干扰变得更加复杂，因此仍需要在干扰管理或消除技术的支持下才有可能发挥其优势。

本章还分析了全双工系统的容量。受干扰消除能力的制约，全双工系统的容量在某些信道条件下，如部分 SNR 区域内，优于传统双工系统。然而当残余干扰成为主要的容量制约因素时全双工系统容量也会低于传统双工容量。这些理论分析结论可以作为混合双工系统模式选择的参考。

全双工以及混合双工技术在资源分配上为系统提供了更多的自由度，从双工模式选择、天线选择、功率分配和上下行信道分配等领域都引入了许多优化问题。最后，本章讨论了全双工技术与 MIMO 技术的融合问题。借助多天线系统进行发射或接收波束成型可以有效配合全双工技术抑制自干扰信号。在利用 MIIMO 提升频谱效率方面，尽管理论研究显示全双工技术能进一步提高 MIMO 系统容量，但从实现的角度看目前仍存在多级干扰消除器复杂度较高、高精度的干扰信道参数估计需要显著耗费系统资源等问题。

▌6.8　参考文献

[1] Sabharwal, A., Schniter, P., Guo, D., et al. In-band full-duplex wireless: Challenges and opportunities [J]. IEEE Journal on Selected Areas in Communications, 2014, 32(9):1637-1652.

[2] O'Hara, F., Moore, G.. A high performance CW receiver using feedthru nulling [J]. Microwave Journal, 1963, 63.

[3] Lee, W.. CS-OFDMA: A new wireless CDD physical layer scheme [J]. IEEE Commun. Mag., 2005, 43:74-79.

[4] Choi, J. I., Jain, M., Srinivasan, K., et al. Achieving single channel, full duplex wireless communication [C]. In Proceedings of the sixteenth annual international conference on Mobile computing and networking, ACM, 2010, 1-12.

[5] Jain, M., Choi, J. I., Kim, et al. Practical, real-time, full duplex wireless [C]. In Proceedings of the 17th annual international conference on Mobile computing and networking, ACM, 2011, 301-312.

[6] Duarte, M., Sabharwal, A.. Full-duplex wireless communications using off-the-shelf radios: Feasibility and first results [C]. In Proceedings of Asilomar, 2010.

[7] Sahai, A., Patel, G., Sabharwal, A.. Pushing the limits of Full-duplex: Design and Real-time Implementation [DB/OL]. http://arxiv.org/abs/1107.0607.

[8] Duarte, M., Dick, C., Sabharwal, A.. Experiment-driven characterization of full-duplex wireless systems [J]. IEEE Transactions on Wireless Communications, 2011, 11(12):4296-4307.

[9] http://kumunetworks.com/.

[10] Kenworthy, G. R.. Self-Cancelling Full-Duplex RF Communication System [P]. US patent, 1997.

[11] Everett, E., Sahai, A., Sabharwal, A.. Passive self-interference suppression for full-duplex infrastructure nodes [J]. IEEE Transactions on Wireless Communications, 2014, 13(2):680-694.

[12] Jin, X., Ma, M., Jiao, B., et al. Studies on Spectral Efficiency of the CDD System [C]. In Proc. Veh. Technol. Conf., 2009.

[13] Everett, E., Duarte, M., Dick, C., et al. Empowering full-duplex wireless communication by exploiting directional diversity [C]. In Signals, Systems and Computers (ASILOMAR), 2011 Conference Record of the Forty Fifth Asilomar Conference on, IEEE, 2002-2006.

[14] Hua, Y., Liang, P., Ma, Y., et al. A method for broadband full-duplex MIMO radio [J]. IEEE Signal Processing Letters, 2012, 19(12):793-796.

[15] Khojastepour, M. A., Sundaresan, K., Rangarajan, S., et al. The case for antenna cancellation for scalable full-duplex wireless communications [C]. In Proceedings of the 10th ACM Workshop on Hot Topics in Networks, ACM, 2011, 17.

[16] Knox, M. E. Single antenna full duplex communications using a common carrier [C]. In Wireless and Microwave Technology Conference (WAMICON), 2012 IEEE 13th Annual, IEEE, 2012, 1-6.

[17] Li, S., Murch, R. D.. Full-duplex wireless communication using transmitter output based echo cancellation [C]. In Proceedings of Globecom, 2012.

[18] Thangaraj, A., Ganti, R. K., Bhashyam, S.. Self-interference cancellation models for full-duplex wireless communications [C]. In Signal Processing and Communications (SPCOM), 2012 International Conference on, IEEE, 2012, 1-5.

[19] Choi, Y. S., Shirani-Mehr, H. Simultaneous transmission and reception: Algorithm, design and system level performance [J]. Wireless Communications, IEEE Transactions on, 2013, 12(12), 5992-6010.

[20] Bharadia, D., Katti, S. Full Duplex MIMO Radios [C]. In 11th USENIX Symposium on Networked Systems Design and Implementation (NSDI 14), USENIX Association.

[21] Sahai, A., Patel, G., Dick, C., et al. Understanding the impact of phase noise on active cancellation in wireless full-duplex [C]. In Proc. 46th Asilomar Conference on Signals, Systems and Computers, 2012, 29-33.

[22] Sahai, A., Patel, G., Dick, C., et al. On the impact of phase noise on active cancelation in wireless full-duplex [J]. Vehicular Technology, IEEE Transactions on, 2013, 62(9), 4494-4510.

[23] Li, S., Murch, R.. Full-duplex wireless communication using transmitter output based echo cancellation [C]. In Proc. Global Telecommunications.

[24] Riihonen, T., Mathecken, P., Wichman, R.. Effect of oscillator phase noise and processing delay in full-duplex ofdm repeaters [C]. In Proc. 46th Asilomar Conference on Signals, Systems and Computers, 2012, 1947-1951.

[25] 张志亮, 罗龙, 邵士海, 等. ADC 量化对同频全双工数字自干扰消除的误码率性能分析[J]. 电子与信息学报, 2013, 35(6).

[26] Korpi, D., Anttila, L., Syrjälä, V., et al. Widely-Linear Digital Self-Interference Cancellation in Direct-Conversion Full-Duplex Transceiver [DB/OL]. ArXiv preprint, 2014, arXiv:1402.6083.

[27] Bai, J., Sabharwal, A. Decode-and-cancel for interference cancellation in a three-node full-duplex network. In Signals, Systems and Computers (ASILOMAR), 2012 Conference Record of the Forty Sixth Asilomar Conference on, IEEE, 1285-1289.

[28] Mukherjee, A., Swindlehurst, A. L.. A full-duplex active eavesdropper in MIMO wiretap channels: Construction and countermeasures [C]. In Proc. 45th Asilomar Conference on Signals, Systems and Computers, 2011, 265-269.

[29] Zheng, G., Krikidis, I., Li, J., et al. Improving physical layer secrecy using full-duplex jamming receivers [J]. IEEE Trans. Signal Process., 2013, 61(20): 4962-4974.

[30] Cepheli, O., Tedik, S., Kurt, G.. A high data rate wireless communication system with improved secrecy: Full duplex beamforming [J]. IEEE Commun. Lett., 2014, 18(6):1075-1078.

[31] J. Choi, S. Hong, M. Jain, S. Katti, P. Levis, and J. Mehlman, "Beyond Full Duplex Wireless," in Proceedings of Asilomar, 2012.

[32] Ju, H., Oh, E., Hong, D.. Improving efficiency of resource usage in two-hop full duplex relay systems

based on resource sharing and interference cancellation [J]. IEEE Trans. Wireless Commun., 2009, 8(8):3933-3938.

[33] Rankov, B., Wittneben, A.. Achievable rate regions for the two-way relay channel [C]. Information Theory, 2006 IEEE International Symposium on, IEEE, 2006, 1668-1672.

[34] Zhou, M., Cui, H., Song, L., et al. Transmit-receive antenna pair selection in full duplex systems [J]. Wireless Communications Letters, IEEE, 2014, 3(1): 34-37.

[35] Cheng, W., Zhang, X., Zhang, H.. Optimal dynamic power control for full-duplex bidirectional-channel based wireless networks [C]. In INFOCOM, 2013 Proceedings IEEE, 2013, 3120-3128.

[36] Zhang, R., Ma, M., Li, D.. Investigation on DL and UL Power Control in Full-Duplex Systems.

[37] Shen, X., Cheng, X., Yang, L., Ma, M., & Jiao, B. (2013, December). On the design of the scheduling algorithm for the full duplexing wireless cellular network. In Globecom Workshops (GC Wkshps), 2013 IEEE (pp. 4970-4975). IEEE.

[38] Duarte, M., Sabharwal, A., Aggarwal, V., et al. Design and characterization of a full-duplex multiantenna system for WiFi networks [J]. Vehicular Technology, IEEE Transactions on, 2014, 63(3):1160-1177.

[39] Aryafar, E., Khojastepour, M. A., Sundaresan, K., et al. MIDU: enabling MIMO full duplex [C]. In Proceedings of the 18th annual international conference on Mobile computing and networking, ACM, 2012, 257-268.

第 7 章
Chapter 7

▶ # 终端间直通传输

　　终端直通技术（Device to Device，D2D）通过终端与终端的直接信息传输，可以降低网络负载、提升空口效率、支持新业务类型，已经成为业界重点关注的 5G 候选技术之一。本章将对 D2D 技术的发展状况、标准化情况、关键技术和组网技术等进行介绍。

　　7.1 节概述 D2D 技术的发展历史、应用场景，给出 D2D 在 3GPP 中的标准化进展。7.2 节讨论 D2D 技术的关键技术，包括 D2D 同步技术、资源管理、干扰管理和高层关键技术。7.3 节讨论 D2D 组网相关的技术，包括 D2D 与蜂窝联合组网所产生的问题以及解决方案，多跳协作与中继技术，并对 D2D 技术在车联网中的应用进行详细的描述。最后，7.4 节给出本章的小结，并指出未来技术的发展方向和需要解决的问题。

7.1 概述

无线移动通信已成为当今世界通信领域内发展潜力最大、市场前景最广的热点技术之一，也是中国通信业持续快速增长的主要推动力，对中国经济社会发展和广大人民的日常生活产生了深远影响。近年来，随着无线移动通信市场的发展，用户数量飞速增加，业务种类和带宽的需求不断增加，现有的无线通信系统已远远不能满足未来用户需求。以宽带、高效、全移动和全业务为特征的新一代宽带无线移动通信系统的研究迫在眉睫。

面对新的需求与挑战，紧随着 4G（4th Generation）技术标准的成熟与商用，全球对第 5 代移动通信系统（5th Generation，5G）的研究已经纷纷展开。终端直通技术通过终端与终端的直接信息传输，可以大幅度降低网络负载、提升空口效率，已经成为业界重点关注的 5G 候选技术之一。

5G 采用终端直通技术的需求主要来自 3 个方面。

（1）传统蜂窝通信系统在提供高性能业务的同时，在提升局域通信效率方面受到传统通信的"终端-基站-终端"的体制限制。传统的蜂窝通信方式中，两个终端之间进行通信都需要经过基站以及核心网设备的中转。层层转发中转增加了端到端的传输时延，使得一些 5G 的业务需求无法满足。另外，从无线接入网的角度看，终端之间的通信数据首先从终端发到基站占用上行资源，同样的数据再从基站发送到终端还需要再占用下行资源，在频谱资源日益紧张的 5G 时代，这显然不是最有效率的运行方式。在一些特定的场景下，例如进行通信的终端之间距离在一定范围内时，在终端之间直接进行数据的收发，可以显著提高蜂窝系统的频谱利用效率。

- 终端之间直接通信，避免了基础网络架构的层层转发，有效降低了端到端的时延，使得 5G 系统的一些低时延业务成为可能，例如车联网、机器人控制等。
- 终端之间直接通信，在特定的场景中避免了上下行资源的重复占用，提高了频谱利用效率。
- 终端之间近距离通信，由于距离较近，链路质量会远高于蜂窝系统，可以获得更高的端到端吞吐量。

（2）随着移动互联网的发展，社交、游戏等本地化应用变得越来越重要。例如，通过邻近终端的感知，确定感兴趣的终端是否在附近，从而决定是否发起会话等社交应用；通过邻近终端的感知，向邻近区域客户发送广告，提供精确的广告服务。比如，向位于健身场所的用户发送运动服饰、体育器械的广告；基于高速数据连接的本地互动游戏；基于本地化应用的公共服务，如在博物馆内向用户发送展馆展品等信息。所有的这些本地化应用的一个共同特征是通信的多方集中在一个地理区域内，终端之间直接进行通信是高效的传输方式。

（3）公共安全：公共安全应用包括公安、消防、抢险、灾难救援等。公共安全应用的场合经常会出现蜂窝网络覆盖缺失的情况。这种情况下，为了维持必要的通信，终端之间直接进行通信是必须要支持的功能。未来的 5G 通信系统应该能同时满足商业应用和公共安全应用，因此终端间接通信将是必选项。

从用户的角度看，D2D 技术将有利于提升高速数据业务服务能力，降低终端能量消耗、降低资费支出以及获得更稳健的服务；从网络运营商的角度看，将 D2D 技术融于现有蜂窝网络将有利于新业务的发展，增强市场渗透，提升运营收入；从设备制造商的角度看，基于 D2D 技术的短距协作通信发展将使低端功能终端同样具备接收高端业务服务能力，从而有利于设备制造商的功能开发，缓解终端实现复杂度和功耗方面的巨大压力；从服务提供商的角度看，随着终端在电池容量、业务服务能力等方面的分化日益明显，通过对业务实行等级划分并与网络运营商联合进行资费适配调整，有利于增加业务收入。由此可见，D2D 技术将丰富未来无线通信网络架构，在新业务发展以及实现高效节能通信等方面将发挥重要作用，用户、网络运营商、服务提供商、设备制造商等各方面都将得到巨大的好处。

7.1.1　终端直通技术的发展历史

随着无线通信技术的迅猛发展，越来越多的新型移动多媒体服务可供移动用户选择，无线移动通信技术已经与人们的生活密切相关，各式各样的无线通信设备已经深入到人们的日常生活中。智能手机、平板电脑等移动终端已经成为当今人们的生活必备，移动用户数据业务需求快速增大，但移动网络能够使用的带宽资源是有限的。要解决业务增长与资源受限的矛盾，就要不断发掘新的移动通信技术。其中一种有效的办法是 D2D 通信技术，即在地理位置上距离较近的移动设备可以直接进行通信，而不用遵循传统"终端-基站-终端"的通信模式。

D2D 技术最早出现在简单的设备到设备短距离通信中，例如，设备之间通过蓝牙（Bluetooth）传输数据。短距离无线通信技术有蓝牙、ZigBee 和 WiFi Direct 等。蓝牙技术具有低成本、高传输速率的特点，工作在全球通用的 2.4 GHz 工业、科学、医学（Industrial Scientific Medical，ISM）频段，数据传输速率为 1 Mbps，一般有效范围为 10 m。蓝牙设备通过高斯频移键控（Gaussian Frequency Shift Keying，GFSK）数字频率调制技术实现彼此间的通信，设备间采用时分双工（Time Division Duplex，TDD）方式，实现全双工传输。ZigBee 技术是基于 IEEE 802.15.4 无线标准研制开发的无线通信技术，具有低功耗、低成本、时延短、数据传输可靠性高、网络容量大等特点，可使用 2.4 GHz 的 ISM 频段、欧洲的 868 MHz 频段以及美国的 915 MHz 频段，数据传输速率为 10～250 kbps，有效范围为 10～75 m，可以比蓝牙更好地支持游戏、自动控制仪器等。ZigBee 采用了载波侦听多路访问 / 冲突避免（Carrier Sense Multiple Access with Collision Avoidance，CSMA/CA）的碰撞避免机制，同时为需要固定带宽的通信业务预留了专用时隙，避免了发送数据时的竞争和冲突。WiFi Direct 是由 WiFi 联盟开发的一套协议，提供了一种方便的 WiFi 设备互联方式，WiFi 设备以点对点的方式，直接与另一个 WiFi 设备连接，进行高速数据传输。WiFi Direct 协议架构是在 802.11a/g/n 基础之上，支持 WPA 加密机制，最大传输距离为 200 m，数据传输速率为 250 Mbps，支持 2.4 GHz 和 5 GHz 频段，兼容现有的 WiFi 认证设备。

基于 ISM 频段的短距离通信技术与蜂窝通信技术的最大区别是，其干扰环境是不可控的，数据传输的可靠性无法保证。此外，蓝牙需要用户手动配对才能实现通信，WiFi Direct 在通信之前需要对接入点进行用户自定义设置。

在传统蜂窝网络中，不允许用户之间直接通信。通信过程由基站转接分为两个阶段：终端到基站，即上行链路；基站到终端，即下行链路。这种集中式工作方式便于对资源和干扰的管理与控制，但资源利用效率低。为了提高蜂窝通信系统的资源利用率，同时利用短距通信的技术优势，有学者提出把蜂窝通信网络与短距通信技术相互结合的想法，即本章所讨论的 D2D 技术。本章后续除特别说明外，D2D 技术均是指与蜂窝通信网络结合的 D2D 技术。

D2D 通信技术工作在许可频段，并且是在蜂窝系统的控制下允许终端用户通过共享蜂窝资源进行直接通信的新技术，其干扰将会受到较好的控制和管理，传输的可靠性也会得到保障。蜂窝网络中引入 D2D 通信，可以减轻基站负担，减小通信时延。与通过基站中转的通信相比，D2D 通信仅占用一半的频谱资源。此外，距离较近的用户利用 D2D 通信可降低传输功率，减少能耗。因此，D2D 通信被视为未来移动通信的关键技术。当然，蜂窝网络引入 D2D 通信也带来了一些挑战，如 D2D 链路的建立，D2D 通信与蜂窝通信的无缝切换，D2D 通信复用蜂窝用户频谱时引入的干扰等。为充分发挥 D2D 通信的优势，国内外研究人员开展了一系列研究并取得了一定的成果。

当前对 D2D 通信方式的研究主要集中在干扰管理和资源分配方面[1~3]。多数文献提议 D2D 通信与蜂窝通信共享蜂窝频谱资源，以提高频谱利用率，并且通过研究干扰管理方案来控制两种通信间的干扰，常用的方法有模式选择、资源管理、功率控制等[4~8]。也有学者建议分配专用蜂窝频谱资源给 D2D 通信，从而避免干扰[9]。除此之外，D2D 通信在免授权频段上的使用也可以避免 D2D 通信和蜂窝通信之间的干扰，但是 D2D 通信在免授权频段上的使用也会带来诸多问题，如频带切换、与其他无线通信技术的干扰协调，这也是当前该领域的研究热点[10~13]。然而，当前的研究成果主要是基于简单场景下的静态节点，对于整体蜂窝网络的适用性以及终端移动性的影响还未知[2]，关于 D2D 应用和服务方面的研究也很缺乏[3]。

近年来，3GPP 组织开发的 LTE 系统得到了迅猛发展。2008 年 4 月在中国深圳由 3GPP 举办的 IMT-Advanced workshop 会议上首次提出了 D2D 通信。随后 D2D 通信技术也提交给了 IEEE 802.16m 工作组。D2D 通信已经被认为是在 IMT-Advanced 范畴下，增强未来蜂窝网络性能的技术之一，与协同多点传输、载波聚合、多天线技术等共同用于 IMT-Advanced 网络。目前 3GPP 已将 D2D 融合到 LTE-Advanced 中，并引入了 D2D 设备发现与通信的概念。欧洲的 WINNER+项目也于 2009 年开始了 D2D 的研究，并希望其能在 IMT-Advanced 中全面提升小区容量和降低基站负荷。

7.1.2 应用场景

D2D 通信作为一种新型的基于蜂窝移动网络的近距离数据直接传输业务，其通信过程的建立、维持和结束受控于基站，是用户向蜂窝网络请求资源、网络分配资源和维持直接通信业务、网络最终收回资源的过程。从数据和信令的角度看，用户与网络之间维持着信令链路，由网络维持用户数据链路、进行无线资源控制以及进行计费、鉴权、识别、移动性管理等传统移动通信网所具备的基本职责。不同之处在于用户之间数据链路不需要基站中转转发，而是直接在用户之间建立数据通道。

由于 D2D 通信技术的特点，其应用的场景非常广泛。在本地应用方面，D2D 可以用于发现邻近区域感兴趣用户的社交应用，可以用于通过 D2D 通信连接的互动游戏；在数据传输应用方面，D2D 通信技术可以服务广告业，向邻近区域客户发送广告，提供精确的广告和公共服务；D2D 通信技术同样可以应用在物联网实现中，比如车联网，通过 D2D 技术将终端（这里是车载终端）进行连接，车载终端在行驶过程中的各种驾驶动作（变道、急刹等）都可以通过 D2D 通信的方式告知周围车辆，向周围车辆发出预警，周围车辆基于收到的信息对驾驶员提出警示，降低事故发生率。可以说，D2D 通信技术可以应用在生活的方方面面。

在业务和系统结构层面上，D2D 应用可分为公共安全和非公共安全应用[15]，非公共安全也称为商业应用。公共安全应用主要用于发生自然灾害、设备故障、蜂窝系统被人为破坏后，利用 D2D 技术，可以使用户终端之间进行通信，从而保持正常通信。公共安全应用对连接的可靠性和时延提出了更高的要求。而在无线接入层面，按照蜂窝网络覆盖范围区分，可以把 D2D 通信分成几种场景：蜂窝网络覆盖内的 D2D 通信；部分蜂窝网络覆盖下的 D2D 通信；蜂窝网络覆盖外的 D2D 通信。对于第 1 种情况，如图 7-1 所示，基站首先需要确认可以进行 D2D 通信的终端，建立逻辑连接，然后控制 D2D 设备的资源分配，进行资源调度和干扰管理，用户可获得高质量通信；对于第 2 种情况，如图 7-2 所示，基站只需引导终端双方建立连接，而不再进行资源调度，网络处理的复杂度比第 1 类 D2D 通信有大幅降低；第 3 种场景是在完全没有蜂窝网络覆盖的时候，如图 7-3 所示，终端（User Equipment，UE）进行直接通信，该场景对应于蜂窝网络瘫痪或者没有覆盖的时候，用户可以经过多跳中继相互通信或者接入网络。

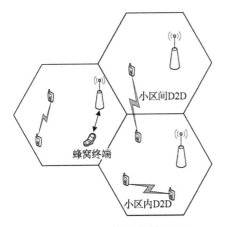

图 7-1 网络覆盖场景图

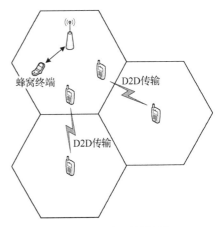

图 7-2 部分网络覆盖场景

D2D 作为 5G 候选关键技术之一，可通过直通、中继模式，扩大网络覆盖范围，提高小区边缘用户吞吐量，并通过复用蜂窝小区频谱资源，提高频谱效率。D2D 可采用广播、多播和单播模式传输，未来可发展其他增强技术，如多天线技术和网络编码技术等。如图 7-4[14]所示，由于应用场景的不同，D2D 在移动蜂窝网络中有多种应用形式，归纳起来有以下几种：

- 距离较近的两个用户终端使用 D2D 技术进行数据交换，这种形式包括小区内用户数据交换、小区间用户数据交换，其中包括多个 D2D 通信对使用相同频谱资源的情况。
- 一个用户作为中继节点，中转距离它较近的两个用户的业务数据，这里近距离通信要通过两段 D2D 通信过程来实现。
- 距离较近的多个用户组成一个 D2D 簇，该 D2D 簇内的每个用户各自接收到基站广播的一部分数据。在基站的协调之下，簇内的每个用户轮流广播给其他用户他所收到的那部分数据，直到 D2D 簇内所有用户都完整地获得基站下发的数据。

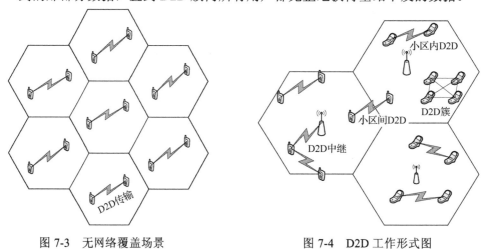

图 7-3　无网络覆盖场景　　　　　　　图 7-4　D2D 工作形式图

7.1.3　标准化进展

目前，4G 已经进入规模商用阶段，5G 是继 4G 后新一代的移动通信技术，从移动通信发展现状以及技术、标准与产业的演进趋势来看，把终端直通技术引入蜂窝网中，是未来无线通信领域的一项重要技术，其在国内外的标准化工作中受到了越来越多的关注。本节将对 3GPP 标准化组织中 D2D 相关的标准化和研究进展进行介绍。

从 2013 年开始，D2D 成为 3GPP 组织重点研讨的技术之一，标准化中的准确命名为 LTE 终端直通近距离服务（LTE D2D Proximity Services，LTE D2D）。LTE D2D 是在 LTE-Advanced 系统控制（辅助）或无网络基础设施的情况下，用户设备在授权频谱上直接进行通信的技术。LTE D2D 的出现将在一定程度上缓解无线频谱资源匮乏的问题，能够提升蜂窝系统的频谱效率。3GPP 标准组织进行了 LTE D2D 的研究，LTE D2D 研究的结果输出到 3GPP 的技术报告 TR 36.843[15]。

根据 D2D 技术应用的场景和业务要求，3GPP 抽象出 4 个 D2D 场景进行 D2D 的研究，如图 7-5 所示，其含义及关系可由表 7-1 来概括。

LTE D2D 支持的业务包括 D2D 发现和 D2D 通信两种。D2D 发现是指终端之间通过无线信号的收发，感知特定用户（终端）是否在其邻近的业务。通过 D2D 发现，终端可以发现其感兴趣的人、物、事，如朋友是否在附近，附近是否有感兴趣的商场、饭店等。D2D

通信业务可以支持终端之间进行数据包的交换，例如完成互动游戏、公共安全应用的现场视频回传等。LTE D2D 服务类型主要如表 7-2 所示。在网络覆盖外，D2D 发现和 D2D 通信仅用于公共安全应用；在网络覆盖内，D2D 发现可以用于非公共安全应用和公共安全应用，D2D 通信仅用于公共安全应用。由于时间的关系，LTE D2D 在最初的版本中仅支持 D2D 通信的公共安全应用，支持商业应用的 D2D 通信会在未来的标准版本中进行标准化。

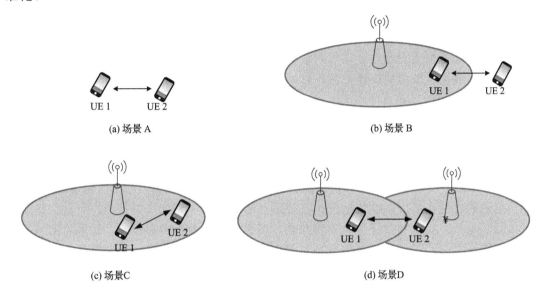

(a) 场景 A　　　　　　　　　　　　　　　　(b) 场景 B

(c) 场景C　　　　　　　　　　　　　　　　(d) 场景D

图 7-5　3GPP D2D 技术研究场景

表 7-1　D2D 场景的定义

场　　景	UE 1	UE 2
A: 覆盖范围外	覆盖范围外	覆盖范围外
B: 部分覆盖	覆盖范围内	覆盖范围外
C: 单小区覆盖范围内	覆盖范围内	覆盖范围内
D: 多小区覆盖范围内	覆盖范围内	覆盖范围内

表 7-2　LTE D2D 服务类型

	网络覆盖范围内	网络覆盖范围外
D2D 发现	非公共安全和公共安全应用	公共安全应用
D2D 通信	公共安全应用	公共安全应用

D2D 公共安全应用的近距离服务用例包括以下几种：

● 无覆盖或几乎无覆盖——由于传输损耗或局域环境原因导致网络无法布设的场景，或由于用户移动到覆盖很弱的区域。

● 覆盖失败——由于自然灾害、动力切断、设备损坏等原因造成的网络覆盖失败的区域。

- 额外容量——为某些事故的情况提供额外的容量。
- 本地通信需求——用于无需网络控制的本地通信场景。

LTE D2D 发现与 D2D 通信两种业务对于系统设计的要求有所不同。D2D 发现业务对于时延不敏感，其时延达到几秒量级对于用户的体验也几乎没有影响。同时，D2D 发现业务传输的数据包相对较小，一个 D2D 发现的数据包大小仅为 200 比特左右[15]。D2D 通信业务由于需要支持如 VoIP 之类的实时语音和视频业务，对传输的时延和可靠性的要求都比较高。因此，LTE D2D 针对 D2D 发现和 D2D 通信设计了两套不同的传输机制。根据业务的特性，D2D 发现的传输资源块大小、数据包大小、调制和编码速率都是固定的。发射端按照网络配置的资源周期性地发送数据包，或者在网络配置的资源池内随机选择资源发送数据包。资源池在时域内周期性重复，终端可以在每个周期的资源池内随机选择资源进行传输。D2D 通信支持的业务类型更多，数据包大小会发生变化，因此发送端除了发送数据包之外，还要发送控制信息。控制信息包括调制阶数、编码速率、资源分配信息等。接收端首先检测控制信息，然后按照控制信息的指示接收数据。

LTE D2D 通信按照传输方式的不同，可以分为单播、组播和广播通信。单播是指一对一通信，只有目标接收端才能正确接收数据包。组播是一对多通信，一个终端发送数据包，同一个组内的终端都可以接收数据包。广播是一对多通信，一个终端发送，所有的终端都可以接收。此外，D2D 通信还包括中继传输，即通过终端设备参与转发，实现与网络或者另外一个终端之间的通信。中继传输通常用来扩大网络的覆盖范围，弥补覆盖盲区，也可以用来提升系统容量。

2014 年年底 3GPP LTE Rel-12 完成了 LTE D2D 的第一个版本的标准化，同时支持 LTE D2D 发现和 D2D 通信。

7.2 终端直通关键技术

7.2.1 D2D 同步技术

1. 概述

按照终端直连通信时的同步方式，终端之间的 D2D 通信可以分为同步通信和异步通信两种方式。其中，同步通信的终端在通信之前要先完成同步过程，终端基于同步参考信息进行通信信号的发送和接收；而异步通信的终端则直接进行通信信号的发送和接收，终端在通信之前不需要任何预先同步过程。相比于异步通信，同步通信具有两个显著的优势：

- 同步通信中，邻近的发送终端之间通常是同步的，可以通过时域、频域或者码域上的资源复用进行正交传输，从而控制不同通信信号之间的干扰。
- 同步通信中，接收终端可以获知检测信号使用的同步参考信号，只需要在相应时频位置进行检测，检测复杂度较低；而在异步通信中，接收终端需要实时检测可能存在的通信信号，检测复杂度和功率损耗要高得多。

基于以上原因，同步通信是目前 D2D 通信研究的重点。而在同步通信中，同步是至关重要的一个过程，也是保证通信质量的前提。在典型的同步过程中，终端首先接收基站或者其他终端发送的同步信号，收发两侧通过同步信号建立同步关系，进而进行信号的同步发送和接收。常见的场景是同小区终端之间的 D2D 传输，可以基于同一服务小区提供的同步参考信号进行发送和接收。

与传统蜂窝传输中的同步过程不同，D2D 通信中的同步是终端之间的同步，需要考虑更多的因素：

● 终端的移动性。由于发送和接收同步信号的终端都可能是移动的，导致同步的稳定性无法保证，同步建立和维持起来更难。

● 同步源的选择。系统中可能存在大量的 D2D 终端，如果很多 D2D 终端都发送同步信号，可能造成干扰、资源、功率浪费等问题。

● 参考同步源的选择。终端周围可能存在多个发送同步信号的节点，从这些信号中选择同步信号源是同步网络建立的基础。

● 网络覆盖外的同步机制。网络覆盖内的终端间同步一般都可以基于基站的辅助实现，相对简单；但在网络覆盖外，需要研究如何建立与网络覆盖内相类似的稳定同步网络。

针对以上终端间同步通信中的问题，我们将研究终端同步过程所需的同步建立和同步维持相关的技术；另外，根据中心节点类型的不同，终端间同步可以分为网络辅助的同步和终端自组织的同步，下面将分别介绍。

在讨论具体的同步方式之前，首先对一些同步过程中经常涉及的概念进行定义。

● D2D 同步信号：用于终端之间同步的信号，包括终端发送的 D2D 同步信号和基站发送的蜂窝主同步和辅同步信号。

● 同步源：发送 D2D 同步信号的基站或者终端称为同步源，本节中一般特指终端。

● 参考同步源：对于某个终端来说，为其提供同步参考的同步源称为参考同步源，终端基于参考同步源发送的同步信号实现同步。

2．网络辅助的同步

以网络中的基站作为中心节点（参考同步源）的同步方式称为网络辅助的同步，这种同步网络中的终端都与某个邻近的基站同步，是对蜂窝系统的同步方式的一种扩展。对同一小区内的终端，通过各自与服务小区的同步就可以实现终端间同步，这里不过多介绍。本节主要介绍小区间通信和部分覆盖两种场景的同步方式，介绍如何通过网络的辅助实现这两个场景的终端间同步。

1）小区间通信的同步

对于网络覆盖内的终端，可以采用与 LTE 系统类似的方式从基站获得同步参考，实现终端之间的同步。如果网络内的基站之间都是同步的，比如在 TD-LTE 系统中，终端只需要与各自的服务小区同步，就可以实现与网络覆盖内其他终端（包括本小区和其他小区终端）的同步，从而进行同步通信。而在实际的通信过程中，由于不同小区之间的定时误差、各终端获取下行定时的时间不同以及传播时延等因素的影响，终端之间仍可能存在一定的同步误差（一般为几微秒到几十微秒），并不是理想同步的。此时基站可以辅助终端进行同步误差的校准。比如，基站可以根据同步误差的范围，指示终端一个相应的检测窗口，保证目标接收信号落在该检测窗口范围内，从而进行同步的信号检测。

如果基站之间不同步，没有统一的时钟，则不同基站服务的终端难以通过与基站同步的方式直接实现终端间同步。为了实现终端间通信，需要基站提供更多的辅助同步信息给终端，使得终端间实现"虚拟同步"状态进而完成 D2D 通信。具体来说，基站从邻近的基站获得邻小区定时差和 D2D 子帧配置信息后，基于本小区的同步对 D2D 资源的时域信息进行调整，匹配相邻小区配置，并将调整后的 D2D 资源配置信息通知终端，终端基于该资源配置进行 D2D 信号的检测。此时，虽然终端与邻小区的终端并不是同步的，但经过基站的资源指示调整后，终端只需要按照同步通信的方式进行检测，不需要进行异步检测，从而达到"虚拟同步"的效果。由于 D2D 资源配置一般以子帧为单位，而小区间的同步差别一般不会是整数个子帧，此时基站仍然要指示一个检测窗口，使终端在该窗口内搜索目标接收信号的起始位置。

非同步网络的网络辅助同步过程如图 7-6 所示。这里假设小区 A 和小区 B 的定时差别为 $k+p$ 个子帧，其中 k 为子帧级同步差别，$0<p<1$ 为子帧内同步差别。假设小区 A 的 D2D 信号在子帧 N 传输，则小区 B 的基站在获知该子帧配置信息以及小区间的定时差别后，指示给小区 B 内终端的资源并不是子帧 N，而是子帧 $N+k$，这样小区 A 和 B 的终端之间只剩下 p 个子帧的定时差别，相当于完成了一个粗同步的过程。接着，小区 B 再通知终端一个长度为 L，$L>2p$ 的检测窗口，终端在该检测窗口内就可以检测到小区 A 的 D2D 信号起始位置。为了进一步降低终端在检测窗口内盲检 D2D 信号的复杂度，小区 A 的终端可以在发送数据前先发送 D2D 同步信号，小区 B 的终端在检测窗口内检测到小区 A 终端发送的同步信号获得精确定时后，再检测对应位置的 D2D 通信数据。这样，异步的小区之间也实现了同步通信。

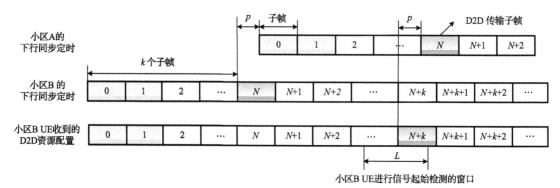

图 7-6 非同步网络的基站辅助同步过程

2）部分覆盖场景的同步

在一些场景中，基站并不能覆盖所有的区域，有部分区域处于网络覆盖的盲区，这种场景称为部分网络覆盖的场景。在该场景中，同时存在覆盖内终端和网络覆盖邻近的脱网终端，前者可以与服务小区进行同步，后者则无法跟踪基站的下行同步。由于脱网终端与网络异步，可能对蜂窝传输特别是边缘终端的蜂窝传输造成严重的干扰；同时，脱网终端如果要与覆盖内终端通信，仍然要先获得网络的同步；脱网终端之间的通信也需要一个共同的同步参考。因此，需要解决如何让脱网终端获得网络同步的问题。

为了实现这种场景下的同步，最直接的方式就是覆盖内终端发送 D2D 同步信号，使网络的同步覆盖扩展到这些邻近的脱网终端。为了降低终端的功耗，基站可以决定哪些网络覆盖内终端可以传输 D2D 同步信号给网络覆盖外终端。比如，基站可以配置一个功率门限，使覆盖边缘的终端传输同步信号，而非边缘终端就可以节省一些功率。与覆盖内终端同步的脱网终端也可以发送 D2D 同步信号，将网络的同步扩展到更大的范围。通过这种机制，以基站为中心的同步网络也能覆盖邻近的一些脱网终端，使它们可以和覆盖内终端使用统一的同步参考，既保证了脱网终端和覆盖内终端及附近其他脱网终端之间的同步通信，也避免了异步传输可能造成的相互干扰。

由于同步误差随着同步转发的次数增加而累积，为了保证这种以网络为中心的同步机制的可靠性，网络的同步不能被无限制地转发。首先，如果一个脱网终端收到覆盖内终端和脱网终端发送的同步信号，应该优先与前者同步，因为前者的同步信号转发次数少，更为可靠。其次，如果脱网终端只收到其他脱网终端发送的同步信号，其中部分同步信号的同步来自于网络，而部分同步信号的同步不是来自于网络，则终端如何选择自己的同步参考会直接影响同步网络的建立。此时，可以考虑两种同步方式：

① 以同步可靠性为原则，同步信号被转发次数越少，作为同步参考的优先级越高，不考虑同步的来源。

② 以扩大网络同步覆盖为原则，同步来自于网络的同步信号作为同步参考的优先级始终高于同步不是来自于网络的同步信号。如果同步来源相同，可以依据同步信号的转发次数选择同步参考。

图 7-7 给出了部分覆盖场景下这两种同步方式的示意图。同步方式①可以尽可能保证终端与周围同步源之间的同步精度，但可能形成多个独立于网络的异步的同步簇，簇之间的 D2D 通信需要额外的同步过程。同步方式②可以尽可能地扩大网络同步的覆盖，但由于网络同步被转发的次数可能很多，同步覆盖内的终端之间的同步精度难以保证。一种折中的方式是限制网络同步转发的次数，当转发次数在一定范围内则采用同步方式②，当转发次数超过限制则采用同步方式①。

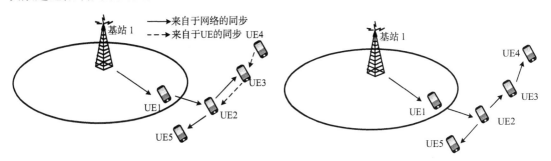

图 7-7　部分覆盖场景同步示意图（左：同步方式①　右：同步方式②）

3. 终端自组织的同步

在一些没有网络覆盖的区域，或者距离网络覆盖较远的区域，无法基于上述的同步方式获得网络同步。此时，终端需要采用自组织的方式形成以终端为中心的同步网络。此时，一些 D2D 终端需要扮演类似基站的角色，自己作为同步中心节点，确定同步参考并发送同步信号为周围的终端提供同步参考，这些终端称为独立同步源（Independent Synchronization Source, ISS）。如何基于 ISS 建立起稳定的同步网络是自组织的同步方式需要解决的问题。

脱网终端需要进行 D2D 传输时，需要先检测周围是否有其他同步源，如果没有则可以成为 ISS；否则，应该尽量与其他终端同步以避免形成多个异步的同步簇。而在无网络覆盖场景最常见的情况是，终端能够收到多个来自不同同步源的同步信号，这些同步源具有不同的同步属性（比如是否为 ISS、同步维持时间、同步接收质量等），终端如何从中选择参考同步源是同步网络建立的关键问题。在这里，我们介绍几种典型方法，用于终端确定参考同步源，基于这些方法可以建立不同结构的同步网络。

1）基于竞争的同步

一种通信系统常用的同步方式是基于随机广播的同步方式，即终端可以以随机的时间点发送同步信号，典型的实现方式是基于竞争的同步方式。在这种竞争机制下，终端需要公平竞争发送同步信号的机会，而最先发送同步信号的终端就可以优先成为 ISS，其他终端需要与之同步。这种方式在分布式网络中被广泛使用，不仅用于 IEEE 802.11 标准[16]，也可以用于许多其他的场景[17,18]。在文献[19]中，该同步机制也被引入到 D2D 通信中，利用分布式同步方式建立一个同步的通信网络。

基于竞争的同步方式 D2D 终端之间建立同步的步骤如下：

（1）终端确定最大同步搜索时延，该时延一般预先约定好。

（2）终端在最大搜索时延内随机确定一个搜索时间长度，并启动相应长度的定时器。

（3）终端在该时间长度内搜索其他终端发送的同步信号，并将最先接收到的同步信号作为 D2D 通信传输的同步参考，并停止定时器。

（4）如果在搜索时间长度内没有搜索到同步信号，则终端自己成为 ISS 发送同步信号。

考虑到 D2D 通信的具体情况，可以对该方法进行一定的应用优化：

（1）根据终端类型或者终端等级的不同来确定最大搜索时间长度。比如，对于优先级较高的终端类型，搜索时延可以更短一些，例如与 GPS 同步过的终端、发送功率较高的终端或者电池剩余电量较多的终端。

（2）终端搜索其他终端的同步信号时，可以基于一定的接收功率门限进行判断，只有高于该门限的同步信号才能作为同步参考，这样就保证了同步的可靠性。

在同步网络建立过程中，这种同步方式在保证公平性的前提下，能够尽可能避免出现多个异步的同步簇，从而在分布式场景也能建立统一的同步网络。但是，在同步网络已经建立的情况下，该方式难以有效处理隐藏节点的问题，只能达到局部网络的同步。而且，这种同步方式主要应用于静止的终端（比如 WiFi 路由器），考虑到 D2D 终端的移动性，同步网络并不是稳定的，这种竞争方式无法解决同步簇的融合问题。

2）基于可靠性的同步

同步可靠性是反映终端间同步稳定性的一个重要方面，主要通过同步信号的接收信号质量来保证，这也是衡量同步可靠性的常用方法。基于可靠性的同步方式是终端根据接收到的同步信号质量来选择参考同步源，而同步信号质量最直接的反映就是信号接收功率大小。具体实现中，如果终端接收到来自多个不同同步源的同步信号，可选择其中接收功率最大的同步信号作为同步参考。

这种方法不需要同步信号携带任何信息，可以简化同步信号设计，简化参考同步源的选择流程。同时，接收功率最大化也能保证终端与其参考同步源之间的同步误差最小化。但是，在多跳同步的网络中，ISS 的同步可能被多次转发，仅仅依靠可靠性来选择同步参考可能会影响系统的整体同步。同步网络中可能存在大量初始同步源相同但同步转发次数差别较大的同步信号，由于每次转发都会造成同步误差的累加，这些同步信号之间可能存在很大的同步误差。而且，由于终端是移动的，同步信号的接收功率会不断变化，导致终端可能会频繁地改变同步参考，影响同步的稳定性进而影响 D2D 通信的连续性。所以，该方案需要配合一定的同步维持机制来保证稳定性。

3）基于同步信息的同步

为了解决前述分布式 D2D 同步中的移动性和稳定问题，可以考虑在同步信号中携带一些用于确定同步优先级的同步信息，接收终端基于这些信息来选择参考同步源。常用的同步信息包括：维持时间长度、同步源标识（ID）和转发级数等。

（1）基于维持时间长度的同步。

如果在同步信号中携带了同步源的维持时间长度信息，接收端可以根据接收到的同步信号，选择其中维持时间最长（即最早出现的同步源）的同步信号作为同步参考。如果同步源是 ISS，则携带自己的维持时间长度信息；如果同步源是转发 ISS 同步的其他终端，则同步信号中的维持时间长度信息也是转发自 ISS 的信息。ISS 如果收到了来自其他终端的同步信号且其中携带的同步维持时间长于自己，也可以改变自己的同步参考转发该同步，从而解决了同步簇的融合问题。

基于这种同步机制，假设每个 ISS 开始发送同步信号的时间不同，经过一段时间的同步后，整个系统只会存在最早出现的 ISS 来提供初始同步，其他终端的同步均来自于该 ISS，即可以达到某种程度上的全网同步。在实际使用时，该方法仍会有一些问题，这种理想效果很难达到。一方面，由于系统内终端的同步都转发自同一初始同步源，导致该同步被转发的次数很多，同步误差多次累加之后无法保证同步可靠性。另一方面，由于能够携带的信息有限，同步信号中无法直接指示绝对的同步维持时间信息。如果同步信号能够携带的最大时间长度是有限的，则可能由于隐藏节点的存在或者新节点的加入而使同步网络变得不稳定。

（2）基于同步源标识的同步。

该同步方式与基于维持时间长度的同步方式类似，只是用同步源标识信息来代替同步维持时间长度信息。假设每个同步源都有自己独有的标识并携带在同步信号中，则接收端可以基于同步源标识依据固定的规则选择参考同步源。比如，同步源标识取值越小的同步信号作为同步参考的优先级越高。

该同步方式理想情况下也可以达到全网同步,且在标识数量足够时能克服(1)中同步信号携带的同步维持时间长度有限的缺点。但在新节点加入时,该方法不能保证现有同步网络的优先级,会破坏已经建立的同步网络,影响正在进行的 D2D 传输。

(3)基于转发次数的同步。

为了减少同步被转发的次数,可以在同步信号中携带同步转发次数的信息,接收端选择转发次数最少的同步信号来获得同步参考。对于转发次数相同的同步信号,可以根据接收信号质量判断优先级,保证同步精度。由于同步的转发会引起同步误差的累加,基于转发次数的同步能够保证终端与初始同步源之间的同步转发次数最小,从而尽可能降低各终端与 ISS 之间的同步误差。

在一个以 ISS 为中心的同步簇中,为了控制簇内的同步误差范围从而真正实现分布式同步,一般要对同步转发次数进行一定限制,如图 7-8 所示。此时,每个同步簇的覆盖范围是有限的,系统中就会存在多个异步的同步簇,簇间的 D2D 通信和终端移动引起的簇融合会增加额外的同步复杂度。

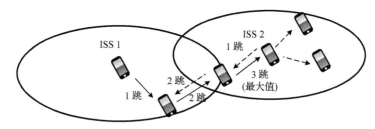

图 7-8   基于转发次数的同步流程(以最大跳数=3 为例)

以上 3 种基于同步信息的同步方式各有其优势与缺点,在同步网络建立过程中,终端可以结合几种同步信息来选择同步参考。比如,同步源的优先级可以由如下公式得到:

$$k = f(t, N, M) \quad 例如, \quad k = a \cdot t + b \cdot N + c \cdot M$$

式中,t 为同步源的维持时间长度,N 为同步源标识,M 为当前同步被转发的次数,a、b、c 分别为各自的权重。这种方式可以对几种方式进行折中,从而避免较为明显的缺点。此时,同步信号中需要携带所有 3 种信息,对同步信号设计提出了更高的要求。

4.同步维持与更新

终端确定参考同步源和同步参考后,可以基于建立的同步网络开始进行 D2D 通信。但是,终端是移动的,续航能力也有限,基于终端的同步网络并不是稳定的。比如,一个终端的参考同步源可能移动出终端的接收范围,也可能由于电池耗尽而关机,或者可能有优先级更高的同步源出现在终端附近。因此,同步网络建立后还需要进行维持和更新,以保证终端间同步始终存在,从而支持连续的 D2D 通信。

网络覆盖内终端的参考同步源为基站,因此终端的同步维持和更新过程与服务小区的跟踪和选择过程是一致的。也就是说,终端可以按照小区切换的流程来进行参考同步源的维持与更新,只有在服务小区发生变化时才需要更新同步参考。在切换过程中,终端仍然可以按照原来的同步参考进行 D2D 传输,直到小区切换完成。

对于脱网终端，由于同步源都是移动的终端，其接收到的同步信号数量和强度可能会快速变化，根据确定原则选择的参考同步源也不稳定。虽然终端可以随时监测收到的同步信号，不断更新自己的参考同步源，但频繁改变同步参考不利于 D2D 通信的稳定性。一旦终端的同步参考改变，正在进行的 D2D 传输就会中断，接收端需要重新与发送端进行同步才能继续进行 D2D 通信，这显然会明显影响传输性能。为了保证 D2D 通信的连续性，同时降低终端维持和更新同步参考的复杂度，终端更新参考同步源的频率不能太高。此时，可以通过一些限制条件，比如周期性更新同步参考或者设定最小的更新间隔，来保证同步的稳定性。如果不满足更新周期或者更新间隔的要求，即使周围的同步源发生变化，终端仍然应按照之前确定的同步参考进行传输。

终端如何进行同步信号搜索以确定参考同步源也是需要解决的问题。结合不同的更新时间限制方式，可以考虑两种方案：

（1）同步更新是周期性的，同步簇内的终端使用相同的同步信号搜索时间窗和同步更新时刻。在搜索时间窗内，终端只进行同步信号的收发，D2D 业务中断以方便同步信号的搜索，且在更新周期内终端不改变同步参考。

该方案对应的参考同步源更新流程如图 7-9 所示。

该方案的优点在于如果存在稳定的初始同步源，同步簇内的终端仍然会选择统一的同步作为同步参考，所以业务不太会受到同步的影响。而且，只要更新周期足够长，终端检测同步信号并更新同步参考的频率不高，同步复杂度很低。如果同步网络本身是稳定的，终端移动性很弱，则该方案能够尽可能地维持这种稳定性。但在实际系统中，以终端为中心的同步网络很难保证其稳定性，所以这种机制也有几个问题。一方面，如果簇内终端同时更新自己的参考同步源，可能出现不同终端选择了不同的同步参考的不匹配情况。其次，在一个同步簇内，如果原来的 ISS 突然消失，所有原来与之同步的终端都在同样的时间窗内搜索同步信号并在同一时刻改变同步参考，会导致一个同步簇分裂成多个异步的同步簇。而且，业务的长时间中断对业务连续性也是不利的。

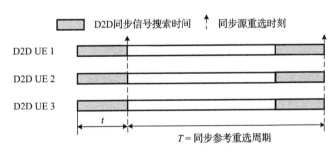

图 7-9   方案（1）对应的参考同步源更新流程

（2）终端可以在任意与业务不冲突的时间内进行同步信号搜索，且在满足设定的最小更新间隔的条件下，终端检测到的优先级最高的同步信号发生变化时，可以改变自己的同步参考。

这种搜索方式不会影响 D2D 业务的传输，而最小更新间隔的设定也可以保证低同步复杂度和高同步稳定性。终端改变同步参考的条件包括原有的参考同步源的同步信号变弱或者消失，或者有其他优先级更高的同步信号被终端检测到。该方案对应的参考同步源更新流程如图 7-10 所示。

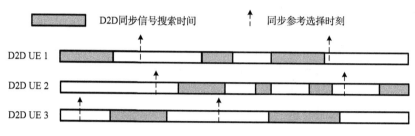

图 7-10　方案（2）对应的参考同步源更新流程

基于该方案，每个终端搜索异步的同步信号和更新同步参考的时间被随机化了，且不会影响数据传输，从而可以一定程度上避免方案（1）中几个的问题。同时，在满足了最小更新间隔后，终端可以通过跟踪同步信号的变化随时更新自己的同步参考，从而缩短了同步连接重建的过程，有利于同步网络的快速建立。当然，这些好处是以复杂度增加为代价的，终端搜索同步信号和更新同步参考将更为频繁。该方案在同步网络不太稳定、终端的同步参考可能经常变化的场景，可以尽可能地保证 D2D 业务稳定性。

7.2.2　资源管理

无线资源是无线通信系统运行的基础。由于无线移动通信系统通信介质的特殊性，无线移动通信的各个参与方需要共享无线资源，包括时间资源和频率资源等。因此，无线资源在各个参与方之间的分配机制，也就是无线资源管理，是影响系统性能的关键因素。

D2D 通信系统的无线资源管理问题相对于传统蜂窝系统更加复杂，除了传统的蜂窝链路之间的资源分配之外，还需要考虑蜂窝链路和 D2D 链路以及 D2D 链路之间的资源分配。

- 蜂窝链路与 D2D 链路的资源分配：D2D 与蜂窝共存的系统中，蜂窝链路的正常通信需要得到保证，因此在 D2D 与蜂窝链路的资源分配中，需要在保证蜂窝链路正常通信的前提下，优化 D2D 链路的吞吐量等指标。
- D2D 链路之间的资源分配：不同 D2D 链路共享时频资源可以充分利用 D2D 链路之间的空间隔离，最大程度地复用有限的频谱资源。

1．D2D 与蜂窝链路资源分配

简单来说，蜂窝链路和 D2D 通信之间的资源共享主要分为正交式和复用式共享，如图 7-11 所示。

（1）正交式共享：采用正交方式进行无线资源共享是指在无线资源使用上以静态或动态的方式对无线资源进行正交分割，使蜂窝通信和 D2D 通信使用相互正交的资源。这种方式在蜂窝通信无线资源使用率并不高、仍然有空闲无线资源的情况下较为适用。虽然这种方式避免了蜂窝和 D2D 之间的干扰，其在频谱利用率方面却是低效的。

（2）复用式共享：采用复用方式进行无线资源共享是指 D2D 通信以合理的方式对正在

使用的蜂窝资源进行共享重用,并将干扰限制在一定水平范围内。这种方式能够发挥 D2D 短距离通信的优势,更加高效地利用无线频谱资源,从而提高系统容量和性能,因此采用复用方式进行无线资源共享将会是需求更大、应用更广的方式。蜂窝和 D2D 用户的同频分配对于运营商来说更为高效和有利,但是从技术的角度出发也将更为复杂。

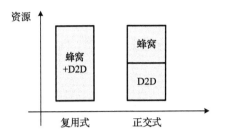

图 7-11　复用式与正交式资源共享

比较而言,正交式共享容易实现,但频谱利用率低。复用式共享要求相对较大的信令开销,控制复杂度更高,但可以获得更好的系统性能。对于复用式共享,为了控制干扰,系统需要有一个中央实体负责分配每个通信单元使用哪些资源。该实体需要收集来自 D2D 用户和蜂窝用户的信息,并据此找出一种最优或次优的解决方案。大量 D2D 用户的存在,以及允许多个 D2D 用户和蜂窝用户共享相同资源,将会使优化问题十分复杂。因此,在这种情形下,分布式的消除同层(D2D 用户之间)以及跨层干扰(D2D 和蜂窝用户之间)的方法将更加适用。在非合作的解决方案中(即自组织方法),每个 D2D 用户以最大化吞吐量和用户服务质量(Quality of Service, QoS)为目标自行选择资源。这种方案不顾及分配结果对同频 D2D 和蜂窝用户产生的影响,可能会造成相当大的干扰。因此,无线资源的接入变成机会式接入,方案可能退化为贪婪算法。另一方面,在合作的解决方案中,D2D 用户能收集到无线资源占用情况的部分信息,并据此考虑自身可能对其他同频用户造成的干扰,进而选择资源。在这种方式中,蜂窝和 D2D 用户的平均吞吐量、QoS 及其整体性能均可得到优化。

我们以一个小区内一对 D2D 用户和一个蜂窝用户共享上行频谱资源为例进行说明,所述系统如图 7-12 所示。其中 g_d 是 D2D 发射端到基站的信道增益,g_c 是蜂窝用户到基站的信道增益,h_d 是 D2D 发射端到 D2D 接收端的信道增益,h_c 是蜂窝用户到 D2D 接收端的信道增益。D2D 用户和蜂窝用户的发射功率分别为 P_d 和 P_c,则 D2D 和蜂窝用户传输的 SINR 分别为:

$$\text{SINR}_{\text{D2D}} = \frac{P_d h_d^2}{P_c h_c^2 + I_{\text{D2D}}}$$

$$\text{SINR}_{\text{蜂窝}} = \frac{P_c g_c^2}{P_d g_d^2 + I_{\text{蜂窝}}}$$

式中,I_{D2D} 和 $I_{\text{蜂窝}}$ 分别为 D2D 用户和蜂窝用户受到的背景干扰和噪声。该资源上系统能达到的容量为 D2D 用户和蜂窝用户之和:

$$
\begin{aligned}
C &= \log_2(1 + \text{SINR}_{\text{D2D}}) + \log_2(1 + \text{SINR}_{\text{蜂窝}}) \\
&= \log_2\left(1 + \frac{P_d h_d^2}{P_c h_c^2 + I_{\text{D2D}}}\right) + \log_2\left(1 + \frac{P_c g_c^2}{P_d g_d^2 + I_{\text{蜂窝}}}\right)
\end{aligned}
$$

可见,D2D 用户和蜂窝用户的发射功率以及各条链路的信道增益都对系统的容量有直接的影响。D2D 用户和蜂窝用户相互干扰,是否选择 D2D 用户与蜂窝用户共享资源,以

及选择哪些用户与蜂窝用户共享资源对系统性能有重大的影响。文献[20]提出了一种复用
式共享下的无线资源管理算法，将资源分配表述为一个非线性优化问题，并将该问题分解
为 3 个子问题进行求解，同时保障 D2D 用户和蜂窝用户的 QoS 要求。文献[21]则考虑多对
D2D 用户与多个蜂窝用户之间进行资源分配以及模式选择的问题，在最小速率约束的条件
下最大化系统吞吐量，并通过粒子群优化算法进行求解。在 OFDMA 系统中，无线资源在
时域内可以划分为子帧，在频域内可以划分为子信道，文献[22]研究了这样的系统内的调
度和模式选择问题。文献[23]通过两阶段求解方法解决蜂窝系统内的复用式 D2D 资源分配
问题。文献[24，25]研究了一个单小区场景内一个蜂窝用户和两个 D2D 用户共享资源的问
题。文中假设基站知晓所有链路的瞬时信道状态信息，并且基站可以控制 D2D 用户的发射
功率和占用的资源。在不同的资源共享模式下，包括正交式共享、复用式共享和蜂窝传输，
最大化系统内的和速率，并且满足能量和功率约束。作者通过理论分析证明了最优解可以
以闭式解的形式给出，或者从一个集合中选择出来。文献[4]也给出了类似的研究结果，区
别在于文献[4]中假设基站仅知道所有链路的统计信道状态信息。

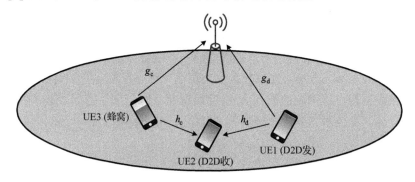

图 7-12   蜂窝用户与 D2D 用户共享资源

博弈论提供了一系列数学工具以研究相互依存的理性玩家之间复杂的互动关系，并预
测他们的策略选择，适合解决 D2D 资源分配的问题。文献[26]提出了一种基于序列第二报
价竞拍（Sequential Second Price Auction）的 D2D 资源分配方法。在第二报价竞拍中，赢
家需要付出第二高报价的价格。在竞拍过程中，拍品为无线资源块，每个 D2D 用户对为其
想占用的无线资源进行报价。D2D 用户为每个无线资源报价的价格是该对 D2D 用户在拍
卖的无线资源块上的吞吐量。文献[27]提出了一种反向迭代组合拍卖作为 D2D 通信频谱资
源分配机制，它允许多个用户对共享同一块资源。这种拍卖算法在性能表现上远远优于随
机资源分配，其复杂度低于穷举最优选择算法。并且，拍卖机制提供了较高的分配效率，
其在不同的用户和资源参数下表现稳定。

基于组合拍卖的资源分配机制允许竞拍者一次性收购若干资源的组合包，不只是个体
资源单位。组合拍卖激励竞拍者充分表达他们的喜好，这有利于提升系统效率和拍卖收益。
基于此，应用组合拍卖的目标是解决任意数量的 D2D 通信链接复用同一蜂窝频段的问题。
然而，在组合拍卖中存在一系列的问题和挑战，例如定价和拍卖规则、获胜者确定问题
（Winner Determination Problem，WDP）。一些文献提到，WDP 将导致 NP 困难问题。因此，
学者提出了一种演进机制——迭代组合拍卖（Iterative Combinatorial Auction，ICA），这种

机制允许竞拍者多次迭代地提交竞标，拍卖者计算临时分配结果并在每一轮竞拍中要价。

ICA 的设计，特别是集中式的 ICA 设计，通常基于要价机制。这里的算法使用线性价格规则，它容易被竞拍者理解，并且方便在每一回合中通信。多个 D2D 用户对的组合可看作一个"物品包"；蜂窝信道在被 D2D 占用后可获得额外的信道速率增益，故看作是收购物品的"竞拍者"。D2D 通信需要耗费信令传输代价并引入同频干扰代价，在拍卖中抽象地用价格来衡量代价的多少。由于来自 D2D 链路的干扰，蜂窝信道需要在 D2D 接入之前确保蜂窝系统的性能，只有在代价不至影响本身性能的前提下才进行竞拍。因此，该方案使用一种降价标准。价格通过一种贪婪模式进行更新：一旦有竞拍者提交申请竞购，对应竞购物品的价格则固定；否则对应物品降价。拍卖过程迭代进行，直到所有的 D2D 通信链路均拍卖掉或所有蜂窝信道赢得一个物品包，则拍卖结束。

不同资源量下的系统和速率如图 7-13 所示。可以看到，系统和速率随着资源量的增加而上升。在几种不同分配算法中，穷举搜索最优选择（Exhaustive optimal）算法给出了和速率的上界。R-ICA 是文献[27]所述的反向迭代组合拍卖算法，简化 R-ICA（Reduced R-ICA）算法是将共享同一蜂窝信道的 D2D 用户对数量限制为 1。可以看出，R-ICA 算法性能远高于随机选择（Random Selection）。最优分配给出最高的系统和速率，但这种优势相比于R-ICA 算法是相当微小的，特别是当蜂窝资源量增大的时候。

2．集中式资源分配

集中式资源分配由一个中心控制实体负责各条链路的资源分配。资源分配的性能取决于中心控制实体掌握的信息是否全面。完成集中式资源分配需要的相关信息包括各条链路的信道增益、各个接收端受到的干扰情况、各个发射端的业务负荷等。集中式资源分配的优势是可以进行全局优化，获得最优的性能。相应地需要付出计算复杂度的代价。此外，中心控制实体获取相关信息也会带来一定的系统开销。例如，各条链路的信道增益需要由各个节点测量后上报给中心控制实体，占用系统的频谱资源。

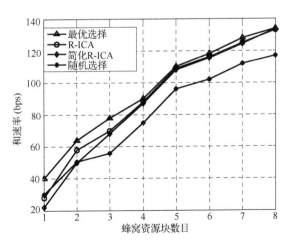

图 7-13　不同资源分配算法得到的系统和速率

集中式资源分配的中心控制实体可以是网络的基站，也可以是一些具有特殊能力的

D2D 终端，这类终端称为簇头。存在网络覆盖的情况下，中心控制实体理应由网络设备承担，以体现运营商对频谱资源的管控。网络侧的基站，可以通过集中资源分配进行蜂窝与 D2D 的资源分配以及 D2D 链路之间的资源分配。

在没有网络覆盖的情况下，只能依赖簇头实现中心控制实体的功能。簇头可以完成 D2D 链路的资源分配，相应地，D2D 终端需要将相关信息上报给簇头。这里簇头并非网络设备，可靠性不能保证，可能发生故障。为此需要设计相应的机制实现簇头的重选，在原簇头发生故障的情况下，快速地建立起新的簇头。

按照中心控制实体对资源的控制程度，集中式资源分配可以进一步分为集中控制和半集中控制。

（1）集中控制。

中心控制实体精确控制 D2D 终端每次传输所占用的时频资源。集中控制的好处是中心控制实体可以获得全局的业务、干扰等实时信息，做出最优的决策，控制各种链路之间的干扰，优化全局的效率。中心控制实体基于实时的测量信息，或者终端上报的信息，确定 D2D 传输占用的资源，并将 D2D 传输的资源信息通过控制信令发送给 D2D 终端。无疑，集中控制会增加实现的复杂度和系统信令开销，在 D2D 链路较多的条件下，控制信令将成为系统运行的瓶颈。集中控制能最好地体现运营商对网络的管控。

（2）半集中控制。

半集中控制的资源分配将集中控制和分布式资源分配结合在一起。半集中的控制方式中，中心控制实体预先将一部分资源分配给一组 D2D 用户对，在该组内的用户进行分布式的资源分配。半集中控制可以获得集中式和分布式资源分配的优势，在中心控制实体掌握有限信息的情况下做出最佳决策，具有较低的复杂度和系统控制开销。

3GPP 定义的 LTE D2D 支持集中控制和半集中控制两种方式。对于集中控制，基站通过物理层控制信令将 D2D 传输占用的时频资源通知给 D2D 的发送端。对于半集中控制，基站则通过高层信令为终端配置传输资源池，D2D 发射端自行从资源池中选择传输所需的资源。通过配置资源池的方式，基站将分布式资源分配所能选择的资源控制在一定范围之内，可以避免 D2D 传输和蜂窝传输的干扰。

3．分布式资源分配

分布式资源分配，每个 D2D 发射端所占用的资源由其自己决定。事实上，分布式资源分配方式已经在通信系统中广泛使用，例如 WiFi、蓝牙、ZigBee 等。最早的分布式资源分配方案可以追溯到 IEEE 802.3 协议。该协议中是由一种称为载波侦听冲突检测（Carrier Sense Multiple Access with Collision Detection，CSMA/CD）的协议来完成资源调节的，这个协议解决了在以太网上的各个工作站如何在线缆上进行传输的问题，利用它检测和避免当两个或两个以上的网络设备需要进行数据传送时的冲突。CSMA/CD 有两个要点：一是发送前先检测信道。信道空闲就立即发送，信道忙就随机推迟发送。二是边发送边检测信道，一发现碰撞就立即停止发送。因此偶尔发生的碰撞并不会使局域网的运行效率降低很多。

无线通信系统中不能使用 CSMA/CD 协议，因为无线通信接收信号的强度往往远小于发送信号的强度，难以在发送的同时实现碰撞检测。IEEE 无线局域网标准 802.11 开发了 CSMA/CA 方案，通过冲突避免的方式来实现介质的共享。每个发射端在发射之前先检测信道。若检测到信道空闲，则等待一段时间后就发送整个数据帧。若检测到信道忙，则发射端随机选定退避时间，并且继续进行信道检测。只要检测到信道空闲，退避计时器就进行倒计时。当退避计时器减少到 0 时，终端就发送整个帧并等待确认。

CSMA/CA 机制在发送端进行冲突的检测和避免，但是从接收端的角度看，仍然有可能存在干扰问题，即所谓隐藏节点问题。如图 7-14 所示，在进行数据传输之前，终端 A 和终端 B 在进行冲突避免检测时无法听到对方的信号，均认为信道是空闲的，终端 A 和终端 B 都会进行数据发送。那么，在终端 C 会同时收到终端 A 和终端 B 的信号，两者互相干扰。

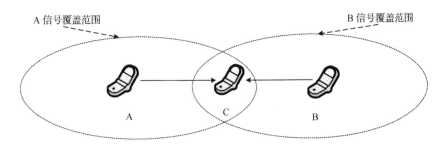

图 7-14　CSMA/CA 协议的隐藏节点问题

CSMA/CD 或者 CA 机制实际上实现了频谱资源的时分复用。对于有固定帧长度的宽带无线通信系统，如 LTE，资源的时分复用将会带来一定程度上的资源浪费，尤其是针对数据量较小的语音等业务。一种解决方案是将系统内的时频资源划分为更小的颗粒度，例如划分为若干子信道。终端根据信道条件，业务量等选择其中的若干子信道进行传输。最直接的选择方式是随机选择。随机选择方式下、用户之间发生冲突的概率和用户的数目以及子信道的数目有关。用户数目越高，冲突概率越高，子信道数目越多，冲突的概率越低。为减小冲突带来的影响，一方面可以根据用户数目以及业务量进行子信道的划分。另一方面，可以引入多次随机重传的机制，以避免两个用户的持续冲突。

发射端在进行子信道选择之前，可以先进行子信道测量，选择干扰较小的子信道进行传输，可以在一定程度上缓解冲突的影响。为配合这种测量机制，终端应发送持续的信道占用信号或者消息。终端对该信号进行检测，即可以获得相应信道的占用情况，从而避免资源选择的冲突。

如果实现 D2D 用户对之间的信息交互，则可以更好地进行资源的选择，避免冲突。如图 7-15 所示，用户 A 和用户 C 均有数据要发送，目标接收端分别是用户 B 和用户 D。用户 A 和用户 C 在发送数据之前，先发送探测信号给用户 B 和用户 D。用户 B 和用户 D 进行测量。测量包括两个方面，一是测量有用信号的强度，另外是测量干扰的强度，也就是用户 B 可以测量用户 C 对其产生的干扰，用户 D 测量用户 A 对其产生的干扰。用户 B 和用户 D 将测量结果反馈给用户 A（C），用户 A（C）基于反馈信息判决是否占用相应的资源。判决需要考虑两个因素，一是其传输的信号受到的干扰强度，二是其传输的信号对其他用户产生的干扰强度。上述资源分配机制需要复杂的协议设计来支持。

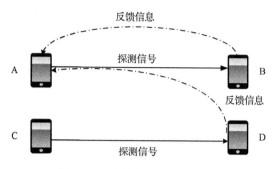

图 7-15 分布式资源分配算法

为了提高资源利用的效率，LTE D2D 支持时分复用和频分复用，也就是说允许不同的 D2D 用户在频域内复用，同时传输。然而，频分复用会引入所谓的"带内干扰泄漏"问题，严重恶化系统性能。带内干扰是指由于器件的非理想特性导致的子载波间的干扰。对于蜂窝传输，带内干扰不会带来严重的问题，因为经过网络控制的上行发射功率使得终端发射的信号到达基站大致在相同的水平。对于 D2D 传输，两个发射端到同一个接收终端的距离可能会差别很大，从而即使两个发射端在频域内是分开的，近端用户的信号也有可能淹没远端用户的信号。因此支持频分复用的分布式资源分配需要解决带内干扰问题。一种解决方案是时域内的随机化，一个用户的数据包在时域内重复传输多次，并且每次传输的时间是随机的。这样，远端用户的数据包总是被近端用户的数据包淹没的概率大大降低。该方案的问题是会降低传输的效率。高资源利用效率的解决方案仍然有待探索。

分布式资源分配的优势是实现简单、不需要对网络设备进行改动升级。其问题在于，随着 D2D 终端密度的提高，分布式资源分配的效率会越来越差。

7.2.3 干扰管理

1. 干扰分析

对于复用式的资源共享方式，D2D 终端在进行数据传输时，也会将所发送信号辐射到邻近的蜂窝终端或者基站，带来对蜂窝传输的干扰，从而引起蜂窝网络性能的下降。另外，新产生的 D2D 链路也会干扰已经存在的 D2D 链路的正常通信。假设 D2D 终端和蜂窝网络以及 D2D 终端彼此之间已经实现同步，并将网络定义为两个分离的层结构——D2D 层和蜂窝层。根据干扰源和受干扰方的层次不同，干扰可划分为：

- 跨层干扰。干扰源（例如，一个 D2D 终端）和受干扰方（例如，一个蜂窝终端）属于不同的网络层。
- 同层干扰。干扰源（例如，一个 D2D 终端）和受干扰方（例如，一个位置邻近的 D2D 终端）属于相同的网络层。

D2D 复用蜂窝传输的资源，可以是复用蜂窝上行频谱（上行子帧）资源或者是下行频谱（下行子帧）资源，干扰情况有所差别。

1）复用上行资源的干扰分析

复用上行资源进行 D2D 传输的干扰情况如图 7-16(a)所示。除了同层干扰外，跨层干扰可以分为两个类型：

● 类型 U-I。上行蜂窝信号对 D2D 接收的干扰。

● 类型 U-II。D2D 传输对基站接收蜂窝信号的干扰。

类型 U-I 干扰在蜂窝终端与 D2D 接收端距离比较近时对 D2D 传输的影响比较大。解决类型 U-I 干扰可以从以下两个方向入手：

● 通过资源分配解决，例如将产生强干扰的蜂窝终端和 D2D 终端调度到正交的资源上。

● 通过功率控制解决，限制上行蜂窝信号的发射功率。

限制蜂窝信号发射功率的方法会影响蜂窝用户的性能，在一般情况下不会被蜂窝网络采用。除非对于特定的网络类型，定义了优先级顺序，D2D 传输的优先级高于蜂窝传输的优先级，可以通过限制蜂窝信号发射功率的方法控制干扰。

资源分配的方法需要网络能够获知蜂窝终端和 D2D 终端的空间分布情况，将距离近（耦合损耗小）的终端调度到正交的资源上。对于具有网络定位或者卫星定位功能的终端，网络可以获知终端的地理位置信息，从而判断哪些蜂窝终端和 D2D 终端的距离过近，会产生干扰。网络定位的精度有限，卫星定位则受限于终端的实现成本，并且需要终端将位置信息报给网络。文献[28]提出一种基于距离的干扰控制方案，将蜂窝用户对 D2D 用户的干扰控制在一定范围之内，该方案需要蜂窝终端周期性地上报自身的位置信息。对于没有定位功能的终端，可以通过 D2D 终端测量辅助进行空间信息获取，例如 D2D 终端测量蜂窝终端发送的上行信号，并将相关测量结果报告给基站，由基站进行判断。文献[29]提出 D2D 终端监听蜂窝用户的下行控制信道，从而获得蜂窝用户的资源分配信息，D2D 终端将可以避免使用蜂窝用户占用的资源，避免干扰。

类型 U-II 干扰的强度主要取决于 D2D 发端到基站的距离、D2D 的发射功率，D2D 发端与蜂窝用户的空间角度隔离（基站采用多天线接收时角度隔离会有影响）等。

基站对 D2D 发射端的功率进行限制可以控制类型 U-II 干扰，例如设置 D2D 发射的功率最大值，设置 D2D 传输相对于蜂窝传输的功率回退值等。文献[30]提出通过 D2D 终端检测下行控制信号的接收功率以估计 D2D 发射端到基站的路径损耗，从而 D2D 终端可以通过控制发射功率使得蜂窝传输受到的干扰低于一定门限值。如果允许的发射功率低于 D2D 链路所需的最低发射功率，则 D2D 传输将不被允许。文献[29]则建议基站广播蜂窝终端可以容忍的 D2D 干扰，这样 D2D 发射端可以控制其发射功率使得其对上行蜂窝传输的干扰在一定范围之内。另一方面，基站可以通过提升蜂窝信号发射功率的方式减少 D2D 干扰的影响，但是会增大对系统内其他小区的干扰。

基站调度蜂窝用户时可以考虑其与 D2D 发端的空间隔离角度，隔离角度小于一定范围的避免调度到相同的资源，类似于普通的上行多用户 MIMO 传输的调度方式。如果基站采用多天线接收，则可以采用高级接收机对 D2D 的干扰进行抑制。

2）复用下行资源的干扰分析

D2D 传输复用蜂窝下行资源的干扰情况如图 7-16(b)所示。除了同层干扰外，跨层干扰也可以分为两种类型：

- 类型 D-I。下行蜂窝信号对 D2D 接收的干扰。
- 类型 D-II。D2D 传输对蜂窝终端接收下行信号的干扰。

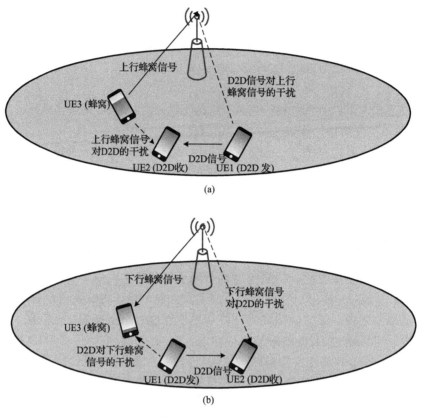

图 7-16　上下行干扰场景分析：(a)上行；(b)下行

　　类型 D-I 干扰类似于多用户 MIMO 传输中配对用户之间的干扰。如果基站配置了多根发射天线，则可以采用破零（Zero Forcing，ZF）一类的算法抑制对 D2D 接收端的干扰。算法运行所需要的信道状态信息可以由 D2D 终端（接收端）上报给基站。在调度的过程中，依据终端上报的信道状态信息选择合适的蜂窝终端和 D2D 终端调度到相同的资源上。但是下行的公共信号和信道，如导频信号和控制信道等，既没有方向性也不适合降低发射功率，其对 D2D 的干扰难以避免。

　　类型 D-II 的干扰可以通过资源协调结合功率控制的方式进行管理，基站需要获知 D2D 终端和蜂窝终端之间的链路信息或者位置信息。文献[31]提出一种基于用户位置的干扰管理策略，文中提出为 D2D 用户分配一个专用的控制信道。蜂窝用户监听该信道并测量其 SINR，如果 SINR 高于一个预定义的门限，终端则向基站发送一个报告。相应地，基站将不在 D2D 用户占用的资源上调度蜂窝用户。同时基站也将广播用户的位置信息和他们的资源分配信息，D2D 用户将避免使用这些会对蜂窝用户产生干扰的资源。文献[5]中 D2D 用户也测量蜂窝传输的信号功率，基站则避免将 D2D 和蜂窝传输调度到相互产生强干扰的资源上。

　　除了无线资源管理和功率控制之外，学术界也提出了一些先进的干扰管理方案，我们将在下面描述。

2. 干扰管理方案

1）干扰避免

干扰避免是通过资源的调度或者协调将相互强干扰的 D2D 链路和蜂窝链路配置到正交的资源上，避免干扰。上一节中提到的无线资源管理方案是干扰避免的一种。文献[32]提出一种基于干扰受限区域的干扰管理方案。一个 D2D 用户的干扰受限区域中的蜂窝用户不能与该 D2D 用户共享相同的时频资源，从而避免了 D2D 用户和蜂窝用户之间的干扰，如图 7-17 所示。该方案可以支持多用户 MIMO 蜂窝传输，也就是说支持多个蜂窝用户与一对 D2D 用户复用相同的资源。假设 D2D 用户对蜂窝用户的干扰已经通过功率控制等手段控制在一定范围之内，可以忽略。为控制蜂窝用户对 D2D 用户的干扰，基站首先为 D2D 终端（接收端）确定干扰受限区域，然后在干扰受限区域之外选择蜂窝用户进行调度。这里假设基站知道所有相关节点的地理位置信息。干扰受限区域定义为，在该区域内的蜂窝用户如果传输信号，D2D 接收端的干扰信号比（Interference to Signal Ratio，ISR）将大于一个给定值 δ_D。当 δ_D 趋近于 0 时，干扰区域的半径随之增加，D2D 传输的性能得到改善。反之，干扰受限区域的半径减小时，来自蜂窝终端的干扰会使得 D2D 传输的性能下降。需要注意的是该方案会导致蜂窝遍历容量的下降，因为干扰受限区域的存在降低了多用户 MIMO 调度的多用户分集增益。文献[33]研究了类似的方法，不同之处是干扰受限区域是由干扰量和成功传输所需的最小 SINR 共同决定的。

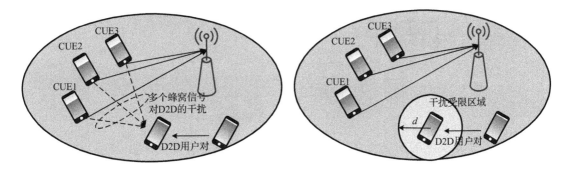

图 7-17　基于干扰受限区域的干扰避免方案

2）干扰利用

在一些特殊的场景中，可以利用干扰信号的特点来提高传输的效率。如图 7-18 所示，如果节点 A、B、C 处于非常接近的位置，并且 A、C 希望通过 B 传输信号，这里 B 起到了双向中继的作用。双向中继可以使得距离较远的两个终端通过 D2D 传输而相互通信。A 和 C 均会向 B 传输信号，以便 B 进行后续中继转发。如果 A 和 C 同时发送信号，则在接收端 B 这两路信号相互干扰。从传统的观点看，A 和 C 之间的干扰是有害的，应该试图避免。但是通过物理层网络编码技术[34]，基站可以控制节点 A、B、C 的传输，利用干扰信号的叠加，提高频谱效率。具体的传输方式如图 7-18 所示。节点 A 和 C 在时隙 1 同时发送信号，节点 B 在时隙 1 接收到合并后的 A 和 C 的信号。经过一定的处理之后，节点 B 将合并之后的信号 S_B 同时发送给 A 和 C。节点 A 收到的信号是 A 和 B 的合并信号，同时

A 已知其发送的信号，便可以恢复出 B 发送的信号，同理，B 也可以恢复出 A 发送的信号。这样，利用干扰信号的叠加，仅用了 2 个时隙就实现了双向中继。

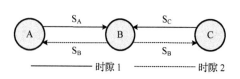

图 7-18　双向中继中的干扰利用

物理层网络编码技术需要解决的主要问题包括同步和非对称的信道衰落以及信道估计误差的影响。文献[35]提出一种新的物理层网络编码算法——信道采样物理层网络编码。该算法实现简单，仅需要符号级时间同步和接收端信道信息。如果中继节点有 K 根天线，两端各有一根天线，该算法可以得到理论上的最大分集增益 K，并且该算法具有天然的安全性。

3）干扰抵消

当干扰信号的强度高于有用信号的强度时，可以采用先进的干扰抵消算法[36,37]解决干扰问题。如图 7-19 所示，终端接收到信号之后先对干扰用户的数据进行解调，由于干扰信号强度远高于有用信号，正确解调的概率将会很高。终端解调出干扰用户的数据之后再对其进行重构，得到干扰信号，并从接收信号中将干扰信号的贡献消除掉，然后对期望用户的信号进行解调。由于抵消之后的接收信号中已经不存在干扰信号，期望用户数据的解调性能将会得到显著改善。

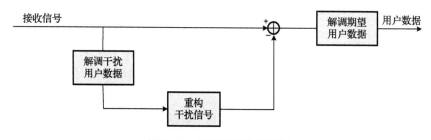

图 7-19　干扰抵消检测算法

应用干扰抵消算法的前提条件是干扰信号的强度远高于有用信号的强度。典型的应用场景如图 7-20 所示，其中 D2D 接收用户 B 距离另外一对 D2D 用户发射端或者是距离一个蜂窝用户的距离远小于其对应的 D2D 发射端的距离。这种情况下干扰信号的强度将远强于有用信号的强度。

对于与有用信号功率水平相当的干扰信号，普通的干扰抵消算法不再适用。此时，如果基站能将干扰信号解调，则可以辅助 D2D 终端进行干扰消除。如图 7-21 所示，第一阶段传输，D2D 用户和蜂窝用户复用蜂窝上行资源发送数据，D2D 受到蜂窝信号的干扰。基站解调出蜂窝的数据之后，在第二阶段下行频谱上将该蜂窝用户的数据发送给 D2D 接收端。则对 D2D 接收端来说，这是一个干扰数据已知、干扰信道未知的点对点传输。对该类信道，传统的做法是利用已知干扰信号估计信道系数，然后将此干扰减掉再检测目标信号。文献[38]提出了一种已知干扰消除算法 BKIC（Blind Known Interference Cancellation），该算法在高信噪比区间或者大数据分组长度的时候，可达速率都无限接近上界。

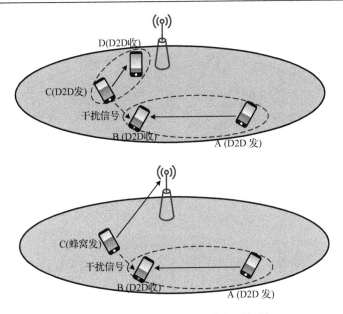

图 7-20　干扰抵消检测算法应用场景

4）干扰抑制

　　如果 D2D 终端配置了多根发射（接收）天线，则可以利用多天线技术进行干扰抑制。在 D2D 通信中使用多天线技术进行干扰抑制的关键问题是：如何设计有效的发射端预编码矩阵和接收端波束赋形权值。发射端预编码矩阵设计应在确保 QoS 要求的同时最小化对邻近接收节点造成的干扰。通过接收端的波束赋形权值设计则可以有效抑制邻近发射节点产生的干扰。如图 7-22 所示，D2D 发射端通过预编码矩阵的设计，形成空间波束，在期望接收用户的方向上信号强度达到峰值，在被干扰用户的方向上形成零点，同时达到干扰抑制和有用信号增强的目标。为了实现这样的预编码矩阵设计，D2D 的发射端除了需要获知期望接收用户的信道信息之外，还需要获知被干扰用户的空间信道信息。为了获得干扰抑制效果，多天线技术需要付出额外的系统开销，用于实现空间信道状态信息的获取和传递。

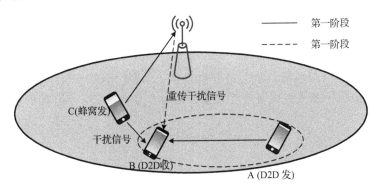

图 7-21　已知干扰信道

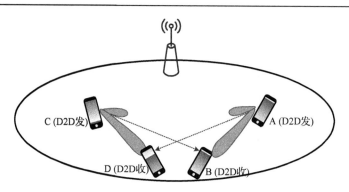

图 7-22　多天线干扰抑制

3. 功率控制

在支持 D2D 通信的蜂窝网络中，功率控制是管理用户间干扰的一项重要机制。通过合适的功率分配机制，系统可能允许更多 D2D 用户对共享相同的资源，从而提升频谱利用率。首先，系统所分配的发射功率应满足网络中的 QoS 要求。其次，由于蜂窝网络中的移动设备依赖它们有限的电池能量实施各项功能，在 D2D 通信中能耗最小化也是一个重要问题。因此，功率控制应该考虑节能和可达 QoS 之间的权衡。

对于 D2D 复用蜂窝上行资源的情况，我们知道 D2D 发射用户会对基站接收造成干扰（U-II 类型干扰），而同时蜂窝用户的传输会对 D2D 接收端产生干扰（U-I 类型干扰）。文献中提出了 D2D 发射端功率控制的一些方法[24,39,40]以控制 U-II 类型干扰。文献[24]的贪婪算法基于全局信道状态信息（Channel State Information，CSI）对系统和速率进行最大化。但是，这些方法没有考虑实际的通信约束以及细节的机制设计。文献[41]根据基站到蜂窝用户的 HARQ 反馈调整 D2D 发射功率，但这种通过 HARQ 监控进行增减功率的方法对干扰状态的判断是不可靠的。文献[39]利用基站控制 D2D 最大发射功率达到限制同频干扰的目的。

文献[40]的目标是设置 D2D 终端的发射功率，使得蜂窝传输的 SINR 下降不超过 3dB。如果在没有 D2D 传输的情况下，上行蜂窝传输受到的干扰为 I_0，则为保证蜂窝传输的 SINR 下降不超过 3dB，D2D 发射的信号在基站产生的干扰不应该超过 I_0。由此可以推算出 D2D 发射端的发射功率应该满足：

$$P_{\text{D2D}} \leqslant P_{\text{D2D,MAX}} = \frac{I_0}{g_{\text{UL}}^2}$$

式中 g_{UL} 是 D2D 发射端到蜂窝基站的信道增益值。更为一般地，基站可以根据自身的抗干扰能力对上行接收能容忍的干扰值进行设定，记为 I_{UL}，则 D2D 发射端的发射功率应满足：

$$P_{\text{D2D}} \leqslant P_{\text{D2D,MAX}} = \frac{I_{\text{UL}}}{g_{\text{UL}}^2}$$

如果基站可以测量出 g_{UL}，则可以计算出 $P_{\text{D2D,MAX}}$ 并将其通过控制信令传递给 D2D 发射端，从而控制 D2D 的发射功率。考虑信道的衰落特性，$P_{\text{D2D,MAX}}$ 将随着 g_{UL} 的变化而快速变化，频繁的在控制信令中通知 $P_{\text{D2D,MAX}}$ 将会增加系统的负担。为降低控制的开销，基站可以计

算 $P_{\text{D2D,MAX}}$ 的增量或者减量值，并只在控制信令中携带增量或者减量值[42]。该方案在有效控制 D2D 对蜂窝干扰的同时不会显著增加系统的控制开销。

另外一种策略是将蜂窝容忍的最大干扰值发送给 D2D 发射端，由 D2D 发射端自行计算出允许的最大发射功率。这里需要终端能估计出 g_{UL}。对于 TDD 系统，终端可以利用信道互易性从下行信道的估计获得对上行信道的粗略估计值。对于 FDD 系统，终端则可从下行的大尺度信道衰落信息获得上行的大尺度信道衰落信息，并利用大尺度衰落信息计算最大发射功率。基站可以进一步向 D2D 终端发送发射功率的微调信息，例如发射功率的增量或者减量值，弥补大尺度衰落信息的不准确性以及跟踪干扰的变化。

为保证蜂窝终端的 SIR 在一定门限值之上，可以通过功率回退的方式设置 D2D 终端的发射功率[43]。功率回退因子 B 的定义为：

$$B = \frac{P_{\text{cell}} g_{\text{UL,cell}}^2}{P_{\text{D2D}} g_{\text{UL,D2D}}^2}$$

式中，P_{cell} 和 P_{D2D} 分别是蜂窝终端和 D2D 终端的发射功率，$g_{\text{UL,cell}}$ 和 $g_{\text{UL,D2D}}$ 分别是蜂窝终端和 D2D 终端到基站的信道增益值。从定义可以看出，功率回退因子实际上等于上行蜂窝传输的 SIR。只要将 B 的取值设置得比较大，D2D 传输对蜂窝传输的干扰即可显著降低。给定了功率回退因子，即可以计算出上行能容忍的最大干扰值 $I_{\text{UL}} = P_{\text{cell}} g_{\text{UL,cell}}^2 / B$。

上面讨论的方法都是对蜂窝传输的 SINR 进行了约束，优先保证蜂窝传输的性能。从另外一个角度，基站也可以在保证 D2D 传输的 SINR 在一定门限之上的同时最小化对蜂窝的干扰[5]。

采用功率控制方法管理 U-I 类型干扰以及复用下行资源的 D-I 和 D-II 类型的干扰，从理论上讲也是可行的，但在实际系统中应用较为困难。首先，降低上行或者下行蜂窝的发射功率会影响蜂窝网络的覆盖范围，违背了不影响蜂窝传输的基本原则。其次，进行功率控制需要获知 D2D 终端与蜂窝终端之间的信道增益信息，在实际系统中由于蜂窝终端是动态调度的，获得相关的增益信息十分困难。因此，这几种类型的干扰可以通过资源管理结合多天线技术等进行管理。

7.2.4　高层关键技术

邻近通信是指终端之间直接进行 D2D 通信，在当前的实际生活中，邻近通信已经有了很多应用。实现邻近通信对移动通信网络架构有何影响，如何保证通信的安全性，如何在蜂窝网络参与下为两个终端建立一条空口直连通信路径，这些都是需要考虑和解决的问题。目前 3GPP 针对邻近通信的网络架构和安全也有了相关的研究和进展，3GPP 主要考虑的邻近通信业务包括两个 UE 之间的邻近发现，两个 UE 之间的直接通信，以及 UE 脱网状态下的通信等。

本节将重点介绍 3GPP 定义的邻近通信业务在相关的网络架构、接口功能、授权过程和安全方面带来的新的挑战。

1. 邻近通信网络架构

为了支持邻近通信业务，并且尽量减少对现有网络架构的影响，网络中新增了邻近业务功能（ProSe function）节点这一逻辑实体，ProSe function 主要用于授权 UE 允许的邻近业务，如邻近发现、邻近通信等，同时向 UE 提供用于邻近发现和邻近通信所需的参数，并负责管理邻近发现过程。图 7-23 所示为增加了 ProSe function 的网络架构图。与传统的 LTE 网络架构相比较，ProSe function 实体的引入只新增了到归属签约用户服务器（Home Subscriber Server，HSS）和 SUPL 定位平台（SUPL Location Platform，SLP）这两个网络节点的接口。同时通过用户面连接实现了与 UE 之间的接口。ProSe function 与 HSS 通过 PC4a 接口连接，用于从 HSS 获取 UE 在某一公共陆地移动网络（Public Land Mobile Network，PLMN）中的邻近发现和邻近通信的签约信息。ProSe function 与 SLP 通过 PC4b 接口连接，用于传递位置相关信息。同时 ProSe function 还与应用服务器有接口，这一接口命名为 PC2，用于交互应用层配置等相关信息。而两个终端之间的直接交互则通过 PC5 接口完成。

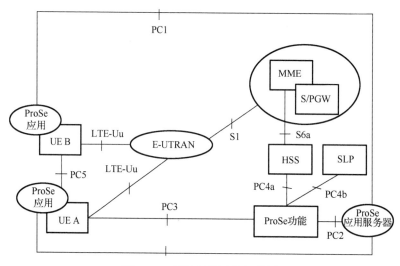

图 7-23　邻近通信网络架构图

图 7-24 所示为漫游场景下的网络架构图。目前协议中定义了一个 PLMN 中只有一个 ProSe function，不同 PLMN 之间的 ProSe function 由 PC6/PC7 接口连接。通过 PC6/PC7 接口实现 UE 漫游场景下授权信息的传递，直接发现过程的管理等功能。

2. 授权过程

本地公用陆地移动网络（Home PLMN，HPLMN）为 UE 预配一个授权允许 UE 执行邻近业务的 PLMN 列表，这一列表中还会进一步指示某一 PLMN 是否允许 UE 执行直接发现或者直接通信以及脱网状态下的操作等。如果 UE 允许脱网状态下的邻近业务，则 HPLMN 还需要配置这一 UE 在脱网状态下使用的无线资源信息。UE 获取的授权信息还会包含一个有效时间，表示获取的授权信息在指示的时间内有效。UE 只能在授权允许的 PLMN 内发起响应的邻近业务。

在下述几种情况下，UE 会重新发起授权过程：

（1）当 UE 要发起邻近业务直接发现过程或者直接通信过程，而 UE 没有有效的授权信息时；

（2）UE 已经发起邻近业务直接发现或者直接通信过程，但是 UE 改变了注册的 PLMN 并且没有在这一新注册的 PLMN 中的有效信息；

（3）授权信息过期。

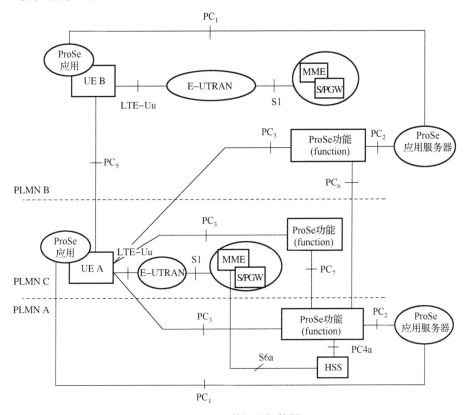

图 7-24　漫游场景架构图

当发生上述场景时，UE 发起如图 7-25 所示的授权过程。

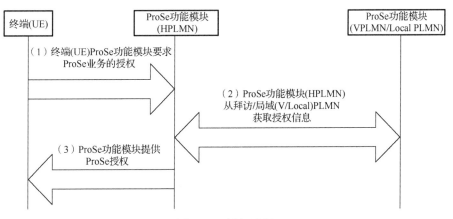

图 7-25　授权过程

无论 UE 是否在漫游状态，UE 都向 HPLMN 所属的 ProSe function 发起请求授权请求消息，获取授权允许邻近业务的 PLMN 信息。UE 可以根据当前所在的位置向 HPLMN 的 ProSe function 要求下载部分授权的 PLMN 列表。HPLMN ProSe function 向其他允许 UE 执行邻近业务的 PLMN 获取策略信息，与本地策略信息合并后，向 UE 返回授权信息。UE 获取授权信息后就可以执行邻近业务。

3. 邻近业务直接发现过程

根据发现的角色划分，直接发现的两个 UE 可以分别称为播报 UE 和监听 UE。播报 UE 的行为是在空口广播自己的信息，如某超市在空口广播其超市名，某咖啡厅则可以广播其咖啡店名等信息。而监听 UE 则是在空口监听自己想要获取的 UE 的信息。如希望找到某一位置附近的麦当劳，或者某一医院，则监听 UE 就会在空口去监听周围是否有麦当劳或者医院的广播信息。

邻近通信的发现过程需要 UE 与 ProSe function 交互完成。其具体过程为播报 UE 需要从 ProSe function 获取其在空口播报的编码，而监听 UE 也需要从 ProSe function 获取其想要监听的 UE 在空口广播的编码。

仍以麦当劳为例，某一麦当劳餐厅希望能作为播报 UE 在空口播报其信息，使得路过的用户能得知其周围有麦当劳的存在，那么播报 UE 就需要将这一麦当劳的信息，如××地区××路××号：快餐：麦当劳发送给 ProSe function，而 ProSe function 收到这一信息后会为这一请求分配一个邻近应用编码，称为 ProSe application code 并发送给播报 UE。播报 UE 收到反馈后在空口广播这一 ProSe application code。

若某一监听 UE 想知道附近是否有麦当劳的信息，则将其所需查询的信息，如××地区××路××号：快餐：麦当劳发送给 ProSe function，ProSe function 查询这一请求信息对应的 ProSe application code 并将这一编码返回给监听 UE。监听 UE 收到所需查询商家对应的广播编码后即可以在空口监听周围是否有对应的广播信息。

监听 UE 若能在空口监听到对应的 ProSe application code，并且经 ProSe function 验证成功，表示两个 UE 处于邻近关系，邻近业务发现过程完成。

4. 邻近业务直接通信过程

目前邻近业务直接通信过程是通过广播方式完成的，针对的场景为一对多的场景，即某一终端向某一群组的其他终端发送信息。加入到某一群组的终端都会获取这一群组对应的组地址，当某一 UE 要发起通信过程时，只需要将接收端目的地址填为组地址，并将信息广播发送出去，处于邻近位置的组内 UE 即可接收到发送端 UE 发送的信息。

5. 邻近通信的安全

目前 3GPP 研究的邻近通信包括了不同的功能，这些功能可以根据需要进行独立部署，因此 3GPP 并没有针对邻近通信给出完整的安全架构，而是针对不同的功能提供不同的安全架构。虽然是针对不同的功能提供不同的安全架构，但是有些基本安全过程是复用的，例如 ProSe 直接发现过程和 ProSe 直接通信过程都使用了上述描述的业务授权过程。

在邻近通信的架构中，不同的网络实体之间存在着接口，如 ProSe function 和 HSS 之间的 PC4a 接口，在不同的 ProSe 网络实体之间传输数据时，ProSe 网络实体应能验证其所接收的数据源是可信的，而且不同的网络实体之间的数据传输要进行完整性、机密性和抗重发攻击保护。为了实现上述安全需求，在不同的网络实体之间应该采用 3GPP TS 33.210 定义的机制保证信令消息的安全传输，如果不同的网络实体处于相同的安全域，那么网络实体间的信令传输不一定采用 TS 33.210 定义的安全机制。

在邻近通信的架构中，UE 需要通过 PC3 接口与 ProSe Function 进行通信，UE 和 ProSe function 之间要进行双向认证。在邻近通信架构中，只有 ProSe function 可以向 UE 提供网络相关的配置参数，在传输过程中要进行完整性、机密性和抗重发攻击保护，而且要保证存储在 UE 的配置参数不能被非授权修改和非法窃听，同时应该对在 PC3 接口上传输的 UE 身份信息进行机密性保护。当保存在 UICC 的配置信息需要更新时，应该采用 UICC OTA 机制进行配置参数的安全更新。

在邻近通信的直接发现过程中，包括业务授权过程、发现请求过程、发现过程和匹配报告过程，其中业务授权过程、发现请求过程和匹配报告过程涉及 PC3 接口和 PC4a 接口，因此需要满足上面提到的安全需求，而且从发现的整个过程看，系统还需要防止针对发现过程的重发和假冒攻击。

在邻近通信中还有一种一对多直接通信方式，目前该通信方式只针对公共安全场景，一对多直接通信包括一对多直接通信传输过程和一对多直接通信接收过程。针对一对多直接通信的安全包括承载级安全和媒体级安全。在一对多直接通信中，系统应该对共享密钥和会话密钥的分发提供完整性和机密性保护，只有授权的 UE 能够接收并安全存储共享密钥，而且 UE 应该能够对分发共享密钥的网络实体或分发会话密钥的组成员进行认证，系统应该可以为迟后接入的用户提供会话密钥的分发。

为了实现承载级安全，邻近通信引入了 3 个新的密钥。邻近服务组密钥（ProSe Group Key，PGK）由 ProSe function 预配置给组内所有的 UE，用来生成实现安全通信的其他密钥，该密钥有生命周期，可以在 UE 内预配置多个 PGK，若 PGK 超时将被发送/接收 UE 删除。邻近服务业务密钥（ProSe Traffic Key，PTK）由 PGK 导出，且与组内的特定成员相关，该密钥用来生成用于具体加密数据的邻近服务加密密钥。邻近服务加密密钥（ProSe Encryption Key，PEK）由 PTK 导出，用于实际加密所传输的数据。当 PGK 因超时等原因被删除时，由该 PGK 导出的 PTK 和 PEK 同时被删除。

在一对多直接通信中传输的媒体流采用 RTP（Real-Time Transport Protocol）协议或 RTCP（RTP Control Protocol）协议，其传输安全分别由 SRTP（Secure Real-Time Transport Protocol）协议或 SRTCP（Secure RTCP protocol）协议实现。为了实现媒体层的安全，邻近通信采用了两种密钥，组主密钥（Group Master Key，GMK）由 ProSe function 预配置给组内所有的 UE，用于保护向组成员发送组会话密钥。组会话密钥（Group Session Key，GSK）是为媒体流提供安全保护的 SRTP 主密钥（SRTP Master Key）。

7.3 终端直通组网技术

7.3.1 D2D 与蜂窝组网

D2D 与蜂窝组网的关键问题包括 D2D 与蜂窝资源之间的分配、干扰管理以及 D2D 模式的选择。其中资源分配和干扰管理已经在前面进行了详细的讨论,这里不再赘述,本节主要讨论 D2D 模式选择问题。

在 D2D 终端距离很近的时候,允许终端之间直接进行相互通信,而不用通过基站和核心网转发的方式传输数据,可以有效地提升系统的容量。D2D 终端之间可以通过基站或者 D2D 终端之间直接进行数据传输,在这两种模式之间根据信道条件选择较优的链路进行通信可以达到系统性能的最优化。然而,关键问题在于网络需要确定终端何时发起直接通信,何时需要通过基站转发的方式完成通信,这就是 D2D 与蜂窝混合组网通信过程中的模式选择问题。

对具备 D2D 通信功能的终端进行通信模式的转换,D2D 终端选择最佳的模式进行通信,不仅可以使得 D2D 通信方式灵活多变,还能提高 D2D 用户设备之间的通信能力,减轻基站负担并提高系统容量和性能。

D2D 模式选择问题主要包括:模式切换条件、模式切换准则以及模式切换算法。模式切换条件是指在怎样的条件下进行 D2D 模式切换;模式切换准则是指切换以后的通信模式可以达到怎样的通信要求;模式切换算法则应尽量使用复杂度低的算法达到目标通信要求。

D2D 通信使用的资源可分为:使用蜂窝小区的剩余资源、复用蜂窝小区下行资源、复用蜂窝小区上行资源。文献[39]指出 D2D 模式选择策略不仅取决于 D2D 终端间和 D2D 终端与基站间的链路质量,还取决于具体的干扰环境和位置信息。如当 D2D 终端距离基站较远时,使用上行资源效果比下行资源好;当 D2D 终端距离基站较近时,使用下行资源比上行资源好。因此好的模式选择算法需要考虑多种因素,包括 D2D 终端之间的距离、路径损耗、干扰情况等。

D2D 模式选择可以依据路径损耗[44]、距离[45,46]、信道质量[47]、干扰情况[48]以及网络负载大小[49]等因素进行。

依据路径损耗选择是最简单直接的方案。例如,当 D2D 终端之间的路径损耗大于一定门限值时选择蜂窝模式,当路径损耗小于该门限值时则采用 D2D 传输,并且可以复用其他蜂窝终端的资源[44]。如图 7-26 所示,其中终端 A 和 B 之间的路损值小于门限,A 和 B 之间采用 D2D 传输,而终端 C 和 D 之间则因为路径损耗大于门限值而采用了蜂窝传输。

类似于路径损耗,也可以用 D2D 终端之间以及 D2D 终端和基站之间的距离作为模式选择的依据[45,46]。文献[45]研究了根据 D2D 终端之间的距离进行模式选择的方法,并得出了最小化 D2D 终端发射功率的判决门限。最优的门限值反比于基站的密度,并且随着路损指数的增加而增加。因此，基站密度越高，传输越倾向于采用蜂窝传输。文献[46]除了 D2D 终端之间的距离之外，还利用了 D2D 终端和基站之间的距离，只有当 D2D 终端之间的链路质量不弱于蜂窝链路时，才会采用 D2D 传输。文献中的结果证明该方案比简单的通过 D2D 终端之间的距离判决具有更好的性能。

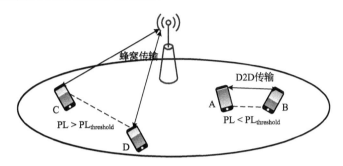

图 7-26　基于路径损耗的 D2D 模式选择

路径损耗反映的是长时平均的信道状态，更加优化的方案是根据信道质量选择模式[47]。文献[47]的方案计算采用各种模式下的系统速率和，并选择系统速率和最高的传输模式。该文献评估了 D2D 终端和基站的距离以及 D2D 终端之间的距离对性能的影响。从评估结果可以看出，当 D2D 终端距离基站较远时，因为对基站的干扰比较小，D2D 传输并且与蜂窝复用资源可以获得更高的效率。反之，当 D2D 终端距离基站较近时，蜂窝传输是更好的选择。

7.3.2　多跳协作通信与中继

一般而言，D2D 通信的工作方式是两个终端直接进行数据通信（单跳），而不经过基站转发。实际上，D2D 通信能够进一步拓展到多跳模式——由一个终端辅助其他终端之间通信，或辅助其他终端与基站之间通信。多跳 D2D 通信的典型应用场景包括多跳协作通信和覆盖增强。

1. 多跳协作通信

多跳协作通信可以用于基站发送的多媒体广播业务的重传。终端之间根据几何拓扑形成协作集群，协作集群中正确接收到广播数据包的 D2D 终端向集群内没能正确接收的 D2D 终端重传广播数据包，从而节省重传所耗费的无线资源，如图 7-27 所示。首先，基站要确定协作集群内哪些终端正确接收了数据包，这要依靠终端的 HARQ 反馈。其次，需要从正确接收的终端之间选择一定数目的 D2D 终端进行重传。重传终端的选择取决于终端之间的拓扑关系和各条链路的质量。文献[50]研究了重传终端以及重传路径的选择问题，给出了最大化资源利用率的选择方案。

终端的 HARQ 反馈要耗费蜂窝的上行资源。基于多跳协作通信，HARQ 反馈的开销可以在一定程度上进行压缩[51]。从多跳协作通信的过程可以看出，一个协作集群内只要有部分终端能正确接收基站的数据包即可，其他的终端可以依靠重传获得数据包，文献[51]正是基于这一点设计 HARQ 的压缩传输机制，以降低 HARQ 反馈的差错概率。

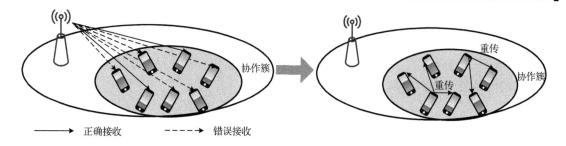

图 7-27　多跳协作用于广播业务的重传

多跳协作通信也可以用于实现高效率的内容分发。当多个用户设备向网络请求相同的内容时，它们可根据几何拓扑形成协作集群，利用内容分发的手段获得更高的能量效率和频谱效率。这类多跳 D2D 通信的应用场景主要包括受欢迎节目的视频流传送等。传输分为两个阶段。在第一阶段，基站将内容发送到集群中的簇头节点；在第二阶段，每个簇头通过 D2D 链路将接收的内容传输到集群中的其他用户。这里需要解决的关键问题是如何选择簇头节点。一方面，簇头节点需要有良好的蜂窝连接，以接收基站的数据；另一方面，簇头节点需要能保证协作集群内的所有终端都能可靠接收到相关内容。根据簇头节点与每个终端的链路质量分别设定传输速率的方式过于复杂，且效率不高。簇头节点与协作集群内其他终端之间的传输采用多播的方式是较为合理的选择。这样，传输速率由簇头与接收终端之间信道质量最差的链路决定。从保证协作集群内传输可靠性的角度，簇头节点的选择应该优化最差链路的质量。

为进一步纠正错误接收的数据包，可以辅以 HARQ 反馈机制。文献[52]提出一种联合 NACK（Negative Acknowledgement）反馈的方案，降低反馈的开销。该方案中，所有的终端在一个公共的反馈区域内传输 NACK 消息，簇头节点一旦检测到反馈区域内的 NACK，即可确定有终端没有正确接收，便发起重传，避免了每个终端单独占用一块资源传输 NACK 消息所引起的开销。

干扰管理也是协作集群内多播传输的重要方面。类似于一对一 D2D 传输，多播传输的干扰管理也主要是通过功率控制和资源分配来实现的。簇头节点的发射功率应该设置为使得协作集群内最差链路能正确接收的最小功率[53,54]，保证传输可靠性的同时控制对蜂窝的干扰。蜂窝对多播传输的干扰情况更加复杂一些，因为多播传输的多个分散的接收端都可能会受到蜂窝传输的干扰。考虑协作集群内所有的接收终端进行与蜂窝的资源协调将会导致复杂的优化问题。一种简化的策略是按照协作集群内最差的链路与蜂窝传输进行资源协调的运算[54]。

为了获得良好的内容发送和多跳协作传输性能，可以引入内容和用户情景之间信息相关性的概念[55]。这种相关性定量地测量存储在内容中的信息和存储在用户情景中的信息之间的相似性。换句话说，相关性提供了内容中的信息价值。利用这个信息，基站能合适地分配无线资源给不同的终端。例如，基站可能检测到有终端持有许多其他邻近终端需要的内容，接着，不必让那些终端连接到基站并下载内容，而是允许那些终端形成一个协作集群，使得它们能直接下载内容。图 7-28 展示了这样一个场景。此外，基站可以分配更多的无线资源给持有内容的终端，以提升性能。同时，物理层信道质量可以纳入这个无线资源分配的过程。例如，基站可以仅分配一些信道质量良好的信源终端去提供内容给其他终端，从而减少了协作集群中的干扰和拥堵。

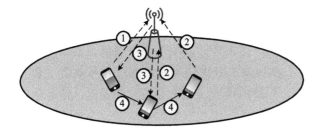

① 持有内容的终端通知基站

② 其他终端通知基站它们对内容的需求

③ 基站据此组织协作集群并分配无线资源

④ 利用基站分配的无线资源传送内容

图 7-28 基于内容相关性的路由方案

2．覆盖增强

通过 D2D 终端的中继转发可以达到扩大网络覆盖范围或者提升网络容量的目的。如图 7-29(a)所示，终端 B 在网络覆盖范围之外，无法访问网络。通过网络覆盖范围内的终端 A 的中继，终端 B 便可以建立与网络的连接，相当于扩大了网络的覆盖范围。图 7-29(a)中的终端 D，虽然也在网络覆盖范围内，但是有可能由于信道衰落导致链路质量不佳，其数据通过蜂窝链路质量更好的终端 C 进行中转。终端 D 和终端 C 之间因为距离小，可以达到很高的 SINR，终端 D 和基站之间的链路质量得到大幅度的改善，提高了频谱利用的效率，从而提升了网络的容量。此外，D2D 终端之间如果距离过大，也可以通过第三个具有中继功能的 D2D 终端对数据进行中继，以扩大 D2D 传输的覆盖距离，如图 7-29(b)所示，通过终端 A 的中继，距离较远的终端 B 和终端 C 之间可以进行通信。

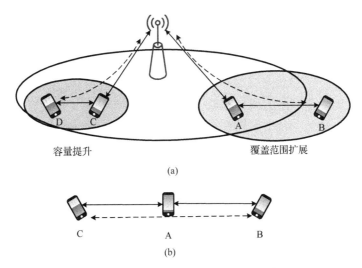

容量提升　　　　　　　　覆盖范围扩展

(a)

C　　　　A　　　　B

(b)

图 7-29 基于内容相关性的路由方案

覆盖增强传输的核心问题是中继节点的选择。对于以提升容量为目的的传输，应基于端到端的吞吐量进行选择，也就是选择使得端到端吞吐量最高的终端为中继节点。如果端到端的吞吐量低于基站到终端直接传输的吞吐量，则应放弃中继传输。对于以扩大覆盖为目的的传输，则最好选择蜂窝链路质量最好的终端作为中继，以尽量降低对系统资源的占用。如果有多个 D2D 终端都可以作为中继节点，可以基于图论进行选择[56]。所有需要中继以及可以作为中继节点的终端在图中都抽象为顶点。如果一个终端可以作为另外一个终端的中继节点，则这两个终端之间建立一条边。每条边都被赋予一个权值，该权值与两个终端之间的链路质量有关。文献[56]给出了求解最大权重边的最优算法以及次优（贪婪）算法，并且通过仿真结果证明次优算法相对于最优算法仅有少量的性能损失，但是计算复杂度大大降低。

7.3.3 D2D 通信在车联网中的应用

1. 背景

车联网的概念提出和技术发展是物联网、智能交通、车载信息服务、云计算和汽车电子等多种技术融合应用的结果，而高效通信则是车联网技术的基础。随着信息通信技术的发展，汽车将不再是孤立的单元，而是成为活动的网络节点。车车（Vehicle to Vehicle，V2V）、车路（Vehicle to Roadside，V2R）、车与基础设施（Vehicle to Infrastructure，V2I）以及人车（Vehicle to Pedestrian,V2P）协作技术等与汽车电子技术的结合，为辅助驾驶提供了更多可能。

对于行驶车辆，提升车辆安全的技术主要分为被动安全技术和主动安全技术。被动安全技术用于在事故发生后，对车内、车外人员及物品的保护；主动安全技术用于防止和减少车辆发生事故，避免人员受到伤害；主动安全技术是现代车辆安全技术发展的重点和趋势。基于通信的主动安全系统，通过利用先进的无线通信技术和新一代信息处理技术，实现车与车、车与路侧基础设施间的实时信息交互，告知彼此目前的状态（包括车辆的位置、速度、加速度、行驶路径）及获知的道路环境信息，协作感知道路危险状况，及时提供多种碰撞预警信息，防止道路交通安全事故的发生，成为当前解决车辆交通安全问题的一种新的思路。

通过对车辆主动安全应用的场景和通信业务模式进行分析，面向车辆主动安全应用的通信业务模型可以总结为：每个节点（车辆或者路侧设施）对周围节点进行近距离广播。满足此通信业务需求存在两种可能的方式。

方式 1：基站转发方式，车辆（或路侧设施）将自己要广播的消息发送给基站，由基站将其转发给该车辆周围的其他车辆和路侧设施，转发方式可以采用单播或广播方式。

方式 2：终端直通方式，车车、车路间进行直接通信，即直接对周围节点广播消息，发送的消息不经过基站。直接通信所使用的无线资源由基站进行实时动态调度或者采用分布式方式进行调度。

采用基站转发方式，每个数据包都要先从车辆传输到基站，再从基站传递给其他的车辆，频谱利用效率低，系统容量受限。此外，通过基站的转发增加了信息传输的时延，减少了给驾驶员预留的反应时间，相当于对主动安全应用的效果打了折扣。

采用终端直通方式在容量和时延方面相对于基站转发方式都有明显优势,更具可行性。

此外，相对于方式 1，方式 2 受蜂窝网络基站等基础设施部署的制约小，可以在无蜂窝覆盖的道路条件中保持通信，扩大了车辆主动安全系统的应用场合。

2．标准化情况

国际上几大标准化组织都开展了制定车联网标准的工作，这里以 IEEE 和 3GPP 为代表进行介绍。

1）IEEE 标准化

专用短程通信（Dedicated Short Range Communication，DSRC）是一种高效的无线通信技术，它可以实现在特定小区域内（通常为数十米）对高速运动下的移动目标的识别和双向通信，例如车辆的车路、车车双向通信，实时传输图像、语音和数据信息，将车辆和道路有机连接。

早在 1992 年，美国材料与试验协会（American Society for Testing and Materials，ASTM）就开始发展 DSRC 技术，主要针对不停车收费系统（Electronic Toll Collection，ETC）技术，采用 915MHz 频段。2002 年 ASTM 通过 DSRC 标准，采用 5.9GHz，2003 年通过了其改进版本。该版本以 IEEE 802.11 标准为基础，提出一系列的改进来适应车载环境的通信需求。2004 年，IEEE 专门成立了车辆通信环境下的无线接入（Wireless Access in Vehicular Environments，WAVE）工作组，DSRC 标准化工作也转入 IEEE 802.11p 与 IEEE 1609 工作组进行，主要还是针对 IEEE 802.11 标准的相关内容进行一些修改，目的是让它可以应用于高速移动的环境。

IEEE 802.11p 协议主要描述车辆无线通信网络的物理层和 MAC 层协议。物理层仍采用 802.11a 标准使用的正交频分复用（Orthogonal Frequency Division Multiplex，OFDM）技术，只是其物理层参数在 802.11a 的基础上进行了一些调整。IEEE 802.11p 标准的工作频率为 5.850～5.925 GHz，共 75 MHz，其中 5 MHz 是预留的保护频段，剩余的 70MHz 分为 7 个 10MHz 信道。为了增强车载环境下抵抗多径传播和多普勒效应的能力，IEEE 802.11p 使用 64 点 OFDM 技术，信道带宽也降为 802.11a 的一半（10 MHz），信息传输速率为 3～27 Mbps。

车辆安全通信的一个特征是：重要和时间有严格要求的信息比不直接涉及安全的信息优先级高。因此，DSRC 数据链路层的 MAC 子层在 IEEE 802.11p WAVE 修正案中定义，采用增强分布式信道接入机制（Enhanced Distributed Carrier Access，EDCA），引入对 QoS 的支持，替代了原有的分布式控制功能（Distributed Control Function，DCF）介质访问规则。EDCA 重新定义了 4 种不同的访问类别（Access Category，AC），根据消息内容的重要性和紧迫性，由创建信息的应用为每一帧指派一种 AC。其中，每个 AC 都拥有自己的帧序列和协调介质访问的独立参数集。EDCA 方案支持两种信道：控制信道（Control Channel，CCH）和服务信道（Service Channel，SCH）。每个信道拥有 4 个队列，每个队列拥有一组特定的竞争参数。为了提高信道利用率，DSRC 采用时分的方式进行多信道操作。以交替方式为例，各节点在每 100 ms 的起始处监听 CCH 信道，以便互相感知和获取控制信息。当 CCH 间隔（CCH Interval）结束后，根据监听到的 SCH 信道状况，切换到指定的

SCH 信道上。在每 100ms 起始位置，以及 CCH 信道间、SCH 信道间保留 4 ms 的保护间隔（Guard Interval）。

MAC 层的关键技术主要是对 MAC 的资源进行管理，包括呼叫接纳和切换技术、调度技术、服务质量架构、链路预测及自适应技术等。车联网的 MAC 层有着与传统网络不同的特点：无线信道质量受道路环境、交通状况等影响严重；网络拓扑受道路约束及车辆移动速度的影响，链路不稳定等。因此要求车联网中的 MAC 协议支持车辆高速移动，保证通信的实时性及可靠性；并采用分布式自组网方式，保障用户公平、高效地进行通信。无线环境下 MAC 层的接入方式主要可划分为基于竞争的共享介质方式和基于调度的独享介质方式两大类。CSMA/CA 是典型的基于竞争的共享介质方式，节点在发送数据之前进行载波侦听，如果信道是空闲的就发送数据。基于调度的独享介质方式主要有频分多址、时分多址、码分多址等，每个网络节点都有预设的时隙来进行数据传输。DSRC 链路层的 LLC 子层采用了现有的 IEEE 802.2 标准。

2）3GPP 标准化

3GPP 的车联网标准化工作起步相对较晚。3GPP 的系统与服务工作组（Services and System Aspects，SA）首先于 2015 年 3 月启动了车联网相关的研究工作，以确定在 LTE 框架下支持车联网的用例和需求，统称为 LTE V2X，包括 V2V、V2P 和 V2I。3GPP 的接入网工作组（Radio Access Network，RAN）于 2015 年 6 月也设立了研究项目，开展 V2X 接入网方面的研究工作，包括技术方案评估方法、基于 D2D 技术的 V2V、基站转发的 V2V 和 V2X 等。其中基于 D2D 技术的 V2V 研究工作被给予更高的优先级，于 2015 年 12 月完成，基站转发的 V2V 以及 V2X 预计于 2016 年 6 月完成。研究工作完成后将会视情况设立工作项目，在 LTE Rel-14 版本进行 V2V 技术的标准化。

2015 年 6 月，3GPP SA 工作组初步给出了 V2V 业务的技术指标，如表 7-3 所示。技术指标分场景给出，共计有 5 个场景。

表 7-3　3GPP V2V 链路性能指标

场　　景	有效通信距离（m）	车辆绝对速度（km/h）	车辆间相对速度（km/h）	最大允许时延（ms）	最小应用层消息接收可靠性
郊区	200	50	100	100	90%
快速路	320	160	280	100	80%
高速公路	320	280	280	100	80%
城区非直射径	100	50	100	100	90%
城区十字路口	50	50	100	100	95%

3. 基于 LTE 的车联网设计方案

基于 LTE 构建车联网可以充分利用 LTE 的规模效应，降低设备芯片的开发成本，有利于车联网技术的迅速普及和推广。针对车联网应用的多样性和差异性，LTE 车联网通信技术解决方案包含了自组织组网和集中控制组网方式。

1）基于 LTE 的车联网技术特征

3GPP 已经在 LTE Rel-12 中引入了 D2D 技术，因此基于 LTE 的车联网系统最好以 LTE

D2D 为基础设计，尽量复用 LTE D2D 的设计，减少协议设计和开发工作量，并针对车辆短距通信系统特定的工作环境做出适应性的修改。事实上，3GPP 的 LTE 车联网设计也是首先考虑以 D2D 为基础进行的。

LTE D2D 主要面向的应用场景是社交、娱乐等商业场景和公共安全场景。车联网场景在一些特征上与之显著不同，对 LTE D2D 技术提出了更多的要求。

（1）移动速度提高：LTE D2D 并未针对高速移动场景进行优化，车联网场景中车辆的移动速度可以高达 160 km/h，甚至更高。考虑对向移动的车辆，相对移动速度可以达到 280 km/h。在 5.8 GHz 频点，车辆移动导致的多普勒频移最高可达 1.5 kHz。如果采用 LTE D2D 的 SC-FDM 的调制方式，则参考信号的时域密度将会不足以跟踪如此高速的信道变化，需要进行相应的增强设计。此外，接收端的信道估计算法和检测算法也需要仔细研究以适应信道的快速时变特性。

（2）时延和可靠性要求更高：为了给驾驶员留出足够的反应时间，车辆安全应用涉及的通信都需要在较短的时间内完成传输。LTE D2D 发现的时延可以达到数秒，D2D 通信的设计主要面向公共安全场景的 VoIP 业务，其允许的时延在 150～200 ms。因此按照 LTE D2D 发现或者通信的传输方式不能满足车车通信的时延要求。此外，车车通信可靠性要求也更高，LTE D2D 的设计也无法满足要求。

（3）节点密度更高：车联网通信主要场景包括高速公路和城区道路等。典型的城区道路，车辆的密度将远高于 LTE D2D 发现或者通信的设计指标。车辆密度升高带来的问题是干扰的增加。LTE D2D 发现和通信的分布式资源分配算法都是采用终端随机选择的算法，随着车辆密度的升高，随机选择算法冲突的概率也随之升高。严重的干扰问题可能会使得车联网系统瘫痪，无法正常工作。为适应节点密度升高，需要采用更先进、更智能的无线资源管理算法。

（4）节点间互听的要求更高：车联网中车辆之间是对等的实体，需要能够实时的进行双向的信息交互。由于 LTE D2D 对时延的要求并不严格，多数业务对双向交互的要求也不高，因此未对信息交互的实时性和有效性进行优化设计。车联网需要设计高效的机制在节点之间进行协调，保证各个节点在规定的时延范围内都能完成信息的传输。

（5）全球导航卫星系统（Global Navigation Satellite System，GNSS）应用于同步：车载终端普遍装配 GNSS，因此可以借助 GNSS 获得世界标准时钟（Coordinated Universal Time，UTC）。基于 GNSS 更容易实现全局的同步，但是在城市峡谷和隧道等场景中，车载终端会丢失 UTC 时钟。为了确保车载终端之间同步，可以将 GNSS 同步机制纳入到 LTE D2D 同步系统内，在 GNSS 可用时采用 UTC 时钟，GNSS 不可用时采用 LTE D2D 的同步机制从蜂窝网络或者其他的车载终端获得同步。

2）分布式无线资源管理方案

如前所述，接入节点高密度分布的车联网系统，其干扰比 LTE D2D 系统更加严重，因此有效的无线资源管理方案尤为重要。本节讨论一种分布式无线资源管理方案，在高密度节点的场景下可以保证传输的时延和可靠性。

分布式无线资源管理的基本思想是对资源的周期性预留使用，以此匹配应用层周期性的业务模型。资源分配采用时分多址（Time Division Multiple Access，TDMA）方式，资源占用的最小粒度是 1 个子帧。定义系统帧周期为 N ms，由 N 个长度为 1 ms 的子帧构成。典型情况下 N=100。

MAC 控制信令承载在物理层的控制信道中，其中携带一系统帧内每个子帧的使用状态指示，设置如图 7-30 所示。

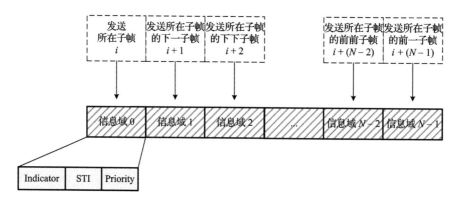

图 7-30　基于 LTE 的车联网子帧状态指示

图中，信息域采用循环排列方式，信息域 0 中携带的是当前发送子帧的信息，信息域 1 携带的是当前发送子帧的下一子帧的信息，依次类推。

每个信息域中包括子帧状态指示（Indicator）、源节点临时标识（Source Temporary Identifier，STI）和数据优先级（Priority）。其中，子帧使用状态指示该子帧资源的应用情况，定义为 4 种方式：

● 空闲（I0）。表示该子帧为空闲或者被发送节点的三跳邻节点占用。
● 占用（I1）。表示该子帧被发送节点或其一跳邻节点占用。
● 两跳邻节点占用（I2）。表示该子帧被发送节点的两跳邻节点占用。
● 碰撞（I3）。表示该子帧发生了碰撞。

对处于 I1 和 I2 状态的子帧，同时指示出占用节点的源节点临时标识（8 比特）和数据优先级（2 比特）。其中一跳邻节点定义为可以直接收到其发送的 MAC 层控制信令的邻节点，而两跳、三跳邻节点信息则是经一跳邻节点转发而来，每转发一次就增加一跳。假设节点 X、Y、Z 互为一跳邻节点，为了给 X 节点发送信息，首先 Z 发送给 Y 节点信息（Z 的一跳邻节点），Y 节点将收到的信息再转发到 X 节点，X 收到两跳邻节点发送的信息，三跳邻节点同理。

各节点执行相同的 MAC 分布式资源预留方法来获取子帧资源，具体方法如下。

（1）节点间通过 MAC 控制信令的收发和处理，可以感知并反馈三跳范围内的每个子帧占用情况，如图 7-31 所示。

（2）节点在三跳范围外复用子帧资源：若节点检测到三跳范围内出现相同优先级的不同节点使用同一个子帧，则判断该子帧处于碰撞状态；若节点检测到三跳范围内出现不同优先级的不同节点使用同一个子帧，则反馈该子帧由最高优先级的节点占用。

（3）节点选择未被三跳范围内节点使用的子帧作为自己的发送子帧持续占用，期间实时检测自身所占用的子帧是否有效，若其他节点指示该子帧被相同/更高优先级的其他节点占用或处于碰撞状态，则认为占用的子帧无效，重新选择新的发送子帧。

该资源预留方法可以避免隐藏节点问题，并控制系统内干扰，保证各节点对占用的子帧资源进行可靠的使用。

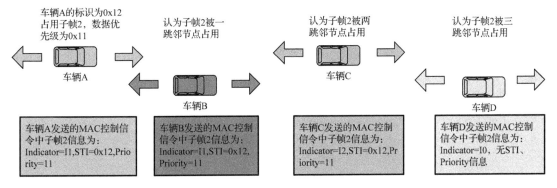

图 7-31　资源感知示意图

3）集中式无线资源管理方案

集中式无线资源管理方案的管理实体可以是网络基站。为了尽可能增加系统容量，且保证节点可以与周围有通信需求的节点互相通信，调度实体可以通过在各节点间采用时分复用子帧资源方式调度资源。节点上报测量信息以及实时位置信息，基站根据位置信息判断各节点间是否可以复用子帧资源。为了增强调度的准确性和效率，可进一步依据节点上报的信息进行一些增强，例如基于强干扰检测信息进行子帧的调整、根据底层信道空闲的测量结果进行子帧资源的选择等。

结合车联网业务特征，集中式无线资源管理的子帧资源调度倾向于采用半静态分配方式。半静态资源分配周期设定可依据业务所需的安全消息发送周期来选择合适的周期。在无子帧碰撞的情况下，车辆节点将持续占用当前的子帧资源。对节点分配子帧资源时，根据位置属性，为节点挑选空闲的子帧资源，并优先挑选整个小区内复用系数比较低的子帧，以保证各个子帧的干扰都比较均衡。

7.4　本章小结

在蜂窝网络中引入 D2D 技术可以提升资源利用率、分流网络负载、支持新业务类型，是 5G 系统的候选关键技术。本章首先介绍了 D2D 技术的发展历史和应用场景，并对 3GPP 中 D2D 技术的标准化情况进行了概要描述。随后从关键技术和组网技术两个方面对 D2D 技术的研究和开发现状进行阐述。作为 D2D 技术的一个重要应用，对车联网技术的背景、标准化情况和基于 LTE D2D 的车联网设计方案也进行了介绍。3GPP 已经在 LTE Rel-12 标准中引入了 D2D 技术，但是当前的 D2D 技术距离满足 5G 系统的指标要求尚有差距，仍然有很多问题值得进一步探索。

1．扩展可用频段

为解决频谱资源日益紧张的问题，3GPP 已经开始将非授权频段纳入考虑范围。在蜂窝网络中择机利用非授权频段将有利于蜂窝网络扩展带宽，提供高速业务。将 D2D 业务引入到非授权频段，将有助于避免 D2D 传输和蜂窝传输之间的干扰。但是在非授权频段上部署 D2D 服务需要解决 D2D 传输和非授权频段上原有业务（如 WiFi、蓝牙等）之间的冲突问题，避免对原有业务产生冲击。毫米波频段通信也是 5G 系统的重要技术方向。将 D2D 技术用在毫米波频段，可以充分利用 D2D 近距通信的特点，弥补毫米波频段传播损耗大的缺点，实现终端之间的高速通信。毫米波频段 D2D 的传播信道与传统蜂窝的传播信道明显不同：频段高，收发两端高度对称并且都在移动，因此首先要建立相应的信道模型以便进行技术方案的评估。此外，考虑到终端的成本和体积等因素，低成本、高可靠性、高稳定度的毫米波射频器件也是毫米波频段 D2D 能否走向实用的关键。

2．异构组网

在宏蜂窝覆盖下密集部署小小区可以显著提升系统的容量，密集化和异构化是未来组网的趋势。因此，D2D 传输应该能与小小区共存。本质上，D2D 传输也可以看作是一个小小区，其中 D2D 发射端是基站，接收端相当于小区内的终端。D2D 和小小区共存，最大的挑战是两者之间的干扰。已有文献研究了 D2D 终端和小小区终端之间的干扰问题[57]。但是最一般的情况，即 D2D 终端、宏蜂窝终端和小小区终端之间都存在相互干扰的情况，相关干扰管理方案需进一步研究。

3．动态模式切换

D2D 传输模式和蜂窝之间的模式切换已经有比较多的研究结果。切换的方式可以分成动态切换和半静态切换等。动态切换能最佳匹配信道条件、业务负荷等，但是也会带来过量的系统信令开销。因此，应该探索在动态切换所带来的信令开销与其性能之间达到最佳平衡的方案。另外，当前的研究对于终端移动性以及邻区干扰变化对动态模式切换的影响考虑得较少，而这两者又会影响切换方案在系统中应用的实际效果，需要认真分析和对待。

4．小区间 D2D 传输

D2D 传输不应该局限于蜂窝小区覆盖范围内，因为终端传输的覆盖范围和对其数据感兴趣的终端分布不会受限于小区边界。尤其在异构网络中，不同小区的终端间进行 D2D 传输将更加普遍。小区间 D2D 传输的关键问题有两个：同步和干扰管理。干扰管理比小区内 D2D 更加困难。小区间 D2D 干扰管理涉及的终端更多，优化问题的规模更大，求解复杂度高。此外，小区间信息通过回程链路交互，回程链路的时延和容量限制对于信息交互的精确性和及时性都有较大的影响。因此，需要在回程链路受限的条件下设计小区间信息交互的内容以及干扰管理的算法。

5．多播以及中继技术增强

多跳协作通信在协作集群内进行多播通信时，传输参数的设置要迁就集群内最差的链路，这会严重降低频谱效率。在集群内部进行多跳中继通信可以在一定程度上解决这个问题[58]。以此为起点，集群内的协作传输机制值得进一步探索。对于通过中继进行覆盖范围扩展的技术，关键问题是如何使得 D2D 终端愿意作为中继节点，毕竟作为中继节点会消耗额外的电量，这需要设计合理的计价和激励机制。使用中继服务的终端的顾虑是安全性和隐私的问题，因为其数据会经过非网络节点的终端处理。未来的研究也要关注安全性和隐私的问题。

6．与其他 5G 候选技术的融合

D2D 技术不是孤立的技术，应该与其他的 5G 候选关键技术包括大规模天线、新型多址技术、新型编码调制技术、毫米波通信、全双工技术等统一考虑。在设计的过程中综合考虑各种技术之间的影响。以全双工技术为例，支持全双工的 D2D 终端可以极大地提高中继传输的效率。

▌7.5　参考文献

[1] A. Asadi, Q. Wang, V. Mancuso. A survey on device-to-device communication in cellular networks. IEEE Communication Survey & Tutorials, 2014, 16(4): 1801-1819.

[2] J. Liu, N. Kato, J. Ma, N. Kadowaki. Device-to-device communication in LTE-Advanced networks: A survey. IEEE Communication Survey & Tutorials, 2014, PP(99): 1.

[3] R. Alkurd, R. Shubair, I. Abualhaol. Survey on device-to-device communications challenges and design issues. New Circuits and Systems Conference, 2014 IEEE 12th International, 2014.

[4] C. Yu, K. Doppler, C. Ribeiro, et al. Performance impact of fading interference to device-to-device communication underlaying cellular networks. Personal, Indoor and Mobile Radio Communications, 2009, pp. 858-862.

[5] P. Janis, V. Koivunen, C. Ribeiro, et al. Interference-aware resource allocation for device-to-device radio underlaying cellular networks. IEEE VTC-Spring, 2009, pp. 1-5.

[6] H. Elkotby, K. Elsayed, M. Ismail. Exploiting interference alignment for sum rate enhancement in D2D-enabled cellular networks. Wireless Communications and Networking Conference(WCNC), 2012, pp. 1624-1629.

[7] S. Wen, X. Zhu, Z. Lin, et al. Optimization of interference coordination schemes in device-to-device(D2D) communication. Communications and Networking in China(CHINACOM), 2012 7th International ICST Conference, 2012, pp. 542-547.

[8] K. Doppler, C. Yu, C. Ribeiro, et al. Mode selection for device-to-device communication underlaying an LTE-Advanced network. IEEE WCNC, 2010, pp. 1-6.

[9] Y. Pei, Y. Liang. Resource allocation for device-to-device communication overlaying two-way cellular networks. IEEE WCNC, 2013, pp. 3611-3621.

[10] N. Golrezaei, A. Molisch, A. Dimakis. Base-station assisted device-to-device communications for high-throughput wireless video networks. Wireless Communications, 2012, pp. 3665-3676.

[11] N. Golrezaei, A. Dimakis, A. Molisch. Device-to-device collaboration through distributed storage. IEEE Globecom, 2012, pp. 2397-2402.

[12] A. Asadi, V. Mancuso. WiFi direct and LTE D2D in action.IFIP Wireless Days, 2013, pp. 1-8.

[13] T. Yücek, H. Arslan. A survey of spectrum sensing algorithms for cognitive radio applications. IEEE Communication Surveys & Tutorials, 2009, 11(1): 116-130.

[14] 吴师诚. LTE 网络中基于中继技术的 D2D 通信系统性能分析. 南京邮电大学硕士学位论文, 2013.

[15] 3GPP TR 36.843. Study on LTE Device to Device Proximity Services.

[16] IEEE Std 802.11. Wireless LAN Medium Access Control(MAC) and Physical Layer(PHY) specification, 1999 edition.

[17] D. Zhou and T. H. Lai. An accurate and scalable clock synchronization protocol for IEEE 802.11-Based multihop ad hoc networks. IEEE Transactions on Parallel and Distributed Systems, 2007, 18(12): 1797-1808.

[18] R. Solis, V. S. Borkar, and P. R. Kumar. A new distributed time synchronization protocol for multihop wireless networks. IEEE Decision and Control Conference, 2006, pp. 2734-2739.

[19] W. Sun, M.-R. Gholami, E. G. Ström, F. Brännström. Distributed clock synchronization with application of D2D communication without infrastructure. IEEE Globecom, 2013, pp. 561-566.

[20] D. Feng, L. Lu, Y. Wu, G. Li, G. Feng, and S. Li. Device-to-device communications underlaying cellular networks. IEEE Transactions on Communications, 2013, 61(8): 3541-3551.

[21] L. Su, Y. Ji, P. Wang, and F. Liu. Resource allocation using particle swarm optimization for D2D communication underlay of cellular networks. IEEE WCNC, 2013, pp. 129-133.

[22] M. Han, B. Kim, and J. Lee. Subchannel and transmission mode scheduling for D2D communication in OFDMA networks. IEEE VTC-Fall, 2012, pp. 1-5.

[23] L. Le. Fair resource allocation for device-to-device communications in wireless cellular networks. IEEE Globecom, 2012, pp. 5451-5456.

[24] C. Yu, O. Tirkkonen, K. Doppler, and C. Ribeiro. Power optimization of device-to-device communication underlaying cellular communication. IEEE ICC, 2009, pp. 1-5.

[25] C. Yu, K. Doppler, C. Ribeiro, and O. Tirkkonen. Resource sharing optimization for device-to-device communication underlaying cellular networks. IEEE Transactions on Wireless Communications, 2011, 10(8): 2752-2763.

[26] C. Xu, L. Song, Z. Han, Q. Zhao, X. Wang, and B. Jiao. Interference aware resource allocation for device-to-device communications as an underlay using sequential second price auction. IEEE ICC, 2012, pp. 445-449.

[27] C. Xu, L. Song, Z. Han, D. Li, and B. Jiao. Resource allocation using a reverse iterative combinatorial auction for device-to-device underlay cellular networks. IEEE Globecom 2012.

[28] H. Wang, X. Chu. Distance-constrained resource-sharing criteria for device-to-device communications underlaying cellular networks. Electronics Letters 2012, 48(9): 528-530.

[29] T. Peng, Q. Lu, H. Wang, S. Xu, and W. Wang. Interference avoidance mechanisms in the hybrid cellular and device-to-device systems. IEEE PIMRC, 2009, pp. 617-621.

[30] B. Kaufman and B. Aazhang. Cellular networks with an overlaid device to device network. Asilomar Conference on Signals, Systems and Computers, 2008, pp. 1537-1541.

[31] S. Xu, H. Wang, T. Chen, Q. Huang, and T. Peng. Effective interference cancellation scheme for device-to-device communication underlying cellular networks. IEEE VTC-Fall, 2010, pp. 1-5.

[32] H. Min, J. Lee, S. Park, and D. Hong. Capacity enhancement using an interference limited area for device-to-device uplink underlaying cellular networks. IEEE Transactions on Wireless Communications, 2011, 10(12): 3995-4000.

[33] X. Chen, L. Chen, M. Zeng, X. Zhang, and D. Yang. Downlink resource allocation for device-to-device communication underlaying cellular networks. IEEE PIMRC, 2012, pp. 232-237.

[34] P. Popovski and H. Yomo. Physical network coding in two-way wireless relay channels. IEEE ICC, 2007.

[35] S. Zhang, Q. Zhou, C. Kai, et al. Channel quantization based physical-layer network coding. IEEE ICC, 2013, pp. 5137-5142.

[36] G. Boudreau, J. Panicker, N. Guo, R. Chang, N. Wang, and S. Vrzic. Interference coordination and cancellation for 4G networks. IEEE Communications Magazine, 2009, 47(4): 74-81.

[37] J. Andrews. Interference cancellation for cellular systems: A contemporary overview. IEEE Wireless Communications, 2005, 12(2): 19-29.

[38] S. Zhang, S. Liew, H. Wang. Blind known interference cancellation. IEEE Journal on Selected Areas in Communications, 2013, 31(8): 1572-1582.

[39] K. Doppler, M. Rinne, C. Wijting, C. Ribeiro, and K. Hugl. Device-to-device communication as an underlay to LTE advanced networks. IEEE Communications Magazine, 2009, 47(12): 42-49.

[40] C. Yu, O. Tirkkonen, K. Doppler, and C. Ribeiro. On the performance of device-to-device underlay communication with simple power control. IEEE VTC 2009-Spring, 2009.

[41] Apparatus and method for transmitter power control for device-to-device communications in a communication system. US 2012/0028672 A1.

[42] Method, apparatus and computer program for power control to mitigate interference. US 2009/0325625 A1.

[43] P. Janis, C. Yu, K. Doppler, C. Ribeiro, C. Wijting, K. Hugl, O. Tirkkonen, and V. Koivunen. Device-to-device communication underlaying cellular communication systems. International Journal on Communications, Networking and System Science, 2009, 2(3):169-178.

[44] H. Xing, S.Hakola. The investigation of power control schemes for a device-to-device communication integrated into OFDMA cellular system. PIMRC, 2010, pp.1775-1780.

[45] X. Lin, J. G. Andrews, and A. Ghosh. Spectrum sharing for device-todevice communication in cellular networks. Submitted to IEEE Transactions on Wireless Communications, 2014.

[46] H. ElSawy and E. Hossain. Analytical modeling of mode selection and power control for underlay D2D communication in cellular networks. Submitted to IEEE Transactions on Communications, 2014.

[47] P. Janis, C.-H. Yu, K. Doppler, C. Ribeiro, C. Wijting, K. Hugl, O. Tirkkonen, and V. Koivunen. Device-to-device communication underlaying cellular communication systems. International Journal on Communications, Networking and System Science, 2009, 2(3): 169-178.

[48] B. Cho, K. Koufos, and R. Jantti. Spectrum allocation and mode selection for overlay D2D using carrier

sensing threshold. International Conference on Cognitive Radio Oriented Wireless Networks and Communications(CROWNCOM), 2014, pp. 26-31.

[49] K. Doppler, Y. Chia-Hao Yu, C. B. Ribeiro, and P. Janis. Mode selection for device-to-device communication underlaying an LTE-Advanced network. IEEE Wireless Communications and Networking Conference(WCNC), 2010, pp. 1-6.

[50] B. Zhou, H. Hu, S. Huang, H. Chen. Intra-cluster device-to-device relay algorithm with optimal resource allocation. IEEE Transactions on Vehicular Technology, 2013, 62(5):2315-2326.

[51] J. Du, W. Zhu, J. Xu, Z. Li, and H. Wang. A compressed HARQ feedback for device-to-device multicast communications. IEEE VTC Fall, 2012, pp. 1-5.

[52] J. Seppala, T. Koskela, T. Chen, and S. Hakola. Network controlled device-to-device(D2D) and cluster multicast concept for LTE and LTE-A networks. IEEE WCNC, 2011, pp. 986-991.

[53] T. Koskela, S. Hakola, T.Chen, and J. Lehtomaki. Clustering concept using device-to-device communication in cellular system. IEEE WCNC, 2010, pp. 1-6.

[54] D. Wang, X. Wang, and Y. Zhao. An interference coordination scheme for device-to-device multicast in cellular networks. IEEE VTC Fall, 2012, pp. 1-5.

[55] X. Zhu, S. Wen, C. Wang et al.. A cross-layer study: Information correlation based scheduling scheme for device-to-device radio underlaying cellular networks. International Conference on Telecommunications (ICT), 2012.

[56] L. Wang, T. Peng, Y. Yang, and W. Wang. Interference constrained relay selection of D2D communication for relay purpose underlaying cellular networks. 2012 8th International Conference on Wireless Communications, Networking and Mobile Computing(WiCOM), 2012, pp. 1-5.

[57] A. Laya, K. Wang, A. A. Widaa, J. Alonso-Zarate, J.Markendahl, and L. Alonso. Device-to-device communications and small cells: enabling spectrum reuse for dense networks. IEEE Wireless Communications, 2014, 21(4):98-105.

[58] D. Lee, S. Kim, J. Lee, and J. Heo. Performance of multihop decode-and-forward relaying assisted device-to-device communication underlaying cellular networks. International Symposium on Information Theory and its Application(ISITA), 2012, pp. 455-459.

缩略语

2D	Two-dimensional	二维
3D	Three-dimensional	三维
3GPP	3rd Generation Partnership Project	第 3 代合作伙伴计划
4G	4th Generation	第 4 代移动通信系统
5G	5th Generation	第 5 代移动通信系统
5GNOW	5th Generation Non-Orthogonal Waveforms for Asynchronous Signalling	欧洲 5GNOW 组织
5G-PPP	5G Infrastructure Public Private Partnership	第 5 代基础设施公私合作伙伴关系
AAS	Active Antenna System	有源天线系统
ACE	Approximate Cycle EMD	近似环外信息度
ACF	Autocorrelation Function	自相关函数
ACK	Acknowledgement	正确接收确认
ADC	Analogue to Digital Converter	模数转换
AF	Amplify-and-Forward	放大转发
AMC	Adaptive Modulation and Coding	自适应编码调制
AMPS	Advanced Mobile Phone System	高级移动电话系统
AoA	Angle of Arrival	到达角
AoD	Angle of Departure	离开角
AP	Access Point	接入点
APDP	Average Power Delay Profile	平均功率延迟分布
APP	A Posteriori Probability	后验概率
APSK	Amplitude Phase Shift Keying	振幅移相键控
ASA	Azimuth Spread at Arrival	水平到达角角度扩展
ASD	Azimuth Spread at Departure	水平离开角角度扩展
ASTM	American Society for Testing and Materials	美国材料与试验协会
AWGN	Additive White Gaussian Noise	加性高斯白噪声
BCH	Broadcast Channel	广播信道
BCM	Block Coded Modulation	分组编码调制
BDMA	Bit Division Multiple Access	比特分割多址
BEC	Binary Erasure Channel	二进制删除信道
BER	Bit Error Ratio	比特错误率

BF	Bit-Flipping		比特翻转
BICM	Bit-Interleaved Coded Modulation		基于比特交织的编码调制
BICM-ID	BICM with Iterative Decoding		比特交织迭代译码
BI-DMC	Binary Input Discrete Memoryless Channel		二进制输入离散无记忆信道
BP	Breaking Point		断点
BP	Belief Propagation		置信传播
BP-IDD	Belief Propagation-Iterative Detection and Decoding		基于置信传播的联合迭代检测译码
BS	Base Station		基站
CCF	Cross-correlation function		互相关函数
CCH	Control Channel		控制信道
CCSDS	Consultative Committee for Space Data Systems		空间数据系统咨询委员会
CDF	Cumulative Distribution Function		累积概率分布函数
CDMA	Code Division Multiple Access		码分多址
CFI	Control Format Indicator		控制格式指示
CMMB	China Mobile Multimedia Broadcasting		中国移动多媒体广播
CN	Check Node		校验节点
CoMP	Coordinated Multi-Point		协作多点
COST	European Cooperation in Science and Technology		欧洲科学技术联盟
CP	Cyclic Prefix		循环前缀
CQI	Channel Quality Indicator		信道质量指示
C-RAN	Cloud-RAN		云无线接入网
CRC	Cyclic Redundancy Check		循环冗余校验码
CSI	Channel State Information		信道状态信息
CSI-RS	CSI-Reference Signal		信道状态信息参考信号
CSMA/CA	Carrier Sense Multiple Access with Collision Avoidance		载波侦听多路访问 / 冲突避免
CSMA/CD	Carrier Sense Multiple Access with Collision Detection		载波侦听多路访问 / 冲突检测
CTS	Clear to Send		清除发送
CT-TCM	Concatenated two-state TCM		级联两状态格形编码调制
C/U	Control/User Plan		控制/用户平面
D2D	Device to Device		终端直通
DAC	Digital to Analogue Converter		数模转换
dB	deci-Bel		分贝
DCF	Distributed Control Function		分布式控制功能
DCH	Dedicated Channel		专用信道
DCI	Downlink Control Information		下行控制信息
DCT	Discrete Cosine Transform		离散余弦变换
D-EMS	Dynamic EMS		动态扩展最小和
DFT	Discrete Fourier Transform		离散傅里叶变换
DI	Diffuse		弥散散射体

DL-SCH	Downlink Shared Channel	下行共享信道
DoA	Direction of Arrival	到达方向
DoD	Direction of Departure	离开方向
DoF	Degree of Freedom	自由度
DPC	Dirty Paper Coding	脏纸编码
DS	Delay Spread	时延扩展
DSRC	Dedicated Short Range Communication	专用短程通信
DVB-T2	Digital Video Broadcasting-Second Generation Terrestrial	第2代欧洲数字电视广播
EDCA	Enhanced Distributed Carrier Access	增强分布式信道接入机制
EG	Euclidean Geometry	欧氏几何
EMD	Extrinsic Message Degree	外信息度
EMS	Extended Min-Sum	扩展最小和
eNB	E-UTRAN Node B	基站
EOA	Elevation of Arrival	俯仰到达角
ETC	Electronic Toll Collection	不停车收费系统
EVM	Error Vector Magnitude	误差向量幅度
EXIT	Extrinsic-Information-Transfer	外信息转移
FACH	Forward Access Channel	前向接入信道
FBMC	Filter Band Multi-Carrier	滤波器组多载波
FCC	Federal Communications Commission	美国联邦通信委员会
FDD	Frequency Division Duplex	频分双工
FDMA	Frequency Division Multiple Access	频分多址
FD-MIMO	Full-Dimension MIMO	全维度多输入多输出
FER	Frame Error Rate	误帧率
FFT	Fast Fourier Transformation	快速傅里叶变换
FIR	Finite Impluse Response	有限冲激响应
FTN	Fast-Than-Nyquist	超奈奎斯特
GBDM	Geometry-Based Deterministic Model	基于几何的确定性信道模型
GBSM	Geometry-Based Stochastic Model	基于几何的统计信道模型
GCS	Global Coordinate System	全局参考坐标系
GFDM	Generalized Frequency Division Multiplexing	广义频分复用
GFSK	Gaussian Frequency Shift Keying	高斯频移键控
GMK	Group Master Key	组主密钥
GNSS	Global Navigation Satellite System	全球导航卫星系统
GSK	Group Session Key	组会话密钥
GSM	Global System for Mobile Communication	全球移动通信系统
GSIC	General Successive Interference Cancellation	广义串行干扰抵消
HARQ	Hybrid Automatic Repeat Request	混合自动重传请求
HI	HARQ Indicator	HARQ 指示
HPLMN	Home PLMN	本地公用陆地移动网络

HSDPA	High Speed Downlink Packet Access	高速下行数据接入
HSPA+	High Speed Packet Access Evolution	高速分组接入演进
HSUPA	High Speed Uplink Packet Access	高速上行数据接入
HSS	Home Subscriber Server	归属签约用户服务器
ICI	Inter-Carrier Interference	子载波间干扰
ICT	Information & Communication Technology	信息与通信技术
IDD	Iterative Detection and Decoding	迭代检测译码
IEEE	Institute of Electrical and Electronics Engineers	电气和电子工程师协会
IFFT	Inverse Fast Fourier Transform	快速傅里叶逆变换
IJDD	Iterative Joint Detection-Decoding	联合迭代检测-译码
IMLGD	Iterative Majority-Logic Decoding	迭代大数逻辑译码
IMT-2000	International Mobile Telecommunication 2000	国际移动通信系统 2000
InH	Indoor Hotspot	室内热点
ISM	Industrial Scientific Medical	工业、科学、医学
INR	Interference Noise Ratio	干扰噪声比
ISI	Inter-Symbol Interference	码间干扰
ISS	Independent Synchronization Source	独立同步源
ISR	Interference to Signal Ratio	干扰信号比
ISRB-MLGD	Iterative Soft-Reliability-Based MLGD	软信息度量的迭代大数逻辑译码
ITS	Intelligent Transportation Systems	智能交通系统
ITU	International Telecommunication Union	国际电信联盟
IVC	In-Vehicle wireless Communication	车内无线通信
JPEG	Joint Photographic Experts Group	联合图像专家小组
LCS	Local Coordinate System	本地参考坐标系
LDPC	Low Density Parity Check	低密度校验
LLR	Log-Likelihood Ratio	对数似然比
LMS	Least Mean Square	最小均方
LNA	Low Noise Amplifier	低噪声放大器
LoS	Line of Sight	视距
LPF	Low Pass Filter	低通滤波器
LS	Least Square	最小二乘
LSSUS	Local Sense Stationary Uncorrelated Scattering	本地平稳非相关散射体
LTE	Long Term Evolution	长期演进
LTE-A	Long Term Evolution Advanced	先进长期演进系统
M2M	Machine to Machine	物联网
MAC	Multiple Access Channel	多址接入信道
MAI	Multiple Access Interference	多址干扰
MAP	Maximum-a-Posteriori	最大后验
MARC	Multiple-Access Relay Channel	多址接入中继信道

MBB	Mobile Broadband	移动宽带
MCH	Multicast Channel	多播信道
MCS	Modulation and Coding Scheme	调制编码方式
MD	Mobile-Discrete	移动分离
METIS	Mobile and wireless communications Enablers for Twenty-twenty(2020)Information Society	2020 信息社会移动与无线通信使能技术
MF	Matched Filter	匹配滤波
MIMO	Multiple-Input Multiple-Output	多输入多输出
MLC	Multilevel Coding	多层编码
MMSE	Minimum Mean Squared Error	最小均方误差
MMTC	Massive Machine Type Communication	海量机器类通信
MPC	Multi-Path Component	多径分量
MPEG	Moving Picture Experts Group	移动图像专家组
MRC	Maximum Ratio Combining	最大比合并
MRS	Mobile Relay Station	移动中继
MRT	Maximum Ratio Transmission	最大比发送
MS	Mobile Station	移动站点
MSA	Min-Sum Algorithm	最小和算法
MTC	Machine Type Communication	机器类通信
MUD	Multiple User Detection	多用户检测
MU-MIMO	Multiple-User MIMO	多用户多输入多输出
NACK	Negative ACKnowledgement	错误接收确认
NGSM	Non-Geometrical Stochastic Model	非几何统计信道模型
NLoS	Nonline of Sight	非视距
NOMA	Non-Orthogonal Multiple Access	非正交多址接入
O2I	Outdoor to Indoor	室外到室内
OFDM	Orthogonal Frequency Division Multiplexing	正交频分复用
OFDMA	Orthogonal Frequency Division Multiple Access	正交频分多址
OLoS	Obstructed Line of Sight	阻挡视距
OQAM	Offset Quadrature Amplitude Modulation	偏移正交幅度调制
PAPR	Peak to Average Power Ratio	峰值平均功率比
PAS	Power Angular Spectrum	功率角度谱
PBP	Parallel Binary Partition	并行二元化分
PCC	Parallel Concatenated Codes	并行级联码
PCH	Paging Channel	寻呼信道
PDF	Probability Density Function	概率密度函数
PDMA	Pattern Division Multiple Access	图样分割多址接入
PDP	Power Delay Profile	功率延迟分布
PEG	Progressive-Edge-Growth	渐进边增长
PEK	ProSe Encryption Key	邻近服务加密密钥

PGK	ProSe Group Key	邻近服务组密钥
PL	Path Loss	路径损耗
PLE	Path Loss Exponent	路径损耗指数
PLMN	Public Land Mobile Network	公共陆地移动网络
PPN	PolyPhase Network	多相网络
PSK	Phase Shift Key	相移键控
PTK	ProSe Traffic Key	邻近服务业务密钥
QAM	Quadrature Amplitude Modulation	正交幅度调制
QC	Quasi-Cyclic	准循环
QoS	Quality of Service	服务质量
QPSK	Quadrature Phase Shift Keying	四相移键控
QSPA	Q-ary Sum-Product Algorithm	Q 元和积译码算法
RA	Repeat-Accumulate	重复累积
RACH	Random Access Channel	随机接入信道
RAN	Radio Access Network	无线接入网
RE	Resource Element	资源单元
RF	Radio Frequency	射频
RID	Revolving Iterative Decoding	轮转式迭代译码
RMa	Rural Macrocell	乡村宏小区
RMS	Root Mean Square	均方根
RNTI	Radio Network Temporary Identifier	无线网络临时标识
RoF	Radio over Fiber	光载无线电
RRC	Root Raised Cosine	根升余弦成型滤波器
RS-GBSM	Regular-Shaped Geometry-Based Stochastic Model	规则形状几何随机信道模型
RTS	Request to Send	请求发送
RX	Receiver	接收端
RZF	Regularized ZF	规则化迫零
SBP	Sequential Binary Partition	串行二元化分
SA	Services and System Aspects	系统与服务
SAMA	SIC Amenable Multiple Access	友好串行干扰抵消多址接入
SC	Successive Cancellation	逐次抵消
SCFD	Single Channel Full Duplex	单信道全双工
SCH	Service Channel	服务信道
SCL	SC List decoding	列表 SC 译码算法
SC-LDPC	Spatially-Coupled LDPC	空间耦合 LDPC 码
SCMA	Sparse Code Multiple Access	稀疏码分多址
SCT	Semicircular Tunnel	半圆隧道
SD	Static-Discrete	静止分离散射体
SF	Shadow Fading	阴影衰落
SIC	Serial Interference Cancellation	串行干扰抵消

SINR	Signal to Interference plus Noise Ratio	信号与干扰噪声比
SISO	Single Input Single Output	单输入单输出
SISO	Soft Input Soft Output	软输入软输出
SM	Spatial Modulation	空间调制
SMa	Suburban Macrocell	郊区宏小区
SMFD	Spatial Modulated Full Duplex	空间调制全双工
SNR	Signal Noise Ratio	信噪比
SoS	Sum-of-Sinusoids	正弦叠加
SPA	Sum-Product Algorithm	和积算法
STI	Source Temporary Identifier	源节点临时标识
SU-MIMO	Single-User MIMO	单用户多输入多输出
SVD	Singular-Value Decomposition	奇异值分解
TACS	Total Access Communications System	全接入系统
TBS	Transmission Block Size	传输块大小
TCM	Trellis Coded Modulation	网格编码调制
TDD	Time Division Duplex	时分双工
TDL	Tapped Delay-Line	抽头延时线
TDMA	Time Division Multiple Access	时分多址
TD-SCDMA	Time Division Duplex-Synchronous CDMA	时分双工同步码分多址接入
TTCM	Turbo-TCM	基于 Turbo 的 TCM
TWRC	Two-Way Relay Channel	双向中继信道
TX	Transmitter	发射端
UCI	Uplink Control Information	上行控制信息
UE	User Equipment	用户设备
UFMC	Universal Filtered Multi-Carrier	通用滤波多载波
ULA	Uniform Linear Array	均匀线性阵列
UL-SCH	Uplink Shared Channel	上行共享信道
UMa	Urban Macro	城市宏小区
UMB	Ultra-Mobile Broadband	超移动宽带
UMi	Urban Micro	城市微小区
UT	User Terminal	用户终端
UTC	Coordinated Universal Time	世界标准时钟
V2I	Vehicle to Infrastructure	车辆到基础设施
V2P	Vehicle to Pedestrian	车辆到行人
V2R	Vehicle to Roadside	车辆到路测设备
V2V	Vehicle to Vehicle	车辆到车辆/车联网
VHF	Very High Frequency	甚高频
VN	Variable Node	变量节点
VTD	Vehicular Traffic Density	车流密度
WAVE	Wireless Access in the Vehicular Environment	车辆通信环境下的无线接入

续表

WBF	Weighted-BF	加权比特翻转
WCDMA	Wideband Code Division Multiple Access	宽带码分多址接入
WiMAX	Worldwide Interoperability for Microwave Access	全球微波互联接入
WINNER	Wireless World Initiative New Radio	欧洲 WINNER 组织
WLAN	Wireless Local Area Network	无线局域网
WRC	World Radio Conference	世界无线电大会
WRC	World Radiocommunication Conference	世界通信大会
XPR	Cross-Polarisation power Ratio	交叉极化功率比
ZF	Zero Forcing	迫零
ZoA	Zenith of Arrival	俯仰维到达角
ZoD	Zenith of Departure	俯仰维离开角
ZSA	Zenith Spread at Arrival	俯仰维到达角角度扩展
ZSD	Zenith Spread at Departure	俯仰维离开角角度扩展